国家自然科学基金项目(41672147)资助

煤构造地球化学研究

刘和武　姜　波　著

中国矿业大学出版社
·徐州·

内 容 提 要

煤与瓦斯突出是煤矿安全开采的重大隐患之一，煤与瓦斯突出的预测不仅是矿井瓦斯地质灾害预报与防治工作的关键，同时也是国际性的关键科学问题与技术难题。针对瓦斯突出地球化学预测新领域紧密围绕构造煤中矿物与元素的动力分异特征与机理的科学问题，本书以安徽宿县矿区为重点研究区域，在区域构造背景及演化分析和原生结构煤高温高压变形实验的基础上，系统阐释了实验变形煤及不同类型构造煤无机与有机化学结构演化特征，揭示了煤变形过程中矿物与元素的演化规律及动力分异机制及其与不同类型构造煤瓦斯特性的内在联系，初步形成了瓦斯赋存与突出的构造地球化学预测的研究思路与技术流程。

本书是一部以煤变形变质过程中矿物与元素的响应特征及演化机理为主线的学术专著，为瓦斯赋存与突出预测提供了新的途径与技术方法，适于瓦斯地质、煤层气地质领域科研人员及现场科技工作者参考使用，也可作为高等院校相关专业研究生的参考用书。

图书在版编目(CIP)数据

煤构造地球化学研究 / 刘和武，姜波著. — 徐州 ：中国矿业大学出版社，2021.6

ISBN 978 - 7 - 5646 - 4897 - 8

Ⅰ. ①煤… Ⅱ. ①刘… ②姜… Ⅲ. ①煤层瓦斯—瓦斯治理—地球化学—研究 Ⅳ. ①TD712

中国版本图书馆 CIP 数据核字(2020)第 253573 号

书　　名　煤构造地球化学研究
(Mei Gouzao Diqiu Huaxue Yanjiu)
著　　者　刘和武　姜　波
责任编辑　潘俊成　王美柱
出版发行　中国矿业大学出版社有限责任公司
(江苏省徐州市解放南路　邮编 221008)
营销热线　(0516)83884103　83885105
出版服务　(0516)83995789　83884920
网　　址　http://www.cumtp.com　**E-mail**:cumtpvip@cumtp.com
印　　刷　苏州市古得堡数码印刷有限公司
开　　本　787 mm×1092 mm　1/16　**印张** 16　**字数** 410 千字
版次印次　2021 年 6 月第 1 版　2021 年 6 月第 1 次印刷
定　　价　96.00 元
(图书出现印装质量问题，本社负责调换)

前　言

研究表明，煤与瓦斯突出灾害几乎都发生在构造煤发育区（Cao et al.，2003；彭立世等，1988；张玉贵等，2007），尤其是韧性变形的糜棱煤更是煤与瓦斯突出的高危险区域（姜波等，2004，2020）。煤在变形的过程中，随着变形强度和性质的不同，其物理和化学结构均表现出规律性的演化，但在这一过程中是否伴随着元素迁移、散失与聚集的构造地球化学过程研究还鲜有涉及。实际上，构造应力是元素迁移的主要驱动力，岩石变形过程中伴随的元素迁移与聚集已被大量的研究成果所证实，这给我们以启迪，也为煤构造地球化学研究提供了可借鉴的成功经验，并为煤与瓦斯突出预测提供了新的思路和路径。

煤是一种对应力-应变十分敏感的特殊有机岩石，其变形过程中元素迁移与聚集的动力学机制是值得探讨的新领域，并有可能从中提炼出应力敏感元素，揭示其在不同应力-应变环境和不同类型构造煤中的分布和演化规律，从而成为构造煤分布和瓦斯突出具有指示意义的预测指标。在这一新思路的引领下，致力于开拓煤变形构造地球化学新领域，姜波教授指导博士研究生李云波（2014）率先以淮北矿区为例，开展了构造煤中应力敏感元素迁移聚集规律及动力学机制研究，并完成了博士学位论文《构造煤中应力敏感元素迁移聚集规律及动力学机制》，提出了构造煤应力敏感元素筛选的原则和方法，在不同性质断层中的应力敏感元素的确定、不同类型构造煤中元素的迁移聚集规律和构造煤中应力敏感元素迁移聚集的动力学机制等方面取得了创新性成果，相关成果在中国科学（Li et al.，2014）和煤炭学报（李云波和姜波，2015）等刊物发表；研究生李佩（2015）完成了硕士学位论文《淮北祁东煤矿构造煤中微量元素迁移聚集的构造控制》，揭示了祁东煤矿不同类型构造及构造不同部位敏感元素迁移聚集的构造控制机理；姜波等（2015）阐释了瓦斯突出预测构造地球化学理论与方法的研究思路、内容和方法，并通过实例分析、探讨了逆冲推覆构造对煤中敏感元素迁移和聚集的控制作用。

在国家自然科学基金项目“构造煤应力敏感元素迁移聚集规律及构造动力学机制（41672147）”的资助下，研究生刘和武（2020）完成了博士学位论文《构造煤中应力敏感元素与矿物动力分异特征及机理研究》，为该书的出版奠定了重要基础。本书紧密围绕“构造煤中矿物与元素的动力分异特征与机理”这一关键科学问题，将煤变形构造与地球化学过程密切结合，以“应力敏感元素迁移与聚集的动力学机制”为重点研究内容，以煤变形的高温高压实验为重要技术手段，采用实验变形煤与构造煤综合对比研究的技术方案，在应力敏感元素提炼和确定的基础上，结合构造煤特性研究，揭示了应力敏感元素的动力驱动机制及地质指示作用，初步构建了煤与瓦斯突出预测的应力敏感元素指标体系，为煤与瓦斯突出预测拓展了新的研究领域，并初步形成了煤构造地球化学研究的思路、方法和技术流程。研究取得了以下主要创新性成果及认识：

1. 以煤高温高压变形模拟实验为技术手段，通过实验变形煤与构造煤物理、化学结构变化特征及演化规律的综合对比分析，揭示了构造煤形成的应力-应变环境和脆、韧性变形转换条件及煤变形过程中矿物与元素的响应机理。并从超微观角度揭示了构造煤脆、韧性变形机理，与脆性变形作用相比，韧性变形作用将机械能转化为应变能，促进了煤分子发生结构松弛作用并产生可移动分子相，使煤体塑性增强，更容易发生韧性变形。宿县矿区低煤阶烟煤发生脆、韧性变形转换的条件为温度在 100～200 ℃，差应力在 100～150 MPa。

2. 以煤分子复合结构模型为理论基础，阐释了构造煤动力变质作用中大分子结构演化特征，结合分子力学与分子动力学剪切应力作用模拟，指出煤大分子结构演化主要包括松弛作用与重排作用，脆性变形构造煤分子结构中弱键结合力优先断裂，煤交联网络分子结构的松弛作用占主导地位；由于剪切应力对动力变质具有更显著的促进作用及韧性变形作用通过将机械能转化为应变能更有利于分子结构演化，脆-韧性及韧性变形构造煤中分子结构的重排作用显著增强，并从能量角度揭示了构造煤动力变质作用机制。

3. 阐释了构造煤中矿物的变形、变位及变质特征。随着构造煤变形强度的增加，矿物在机械破碎与研磨作用下粒径减小，磨圆度增加。在压剪应力作用下矿物不仅形貌特征被改变，也发生了局部迁移聚集作用。此外，构造应力作用使物质代入作用增强（尤其在断层面附近），导致煤中矿物发生机械混杂作用。黏土作为应力敏感矿物的代表，在应力作用下不仅物理结构发生改变，化学结构也发生规律性演化，此外，应力改性作用还增强了黏土矿物吸附元素的能力。

4. 揭示了煤有机质的组成元素及具有有机亲和性元素的动力分异机制。应力作用下构造煤化学结构动力变质作用通过杂原子官能团的降解作用使得有机质组成元素含量发生变化；虽然构造煤分子结构的演化并未引起有机常量元素含量的变化，但通过改变原子间的连接与组合方式，使元素的赋存状态发生规律性变化；此外，杂原子官能团作为有机结合态微量元素的重要吸附位点，应力作用下的降解导致相关微量元素发生迁移变化。

5. 阐释了具有无机亲和性元素迁移变化的影响因素，指出矿物的应力诱导混入、局部动力迁移及动力变质为无机亲和性元素迁移变化的主要作用类型。应力诱导混入作用通过影响裂隙充填矿物的分布控制元素的迁移变化；局部动力迁移下的煤体流变使矿物局部运移，导致与矿物相关的元素也发生迁移变化，并在特定位置富集；矿物动力变质作用则通过应力作用下矿物化学结构的演化控制元素的迁移散失与富集。

6. 筛选出应力敏感元素，并将其划分为富集型与散失型两种类型，揭示了构造煤孔隙结构特征与富集和散失型应力敏感元素分布特征的内在联系，认为应力敏感元素的迁移富集在一定程度上对构造煤的发育与分布具有指示意义，为煤与瓦斯突出预测提供了新的思路与途径。

本书由安徽理工大学刘和武和中国矿业大学姜波共同完成，姜波提出了研究思路，制定了研究技术路线和流程，确定了具体的研究内容和该书的总体框架，撰写了前言，并对全书进行了修改和统稿；刘和武完成了矿井地质观测和各类实验测试分析工作，并撰写了本书的其他章节。

研究工作得到了淮北矿业集团朱慎刚高级工程师和皖北煤电集团周增强教授级高级工程师的指导和帮助，在矿井地质工作中得到了淮北矿业集团朱仙庄矿、芦岭矿和祁南矿以及皖北煤电集团祁东矿等单位和技术人员的大力支持和帮助。中国矿业大学煤层气资源与成藏过程教育部重点实验室、中国矿业大学现代分析与计算中心、中国矿业大学资源与地球科学学院、中国煤炭地质总局检测中心和上海铂锐仪器有限公司等单位协助完成了相关的实验测试工作。朱冠宇博士与朱猛硕士协助完成了样品的采集工作，刘杰刚博士与侯晨亮博士协助完成了煤高温高压实验，金法礼、陈义林、高贺凤、于宗仁、朱宗奎和王冰渡等老师在实验测试方面给予了支持和帮助。中国矿业大学秦勇教授、郭英海教授、韦重韬教授、朱炎铭教授、傅雪海教授、王文峰教授、汪吉林教授、吴财芳教授、申建教授、刘志新副教授、屈争辉副教授、李伍副教授、鞠玮副教授和李明博士在研究工作中给予了指导和帮助。陈红东博士、宋昱博士、程国玺博士、李凤丽博士、屈美君硕士也给予一定的帮助。在本书出版之际，特向以上单位和个人表示衷心的感谢。

由于作者水平所限，书中不当之处恳请读者不吝赐教。

著　者

2020 年 10 月

目　录

1 绪 论

1.1 研究依据及意义

煤炭是我国最重要的能源,生产消费数量大、比重高(江泽民,2008),以煤炭为主导的能源结构仍难以改变(谢和平等,2019;袁亮,2020)。中国工程院预测,至2050年煤炭在我国一次能源消费中占比还将保持在50%左右(曹新,2005)。在国家有效监管下,煤矿生产的年死亡人数与百万吨死亡率逐年降低(韩军等,2010;谭冬伟等,2016;闫江伟等,2013)。最新统计数据显示,2019年全国煤矿共发生死亡事故170起,死亡316人,同比分别下降24.1%和5.1%;百万吨死亡率为0.083,同比下降10.8%,达到世界中等发达产煤国家水平(田心,2020)。然而由于复杂的煤炭开采地质条件及日益增加的开采深度,我国煤炭安全开采工作仍面临重大挑战(刘曦东,2020)。在诸多影响煤炭安全开采的因素中,煤矿瓦斯灾害是主要的安全威胁之一(聂百胜等,2003;刘明举等,2006;姜波等,2016)。矿井瓦斯突出预测不仅是矿井瓦斯地质灾害预报与防治的关键工作内容,同时也是国际性的关键科学问题与技术难题(姜波等,2015)。煤与瓦斯突出预测与评价能够为采取合理有效的防突措施提供科学依据,减少防突工程量与时间,保证采掘生产的正常进行以及保障井下生命财产的安全,对于提高矿井安全生产具有重要的社会效益和经济效益(聂百胜等,2003)。

研究表明,矿井煤与瓦斯突出往往发生在强变形构造煤的发育区域,构造煤是煤与瓦斯突出的必要条件之一(Cao et al.,2000;张玉贵,2006;屈争辉等,2012;邵强等,2010;姜波等,2016)。在应力作用下,煤的物理结构、光性特征以及化学结构均发生规律性变化(Bustin et al.,1995a ;Cao,2013;姜波等,1998a,1998b;侯泉林等,2014),从而形成不同类型的构造煤。煤体化学结构的变化包括有机质与无机物(主要包括矿物与矿物的组成元素)的变化,其中有机质在应力作用影响下的规律性变化业已被证明,而无机物的应力敏感性研究尚浅,亟待深入探讨揭示其规律特征(李云波,2014;李佩,2015;刘和平,2016;李云波等,2017,2015;程国玺等,2017)。目前已在煤中发现86种元素,前期煤中元素的研究以洁净煤地质为基础将研究侧重点放在环境保护方面,强调原生沉积因素对元素赋存分布的影响(刘桂建等,2001,2002)。目前,相关研究初步证明了煤中元素的应力敏感性,因此本书期望通过研究煤中矿物与元素的应力敏感性进一步建立煤与瓦斯突出的地球化学预测指标,实现构造-地球化学理论与方法在矿井瓦斯突出预测领域的新突破(李云波,2014;姜波等,2015)。

本书以国家自然科学基金面上项目“构造应力敏感元素迁移聚集规律及构造动力学机

制(41672147)"与重点项目"矿井瓦斯运移与富集的动力学过程及地球物理探测基础(41430317)"为依托,以发育典型构造煤序列的宿县矿区为研究区,基于构造煤中有机质与矿物的变形、变质特征研究,结合构造煤宏、微观变形特征与形成的应力-应变环境分析,揭示构造煤中元素的迁移变化规律,并筛选出应力敏感元素,进一步结合煤高温高压变形实验与分子模拟研究,深刻揭示构造煤中不同赋存状态应力敏感元素的迁移变化机理,开拓构造-地球化学研究的新领域及煤与瓦斯突出预测的新途径。

1.2 国内外研究现状及存在问题

构造煤作为煤与瓦斯突出的必要条件之一,在煤矿安全生产中有着重要意义,国内外学者均围绕构造煤开展了广泛而深入的研究。

1.2.1 构造煤分类及其形成的应力-应变环境

构造应力作用下形成的构造煤又被称之为变形煤、软煤、破坏煤及突出煤等(Li et al.,2003a;陈善庆,1989;姜波等,2004;屈争辉,2010)。由于研究领域与研究目的不同,不同学者提出了诸多的构造煤分类方案(琚宜文等,2004;李明,2013)。科学合理的构造煤分类方法能较好地体现其结构-成因-构造以及物理力学性质等多层次涵义(王恩营等,2009)。构造煤的宏、微观及超微观变形特征与其所处的构造应力变形环境密不可分,是划分构造煤的重要依据之一(Ju et al.,2009;姜波等,1999a,1999b;侯泉林等,2014)。

1.2.1.1 构造煤的分类

自二十世纪五六十年代以来,随着人们对构造煤认识的不断深入,构造煤的划分方案大致经历了以"宏观-结构"与"结构-成因"为依据的两个阶段(琚宜文等,2004;王恩营等,2009)。"宏观-结构"阶段,国外以苏联矿业研究院 1958 年提出的非破坏煤、破坏煤、强烈破坏煤、粉碎煤以及全粉煤 5 类划分方案为典型代表;国内原煤炭部、武汉地质学院煤田教研室、焦作矿业学院瓦斯地质研究所以及中国矿业学院瓦斯组等机构随后亦提出了相应的划分方案(王恩营等,2008);"结构-成因"的划分方案借鉴了国际上构造岩的研究进展,国内学者于 20 世纪 90 年代逐步引入构造岩中脆、韧性变形的概念,韧性变形构造煤以"糜棱煤"为典型代表(侯泉林等,1990;李康等,1992)。21 世纪初,姜波与琚宜文等系统提出了构造煤的"结构-成因"分类方案,并被细化和广泛应用(姜波等,2004;琚宜文等,2004;李明,2013;王恩营等,2009)。

构造煤形成的应力变形环境包括脆性、韧性以及脆-韧性变形三类(苏现波等,2003;姜波等,2004;琚宜文等,2004),因此,所有构造煤"结构-成因"划分方案基本均包括脆性、韧性以及脆-韧性变形三个序列(Song et al.,2019;姜波等,2016)(表 1-1)。不同学者对同一序列的构造煤又细化为不同类型,姜波与琚宜文(2004)将构造煤划分为碎裂煤与糜棱煤两大类型七大系列;琚宜文等(2004)将构造煤划分为碎裂煤、片状煤、碎斑煤、薄片煤、碎粒煤、碎粉煤、鳞片煤、揉皱煤、糜棱煤以及韧性结构煤 10 大类;屈争辉(2010)参照前人划分方案将构造煤划分为三大系列七大类;李明(2013)将构造煤划分为碎裂煤、片状煤、碎斑煤、碎粒煤、鳞片煤、揉皱煤和糜棱煤 7 大类,并进一步细分为 19 个亚类;李云波(2014)将构造煤划分碎裂煤、片状煤、碎斑煤、薄片煤、碎粒煤、碎粉煤、鳞片煤、揉皱煤以及糜棱煤 9 大类;姜波等

表 1-1 构造煤分类新方案(据姜波等，2020)

变形系列	类别	类型	宏观鉴定特征				微观结构特征	应力作用特征	变形环境及变形性质
			光泽	原生结构构造显现性	节理发育程度及结构特征	手试强度			
脆性变形系列	碎裂构造煤类	初碎裂煤	亮-半亮	清晰可辨	稀疏，<2 条/10 cm，1～2 组方向性显著	坚硬、不易捏碎	原生结构保存完好，发育 1～2 组稀疏的微节理，5～10 条/cm	压、剪或张应力	低温压、脆性
		碎裂煤	亮-半亮	可辨	较稀疏-较密集，3～10 条/10 cm，多组方向	较坚硬、手掰呈 5 cm 左右的碎块	原生结构尚可识别，多组微节理相互交织，>10 条/cm	压、剪或张应力	低温压、脆性
		碎斑煤	半亮-半暗	难辨	密集，10～30 条/10 cm，多组方向，碎斑结构显著	较疏松，手捏呈 5～1 cm 的碎块	原生结构不可见，微节理密集发育，方向紊乱；碎斑大小 2～0.5 mm，含量>50%，碎基粒径<0.1 mm，含量<50%	压、剪应力	低温压、脆性
		碎粒煤	半暗-暗淡	不可辨	十分密集，难以统计，方向紊乱	疏松，手捏呈<1 mm 的碎粒或粉末	破碎等粒结构，粒径<0.1 mm 的碎基含量>50%，具弱定向性排列，碎斑基本不可见	压、剪应力	低温压、脆性
	片状构造煤类	片状煤	亮-半亮	可辨	一组节理发育，破碎成厚度为0.5～5 cm 的片状或薄板状	较坚硬，手掰成薄板状	原生条带状结构尚可见，一组节理较密集近平行发育，1～2 条/mm	剪应力	低温压、脆性
		薄片煤	半亮-暗淡	不可辨	一组节理密集发育，破碎成厚度<0.5 cm 的薄片状	较疏松，手捏成薄片状或粒状	原生结构不可见，一组节理密集近平行发育，>2 条/mm；沿微节理面的剪切滑动显著，定向性较显著	剪应力	低温压、脆性
脆-韧性过渡系列	鳞片构造煤类	鳞片煤	半亮-暗淡	不可辨	以一组密集发育的优势节理为主，呈不规则鳞片状及揉皱片状	疏松，手捏成鳞片状或粒状	原生结构不可见，2 组以上节理密集发育，鳞片状结构，可见揉皱及碎斑构造，定向性显著	压剪应力	较高温压、脆-韧性过渡
韧性变形系列	揉皱构造煤类	揉皱煤	半亮-暗淡	尚可识别	揉皱状、麻花状构造显著	疏松，手捏成碎粒状	原生条带结构尚可识别，以微揉皱构造为典型特征，揉皱的大小差异较大；可见节理密集发育，节理面常呈弯曲状	压、剪应力	较高温压、韧性
	糜棱构造煤类	糜棱煤	暗淡	不可辨	似糜棱结构、基质定向性排列，显示流动构造，可见残斑	疏松，手捏成碎粒或碎粉状	原生条带结构不可见，基质定向排列，固态流变显著；糜棱结构、带状构造，可见残斑和眼球等构造；基质粒径<0.02 mm、含量>50%，残斑粒径>0.1～1 mm，含量<50%	压、剪应力	较高温压、韧性

(2020)在综合分析和借鉴前人研究成果的基础上,结合长期的研究积累,提出构造煤分类的新方案,将构造煤划分为脆性、脆-韧性过渡和韧性 3 个变形系列、5 个构造煤类别和 9 个构造煤类型,即脆性变形系列碎裂构造煤类的初碎裂煤、碎裂煤、碎斑煤、碎粒煤和片状构造煤类的片状煤和薄片煤,韧性变形系列的揉皱煤与糜棱煤和脆-韧性过渡变形系列的鳞片煤(表 1-1),并揭示了不同类型构造煤的煤层气及瓦斯地质意义。

1.2.1.2　构造煤形成的应力-应变环境

构造煤是在一定变形环境中经构造应力作用形成的结构与构造均发生不同程度改变的一类煤(Cao et al.,2001;姜波等,2004),所述构造应力作用往往包括多个期次(琚宜文等,2004;屈争辉等,2012),而构造煤中所保留的变形特征多为最强期次构造应力改造作用形成的(李明,2013)。姜波等将构造煤定义为"构造煤是在构造作用和一定的应力-应变环境下,煤的物理结构、化学结构及成分发生了不同程度的变化,形成的具有不同结构构造特征的煤",并将构造煤划分为脆性、脆-韧性过渡和韧性 3 个变形系列、5 个构造煤类别和 9 个构造煤类型(姜波等,2020)。煤的温压变形实验也表明,不同类型构造煤的形成所经受的应力-应变环境、介质条件以及边界条件等均存在差异性(Xu et al.,2014;姜波等,1998c;曹代勇等,2006;于立业等,2015a;刘杰刚,2018;向杰等,2019)。有学者依据构造煤的变形特征与成因机制提出了构造煤的演化模式(Song et al.,2018a;李云波,2014)(图 1-1)。

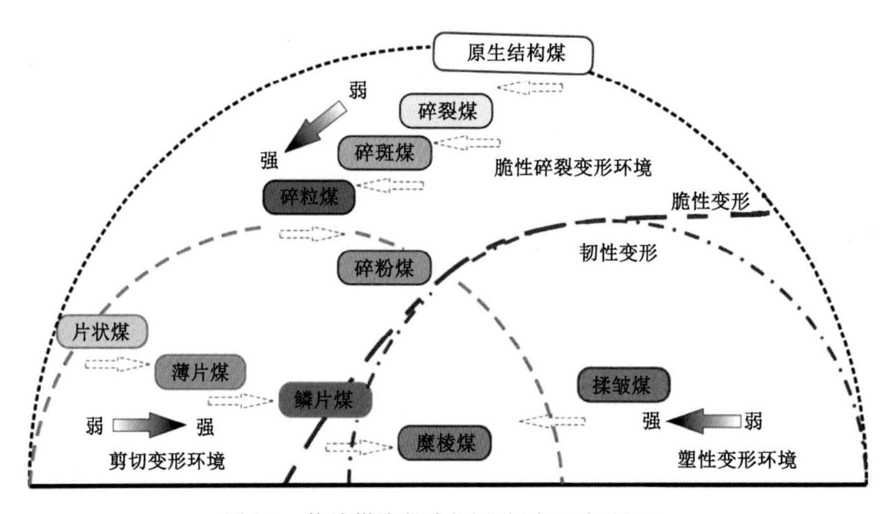

图 1-1　构造煤演化路径图(据李云波,2014)

(1) 脆性变形系列

一般的,脆性变形构造煤主要包括碎裂煤、碎斑煤、碎粒煤、碎粉煤、片状煤以及薄片煤六类(琚宜文等,2004;李云波,2014)。姜波等(2004)认为脆性变形构造煤可形成于剪切、挤压以及伸展应力变形环境中。琚宜文等(2004)基于对沁水盆地与两淮煤田构造煤变形特征的认识,总结认为碎裂煤与碎斑煤形成于挤压或两个以上方向的张裂作用;碎粒煤与碎粉煤则形成于强烈挤压破碎带内,亦可能是鳞片煤后期改造作用的结果;片状煤与薄片煤形成于挤压或一个方向的张裂或强烈剪切变形环境。屈争辉等(2012)认为脆性变形构造煤往往形成于煤层埋深浅、围压低的挤压或拉张应力变形环境,强烈的脆性碎裂变形作用形成的煤粒被错动磨圆。李明(2013)研究发现,脆性变形构造煤形成于多期多向的弱剪切碎裂作用,随着变形强度增加还伴有挤压破碎作用。众多学者通过煤岩温、压变形实验得到统一认知，即煤体在低温、低压以及高应变速率的条件下多以脆性变形为主（Han et al.，2016；姜波等，1998b；刘俊来等，2005；侯泉林等，2014；刘杰刚，2018）。

（2）脆-韧性过渡变形系列

脆-韧性变形构造煤兼具脆性与韧性变形特征，属于过渡性构造煤类。研究表明，脆-韧性变形构造煤多特指鳞片煤，是具有薄片状结构的构造煤类，密集发育一系列平行优势节理或裂隙（姜波等，2004；琚宜文等，2004；屈争辉等，2012）。高凌蔚等（1979）推断鳞片煤多形成于强烈的压扭应力作用；姜波等（2004）与屈争辉等（2012）认为鳞片煤形成于强烈的剪切变形环境；琚宜文等（2004）认为鳞片煤形成于强烈剪切或劈理化应变环境；李明（2013）通过系统研究揭示鳞片煤主要形成于强烈的压剪鳞片作用，并伴有顺层剪切与弯滑揉皱作用。众多学者通过煤岩温、压变形实验对构造煤变形脆-韧性转换条件展开探讨，其中，刘俊来等（2005）通过对变形实验后的高煤阶煤变形的宏、微观力学特征研究提出煤岩脆、韧性转换条件位于 200 ℃/200 MPa～300 ℃/300 MPa 之间；于立业等（2015a，2015b）研究认为，在自然条件下煤体低应变速率的脆、韧性变形的转换温度为 50～100 ℃，而较高应变速率下煤体脆、韧性变形的转换温度为 100～250 ℃。

（3）韧性变形系列

韧性变形构造煤主要包括揉皱煤与糜棱煤两大类。“糜棱煤”这一名词最早是借用构造岩中的“糜棱岩”（侯泉林等，1990），但由于煤体的力学性质以及埋藏条件相对岩石而言存在较大差异，因此煤体的韧性变形的应力-应变环境也不同（琚宜文等，2003；于立业等，2015b）。类比孙岩等（1992）提出的岩石中的“韧性变形域”，琚宜文等（2003）提出了煤岩在地壳浅层（＜5 km）能够形成众多的煤层“韧性剪切带”。高凌蔚等（1979）总结揉皱状的构造煤为灰分较高的煤岩在强烈压扭应力作用下形成的揉皱或麻花构造；苏现波等（2003）通过对构造煤的显、微观变形特征观察认为，构造煤由脆性变形向脆-韧性变形转换根据应力作用类型可分为剪切应力作用为主导的煤体变形（鳞片煤）与挤压应力为主导的煤体变形（揉皱煤与糜棱煤）；琚宜文等（2009）提出韧性变形是在较高构造应力或长期稳压作用下煤体发生强烈韧性剪切或流变；屈争辉等（2012）分析认为韧性变形构造煤形成于一定的地层温度与压力条件下，煤层受到挤压或剪切性质的压力作用形成流动构造；姜波等（2016）认为，韧性变形构造煤是在较强构造应力作用、较高温度与压力变形环境下历经缓慢长期的塑性或固态流动形成的。煤岩的温、压变形实验亦较好地证明了煤韧性变形往往形成于较高温度、较高应力的低应变速率变形条件（Han et al.，2016；Liu et al.，2018；周建勋等，1994；刘俊来等，2005）。

1.2.2 构造煤矿物与元素的应力敏感性

1.2.2.1 构造岩中的矿物与元素的应力敏感性

构造煤中矿物与元素的应力敏感性研究鲜有涉及，而构造岩中矿物与元素的应力敏感性国内外均已开展研究并获得了一定认识。尽管构造岩与构造煤的物理化学结构有着迥然的差异，但对构造岩的研究方法与研究思路能够为构造煤中矿物与元素的应力敏感性研究提供借鉴。

国外方面，早在 1863 年 Sorby 即提出变形岩石可发生化学变化，随着研究的不断深入，各学者从不同角度揭示了构造岩中所发生的化学变化特征与机理。在低温变形环境作用下形成的构造岩中普遍存在压溶现象(pressure solution)与动力重结晶作用(force of crystallisation)等化学变化(Weyl,1959),Mookherjee(1976)进一步给出这种构造应力作用下化学变化的明确定义,其中将物质从一处转移至另一处的各种化学、物理或介于二者之间的过程定义为活化转移(mobilization),而将物质从先存矿体中转移出来至他处形成新的矿体定义为再活化(remobilization);Kerrich 等(1977)也指出构造应力作用下能够促进造岩矿物的溶解散失。地质构造的发育也驱动着构造岩中矿物与元素的迁移变化,Renard 等(2000)研究发现,活化断层带内构造应力一方面改变了渗透率,为含矿流体提供运移通道,另一方面促进了矿物的压溶作用;Fagereng 等(2017)认为,在逆冲推覆构造中的流体辅助作用下应力驱动的物质迁移现象十分普遍;Groshong(1975)与 Ahmadhadi 等(2008)研究发现,褶皱构造中和面以下压溶作用较发育,同时褶皱作用催生了裂隙脉矿物的发育。

国内方面,19 世纪 60 年代由陈国达先生率先开展构造地球化学相关研究,至 80 年代杨开庆先生提出了构造动力成矿学说。众多学者对这一领域产生浓厚兴趣并展开了深入研究,其中,钟增球(1994)、钟增球等(1995)与周建波等(1999)总结认为,构造岩所处的断层带或剪切带为应变局部化带、流体的良好通道与变质反应加强部位,是构造岩中元素迁移与重新调整的关键部位,并将其解释为流体的代入带出作用与体积亏损。韧性剪切变形带内的变形变质作用对金的运移与富集起着至关重要的作用,有利于金矿床的形成(傅朝义等,1997;陈柏林,2000)。李晓峰等(2001)总结认为,一方面应力作用下岩石的面理化与定向化为含金流体提供通道,另一方面剪切带内变形作用导致矿物相的变化和酸碱性环境的改变,产生石英压电效应以及黄铁矿极化现象,使含金流体失稳形成沉淀富集。姜波(1992)、孙岩等(1982,1984)以及赵清泉等(2005)认为,断裂构造带内离子半径小、重度大的元素在应力作用下发生聚集,并尝试利用非线性理论进行了解释。除了韧性剪切带以及断裂构造外,褶皱构造对岩石中元素的地球化学行为也具有一定的控制作用(孙岩等,1989;彭少梅,1991;吕古贤等,2011)。

1.2.2.2 构造煤中矿物的应力敏感性

应力敏感矿物原为构造岩研究中提出的概念(王嘉荫,1978),构造煤的研究表明煤中矿物也具有一定的应力敏感性,因此将应力敏感矿物的概念引入构造煤的研究(李云波,2014;刘和平,2016;李云波等,2017)。本书针对煤中主要发育的矿物的应力敏感性进行总结,包括碳酸盐矿物、硫酸盐矿物、硅酸盐矿物以及硫化物矿物等。

(1) 煤中矿物的分类

煤中的矿物依据形成其形成时间可分为原生矿物与后生矿物(表 1-2)。李云波(2014)按照成因对煤中的矿物进行分类,认为煤中常见独立矿物主要包括硅铝酸盐矿物、硅酸盐矿物、硫化物矿物、氧化物矿物、碳酸盐矿物、硫酸盐矿物以及硫酸盐矿物七类;不同矿物的赋存状态存在差异,即便同一种矿物在不同煤层、不同矿区的赋存状态也存在差异。依据煤中矿物赋存状态的不同,Li 等(2017a)指出煤中矿物包含独立矿物(包括晶体矿物与非晶体矿物)、与有机质呈离子交换态的金属元素以及溶解于孔隙水中的无机组分。随着煤阶的升高,煤中的官能团含量逐渐减少,导致非矿物无机组分也相应减少,但此类矿物依然可能是煤中微量元素的重要载体。

表 1-2 煤中矿物成因分类(据 Ward,2002;刘和平,2016)

矿物分类	成煤作用第一阶段		成煤作用第二阶段	
	原生矿物(同沉积-成岩作用早期)		后生矿物	
	流水带来或者风成碎屑矿物	自生矿物	裂隙充填	变质作用形成
黏土矿物	高岭石、伊利石、绢云母、蒙脱石、混层黏土矿物		坡缕石、绿泥石	高岭石、伊利石、叶蜡石
碳酸盐矿物		菱铁矿、白云石、铁白云石、方解石等		
硫化物矿物		黄铁矿、白铁矿、胶黄铁矿、磁黄铁矿、黄铜矿、闪锌矿、方铅矿	黄铁矿、白铁矿、闪锌矿、方铅矿、黄铜矿、硫镍钴矿、雄黄、雌黄、辰砂	由原菱铁矿结核转变成的黄铁矿;胶粒或细粒黄铁矿被改造成立方体黄铁矿
氧化硅	石英	石英、玉髓、蛋白石、硅藻土		
氧化物及氢氧化物矿物	金红石、磁铁矿	金红石、赤铁矿、褐铁矿、针铁矿、纤铁矿		
硫酸盐矿物	磷灰石	磷灰石、磷块岩	石膏、硬石膏	
其他矿物	锆石、正长石、电气石、云母、岩屑、火山灰、黑云母	沸石、蜜蜡石	沸石、石盐氯化物、硝酸盐矿物	

(2) 矿物应力响应敏感性

碳酸盐矿物主要以方解石、白云石与文石等发育为主,多以裂隙充填方式赋存于煤中。区域构造运动能够引起含煤盆地内的地下水发生运移(Jack,1986;Bethke et al.,1990),构造应力作用下形成的外生裂隙则是流体良好的通道,通道中运移的地下流体在适宜条件下沉淀形成裂隙脉矿物。由于弱脆性变形构造煤中裂隙结构连通性更好,有利于地下流体的流动,因此裂隙脉矿物发育程度更高(李云波,2014)。华北煤田中裂隙脉矿物多以碳酸盐矿物为主,因而碳酸盐矿物的裂隙充填模式也是构造应力响应的一种表现。

机械研磨实验表明,方解石与文石在低温机械力研磨作用下可以轻易发生可逆的相转变(Momota et al.,1980;万国坤等,2014)。研磨作用(以剪切应力作用更为显著)不仅使碳酸盐矿物的粒径减小,比表面积大大增加(Garcia et al.,2002),也使矿物的晶格结构变化重组,因此 Ca^{2+} 的配位数被改变(万国坤等,2014)。构造煤中碳酸盐矿物往往以裂隙脉形式出现(Song et al.,2018b;李云波,2014;刘和平,2016),是否存在机械破碎与研磨作用有待进一步研究。

李云波(2014)在研究应力作用下构造煤中聚集型元素的递增推测,赋存于煤中的黏土矿物与黄铁矿含量也有增加的趋势;类似地,构造岩中的研究也表明黏土矿物也对不同应变速率的应力作用有一定的响应特征(Oertel,1983);此外,硅酸盐矿物在时间与空间上与煤有着不可分割的联系,而且在物性方面有较多的相似之处,如二者都是低压低温敏感物质,结构转变是不可逆的(张慧等,1993;张春忙,2000)。随着构造煤的变形强度增加，赋存于构造煤中的黏土矿物均会受到强烈的机械破碎与研磨作用(刘和平，2016;程国玺等，2017)，物理结构的变化能够进一步影响其理化性质，包括黏土矿物的比表面积、边缘羟基含量以及电性特征等(Gregg et al.，1954;Frost et al.，2001;刘令云等，2014)，导致与黏土矿物相结合的元素含量变化，如以吸附态存在于黏土矿物中的REE、Na以及Ca，或以类质同相方式进入黏土矿物晶格中的K、Rb以及Mg等(Dai et al.，2012a;Lin et al.，2017;池汝安等，1993)。

构造岩中的硫化物在应力作用下的压溶迁移已被证明(Gu et al.，1992;顾连兴等，2005);同样构造煤中主要的硫化物黄铁矿的分布也受到应力一应变环境的影响(李云波等，2017)，导致与黄铁矿相关的Hg元素也具有应力敏感性。硫酸盐矿物在脆性变形构造煤中以粒状、片状及碎屑状等分布，随着变形程度的增加矿物的结晶度下降(李云波，2014)。

1.2.2.3 构造煤中元素的应力敏感性

(1) 元素的赋存状态

依据煤中元素的含量可将其分为常量元素与微量元素，常量元素含量大于0.01%，微量元素含量小于0.01%(赵峰华，1997)。其中，常量元素主要包括有机常量元素C、H、O、N与S等以及矿物的主要组成元素Al、Si、Ti与Ca等;微量元素的种类较多，基本也包含有机与无机两大赋存状态。

随着科学技术的进步，先进设备的应用使人们对煤的微观结构与组成有了更深认识。煤大分子主要由含有侧链的BSU(煤的分子结构基本单元)堆叠而成，具有类晶体结构(Ju et al.，2009;Mathews et al.，2012;曾凡桂等，2005)(图1-2)。其中C元素构成了煤基本结构单元的骨架;O、N、S元素则多以官能团的结构形式存在，O主要以羟基、羧基、羰基以及醚键等含氧官能团形式存在，N元素主要以吡啶与吡咯形式存在，S元素则主要以硫醇、硫化物、二硫化物、噻吩、亚砜和砜等形式存在(代世峰等，2002;魏强等，2015)。

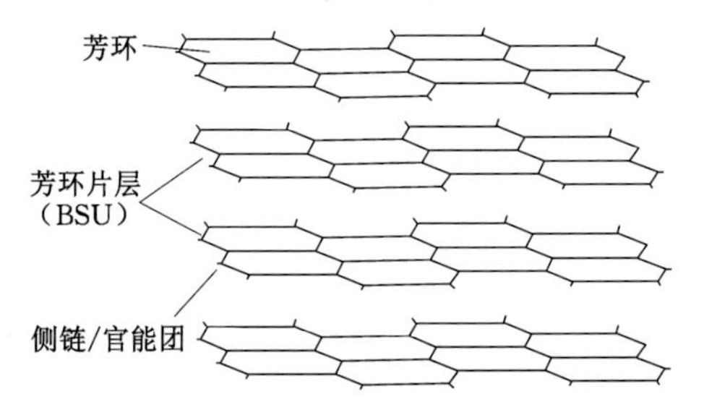

图1-2 煤分子结构示意图(修改自张玉贵，2006)

煤作为一种有机岩石，C与H元素构成其分子结构的主要骨架，因此，除去C、H元素外，其余元素在煤中往往存在多种可能的赋存状态，包括有机结合态与无机结合态两大类(图1-3)。如As元素在煤中灰分含量小于30%时主要进入有机物中，而当灰分含量大于30%时主要进入黏土矿物晶格中;Cl元素也存在类似的赋存特征(赵峰华，1997;赵峰华等，1999，2003)。由此可见，元素的赋存方式较复杂，依据前人研究结果将部分元素的赋存状态总结如表1-3所示(Finkelman，1999;Finkelman et al.，2018;刘和平，2016)。

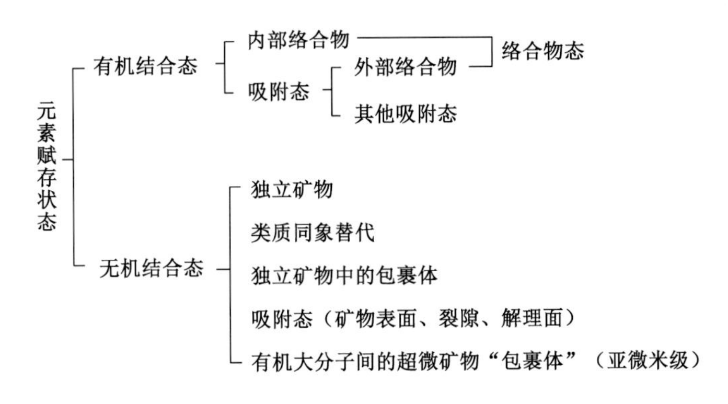

图 1-3 煤中元素赋存状态分类(据赵峰华,1997)

表 1-3 煤中 25 种元素赋存状态总结(据 Finkelman,1999;Finkelman et al., 2018)

元素	赋存方式	元素	赋存方式
Sb	有机结合,黄铁矿,次要硫化物	Mn	碳酸盐,菱铁矿和铁白云石
As	黄铁矿	Mo	次要硫化物,有机质结合
Ba	重晶石和其他含 Ba 物	Ni	多种赋存方式
Be	有机结合	P	磷酸盐矿物
B	有机结合	Se	有机质结合,黄铁矿,次要硒化物
Cd	闪锌矿	Ag	硫化物
Cl	孔隙水或吸附到显微组分的氯化物离子	Tl	黄铁矿
Cr	有机质结合,伊利石,铬铁矿	Th	独居石,磷钇矿,锆石,黏土矿物
Co	多种赋存方式	Sn	氧化物和硫化物
Cu	黄铜矿,黄铁矿	V	黏土矿物,有机质结合
F	多种矿物	U	有机质结合,锆石,硅酸盐
Pb	方铅矿	Zn	闪锌矿
Hg	黄铁矿		

(2) 元素应力敏感性

煤中元素的应力敏感性研究国外鲜有涉及,国内近年来逐渐受到部分学者的重视并开始了相关的探索与研究,但元素分异机理揭示不够深刻并亟待进一步研究。Cao 等(2000)发现构造煤中有机常量元素在应力作用下发生变化。屈争辉(2010)率先提出构造煤中赋存的特定元素能够指示其发育的应力-应变环境。李云波(2014)通过系统研究揭示淮北矿区构造煤中元素的迁移富集规律,并初步探讨了元素分异的动力学机制。姜波等(2015)进一步提出构造应力作用下煤体变形与变质过程中特定元素可发生迁移与聚集,并指出有可能建立煤与瓦斯突出的应力敏感元素指标体系。李佩(2015)、刘和平(2016)、程国玺等(2017)及 Song 等(2018b)分别展开了构造煤中微量元素与矿物的应力响应特征研究。结合前人研究成果,本书进一步总结构造煤中不同赋存状态的元素的应力敏感特征。

1) 有机质组成元素的应力敏感性

构造应力作用导致煤体变形过程中煤体的孔、裂隙等物理结构被改造(Ju et al.,2009;Ming et al.,2011;Ju et al.,2014),而且化学结构也具有规律性变化。Bustin(1983)、Kitamura 等(2012)及 Lin 等(2019)研究表明,煤体在构造应力作用下发生化学煤化作用,促进煤阶升高,使煤体具有超前演化的特征(Li et al.,2012;Li et al.,2014a;Liu et al.,2019;林红等,2009)。Cao 等(2000,2013)通过采用 GC(气相色谱法)与氯仿提取等研究方法发现构造煤的氯仿提取率高于原生结构煤,证明构造变形作用通过改变煤体的化学结构从而促进动力生烃作用。Li 等(2012,2014a)研究表明,构造煤化学结构呈现规律性变化,并归因于煤在脆、韧性变形作用下煤分子结构的支链长度、官能团数量以及芳碳数等均发生变化。Pan 等(2015a,2015b,2017)等研究表明,不同类型变形作用下煤分子中次生结构缺陷发育程度与煤化程度具有差异。Xu 等(2014,2015)通过实验研究认为应力作用能够促进芳香结构的缩聚作用。林红等(2009)在研究不同构造煤分子结构变化特征的基础上提出弱韧性与强韧性变形作用对芳构化以及缺陷形成的影响程度不一样,强韧性变形作用下构造煤分子中的芳环发生解体,而弱韧性变形作用下芳碳数量增加。

早在 1976 年焦文就通过对比突出煤与非突出煤有机元素的含量特征时指出,突出煤的 H/C与 O/C 比值均具有减小的趋势,并提出以原子比为煤与瓦斯突出预测指标。程国玺等(2017)和 Song 等(2018b)研究表明,构造应力作用下煤中的有机元素表现为富 C、去 H、脱 O 以及排 N 的特征,尤其是在韧性变形过程中。因此,有机质动力作用催生的结构演化过程实际为排除异种元素、C 元素含量相对增加的过程(曹代勇等,2006;李云波,2014)。李云波等(2015)在研究淮北矿区西寺坡逆断层上、下盘构造煤中 S 元素的含量特征时发现,以有机形式赋存的 S 元素随着变形强度增加其含量降低,并指出以 C—S 键与煤大分子结合的(硫醇、硫醚以及噻吩类杂环等)S 元素的分异是因为应力作用下含 S 官能团的脱落析出所导致。

2) 有机结合态元素的应力敏感性

构造应力作用下煤有机分子结构发生应力缩聚与应力降解作用(Cao et al.,2007;王宝俊等,2016)。应力降解是指构造应力以机械力或动能形式作用于煤有机大分子,使煤芳环结构上的侧链、官能团等稳定性较差的结构降解为分子量较小的自由基团,并以流体形式逸散的过程;应力缩聚作用使得煤基本结构单元重排,有序畴增大及定向生长(曹代勇等,2006)。煤中有机结合态元素与有机质结合的方式多样,一方面,有机结合态的微量元素以官能团的形式通过共价键与芳香结构结合;另一方面,元素以化学结合态吸附在官能团或芳香层片上。因此,构造煤分子结构的变化必然引起相对稳定赋存的元素"失稳",并在应力作用下迁移变化,例如李云波(2014)发现以有机态赋存的 Bi、Ge 与 Mn 元素在断层面附近富集。

3) 无机结合态元素的应力敏感性

无机结合态的元素主要指赋存与独立矿物密切相关的元素,包括类质同相替换的元素、吸附态元素以及矿物的组成元素等(赵峰华,1997)。独立矿物在构造应力作用下的物理或化学结构变化均可能影响无机结合态元素的分异,同时构造煤中独立矿物在构造应力作用下的迁移与聚集也可以改变赋存于矿物中元素含量的分布特征(刘和平,2016;程国玺等,2017)。一般储层条件下煤是饱和水状态(韦重韬等,2015),其中游离水可为元素迁移提供基础,发生类似构造岩中的 C 型变质作用并在适当条件下沉淀(孙岩,1998)[上述整个过程类似于构造岩中元素的再活化过程(Mookherjee,1976)]。构造煤中发育的外生裂隙为游离水提供了存储空间与运移通道(刘和平,2016),从这个角度分析,构造应力作用在一定程度上可通过控制孔、裂隙水的运移路径进而影响元素的迁移富集。

此外,与黏土矿物密切共伴生的稀土元素也能够在应力作用下发生迁移变化。稀土元素往往呈吸附态赋存于黏土矿物中,而应力作用下黏土矿物的理化性质发生较大变化(Kristof et al.,2002;郝青丽等,1999),这种变化是否会导致矿物中的稀土元素发生分异?有研究表明,变形强度高的构造煤中稀土元素含量呈增加趋势(Yang et al.,2012;Li et al.,2014b;程国玺等,2017),而宋党育等(2016)与李春辉等(2017)在研究豫西裴沟矿二叠系构造煤中的稀土元素时认为构造应力作用对稀土元素含量分布并不产生影响。李云波(2014)通过归类总结发现,碳酸盐、磷酸盐以及硫化物矿物中有关的造岩元素受动力变质作用影响,而被黏土矿物吸附的元素在断层带内也具有迁移富集的规律。由此可见,元素的应力敏感性还尚存争论,亟待开展更深入全面的研究。

1.2.3 煤、岩高温高压变形实验研究

岩石温压变形实验的开展早于煤温压变形实验研究,且构造岩中矿物与元素的研究对研究构造煤中元素与矿物的应力响应特征与机理具有借鉴意义。

1.2.3.1 岩石高温高压变形实验

构造岩的温压变形实验的研究国内早于国外(吴学益等,1986),国内方面自20世纪80年代杨开庆教授提出构造动力成岩成矿的概念后(杨开庆,1984),便开启了构造岩中元素迁移的温压变形模拟实验研究。戴塔根等(1990)通过垂直加载含有成矿元素的衬料岩粉证明,在构造应力作用下(尤其缺乏流体的存在)岩石中的成矿元素能够发生迁移。岳石(1990)则通过加载柱状样品进一步指出,岩石中物质的韧性流动以及扩散是重要的元素迁移方式。陈柏林等(1998)通过岩石的高温高压变形实验认为,赋存于矿物中的元素发生了迁移聚集,并总结构造岩的变形作用不仅为成矿热液提供了运移、沉淀的场所,同时也促使成矿元素活化。董法先等(1998)对比高温高压变形实验前后金属硫化物以及石英中Au与Ag元素的含量,发现Au与Ag元素在应力作用下发生活化迁移。杨元根等(2003,2004)则根据岩石的变形实验提出了成矿物质的迁移与富集是由于构造岩与流体在力的作用下通过压溶实现了力学-化学耦合作用。肖万生等(2003)通过研究指出,超高压变形实验条件下斜长角闪岩——$CaCO_3(-H_2O)$体系中的Sr、Ca以及Fe元素的迁移受到抑制;马瑞等(2010)通过变形实验发现样品韧性剪切带内硫化物发生富集,由于应力作用能够通过促进硫化物的活化与再活化使得带内硫化物迁移富集(Zheng et al.,2012)。由此可见,构造岩的温压变形实验业已证明元素在应力作用下能够发生迁移与聚集作用。

1.2.3.2 煤高温高压变形实验

煤的温压变形实验国内外学者均有开展,但实验主要围绕煤的物理结构、化学结构以及光性结构特征进行研究,而煤中元素与矿物实验基本未有涉及。国外方面,Ross等(1990,1997)、Wilks等(1993)以及Bustin等(1995b)通过煤的温压变形实验研究发现,应力作用能够改变煤有机质的镜质组反射率以及化学结构,并一定程度上促进了煤的石墨化进程。相关研究成果引起了国内众多学者的关注,周建勋等(1994)、刘俊来等(2005)与周长冰等(2012)通过对变形后的煤体的物理结构特征进行了总结,并认为在一定的应力-应变与温度

条件下煤体存在脆、韧性变形的转换。姜波等(1998c,1999a)、于立业等(2015a,2015b)以及Han等(2016)利用X射线衍射(XRD)、傅立叶变换红外光谱(FTIR)以及激光拉曼光谱(Raman)等谱学类测试方法揭示了应力作用下煤体的化学结构能够发生规律性变化,高温高压以及低应变速率的变形条件使煤分子的次生结构缺陷增加,芳香缩合度也增加。周建勋等(1994)与Xu等(2014)通过煤的次高温高压变形实验证明,变形作用能够促进烃类气体的生成。Cai等(2015)展开的煤变形实验侧重研究矿物的赋存对裂隙萌生发育的影响。Massarotto等(2010)与Dawson等(2011,2015)侧重研究温压变形实验过程中含CO_2流体对煤中元素与矿物的影响。由此可见,尽管国内外学者均对煤展开了温压变形实验,但对构造煤中矿物与元素迁移变化的关注较少,而构造岩研究表明,高温高压变形实验是揭示构造煤中应力敏感元素与矿物的分异特征及其形成机理最为直接有效的方法和十分重要的手段。

1.2.4 存在问题

① 前人研究成果显示了构造应力作用下煤中特定元素可发生规律性迁移变化,但煤中元素对应力的敏感性特征及其机理研究还十分薄弱,且缺乏针对煤中元素迁移变化的煤高温高压变形模拟实验研究。

② 煤中微量元素主要载体的矿物和有机质仅限于形态结构变化特征研究,而不同构造煤中矿物与有机质化学结构的变化及对化学元素迁移变化的影响还有待揭示。

③ 前人对构造煤中元素与矿物变化特征的研究局限于单一因素的分析,而矿物、元素以及有机质三者之间的耦合分析及机理探讨还十分薄弱。

1.3 研究内容及技术路线

基于前人对构造煤中矿物与元素应力敏感性研究的不足之处,并借鉴研究构造岩的方法,本书提出了具体的研究思路、研究内容以及研究流程与技术路线,以构造煤与实验变形煤的综合对比分析为主要研究思路,设计具体的实验方案,以期揭示煤中矿物与元素迁移变化的应力驱动机制。

1.3.1 研究思路

基于“应力是构造煤中矿物与元素迁移变化的主要驱动力”这一研究思路,在矿井构造发育和构造煤变形特征系统研究的基础上,结合煤变形的高温高压实验,通过原生结构煤、实验变形煤和不同变质变形系列构造煤元素演化和迁移变化规律的研究,提炼应力敏感元素,揭示构造应力对煤中敏感元素的驱动机制及其在构造煤中的迁移变化机理,结合构造煤瓦斯特性与元素分布规律间关系的研究,初步建立构造煤瓦斯特性与应力敏感元素间的联系,为煤与瓦斯突出预测提供新的思路与方法。

1.3.2 研究内容

① 以构造较为复杂、构造煤发育普遍及煤与瓦斯突出较为严重的宿县矿区为主要研究区域,在矿区地质特征深入分析的基础上,结合煤高温高压变形实验结果研究构造煤形成的

应力-应变环境。

② 基于对构造煤中矿物与元素的分布特征相关测试结果，深入探讨构造煤中矿物与元素在应力作用下的分异特征，包括形貌特征、含量变化特征以及化学结构变化特征。

③ 通过对比分析元素与矿物的分异特征，结合构造煤中矿物、元素与有机质三者耦合关系的研究分析，揭示系列构造煤中不同赋存状态应力敏感元素的迁移变化机理。

④ 在深刻剖析矿井构造发育特征及其对煤变形控制机理的基础上，结合煤高温高压变形实验与分子尺度的模拟，揭示构造煤中应力敏感元素与矿物的分异特征和机理。

1.3.3 研究流程与技术路线

通过收集研究区域相关地质资料，总结研究区地质构造的发育特征，选取代表性矿井中典型构造部位开展系列构造煤样品采集工作。针对构造煤样品的有机质、矿物以及元素三个主要部分进行分项研究：其一，利用元素分析、Raman、FTIR、XRD及光电子能谱分析(XPS)测试不同构造煤的化学结构，结合分子力学与分子动力学模拟剪切应力作用，分析构造煤有机质组成元素在构造煤中的分异特征以及煤化学结构演化影响下的分异机理；其二，利用结合能谱分析的扫描电镜(SEM-EDS)对构造煤中矿物的微观形态进行观察，并利用XRD测试研究构造煤中矿物的含量及种类发育特征；其三，利用电感耦合等离子质谱分析(ICP-MS)与X射线荧光光谱分析(XRF)对煤中微量元素与常量元素含量进行检测，结合XPS获取构造煤中常量元素的赋存形态与分异特征；最终，通过数理统计分析与对比研究，揭示构造煤中元素与矿物的应力敏感性与迁移变化机理。

选取与构造煤处在同一层位的原生结构煤制取柱状样品，通过设定不同的温压变形条件获取变形实验系列构造煤样品，并采用与构造煤相同的研究思路对实验变形煤进行相关测试。同时利用无损的高分辨三维X射线显微成像原位扫描技术(XRM)进行实验前后样品变形特征的对比，针对不同变形微区进行采样测试。总结不同实验条件对煤中矿物与元素分异的控制作用，并与构造煤研究中获得的结论对比，进一步阐明构造煤中应力敏感元素迁移变化的动力学机制。

通过制取构造煤样品的煤岩光片观察其裂隙结构特征，并结合高压压汞实验、低温液氮吸附实验以及扫描电镜原位观测研究构造煤孔隙结构特征，揭示不同类型构造煤的瓦斯特性。综合对比研究应力敏感元素与构造煤瓦斯特性的相关性，筛选出对构造煤瓦斯特性响应良好的元素，揭示应力敏感元素对煤与瓦斯突出的指示意义。具体技术路线如图1-4所示。

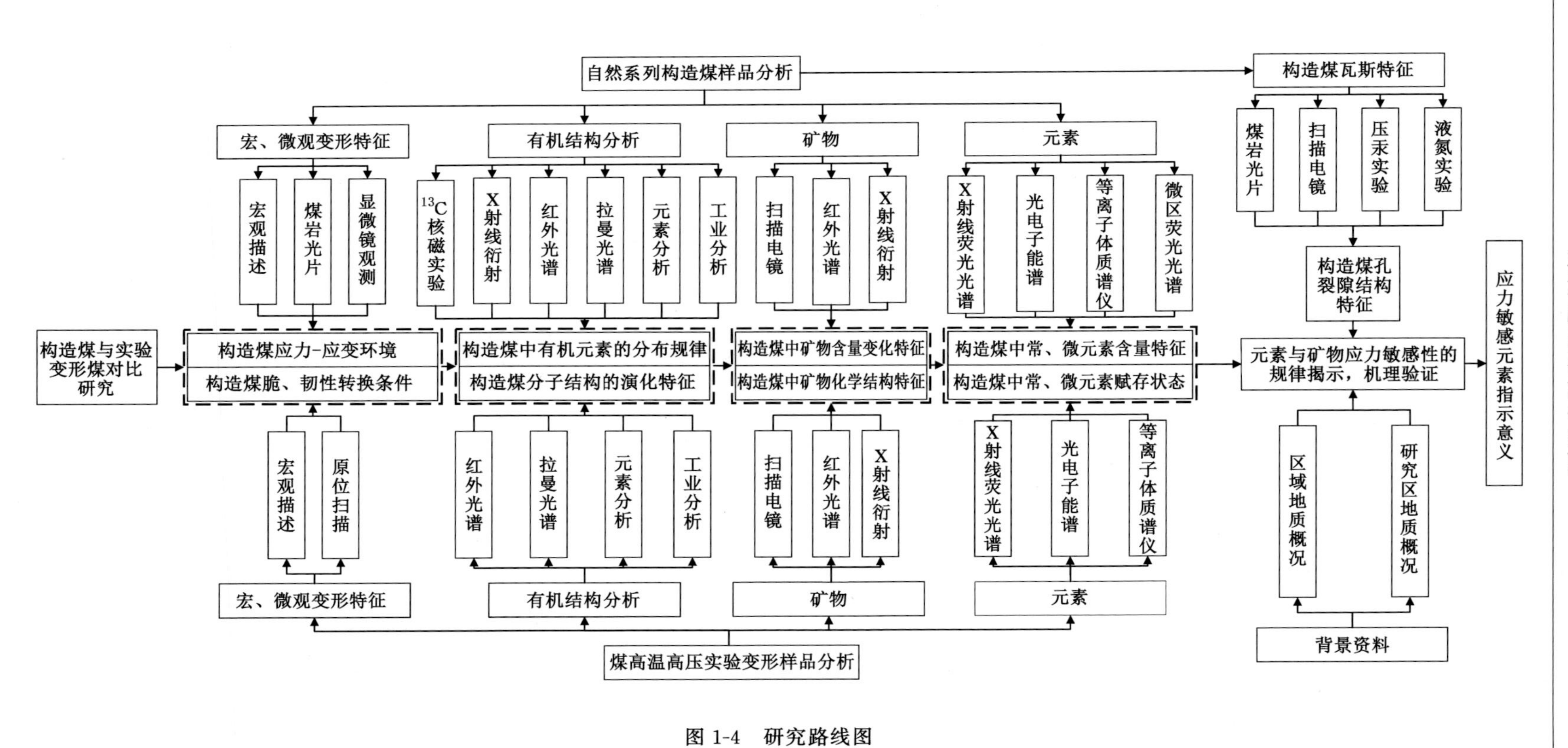
自然系列构造煤样品分析
构造煤瓦斯特征
宏、微观变形特征
有机结构分析
矿物
元素
宏观描述
煤岩光片
显微镜观测
^{13}C核磁实验
X射线衍射
红外光谱
拉曼光谱
元素分析
工业分析
扫描电镜
红外光谱
X射线衍射
X射线荧光光谱
光电子能谱
等离子体质谱仪
微区荧光光谱
煤岩光片
扫描电镜
压汞实验
液氮实验
构造煤孔裂隙结构特征
构造煤与实验变形煤对比研究
构造煤应力-应变环境
构造煤脆、韧性转换条件
构造煤中有机元素的分布规律
构造煤分子结构的演化特征
构造煤中矿物含量变化特征
构造煤中矿物化学结构特征
构造煤中常、微元素含量特征
构造煤中常、微元素赋存状态
元素与矿物应力敏感性的规律揭示，机理验证
应力敏感元素指示意义
宏观描述
原位扫描
红外光谱
拉曼光谱
元素分析
工业分析
扫描电镜
红外光谱
X射线衍射
X射线荧光光谱
光电子能谱
等离子体质谱仪
区域地质概况
研究区地质概况
宏、微观变形特征
有机结构分析
矿物
元素
背景资料
煤高温高压实验变形样品分析

图 1-4　研究路线图

2　区域及矿区地质概况

本书以宿州东南部宿县矿区内的祁南矿、祁东矿、朱仙庄矿以及芦岭矿为重点研究区域。宿县矿区整体属于徐宿逆冲推覆构造系统，其中祁南矿与祁东矿位于逆冲推覆构造的下伏系统，而朱仙庄矿与芦岭矿属于逆冲推覆构造的上覆系统。区内多期次构造运动叠加与改造使得不同类型构造煤发育较为齐全，为本书研究奠定了良好的基础。

2.1　区域地层及含煤地层

徐宿地区地层分属于华北地层区鲁西地层分区中的徐宿小区，全区地表基本被新生界松散沉积物覆盖，基岩露头仅零星分布。

2.1.1　区域地层

研究区地层自下而上依次为太古界的变质基底，上元古界的青白口系、震旦系，古生界的寒武系、奥陶系、石炭系、二叠系，中生界的三叠系、侏罗系及白垩系，新生界的古近系、新近系和第四系（安徽省地质矿产勘查局，1987）（图 2-1）。

除上奥陶统、志留系、泥盆系及下石炭统受加里东运动引起的沉积间断作用缺失外，研究区地层层序整体发育比较完整（李云波，2014）。区内前古生界发育一套中-深变质岩与海相沉积岩岩系，下古生界则发育一套典型的海相碳酸盐岩系（屈争辉，2010）。由于上古生代华北地区演变为北高南低的格局，研究区内发生大规模海退（任泽强等，2018），使得区内中生界与新生界地层逐渐过渡为一套河湖相沉积岩层。

2.1.2　含煤地层及聚煤作用

宿县矿区位于华北石炭二叠纪聚煤区东南缘（宁树正，2013）。研究区自石炭纪太原期开始发生聚煤作用，晚石炭世与二叠纪持续接受沉积，为泥炭的生成与堆积提供良好的条件，是区内重要的聚煤时期；至三叠纪末期，晚石炭世与二叠纪的泥炭堆积完成了由泥炭转变为煤以及成煤后期的变质作用，全区基本均达到气煤煤阶；在燕山期构造运动的影响下，区内发生多期次的岩浆侵入，局部煤层经受区域岩浆岩热变质作用煤阶持续升高至肥煤（唐修义等，2004）。

研究区主要可采煤层分别位于二叠系下统的山西组与二叠系中统的下石盒子组及上石盒子组。含煤地层总厚度为 600～1 800 m，共含煤 13～46 层，可采煤层为 2～12 层。上石炭统本溪组与上石炭-下二叠统太原组煤层厚度薄，基本不可采；山西组与下石盒子组为研

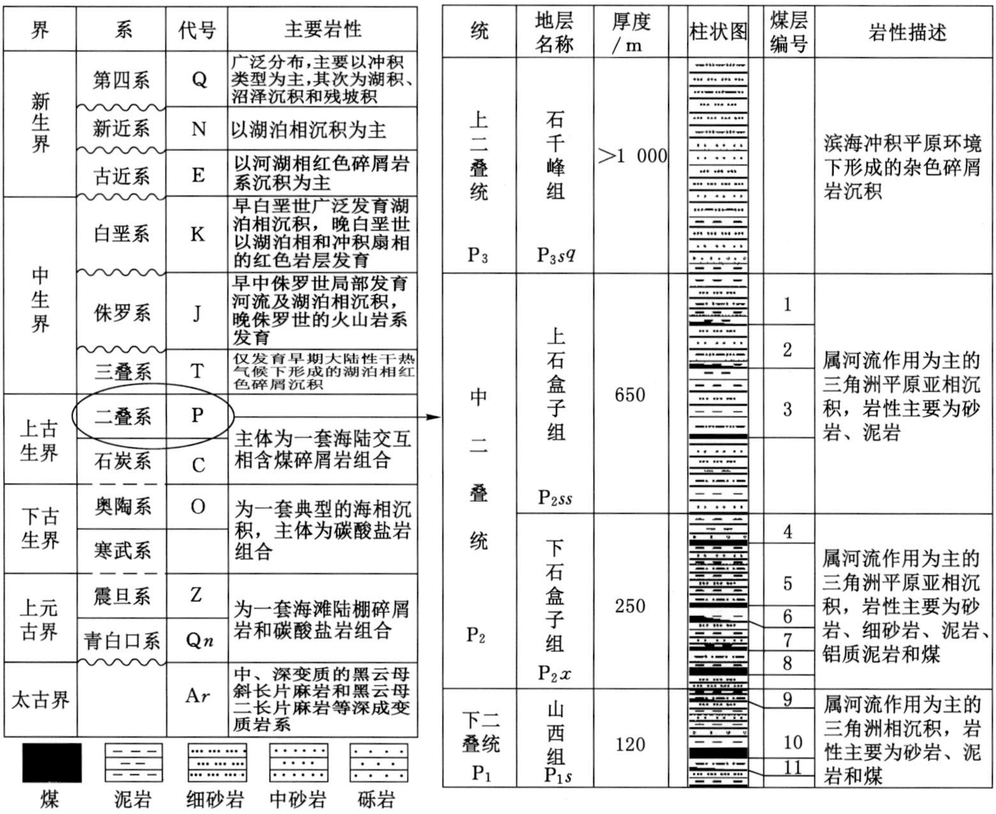

界	系	代号	主要岩性
新生界	第四系	Q	广泛分布，主要以冲积类型为主，其次为湖积、沼泽沉积和残坡积
	新近系	N	以湖泊相沉积为主
	古近系	E	以河湖相红色碎屑岩系沉积为主
中生界	白垩系	K	早白垩世广泛发育湖泊相沉积，晚白垩世以湖泊相和冲积扇相的红色岩层发育
	侏罗系	J	早中侏罗世局部发育河流及湖泊相沉积，晚侏罗世的火山岩系发育
	三叠系	T	仅发育早期大陆性干热气候下形成的湖泊相红色碎屑沉积
上古生界	二叠系	P	主体为一套海陆交互相含煤碎屑岩组合
	石炭系	C	
下古生界	奥陶系	O	为一套典型的海相沉积，主体为碳酸盐岩组合
	寒武系		
上元古界	震旦系	Z	为一套海滩陆棚碎屑岩和碳酸盐岩组合
	青白口系	Q*n*	
太古界		A*r*	中、深变质的黑云母斜长片麻岩和黑云母二长片麻岩等深成变质岩系

统	地层名称	厚度/m	柱状图	煤层编号	岩性描述
上二叠统 P_3	石千峰组 P_3sq	>1 000			滨海冲积平原环境下形成的杂色碎屑岩沉积
中二叠统 P_2	上石盒子组 P_2ss	650		1、2、3	属河流作用为主的三角洲平原亚相沉积，岩性主要为砂岩、泥岩
	下石盒子组 P_2x	250		4、5、6、7、8	属河流作用为主的三角洲平原亚相沉积，岩性主要为砂岩、细砂岩、泥岩、铝质泥岩和煤
下二叠统 P_1	山西组 P_1s	120		9、10、11	属河流作用为主的三角洲相沉积，岩性主要为砂岩、泥岩和煤

煤　泥岩　细砂岩　中砂岩　砾岩

图 2-1　研究区地层层序划分及主要含煤地层综合柱状图(据屈争辉,2010)

究区主要含煤层位;上石盒子组所含煤层仅局部可采(李云波,2014)。

2.1.2.1　下二叠统山西组

山西组下部为一套逆-正粒序,层序底部为黑色泥岩,属于前三角洲泥质沉积,向上过渡为泥岩与砂岩互层的三角洲前缘远砂坝沉积;上部地层是以河流作用为主的三角洲平原沉积相(吴文金等,2000)。该组全区广泛分布,平均厚度约为 120 m,主要由砂岩、泥岩与煤组成。山西组上部主要发育 11 煤与 10 煤,其中 10 煤层厚度为 0～3.22 m,发育稳定,平均厚度为 1.10 m,为研究区内主采煤层之一。山西组与下伏太原组呈整合接触。

2.1.2.2　中二叠统下石盒子组

下石盒子组底部发育的高岭石是酸性介质条件下三角洲平原上泛滥盆地沉积物,标志着大规模海退的开始;下部发育了三角洲平原上分流间湾、泛滥盆地、泥炭沼泽等沉积;上部为三角洲建设阶段形成的三角洲平原沉积。下石盒子组地层由多个三角洲平原亚相旋回组成,岩性主要为砂岩、细砂岩、泥岩和煤(吴文金等,2000),全区广泛分布,平均厚度约为 250 m。下石盒子组主要发育 4、5、6、7、8 五层煤,煤层总厚度为 1.14～41.63 m,平均为 14.99 m,其中 7 煤层和 8 煤层发育稳定,为研究区主采煤层。下石盒子组与下伏山西组呈整合接触。

2.1.2.3　中二叠统上石盒子组

上石盒子组由 4～5 个向上变细层序组成,底部为含有砾石的中、粗粒石英砂岩,发育冲刷充填构造，以三角洲沉积为主，并逐渐向冲积平原过渡的含煤碎屑岩沉积。早二叠世晚期开始，海水已基本退出本地区，沉积环境由河控三角洲转变为滨海冲积平原环境(吴文金等，2000)。上石盒子组岩性以砂岩、泥岩及煤层为主，平均厚度为650 m。该组地层主要发育1、2、3三层煤，煤层总厚度为0～11.88 m，平均厚度为3.69 m，煤层发育不稳定，3煤层为全区主要可采煤层。上石盒子组与下伏下石盒子组整合接触。

2.2 区域构造特征及演化

徐宿地区地处华北板块东南缘，属于鲁西-徐淮隆起区中南部的徐宿坳陷，夹持于蚌埠与丰沛隆起之间，东侧为区域性郯庐断裂带(金维浚等，1997)。区内构造演化特征受华北板块东侧与南侧两条板缘活动带的控制(琚宜文等，2002)。石炭纪与二叠纪含煤岩系形成后，徐州-宿州(徐-宿)中生代弧形双冲-叠瓦扇逆冲断层系统的发育改造了区内煤系地层的赋存状态，对煤层赋存及构造煤的发育具有关键的构造控制作用。徐宿推覆构造系统主体由线性紧闭褶皱和逆冲叠瓦断层组成(琚宜文等，2002)(图2-2)。

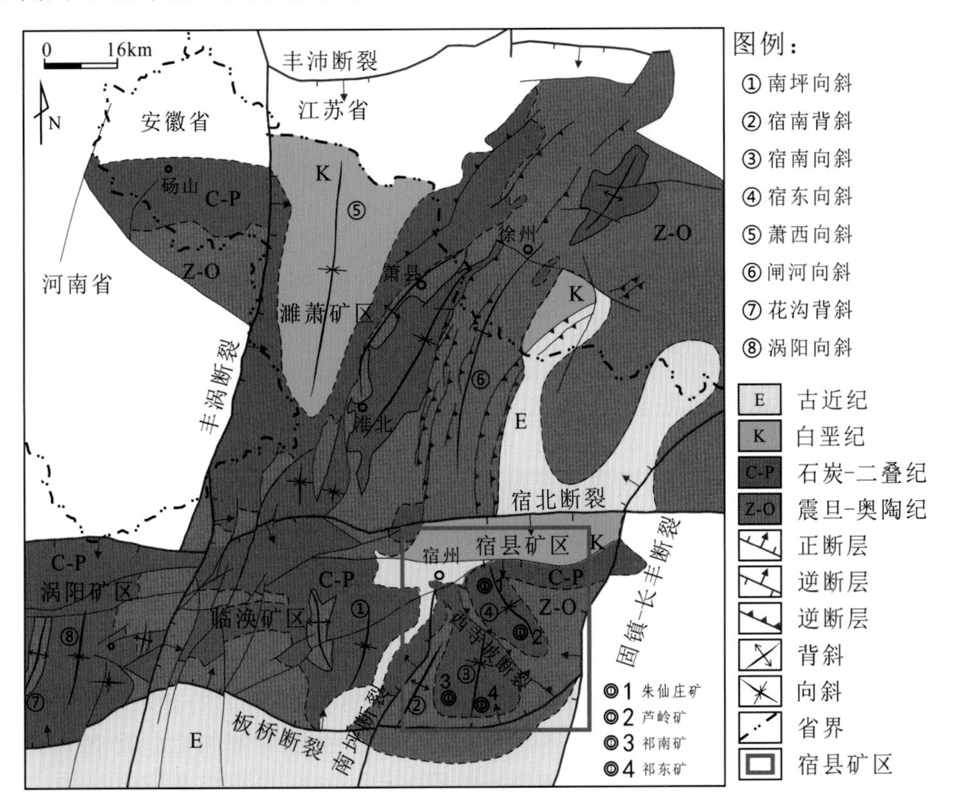

图2-2 淮北煤田构造纲要图及研究区位置图(据 Jiang et al.，2010；Cheng et al.，2020)

2.2.1 区域构造特征

受晚二叠世-早中生代华北与扬子板块碰撞继而向陆内俯冲作用的影响，徐宿地区形成了一套“薄皮型”向西凸出的徐-宿弧形双冲-叠瓦扇逆冲断层系统(舒良树等,1994)。逆冲断层系统由北向南主体构造线走向由 NEE 向转为 NNE 向-NS 向-NW 向,弧顶位于萧县-淮北市一带(图 2-2),该系统具有显著的东西分带与南北分异特征(王桂梁等,1998;刘杰刚,2018)。以 EW 向宿北断裂为界将徐宿地区划分为两个构造分区,其中,北部地区含煤地层主要分布于萧西向斜和闸河向斜,南部地区主要包括宿县矿区、临涣矿区和涡阳矿区(姜波等,2001)。

2.2.1.1　北部构造分区

北部构造分区(宿北断裂以北)发育徐-宿弧形逆冲推覆构造体的主体部位,构造线以 NNE-NS 向为主,受推覆构造的控制,该地区自东向西可划分出东部后缘带、中部叠瓦扇带及西部峰带(刘军,2017;王陆超,2012)。

东部后缘带主要分布于贾汪向斜-支河坳陷以东,郯庐断裂带以西,出露的基岩以上元古界青白口系和震旦系为主,属于推覆构造的根带及后缘带,构造特征表现为低缓倾角的逆冲断层及伴生平卧褶皱的逆冲岩席;受后期拉张应力作用的影响,该带发育 NE-NNE 向展布的中新生代断陷盆地,如支河坳陷和时村坳陷以及一系列 NNE 走向的正断层。

中部叠瓦扇带位于闸河向斜与贾汪向斜之间,包括徐州与皇藏峪一带,出露的基岩以上元古界震旦系与古生界寒武系、奥陶系为主。区内主要含煤地层石炭系与二叠系多集中分布于向斜核部,煤层保存条件良好。构造特征表现为一系列走向 NNE 向,向东倾斜的低角度叠瓦状逆冲断层以及轴向近平行的线性斜歪紧闭褶皱。此外,带内中酸性岩浆岩发育程度高于东、西两带(刘杰刚,2018)。

西部前锋带主要分布于萧西-闸河-淮北一带,构造变形强烈,主要发育走向 NNE-近 NS 向的褶皱构造,如萧西向斜等,并伴生走向近一致的反向逆冲断层,形成反向逆冲叠瓦扇组合。含煤岩系主要为二叠系,煤层埋深普遍较大(Jiang et al.,2010;刘军,2017)。

2.2.1.2　南部构造分区

南部构造分区位于宿北断裂与板桥断裂之间,基岩基本隐伏于第四系松散层之下。区内断层走向由近 NS 向转为 NW 向,主要有西寺坡断层和宿东向斜东北翼的逆冲断层,以 NW 走向的西寺坡断层为界,可划分为东、西两带。

东带包括西寺坡逆冲断层及断层东部区域,总体位于徐-宿弧形构造的东南端,属于徐-宿逆冲推覆构造南部前缘的一个逆冲岩席。该区域受强烈的构造挤压变形,主要发育走向 NW 的西寺坡逆冲断层和轴向 NW 的宿东向斜,向斜东翼倾角为 40°～70°,西翼倾角约为 20°,核部地层主要为石炭系和二叠系,煤层埋藏较浅。西带位于西寺坡逆冲断层以西地区,属于逆冲推覆构造的下伏系统,构造迹线以 NNE 向为主,与北部分区一致。区内正断层发育并切割宿北断裂,贯穿南北,近 EW 向正断层也较发育;区内褶皱构造以近 NS 向的短轴背斜和向斜为主,主要包括宿南向斜与南坪向斜等(李云波,2014;陈红东,2017)。

研究区宿县矿区位于南部构造分区,其中朱仙庄矿和芦岭矿位于南部分区的东带,煤层受强烈构造挤压作用,煤层流变较为强烈,不同类型构造煤发育普遍,尤其是 8 号煤层受挤压和层间滑动作用影响,煤体结构复杂,煤质松软,多呈鳞片状结构产出(姜波等,2001);祁南矿和祁东矿位于西带的宿南向斜范围内,发育次级褶皱构造,煤层埋深相对东带大,构造变形强度低于东带。

2.2.2 区域构造演化

淮北地区主要经历了印支、燕山和喜马拉雅三期次构造运动，印支期以来复杂的构造演化进程，尤其是徐宿逆冲推覆构造影响并控制了区内煤层赋存状态，也是奠定矿区构造格局的关键构造(Jiang et al.,2010)。

2.2.2.1 印支期

中生代早期的印支运动在中国东部构造演化史中具有重要意义。该时期研究区开始由古亚洲构造域向特提斯-太平洋构造域转化，区域构造格局也发生由“南北分异，东西展布”向“南北分段，东西分带”的转变。晚三叠纪时期，华北板块和扬子板块开始拼贴碰撞，丰沛与蚌埠地区受到近NS向的挤压应力作用，形成近EW向的隆起构造并伴生同向逆断层(琚宜文等，2002)。本期构造运动对徐宿地区影响较小，区内聚煤期的构造格局及煤层展布特征基本没有改变，煤层的构造变形较为微弱，基本保持了煤层的原始构造特征(姜波等，2001)。

2.2.2.2 燕山期

燕山期中国东部受太平洋板块向欧亚大陆俯冲加强以及南北古陆壳板块全面拼贴影响，华北古板块主体于三叠纪末期整体隆起，板内含煤盆地结束统一沉降接受沉积的历史。郯庐断裂在华北古板块与华南板块碰撞拼贴的持续作用过程中，转换为具有转换断层和斜向碰撞带的性质(林中月，2012)。因此，中国东部地区受到强烈的构造变形作用，区内构造应力方向由印支期的近NS向转为NW-SE向，NNE-NE向压剪性构造发育强烈。

印支期末期到燕山期早期，华北板块与华南板块沿郯庐断裂带的持续作用，产生NWW-SEE向挤压应力，导致郯庐断裂带两侧EW向丰沛隆起和蚌埠隆起之间的徐宿地区发生由东向西的盖层推覆，形成了徐-宿逆冲推覆构造(林中月，2012)。在逆冲推覆构造外缘形成NNE向的萧西、宿南及南坪等向斜构造，至此徐宿地区近EW走向的构造格局被强烈改造。区内煤层的展布受褶皱形态的影响极为显著，埋深由向斜的翼部和转折端向核部逐渐加大，也使得煤阶的分布出现规律性变化(姜波等，2001)。燕山中、晚期，中国东部边缘活动带由挤压为主的阶段转变为以拉张为主的阶段，在华北地区形成诸多相互独立的断陷盆地与大规模NNE向纵张正断层(琚宜文等，2002)。

2.2.2.3 喜马拉雅期

喜马拉雅期中国东部南北部已并入欧亚板块，南北向的挤压应力作用明显减弱。受印度板块与欧亚板块碰撞的控制，含煤盆地主要受到拉张裂陷作用(林中月，2012)。徐宿地区同样也表现为伸展拉张，主要受近NS向的伸展应力作用，形成了一系列走向近EW的正断层，造成了徐-宿弧形逆冲推覆构造的不连续。区内宿北断裂受该期伸展构造运动影响，由早期具平移性质的调整断层转化为正断层(姜波等，2001)。

2.2.3 区域岩浆活动

研究区内伴随着多期次构造运动发生了不同程度的岩浆侵入，其中主要包括四期岩浆侵入活动，即早元古代的吕梁期、古生代的加里东期、中生代的燕山期以及新生代的喜马拉雅期(图2-3)，其中以中生代燕山期岩浆活动最为频繁，岩浆可沿构造作用形成的通道侵入煤系与煤层(蒋雨辰，2015)。中生代燕山期Izanagi板块俯冲所导致的洋壳熔融向上侵入，为研究区内岩浆的侵入提供来源。该时期的岩浆侵入属于环太平洋构造-岩浆岩带，依据岩浆侵入先后可具体划分为四个期次(徐德金等，2011；蒋静宇等，2012)。

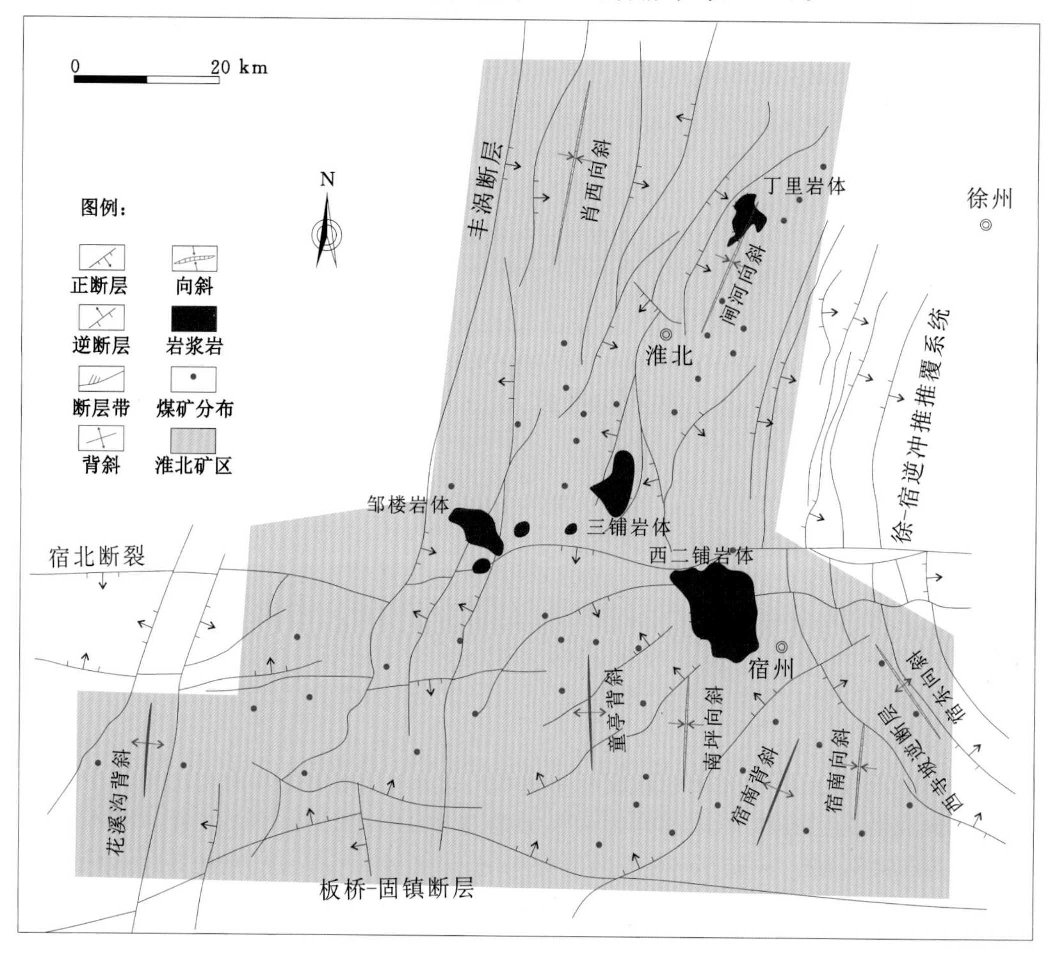

图 2-3　淮北矿区岩浆岩分布特征(据 Liu et al.，2019a)

第一期：岩浆侵入受到 EW 向的断裂构造控制，岩体主要分布于宿北断裂以北一线，主要包括邹楼、三铺与西二铺等岩体，岩性以中性闪长岩与石英闪长岩为主，常呈岩墙或岩床产出。

第二期：岩浆岩主要分布于永城背斜构造附近，受 NNE 向构造带的控制，岩性主要以酸偏中性的花岗闪长岩、石英正长岩与二长花岗岩为主，常呈岩床产出。

第三期：岩浆岩主要分布于萧县丁里与宿州夹沟一带，同样也受到 NNE 向断裂构造带控制，以酸性的花岗岩与花岗斑岩为主，常呈岩株与岩床产出。

第四期：岩浆岩主要分布于闸河与宿南向斜一带，受 NNE 向断裂控制，以基性与超基性辉绿岩或辉长岩为主，多呈岩墙与岩床产出。

燕山期研究区内岩浆活动与紧邻研究区东缘的郯庐断裂带有着密切关系，酸性与中性岩浆岩体一般来自壳幔的底侵作用，而基性岩浆多直接来源于地幔。研究表明，郯庐断裂带切割深度未达到莫霍界面，使得幔源岩浆不能沿郯庐断裂带直接上涌，因此研究区燕山期前三期岩浆岩是通过底侵作用使得岩浆进入断裂带,并最终顺着一级通道郯庐断裂带上涌,再通过 NNE 与 EW 向断裂进入二级通道宿北断裂,并最终通过更次级通道进入研究区内(刘光鼎,2007;蒋雨辰,2015)。第四期岩浆岩则由于郯庐断裂带切割深度加大,达到莫霍界面以下,并在伸展构造背景下深部幔源岩浆以同样的方式侵入不同级别的断裂通道,最终侵入研究区(蒋雨辰,2015)。

2.3 矿区地质概况

宿县矿区内发育的 NW 向西寺坡逆冲断层为徐宿推覆构造南段的前锋断层,构造煤采样点主要分布于逆冲断层的上覆、下伏系统,具体包括上覆系统中的朱仙庄煤矿与芦岭煤矿、下伏系统中的祁南煤矿和祁东煤矿。宿县矿区内发育的断层走向以近 NS 向为主,其次为 NW 向和 NNW 向,整体以发育正断层为主(刘军,2017)。

西寺坡逆冲断层由 4 条 NW 走向的逆冲断层组成,延展长度为 36.5 km,倾向 NE 向,为一典型的逆冲断层。断层上盘主要由轴向 NW、轴面向 NE 倾斜的宿东向斜构成,构造线方向和样式与下伏原地系统构造差异明显(李明,2013)。断层的上盘为推覆构造的上覆系统,强烈的挤压应力作用使得矿井构造以发育紧闭褶皱为主;断层下盘的矿井构造变形强度相对较弱,以发育宽缓向斜为主,主要有宿南向斜(图 2-4 与图 2-5)。

宿东向斜为徐-宿逆冲推覆构造东南部前缘的一个逆冲岩席,轴向 NW,属不对称短轴向斜,两翼倾角东陡西缓。受西寺坡逆冲断层的影响,该向斜逆冲于宿南向斜北部倾伏端之上,向斜内逆断层比例达 42%,构造变形强烈,煤层流变及构造煤发育,同时构造封闭较好,煤层透气性较差,属于瓦斯突出危险区(刘杰刚,2018)。

宿南向斜处于徐-宿逆冲推覆构造的外缘,为一轴向 NNE 的宽缓短轴向斜,NE 翼被西寺坡逆冲断层切割而失去完整性(图 2-4),NW 翼地层倾角约为 25°,SE 翼倾角基本均为 45°左右,南端转折端部位倾角平缓(图 2-5)。向斜内近 EW、NE、NW 和近 NS 向的高角度正断层较为发育,倾角一般大于 50°,最大可达 80°(姜波等,2001)。

2.3.1 上覆系统矿井构造特征

(1) 朱仙庄煤矿

朱仙庄煤矿位于徐-宿弧形逆冲推覆构造东南端上覆系统的宿东向斜北段(屈争辉,2010)(图 2-6)。矿井主体构造为轴向 NNW 的不对称向斜,较为紧闭,地层倾角东陡西缓。向斜东翼地层倾角一般为 45°～90°,发育有与宿东向斜轴向基本一致的紧闭次级褶曲;西翼沿走向呈波状起伏,地层倾角一般为 15°～25°;向斜中部呈现狭窄的蜂腰,褶皱形态紧闭,两翼地层均向轴部弧形突出(陈红东,2017)。

朱仙庄煤矿内褶曲和断层较为发育,矿井内的次级褶皱走向与宿东向斜基本一致;断裂构造按走向可分为 NNW、NNE 和近 EW 向三组,其中与宿东向斜大致平行的 NNW 向断裂最为发育,多分布于矿井东翼,且延伸较远;NNE 向断层多发育于矿井西翼,一般延伸较短;近 EW 向断层发育虽少,却贯穿井田,并切割前两组断层,断层性质以正断层为主。受矿井复杂构造作用影响,构造煤发育具有多期性,其中层滑构造多发育于 8、9 煤层,使得韧性变形构造煤广泛发育(刘明等,2006;李云波,2014)。该矿井内岩浆活动较为普遍,主要影

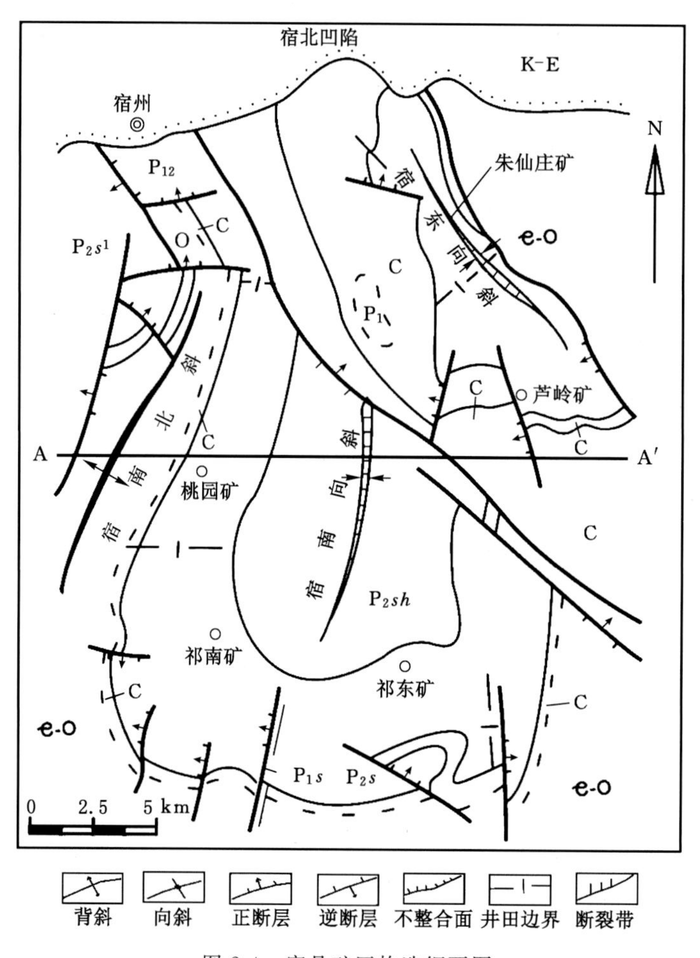

图 2-4 宿县矿区构造纲要图

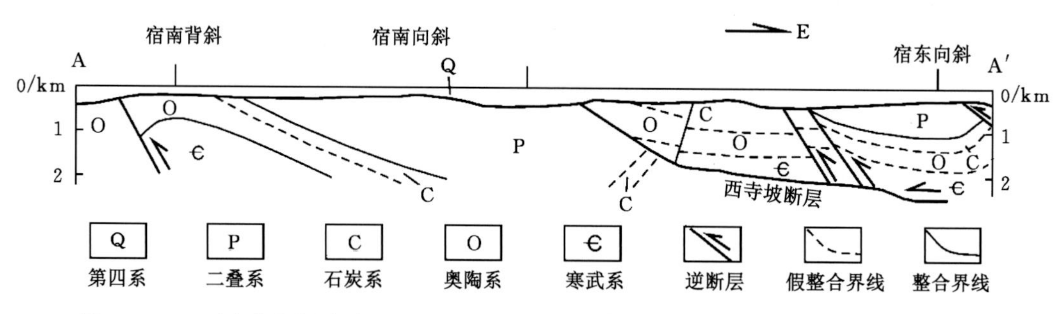

图 2-5 A—A′宿南背斜-宿东向斜构造剖面图(A—A′位置见图 2-4)(据 Jiang et al., 2010)

响 F_{10} 断层以北的区域,8 号和 10 号两主力煤层都有岩浆侵入(屈争辉,2010)。

(2) 芦岭煤矿

芦岭煤矿处于宿东向斜 SW 翼的 SE 段(图 2-6),根据断层延伸方向,可分为 NW、NE 和近 NS 向三组,其中逆断层多呈 NW 和 NNW 向,断层面倾向东,正断层走向多为 NE 向。按照井田构造发育的复杂程度,可将井田划为三个部分(陈富勇,2005)。

井田西部(6—7 线至断层 F_7):包括六、八、十采区,其中十采区是宿东向斜最宽缓的部位,地层倾角为 5°～20°,中小型断层发育,浅部发育有松井王背斜、王格庄向斜两个短轴状次级褶曲,沿走向呈低缓波状起伏;本区内以Ⅱ六采区断裂构造最为复杂,把Ⅱ六采区切割成五个孤立块段。

井田中部(F_7—11 至 12 线):包括一、三、二、四采区,构造相对比较简单,发育几条斜切断层,其中四采区－600 m 水平上地层倾角平缓,煤层沿走向有宽缓起伏,薄及中厚煤层中落差 10 m 以内断层较发育。

东部拐头区(11—12 线至 F_{32}):包括五、七采区,为宿东向斜的仰起端,呈向南的弧形突出,地层走向为 310°-EW-10°,呈“S”形,地层倾角变化大。区内发育的小史家背斜为一斜歪褶曲,东翼走向较为稳定,地层倾角为 20°～35°;西翼走向急转,地层倾角多高于 35°,局部出现地层倒转现象(刘明等,2006)。区内断层发育密集,切割关系复杂。

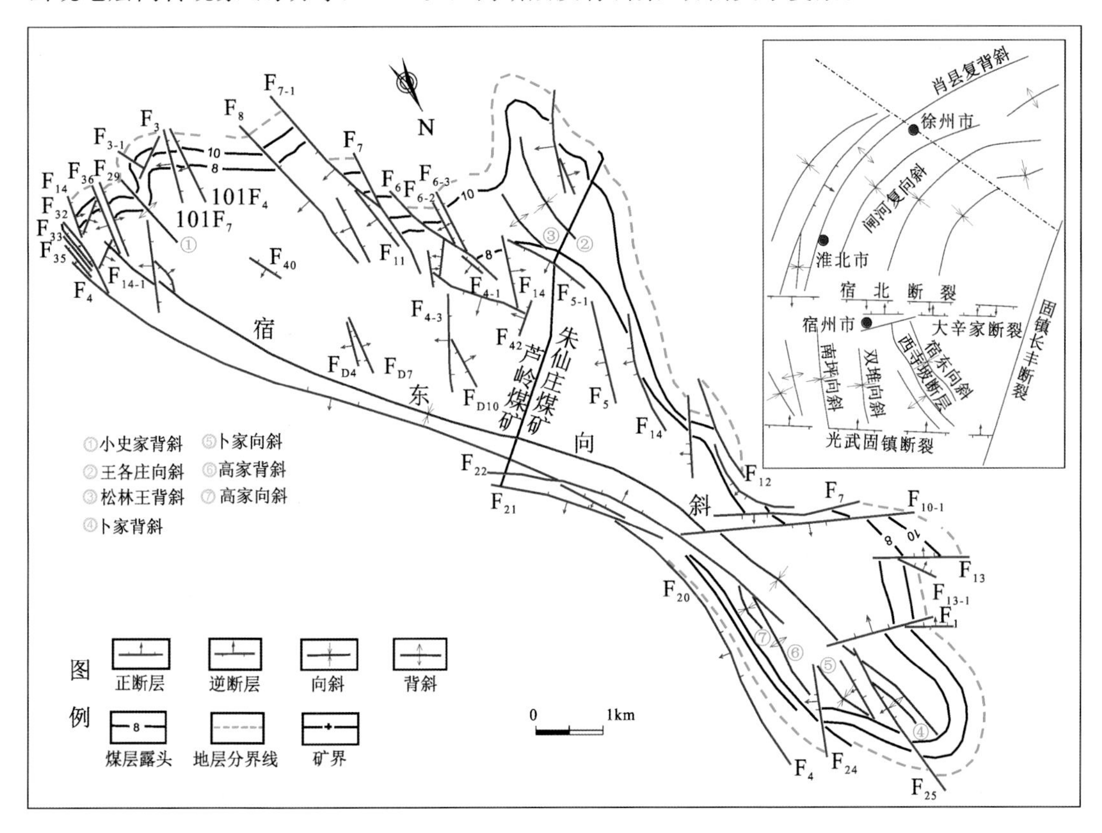

图 2-6　朱仙庄和芦岭煤矿构造简图

2.3.2　下伏系统矿井构造特征

(1) 祁东煤矿

祁东煤矿位于宿南向斜的东翼,邻近西寺坡逆冲断层(图 2-5),矿井主要构造线走向为 EW 向和 NNE 向,其次为 NW 方向(史小卫,2007),整体表现为东西分异的矿井构造特点(图 2-7)。

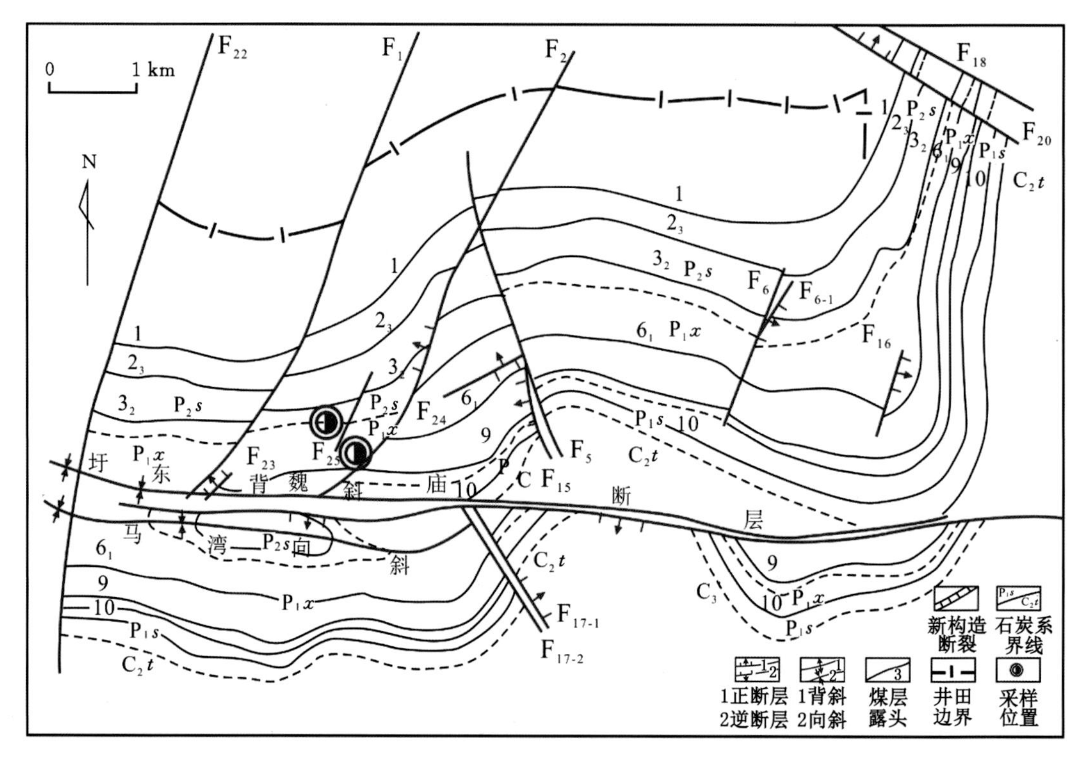

图 2-7　祁东矿构造简图

矿井西部的构造形态总体为一走向近 EW、向北倾斜的单斜构造，地层倾角为 10°～15°，西部褶曲不发育，主要构造为走向近 EW 向的宽缓褶皱，如圩东背斜和马湾向斜，褶皱规模较大(吴诗勇等，2010)。东部地区受 NNE 向的宿南向斜和西寺坡逆冲断层的共同控制，总体为走向近 NS 向、向西倾斜的单斜构造，地层倾角较大，可达 25°～35°。该区受逆断层影响，次级牵引褶曲较为发育，延伸方向为 NE 向，地层倾角 NE 翼较陡，SW 翼较缓(史小卫，2007)；东部断层走向主要有 NNE 及 NE 向，EW 向主要发育一套规模较大的正断层，其他方向的断层一般规模较小，多为高角度的正断层。该区逆冲断层倾角相对较小，而在徐-宿逆冲推覆构造体系中，逆冲断层的倾角则多大于 65°。

(2) 祁南煤矿

祁南煤矿位于宿南向斜的转折端(图 2-4)，整体呈一轴向由近 NS 转至近 EW 方向、向 SW 凸出的弧形单斜构造(屈争辉，2010；张春光等，2010)(图 2-8)。

矿井构造变形相对较弱，中部及东部地区发育轴向 NWW 的次一级褶曲构造(王楼背斜和张学屋向斜)；地层倾角北部略陡，一般为 20°～30°，中部及东部较缓，一般为 7°～15°。祁南矿以断层构造发育为主，褶皱发育相对较弱。按照断层的走向，可将区内断层划分为 NNE、NWW 和 NNW 向三组，其中 NNE 和 NWW 向最为发育，NWW 向断层走向与井田内主要褶皱轴向一致，延伸相对较短；NNW 向断层发育较少，一般为落差小于 10 m 的小断层。煤系中层滑动构造较为发育，层滑带的延伸方向与褶皱轴向相近，滑面附近强变形构造煤较发育(张春光等，2010)。矿井内岩浆活动不甚强烈，主要侵入 10 煤层，对 10 煤层有较强的破坏作用。

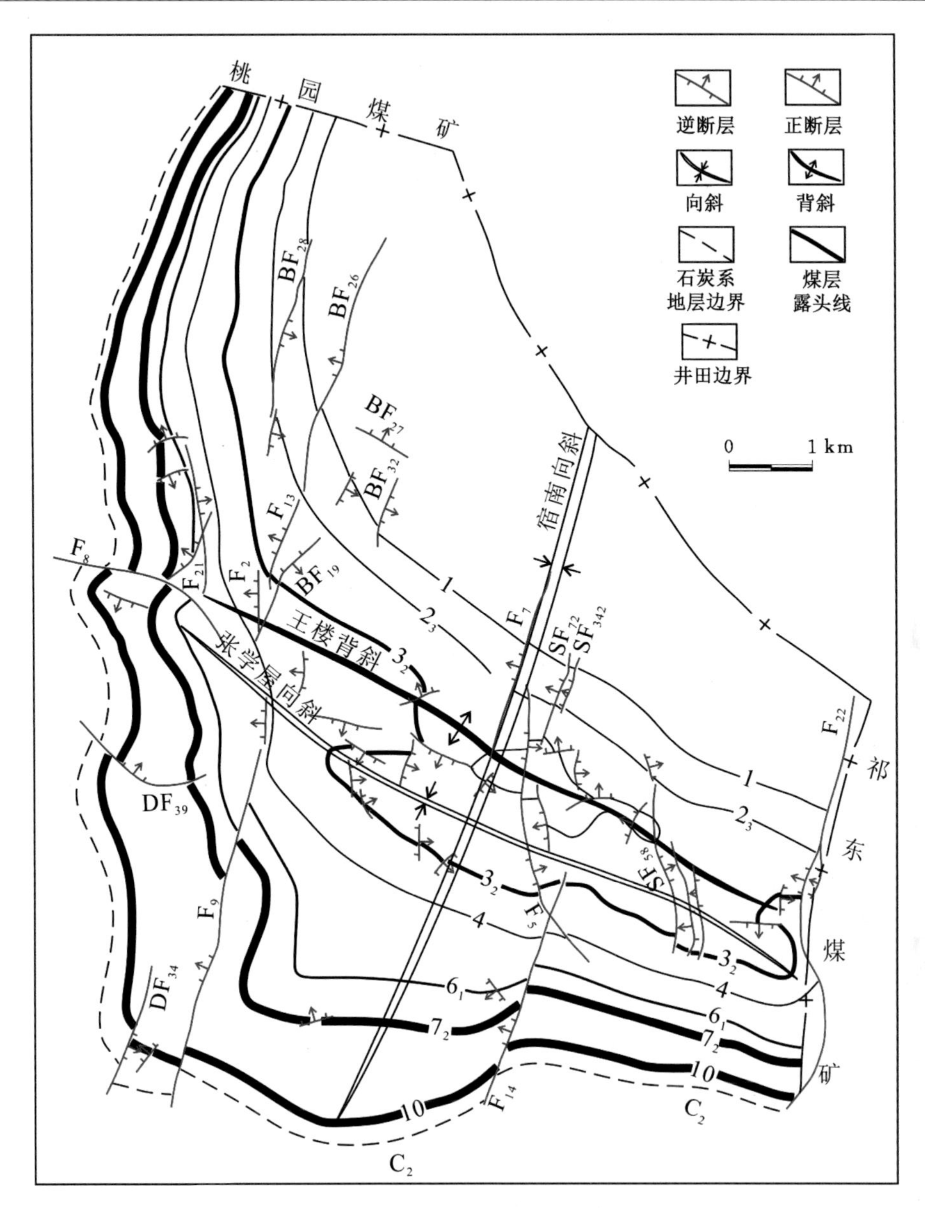

桃
园
煤
矿
逆断层
正断层
向斜
背斜
石炭系
地层边界
煤层
露头线
井田边界
0
1 km
BF28
BF26
BF27
BF32
F13
BF19
F21
F2
F8
宿南向斜
王楼背斜
张学屋向斜
F7
SF72
SF342
F22
祁
东
煤
矿
DF39
SF58
F9
F5
DF34
F14
C2
1
23
32
4
61
72
10

图 2-8 祁南矿构造简图

3 煤高温高压变形实验

利用煤高温高压变形实验系统可模拟煤成煤期后在一定的应力-应变环境和构造应力作用下的变形过程，通过对实验变形煤宏、微观变形特征与变形条件的综合分析，可以揭示构造煤形成的应力-应变环境以及脆、韧性变形转换条件。同时，通过样品间以及样品不同变形微区矿物与元素变化特征的对比分析，为揭示矿物与元素应力作用下的迁移变化机理提供了重要途径。

3.1 实验系统与步骤

采用的煤高温高压变形实验系统（TRTP2000）经过反复的调试与标定，能够实现温度、压力及应变速率的精准控制，满足实验的精度要求。通过多次实验摸索与经验总结，结合实际地质条件的研究，设计了本书实验的详细操作步骤与温、压条件，保证了实验的可信度与还原度。

3.1.1 实验系统组成

煤高温高压变形实验系统（TRTP2000）是一套依据 Griggs 设计原理自主研发的三轴固体围压介质电加热系统（杨晓志等，2016；刘杰刚，2018），主要由反应釜体、压力控制系统、加热系统、外循环冷却系统以及系统控制台五个部分组成（图 3-1）。

其中，压力系统主要通过数字液压站、内置制动器、作动器及压力传感器来实现对压力的控制。以模具压制成的分析纯 NaCl 套作为围压介质，压力系统可通过对 NaCl 传递介质的纵向加压压缩实现横向的围压加载；轴压则是通过上、下压头的移动以及压力传感器反馈的联动实现操作控制；温度系统是以包裹样品的薄层石墨管作为加热介质，通过调压变压器与变压器的电流输出、样品底部热电偶的反馈以及 SHIMADEN SRS 温控表的精确控制实现样品稳定加热过程，温度系统能够实现 0.05～50 ℃/min 范围内的升温速率。

经过反复标定系统，可稳定实现围压 0～800 MPa、轴压 0～800 MPa、温度室温～800 ℃、应变速率最低可达 $10^{-9}\ s^{-1}$ 量级的实验条件。循环水箱提供的循环冷却水可源源不断地输送至实验系统各个部分，以保证系统稳定运行。实验样品为直径 25 mm、长度20～80 mm的圆柱样。

3.1.2 实验步骤

煤高温高压变形实验严格遵循以下五个步骤。

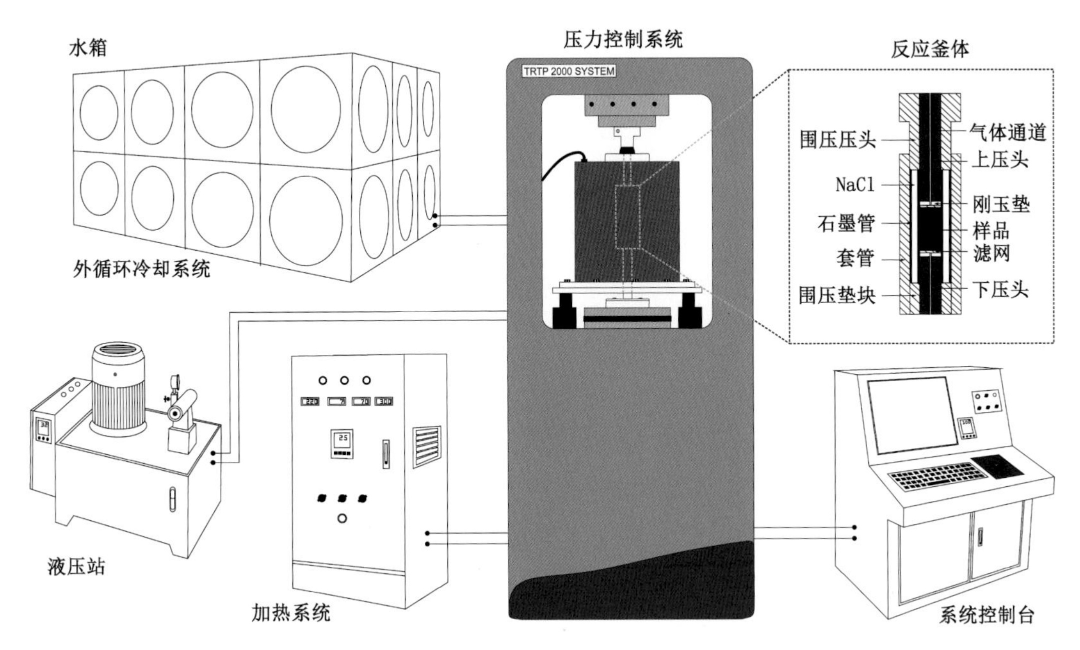

图 3-1　实验系统组成示意图

步骤一(准备工作):利用模具以 50 MPa 的恒定压力压制分析纯 NaCl 套作为围压传递介质,压制过程中的时间-荷载曲线如图 3-2 所示。NaCl 套可以更好地模拟煤层顶、底板的围压刚度;然后将钻取好的标准规格样品与 NaCl 安装至反应釜体内部,组装连接实验系统各部分并调试。

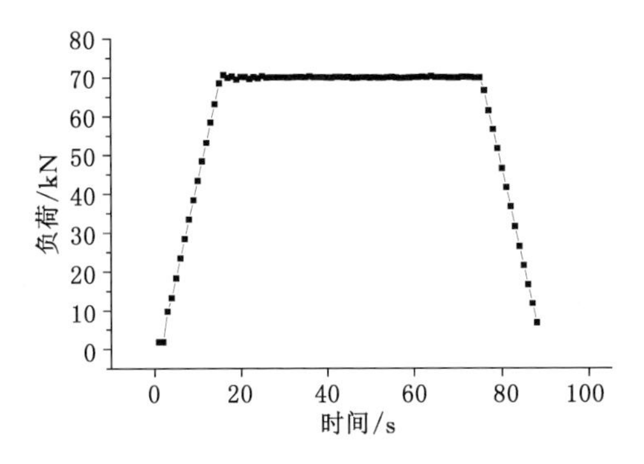

图 3-2　NaCl 套压制的时间-荷载曲线

步骤二(预加载阶段):以 0.5 MPa/min 的加载速率统一将样品的轴压与围压加载至预设值。预加载阶段轴压与围压相等(即零差应力状态),同时将温度同步加载至预设值,升温速率为 1.5 ℃/min。为保证所有样品受到的加热时间一致,预加载阶段在温度与压力均达到预设值后稳定维持至 200 min。

步骤三(轴压加载阶段):预加载阶段模拟的是煤在构造变形前的地质条件,轴压加载阶段模拟的是煤层经受的构造应力作用而产生变形的演化过程。该阶段通过加载轴向压力模拟煤体在构造应力作用下的变形,其间所有样品均以恒定的轴压加载速率 0.2 MPa/min 加载至预设的差应力值。

步骤四(恒定阶段):恒定阶段维持设定的轴压不变并维持设定的差应力值,使煤样发生持续的变形作用,或称之为蠕变阶段。通过设定不同的样品变形时间,以探讨不同变形强度样品的变形特征。

步骤五(拆卸样品):恒定阶段达到设定时间后,为保证能够获取较为完整的样品,尽量减少卸载过程中样品内部应力释放导致的样品二次破碎。首先降低轴压至与围压相等的数值,降压过程中温度保持不变;然后同步降低轴压、围压与温度至零。拆卸煤样操作需严格遵守温度、轴压与围压同步降低以及速率低缓的原则,整个拆卸过程约持续 2 h。

3.2 实验样品变形条件与宏观力学表现

通过总结研究区内构造煤形成的温压条件,设定模拟实验的具体变形条件,以原生结构煤为研究对象开展变形实验,并结合样品变形的应力-应变曲线以及实验变形条件,揭示实验变形煤的宏观力学表现及影响因素。

3.2.1 实验样品与变形条件

实验拟通过设定不同温压条件,模拟煤层在成煤期后的构造应力作用下的变形过程,揭示构造煤形成的应力-应变环境、脆韧性变形转换条件以及构造煤中矿物与元素在应力作用下的迁移变化特征与机理。因此,实验样品需选取受构造应力作用影响较小的原生结构煤,同时为了保证与后续构造煤测试研究结果的可对比性,选取本书主要研究对象的 8 煤层为采样层位。

选取朱仙庄煤矿最新掘进的 8103 机巷为采样区域,有效避免了煤壁长时间暴露以及人为干扰等因素。通过观测巷道揭露的 8 煤层宏观煤岩类型、煤体结构及裂隙发育情况,对煤层进行垂向分层,选取 6 采架附近煤体变形强度低、宏观煤岩组分分布均匀的中部煤分层为采样点。采样操作过程严格遵守《煤岩样品采取方法》(GB/T 19222—2003),首先利用镐将标记的采样部位四周刨空,使所需部位呈块状突出;然后利用地质锤将块状样品轻轻敲下,并用样品袋与胶布封装块状样品,防止样品二次破碎与氧化;最后记录采样点的位置、分层情况以及矿物的发育特征等,并对样品进行编号。

3.2.1.1 样品工业分析与元素分析

样品工业分析与元素分析均在中国煤炭地质总局检测中心(江苏地质矿产设计研究院)完成。测试前先将样品烘干并研磨至 0.2 mm 以下,然后缩分成两份分别进行工业分析与元素分析。原生结构煤元素分析采用德国 Elenentar 公司生产的 Vario Macro Cube 元素分析仪,分析结果的精度可达 0.05%~0.15%,检测范围在 0.03%~100%。原生结构煤样品中总 S 含量的测定是基于国际标准 ASTM standard D3177—02(2002)的标准。工业分析采用 5E—MAG6700 全自动工业分析仪完成,操作过程严格遵守国际 ASTM 标准进行检测,包括 ASTM D3174—12(2012)、ASTM D3175—17(2017)、ASTM D3173/D3173 m—17a(2017)和 ASTM D3175—17(2017)。

煤的工业分析、元素分析以及镜质组反射率测定结果表明,所采样品 Z5 属于高挥发分低硫烟煤(表 3-1)。所选块状样品受构造应力作用影响小,原生结构保存完整,宏观煤岩条带清晰可见,偶见裂隙发育。根据宿县矿区构造演化史,区内煤体变形主要受燕山期挤压应力的改造作用形成(Jiang et al.,2010;刘杰刚,2018)。因此,为了模拟构造应力的顺层挤压作用,利用 Z4116 工业台钻在 Z5 样品中顺层钻取直径为 25 mm、长度为 45 mm 的圆柱状样品 9 件(图 3-3)。钻取的样品集中分布于块状样品同一宏观煤岩条带内,以保证样品所受的沉积微环境作用可忽略不计。

表 3-1 原生结构煤样品 Z5 工业分析与元素分析结果

$R_{o,max}$	工业分析/%				元素分析/%(wt)				
	M_{ad}	A_d	V_{daf}	FC_d	$S_{t,d}$	O_{daf}	C_{daf}	H_{daf}	N_{daf}
0.88	0.86	4.52	37.57	59.61	0.29	8.31	84.35	5.51	1.51

注:$R_{o,max}$,镜质组最大反射率;M_{ad},空气干燥基水分;A_d,干燥基灰分产率;V_{daf},干燥无灰基挥发分产率;FC_d,干燥基固定碳;ad,空气干燥基;d,干燥基;daf,干燥无灰基。

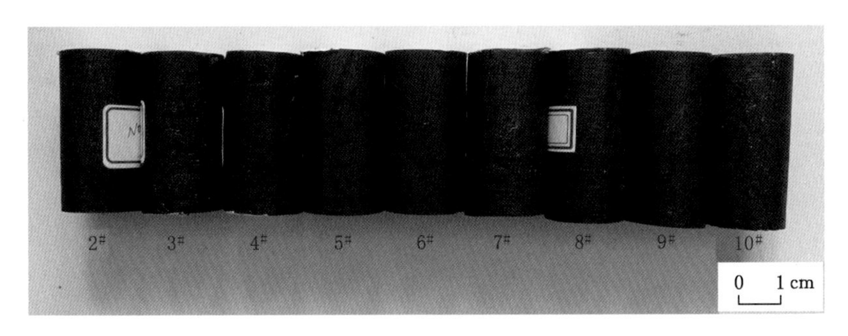

图 3-3 变形实验前钻取的柱状样品

3.2.1.2 实验条件

前人研究结果表明,在不受区域岩浆热变质作用影响的情况下,宿县矿区石炭系、二叠系煤层形成温度低于 150 ℃,差应力小于 150 MPa,区内燕山期煤层埋深约为 2 km,因此按照正常地应力梯度计算可得煤层形成的围压值约为 50 MPa(Wu et al.,2011;韦重韬等,2007;刘杰刚,2018)。因此,实验过程中差应力参数共设置三组,分别为 50 MPa、100 MPa 与 150 MPa。参考研究区煤层顶、底板具有的围压刚度,实验整体以 50 MPa 的围压值为主,并设置两组参照的围压值,分别为 75 MPa 与 100 MPa。尽管高温作用会对煤样的化学结构产生较大影响,但前人研究表明,温度具有促进韧性变形以及补偿变形时间的作用(王绳祖,1995)。因此,为了强化煤样变形对元素与矿物分异的作用,实验设置的温度值较高,分别为 100 ℃、200 ℃与 300 ℃。由于设定的温度不高于煤热解的起始温度 300 ℃,故温度对煤有机结构的影响能够最小化(赵宝杰,2009)。整个实验过程中反应釜体均为开放系统,温度与变形作用产生的气体对煤样变形的影响可忽略不计(刘俊来等,2005)。同时,为了研究煤中矿物与元素在应力作用下的迁移变化机理,实验过程中未在样品中添加任何流体。具体实验条件设置见表 3-2。

表 3-2 煤高温高压变形实验条件及实验结果

样品编号	围压/MPa	轴压/MPa	温度/℃	蠕变实验时间/h	轴压加载阶段应变量/%	轴压恒定阶段应变量/%	应变速率/s^{-1}	变形类型
1	/	/	/	/	/	/	/	对照样
2	100	200	100	8	4.71	4.59	3.21×10^{-4}	脆性
3	75	175	100	8	7.09	6.43	4.22×10^{-4}	脆性
4	50	150	100	4	10.85	5.33	9.28×10^{-4}	脆性
5	50	100	100	8	4.61	6.35	3.6×10^{-4}	脆性
6	50	150	100	8	8.66	6.33	4.67×10^{-4}	脆性
7	50	150	100	12	8.74	8.65	3.77×10^{-4}	脆性
8	50	200	100	8	24.24	14.90	1.18×10^{-3}	韧性
9	50	100	200	8	16.81	10.05	3.37×10^{-5}	韧性
10	50	100	300	8	24.94	11.83	6.71×10^{-7}	韧性

3.2.2 煤变形过程及影响因素

煤变形实验过程中的应力-应变曲线能够反映特定的变形行为与变形特征。变形实验过程中煤在轴压加载阶段与蠕变阶段均发生了变形,因此煤变形的应力-应变曲线从轴压加载阶段开始绘制。9 号样品因数据缺失无应力-应变曲线,故不作讨论。

3.2.2.1 应力-应变曲线

由于实验的预加载阶段是模拟煤在构造变形前的地质条件,该阶段轴压与围压同步加载,样品处于零差应力状态,样品的变形可忽略不计。进入轴压加载与轴压恒定阶段,轴压大于围压(即模拟煤在构造应力作用下的变形过程),差应力作用导致样品发生强烈变形作用,因此样品的应力-应变曲线的绘制包含了两个实验过程:轴压加载阶段,差应力值不断增加,样品的应力-应变曲线斜率也产生变化;而在轴压恒定阶段,差应力值保持不变,样品的应力-应变曲线呈平行于 X 轴的线段(图 3-4)。

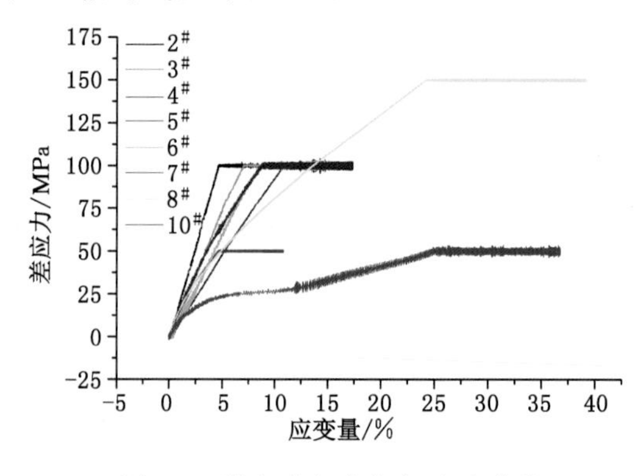

图 3-4 煤变形实验应力-应变曲线

岩石应力-应变曲线在屈服点前基本呈一条倾斜线段,此时样品处于弹性变形阶段,即在此阶段样品没有突破自身强度极限，卸载压力后应力-应变曲线仍可恢复；当差应力作用超过样品强度极限后，应力-应变曲线相应地进入屈服点后的变形阶段，屈服点后的应力-应变曲线是判断样品变形类型的重要依据。

实验过程中加载的差应力值已远超煤样的强度极限，应力-应变曲线理论上会出现应力降，但实际变形过程中不同样品轴压加载阶段的应力-应变曲线均未出现明显的应力降。这主要是由于实验采用了具有一定力学强度的固体 NaCl 围压介质，该介质的优点在于能够模拟煤层顶、底板岩石的强度，具有“环境刚度”，起到了围限和阻碍样品破碎的作用，因此样品变形的应力-应变曲线中并未出现明显的应力降。

由于样品 2 与样品 3 受到的围压高于其他样品，使得两件样品的应力-应变曲线斜率均高于其他样品，表明围压能够一定程度上增加样品的力学强度，阻碍样品压缩变形。样品 2～7 的应力-应变曲线的斜率基本保持恒定不变，表明轴压加载过程中样品强度变化较小。样品 8 在应变量大于 6%时应力-应变曲线斜率略微降低，表明高差应力作用下样品破碎程度增加，煤样力学性质也相对降低。样品 10 在 300 ℃高温作用下应力-应变曲线的斜率变化呈三个阶段的变化特征：第一阶段应变量小于 5%时曲线斜率在逐渐减小，第二阶段应变量在 5%～12%时曲线斜率接近 0，第三阶段应变量大于 12%时曲线斜率略增加。由此可见，高温作用下样品 10 在第一、二阶段首先发生了应变软化作用，进入第三阶段后又发生了应变硬化作用。

此外，样品 2～6 随着围压的减小应变量逐渐增大，也表明围压能够增强样品的力学强度，一定程度上限制了样品变形；相反，轴压作用能够促进样品的变形作用，受高差应力作用的样品 8 的应变量要明显高于样品 5 与 6 的应变量；由于高温作用能够软化煤样，使得样品 10 的应变量远高于样品 5 的应变量。

样品在恒定轴压作用下发生了蠕变，由于差应力与温度条件的不同，应力-应变曲线图中样品蠕变的应变量也存在差异。差应力值最大的样品 8 在恒定轴压作用下的应变量为 14.90%，高于样品 5 与样品 6 的应变量，这主要是由于在样品力学性质差异不大的情况下，高差应力作用更容易使样品发生变形。300 ℃高温作用下的样品 10 的应变量(11.83%)明显高于样品 5 与样品 9 的应变量，表明高温作用能够促使样品的力学性质降低，更容易发生变形作用。而相比于样品 3 与样品 6，高围压的围限作用下样品 2 的变形程度最低，在恒定轴压作用下的应变量最低，仅为 4.59%(表 3-2)。

3.2.2.2　时间-应变曲线

由于在恒定轴压作用下样品的应力-应变曲线呈平行于 X 轴的线段，难以表现该阶段样品的变形特征，因此通过绘制时间-应变曲线进一步讨论样品的宏观力学表现。在轴压加载过程中，由于样品的压实程度较低，因此随着轴压增加样品的应变量快速增加；而在轴压恒定加载作用下，样品经轴压加载阶段的压实而逐渐进入应变硬化阶段，时间-应变曲线的斜率逐渐减小，表明样品发生了减速蠕变(图 3-5)。高温样品 10 初始阶段与后期应变速率的对比变化最为显著；样品 2 与样品 3 由于高围压作用使得轴压恒定阶段的总应变量均小于样品 6 的应变量；受高差应力作用的样品 8 在恒定阶段的应变量要远高于样品 5 和样品 6 的应变量；同样，受高温软化作用的样品 10 在软化作用下的应变量要高于样品 9 与样品 5 的应变量。

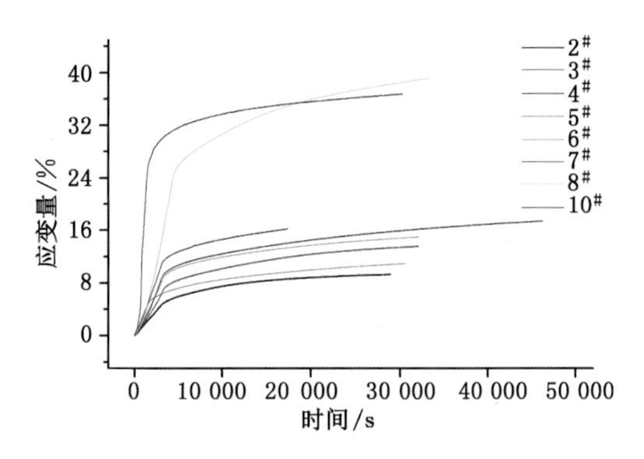

图 3-5 煤变形实验时间-应变曲线图

3.2.2.3 煤变形影响因素

(1) 围压

样品 2、3、6 为围压对照组,设定的围压值分别为 100 MPa、75 MPa 与 50 MPa。随着围压的增加样品的应变量呈下降趋势,这主要是由于在围压的围限作用下样品的力学性质增强,在相等的差应力作用下低围压样品更容易变形(姜波等,1997)[图 3-6(a),表 3-2];同时,由于高围压的围限作用,样品 2 的应变速率要低于样品 3 和样品 6 的应变速率[图 3-6(b)]。结合应力-应变曲线图可以发现,样品 2、样品 3 随着围压的减小,应力-应变曲线斜率明显减小,表明高围压作用阻碍了样品的变形作用(图 3-4);时间-应变曲线也反映了样品 2 与样品 3 在不同围压作用下应变速率存在差异,尤其是在轴压加载过程中应变速率的差异更明显。

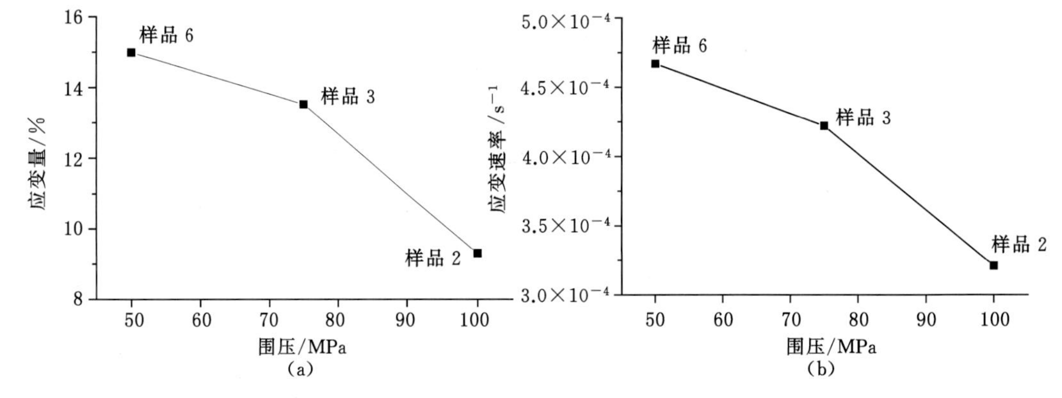

图 3-6 围压与应变量及应变速率关系图

(a) 围压与应变量;(b) 围压与应变速率

(2) 差应力

样品 5、6、8 为差应力对照组,设定的差应力值分别为 50 MPa、100 MPa 与 150 MPa。差应力增加使得样品更容易变形,应变量大大增加,尤其是差应力从 100 MPa 上升至 150 MPa,样品应变量增加了 24.15%[图 3-7(a)]。相同围压与温度条件下,样品的力学强度基本保持不变,因此,随着差应力的增加样品变形的应变速率也显著增加[图 3-7(b)]。高差应力作用使得样品以发育大应变速率与应变量的脆性变形为主,尤其在样品 8 中更高的差应力作用使得煤内部的破碎程度增加，甚至发生一定程度的应变软化作用，表明样品内部可能发生了碎裂流变(图 3-4)。

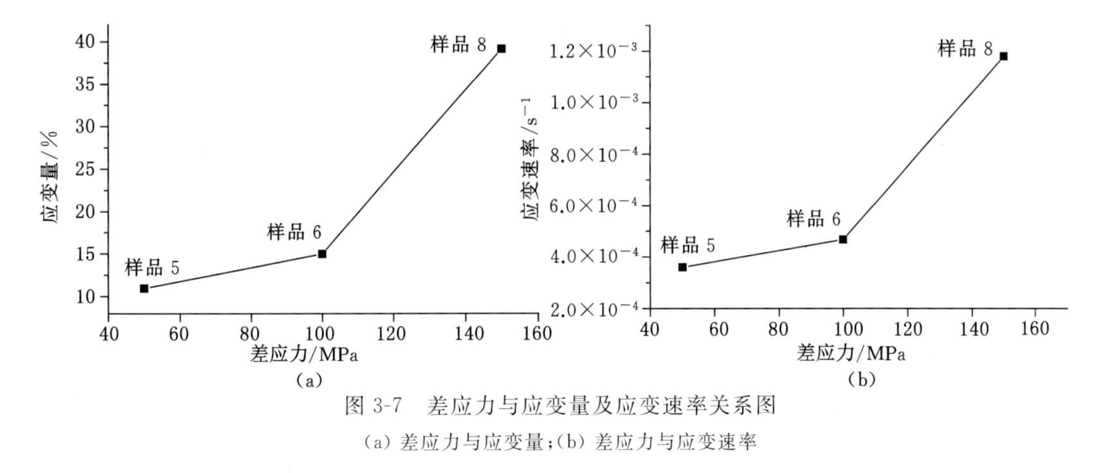

图 3-7 差应力与应变量及应变速率关系图

(a) 差应力与应变量；(b) 差应力与应变速率

(3) 温度

样品 5、9、10 为温度对照组，设定的温度分别为 100 ℃、200 ℃与 300 ℃。岩石工程领域的相关研究认为，温度与应变速率对岩石变形具有等效性，并推算出工程环境温度条件下的实验应变速率，具体如公式(3-1)所示(王绳祖，1995)。本书煤变形实验也借鉴了用温度补偿应变速率的方法来模拟低应变速率变形(周建勋等，1994)，样品 9 与样品 10 的应变速率具体换算公式如下：

$$\log \varepsilon = \log \varepsilon_0 + (T - T_0)/C \tag{3-1}$$

式中，T_0与 ε_0代表工程环境温度和应变速率；T 与 ε 代表实验温度和相应的应变速率；C 为增长一个数量级应变速率所需要增加的温度(C=50～200 ℃)。

依据 Barker 提出的古地温计算公式(3-2)(Barker et al.，1986；孙蓓蕾等，2013)，利用煤镜质组最大反射率($R_{o,\max}$)计算所采样品在埋深最大时经受的古地温($T_{\max}$)，以最大埋深的古地温作为 8 煤层变形过程中的环境温度，即 $T_0 = T_{\max} \approx 137$ ℃。由于煤层为温、压敏感的有机岩石，故补偿单位应变速率所需的温度 C 选取 50 ℃。

$$\ln R_{o,\max} = 0.007\,8 \times T_{\max} - 1.2 \tag{3-2}$$

因此，通过利用公式(3-1)与公式(3-2)计算获得样品 9 与样品 10 的应变速率分别为 3.37×10^{-5} s^{-1}和 6.71×10^{-7} s^{-1}(表 3-2)，而变形温度为 100 ℃的样品 5 的应变速率比样品 9 与样品 10 的应变速率分别高 1 和 3 个数量级[图 3-8(a)]。随着温度的增加，样品应变量也呈线性增加，这主要是由于在高温作用下煤样被软化，使得相等差应力作用下高温样品更容易变形[图 3-8(b)]。因此，在低应变速率以及大应变量的变形条件下，样品 9 与样品 10 均发生了强烈的应变软化现象，表明样品内部发育塑性流变(图 3-4)。

(4) 蠕变时间

样品 4、6、7 为轴压恒定时间对照组，设定的恒定时间分别为 4 h、8 h 与 12 h。随着轴压恒定时间的增加，样品蠕变的应变量也呈线性增加(图 3-9)。由于轴压加载作用下样品的压缩程度较高，使得轴压恒定作用下样品的应变量整体均较低，且随着变形时间的增加样品的应变速率逐渐降低，呈减速蠕变(图 3-5)。

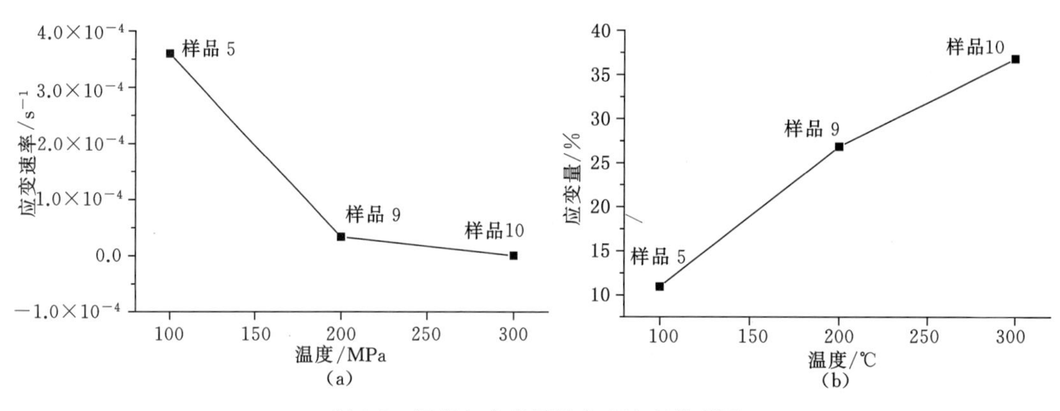

图 3-8 温度与应变量及应变速率关系图

(a) 温度与应变量;(b) 温度与应变速率

综合整个变形过程来看,样品 8～10 的轴压加载阶段的应变量占比均高于 60%,而样品 2～7 的轴压加载阶段的应变量占比基本均小于样品 8～10(表 3-2)。样品 8 由于受更高的差应力作用,使得在轴压加载阶段的应变速率与应变量均增加;样品 9 与样品 10 则由于受高温作用被软化,导致轴压加载阶段应变速率与应变量显著增加。样品轴压加载阶段的应变量基本均高于蠕变阶段,主要是由于进入蠕变阶段后样品内部经差应力作用均被显著压实,基本进入减速蠕变阶段,应变量与应变速率均大幅降低。

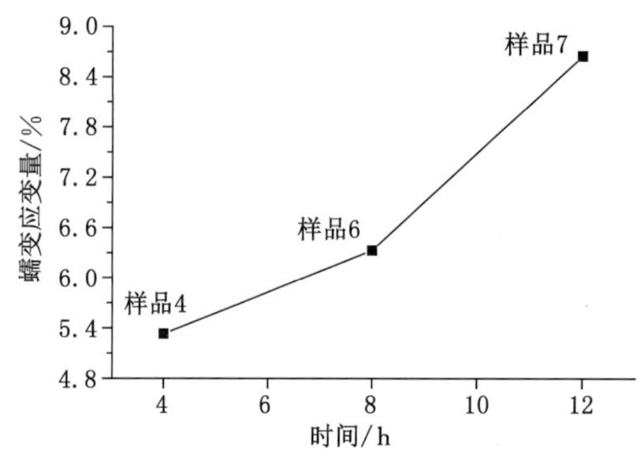

图 3-9 蠕变时间与蠕变应变量关系图

3.3 实验变形煤宏、微观变形特征

通过 3.2.2 节对变形样品应力-应变曲线及时间-应变曲线的分析,揭示了实验变形煤在不同实验条件下的宏观力学表现及主要影响因素。本节拟通过对比实验前后样品的宏、微观变形特征,结合样品具体的实验变形条件,综合分析煤脆、韧性变形的控制因素与机理。

3.3.1 实验样品宏观变形特征

3.3.1.1 样品变形的不均一性

(1) 样品间的变形差异

样品 2、3、6 的表面裂隙发育程度逐渐增加，裂隙的宽度也呈减小趋势，其中围压最高的样品 2 表面裂隙发育十分稀疏，仅在中部出现一条宽大的横向裂隙，表明高围压作用阻碍了样品的变形[图 3-10(a)]；而围压 75 MPa 的样品 3 表面发育多条剪裂隙，且样品底部由于变形作用破碎脱落[图 3-10(b)]；样品 6 由于围压较低，围压的围限作用减弱，样品表面发育较为密集的剪裂隙[图 3-10(c)]。

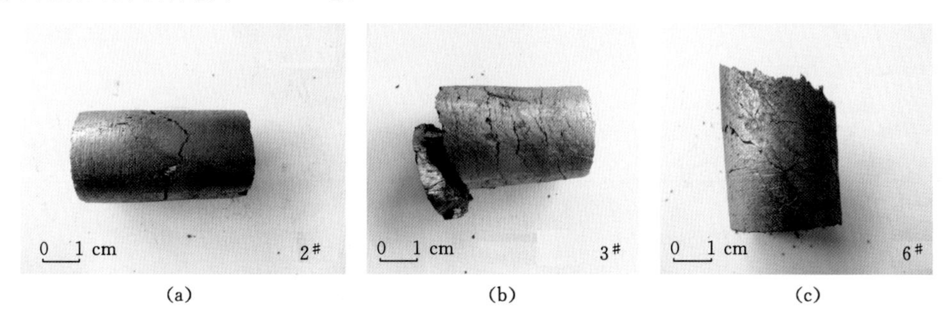

(a) (b) (c)

图 3-10 样品 2、3、6 宏观变形特征

样品 5、6、8 由于差应力的增加，表面发育的剪裂隙密度也逐渐增加，且完整度也逐渐变差，这主要是由于高差应力作用使样品变形的应变量与应变速率均增加，导致煤样脆性变形强度明显升高[图 3-10(c)；图 3-11(a)、(b)]。差应力作用下样品的宏观变形特征与应力-应变曲线反映的宏观力学表现具有一致性。

(a) (b)

图 3-11 样品 5、8 宏观变形特征

与样品 5 相比，样品 9 与样品 10 由于较高的温度条件发生不同程度的软化作用，应力作用下样品的应变量显著增加，导致煤样破碎变形程度也较高，同时样品的手试强度也大大降低，使得拆样过程中样品保存不完整[图 3-11(a)；图 3-12(a)、(b)]。

(2) 样品内部变形的不均一性

与实验变形前的样品相比，基本所有变形实验后的样品均出现“底鼓”现象，底部的裂隙密度比顶部密集(图 3-13)。

这主要是由于 TRTP2000 变形实验系统采用的是以下压杆为动力端，因此轴向应力加载过程中样品底部首先接触压杆受力并优先变形。此外，由于在固体围压介质中轴向应力的传递需要时间，导致样品内部应力的分布分化(partition)。因此，所有实验变形后的样品基本均表现为底部变形强度要高于顶部(类似于断层动力盘的煤岩变形强度往往高于被动

图 3-12 样品 9、10 宏观变形特征

图 3-13 变形实验后样品宏观变形特征

盘的煤岩变形强度)。

3.3.1.2 实验变形煤摩擦面发育特征及影响因素

实验变形煤不同程度的破碎作用使得破碎煤样沿着裂隙面滑动摩擦,形成大量的摩擦滑面。依据实验变形煤中滑动摩擦面的形貌特征可具体划分为条痕摩擦面、条痕镜面摩擦面及波状镜面摩擦面三类,在脆性变形煤中主要发育条痕摩擦面,而在韧性变形的样品 9 与样品 10 中多发育镜面摩擦面。

(1) 围压

样品 2 在高围压作用下应变量最小,摩擦面两侧煤基质的位移距离较小,因此摩擦面基本保持了原生结构煤的形态特征,裂隙面形貌特征变化较小[图 3-14(a)];样品 3 与样品 6 由于围压降低更容易变形,更大的应变量使得摩擦面两侧相对位移也增加,摩擦面在煤粒的刻划作用下形成了摩擦条痕,其中围压最低的样品 6 由于摩擦面上的正应力更大,使得摩擦面条痕的刻划深度比样品 3 的刻划深度大[图 3-14(b)、(c)]。

(2) 差应力

样品 5、6、8 均以发育条痕摩擦面为主,其中样品 5 摩擦面上的条痕发育程度较低,主要是由于样品 5 受到的差应力最小,导致样品的应变量也最小,因此摩擦面上煤粒的刻划作用最弱[图 3-15(a)];样品 6 在较高的差应力作用下摩擦条痕的密度明显高于样品 5 的摩擦条痕的密度[图 3-14(c)];差应力最高的样品 8 的应变量相对样品 5 与样品 6 的应变量显著增加,因此样品 8 在强烈挤压作用下条痕摩擦面呈波状起伏[图 3-15(b)]。

(3) 温度

样品 9 与样品 10 摩擦面的光亮与光滑程度均高于样品 5 的光亮与光滑程度,其中样品

图 3-14 样品 2、3、6 中摩擦面发育特征

图 3-15 样品 5 与样品 8 摩擦面发育特征

9 中主要发育条痕镜面摩擦面[图 3-16(a)]；样品 10 则主要发育波状摩擦面，摩擦面较光滑，摩擦条痕少见[图 3-16(b)]。这主要是由于样品 9 与样品 10 受到高温软化作用，在煤样变形过程中摩擦面两侧的煤基质块间的接触方式被改变，使得摩擦面光滑与光亮程度均提高。

图 3-16 样品 9 与样品 10 摩擦面发育特征

综上所述，在以脆性变形为主的样品，其煤样破碎程度与磨圆度均较低，因此在滑动摩擦过程中留下较密集的条痕，条痕方向指示摩擦面两侧煤体的相对滑动方向；韧性变形样品 9 与样品 10，在高温作用下煤体被软化，导致摩擦面条痕明显减少，表面相对平滑。由于变

形实验的围压、差应力与温度不同，使得煤样变形的应变量与应变速率也不同，导致煤变形强度与类型存在差异，同时摩擦面两侧煤体的接触方式、受到的正应力大小及相对摩擦滑动距离也发生变化，上述因素共同决定了样品中摩擦面的形貌特征。

3.3.2 实验样品微观变形特征

3.3.2.1 测试方法

为了对比实验前后煤样的微观变形特征，利用德国 Carl Zeiss 生产的 Xradia 510 Versa 高分辨三维 X 射线显微成像系统(3D—XRM)扫描对比实验前后样品变形特征。实验变形煤 3D—XRM 测试均在中国矿业大学现代分析与计算中心完成。测试过程中仪器的靶材为 W，滤片转换器选用 HE1(高能量滤镜)，X 光管电压与电流设定为 70 kV 和 86 μA，探测器的放大倍数选用"0.4X"，样品测试的空间分辨率约为 25 μm。参考构造煤的结构-成因分类方案，将实验变形煤分为脆性与韧性两个变形序列(Hou et al.，2012；姜波等，2016)。

3.3.2.2 煤变形类型与变形特征

尽管样品 6 与样品 10 缺少变形实验前的扫描检测，但由于实验样品均取自同一原生结构煤大样，并严格按照顺层方式钻取，因此依然能够利用变形后样品的扫描切片划分变形类型。依据样品宏、微观变形特征，实验变形煤样 2～7 属脆性变形煤，而实验变形煤样 8～10 则为韧性变形煤。

通过对比样品变形前后同一位置同一切片的变形特征可得，脆性变形序列样品在不同压力与温度实验条件下发育多组裂隙，裂隙将煤样切割为碎裂、碎斑结构，裂隙宽度沿着拓展方向变化，在特定部位出现"颈缩"现象(图 3-17)。

样品 2 的裂隙的宽度与密度均明显小于其他脆性变形样品，这主要是由于高围压作用导致样品基质收缩程度与力学强度更高，因此在同等差应力作用下更难形成宽大裂隙[图 3-17(a)]；相对于样品 2 和样品 3，样品 5 受到更低的围压作用，变形时间也更长，因此样品内部发育的裂隙密度更高，方向性更复杂[图 3-17(b)、(d)]；样品 6 主要发育一组延伸相对稳定的剪裂隙，破碎煤样沿着裂隙面滑动导致裂隙面发育摩擦条痕[图 3-17(e)]；样品 7 的裂隙发育特征与样品 6 的裂隙发育特征相似，主裂隙两侧发育一组平行的次生微裂隙，由于样品 7 经历了更长的变形时间，使得其裂隙密度略微高于样品 6 的裂隙密度，且裂隙与主应力(σ_1)的夹角也增大[图 3-17(f)]。

韧性变形构造煤多形成于低应变速率的应变环境，煤岩组分发生塑性变形，从而形成典型的小褶皱构造(姜波等，2016；Liu et al.，2018)。样品同一位置、同一角度的 XRM 图像切片表明，在韧性变形实验样品 8～10 中同样也发育小褶皱构造[图 3-18(a)～(c)]。由样品 8 至样品 10 随着变形强度的增加，韧性变形作用形成的小揉皱构造发育特征变得更为复杂。样品 8 的变形温度最低，内部小揉皱构造形态更为宽缓与对称[图 3-18(a)]；变形温度 200 ℃的样品 9 则发育形态复杂的褶皱[图 3-18(b)]；样品 10 更高的温度条件使得样品发生更强的软化作用，导致样品的塑性增强，因此小揉皱构造在样品 10 内部发育程度最高，揉皱形态紧闭，褶皱两翼的夹角小于 30°[图 3-18(c)]。

3.3.2.3 煤变形的影响因素分析

(1) 围压

围压对照组中样品 2、3、6 的微观变形特征差异较大，100 MPa 的围压围限作用下样品

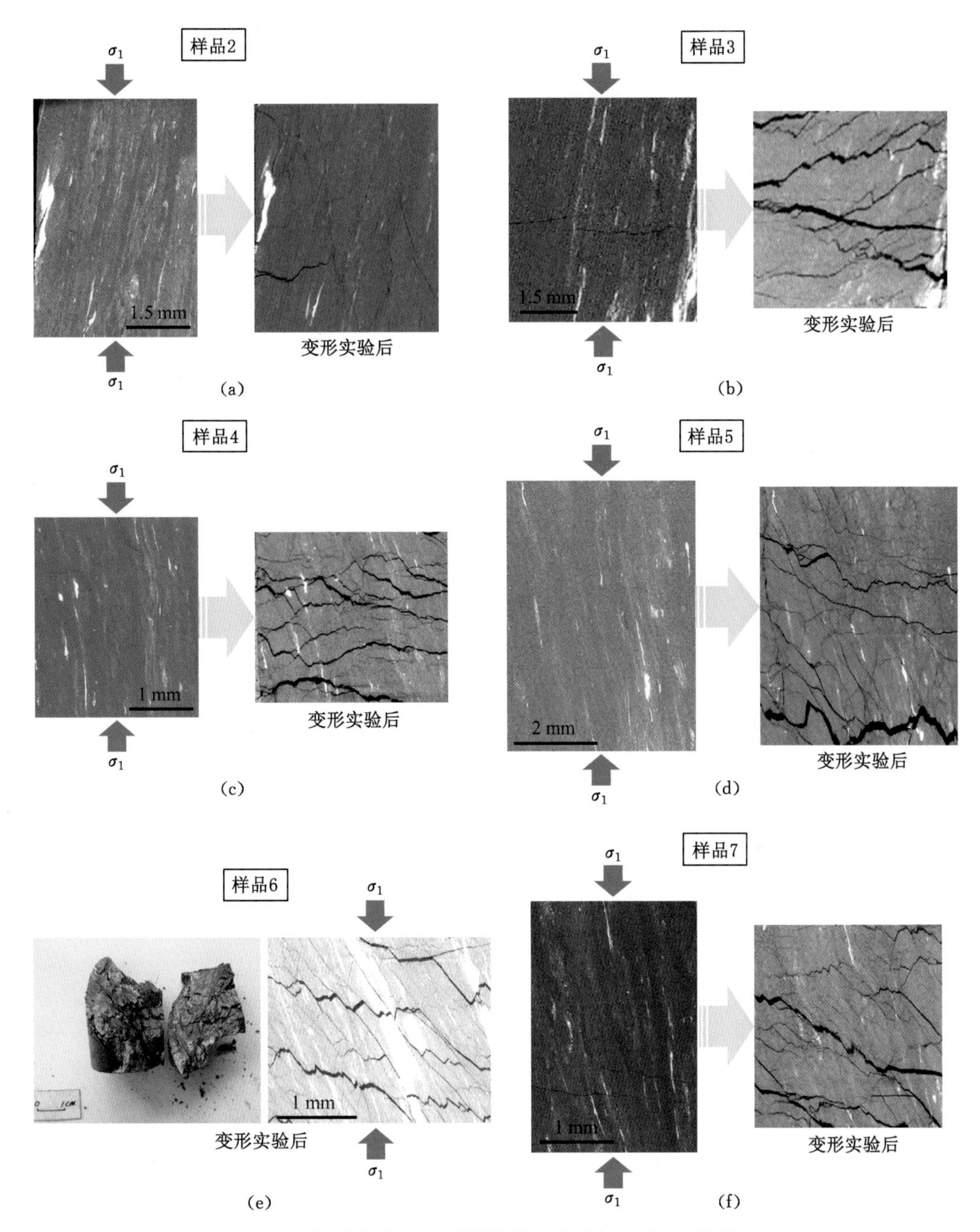

图 3-17　不同脆性实验变形煤的微观变形特征对比(样品 2～7)

2 的力学强度相对增加,样品内部裂隙发育稀疏,裂隙宽度也在围压作用下大大降低;而随着围压减小,样品 3、6 的裂隙发育程度与宽度均增加。研究表明,围压作用能够促进样品的应变硬化,甚至可发生韧性变形(杨光等,2005)。但由于本次实验设定的差应力值较低,样品 2 在 100 MPa 的高围压作用下变形程度十分微弱,因此未发育韧性变形现象。

此外,围压具有改变煤变形破坏机制的作用,在无围压条件的单轴压缩实验中样品往往发育脆性张破裂,而三轴压缩实验中样品多发育剪切破裂(孟召平等,2012)。由于实验采用

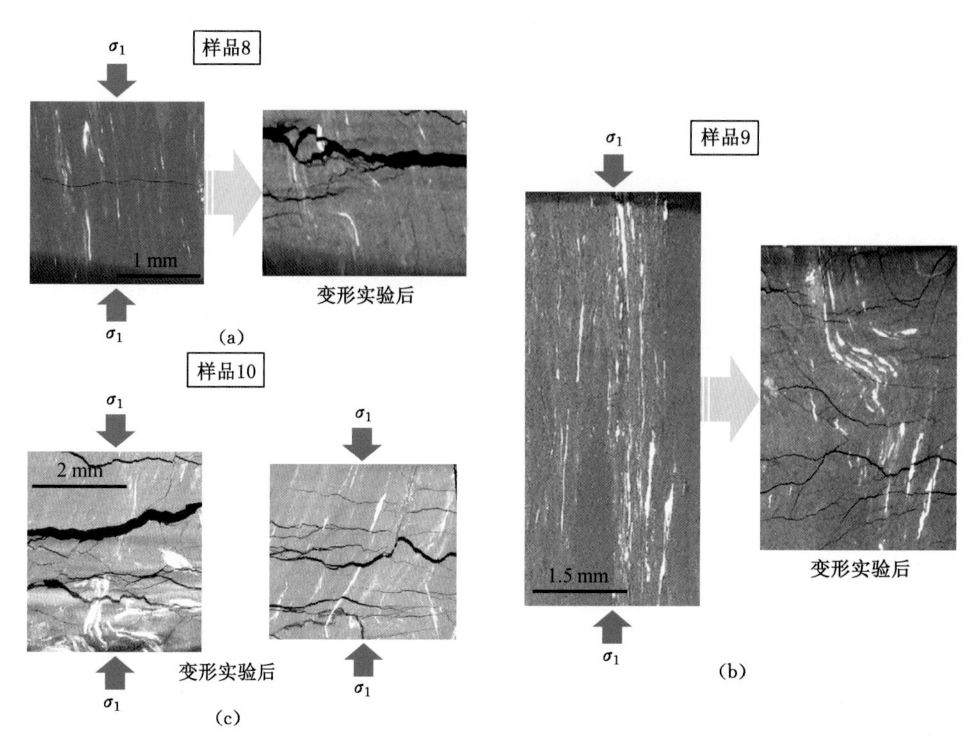

图 3-18　不同韧性实验变形煤的微观变形特征对比(样品 8～10)

固体围压介质,能够更好地模拟煤层顶、底板并提供“环境刚度”,相比气体或液体围压介质,固体介质进一步增强了围压的围限作用,因此基本所有实验样品均能够观测到剪裂隙的发育。

(2) 差应力

差应力对照组中随着差应力逐渐增加,样品变形的应变量与应变速率均增加,使得变形强度也不断增加。样品 5、6 在较低的差应力作用下发生脆性变形;而样品 8 在高差应力作用下,煤样碎块的定向性增加,变形类型也由脆性变形过渡至碎裂流变的韧性变形。由此可见,差应力的增加能够促进煤样大应变速率与应变量的变形作用,并在围压围限作用下破碎煤粒内部的旋转调整,使得颗粒定向性也不断增加。样品 5～8 由脆性向韧性变形的转变表明,朱仙庄 8 煤脆、韧性变形转换的差应力条件在 100～150 MPa 之间。

(3) 温度

温度对照组中样品 9、10 在更高的温度作用下发生了显著的韧性变形,而变形温度为 100 ℃的样品 5 发生脆性变形。由样品变形的应力-应变曲线及应变量对比可发现,样品 9、10 在高温作用下被软化,因此在差应力作用下煤岩组分发生不同程度的塑性流变。研究认为,温度与应变速率具有等效性,并认为可以通过提高变形温度来实现低应变速率的变形实验(周建勋等,1994),这主要是由于温度作用能够改变煤分子结构从而实现低应变速率下煤的动力变质作用,从而促进样品的韧性变形,通过 3.2.2 节的计算也表明温度作用能够有效降低煤样变形的应变速率。样品 5～9 由发生脆性向韧性变形的转换表明,研究区 8 煤层的脆、韧性变形转换温度应在 100～200 ℃之间。

3.4　实验变形煤中有机质与矿物变化规律

构造煤研究认为，应力作用下煤体的物理与化学结构均会发生变化；3.2 与 3.3 节研究表明，实验样品在不同温压条件下会发生不同程度与类型的变形。煤化学结构的重要组成部分有机质与无机矿物在变形过程中会发生何种变化？有机质与无机矿物作为煤中元素的两大重要载体，在应力作用下的变形变质将引起相关元素的迁移变化，因此分析二者实验条件下的变形与变质作用对分析实验变形煤中元素分异机理具有重要意义。

3.4.1　有机质动力变质特征

对实验变形煤有机结构动力变质作用的理解需要基于对煤内部分子结构的认知。早在 1984 年 Shinn 提出了煤分子结构的两相模型（非交联模型）来阐释煤分子的内部结构，该模型认为煤分子主要由共价键连接的三维刚性相（固定相或主体分子）和囿于三维相中的小分子移动相（客体分子）组成[图 3-19(a)]；日本学者 Nishioka 等（1990）通过 CS2－NMP 提取实验发现，煤分子结构间均通过非共价键以及分子链纠缠（entanglement）进行连接，即所谓的交联模型[图 3-19(b)]；中国学者秦匡宗等（1998）综合前两种模型提出了更为合理的复合模型，即煤分子结构是以共价键为主要连接方式的三维刚性相分子骨架，极性小分子移动相通过非共价键连接至分子骨架[图 3-19(c)]。基于复合模型可得煤分子结构主要包含芳香结构、烷烃侧链、杂原子官能团（主要包括含 O、N 和 S 官能团）、非共价键以及芳香层片结构中的次生结构缺陷等。

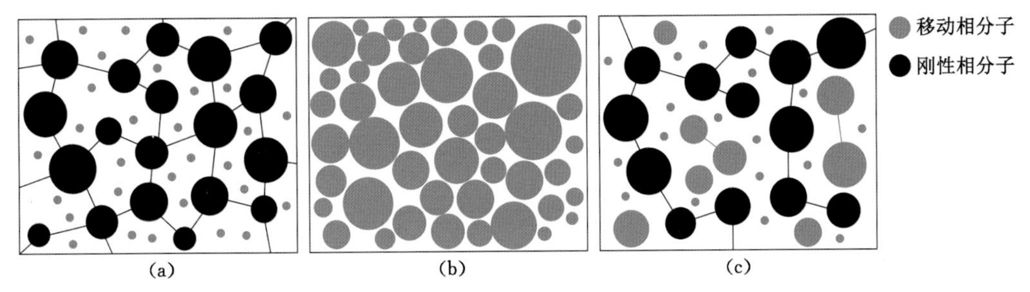

图 3-19　三类煤分子结构模型示意图（修改自 Nishioka，1992 与 Niekerk et al.，2010）
(a) 两相模型；(b) 交联模型；(c) 复合模型

3.4.1.1　实验变形煤分子结构的测试方法

实验变形煤分子结构的检测方法主要包括傅立叶红外光谱（FTIR）、X 射线光电子能谱（XPS）、激光拉曼光谱（Raman）谱学特征及高分辨率场发射透射电子显微镜（HRTEM）观测，测试均在中国矿业大学现代分析与计算中心完成。以下分别对检测方法所采用的仪器型号与参数、制样方法以及测试条件进行详细介绍。

(1) FTIR

FTIR 是表征煤分子结构的重要方法，可检测煤分子结构中的含氧官能团、氢键以及脂肪侧链等化学结构（Zubkova et al.，2012）。测试采用的是德国 Bruker 的 Vertex 80v 红外光谱仪。首先利用玛瑙研钵将样品研磨至 200 目以下，然后取研磨后的样品 80 mg 与 KBr

混合研磨 20 min,最后利用模具将混合研磨的样品压制成圆片状供 FTIR 检测。FTIR 谱图中水分子的吸附特征峰与煤中氢键在同一个范围内,因此为了移除水分子的影响,还需对压制成型的粉末圆片进行 105 ℃的真空干燥(Solomon et al.,1982;Chen et al.,1998)。通过使用红外光谱仪的真空光学平台保证干燥后的压片完全隔绝于空气中的水分,测试过程中仪器采用的镜片不会吸附水分子(Li et al.,2003b)。测试过程中仪器的分辨率为4 cm^{-1},样品的扫描次数为 32 次,采用干燥纯 KBr 谱图作为参考。

(2) XPS

XPS 谱图中包含煤中 π—π 键与杂原子官能团等化学结构的重要信息(Perry et al.,1983;Shi et al.,2018)。测试采用美国 Thermo Fisher 公司生产的 Al Kα 单色化 Escalab 250Xi 光电子能谱仪。测试前,将样品真空干燥后再利用研钵研磨至 200 目以下。测试过程中,X 射线的束斑大小为 900 μm,扫描次数为 30 次,能量步距为 0.05 eV,能量步数为 361 次。测试采用宽谱与窄谱扫描两种模式,其中宽谱扫描能够探明样品表面的元素组成,窄谱扫描能够检测煤分子结构中不同杂原子官能团的发育特征。

(3) Raman

Raman 是一种较为常用的煤分子结构检测手段(Pan et al.,2017;Han et al.,2017)。测试采用的是德国 Bruker 的 Senterra 拉曼光谱仪,波数精度可以达到 0.1 cm^{-1}。测试前,将干燥后的样品研磨至 200 目以下并进行压片。检测过程中,激光波长 λ_0 为 532 nm,照射至实验样品表面的激光入射光源为 5 mW,并采用 2 s 的积分时间,累积次数为 10 次,测试获得的谱图分辨率在 9～18 cm^{-1}的范围内。

(4) HRTEM

HRTEM 能够直接观测煤分子结构中芳香层片的排列组合特征(宋昱,2019)。测试采用美国 FEI 公司生产的 Tecnai G2 F20 场发射透射电子显微镜,点分辨率可达 0.24 nm,线分辨率达 0.102 nm。测试前先将样品研磨至 1000 目以下,然后将颗粒样品分散至分析纯无水乙醇中,并对悬浮液进行超声振荡处理,利用微栅捞取悬浮液中的颗粒样品并进行测试。测试过程中,最大加速电压可达 200 kV,信息分辨率为 0.14 nm。

3.4.1.2 芳香结构

实验变形煤样品的拉曼光谱均包含一级与二级两个模区。在一级模区(1 000～1 800 cm^{-1})内有两个明显的特征峰,即 D 与 G 峰,D 峰(～1 350 cm^{-1})代表煤中次生结构缺陷、无定形碳以及杂原子等结构的发育程度;G 峰(～1 600 cm^{-1})代表石墨晶体的 E_{2g} 对称振动模式(Potgieter－Vermaak et al.,2011;Xu et al.,2015;Pan et al.,2017)(图 3-20)。为了半定量评价煤中芳香结构的特征,利用 Origin7.5 对实验变形煤拉曼光谱一级模区进行高斯拟合,通过计算比值 $I_D/(I_D+I_G)$来评价煤分子结构的有序度。分子结构的有序度主要取决于煤分子结构中具有有序构型的芳香层片以及无定形碳的比例(Cuesta et al.,1994;Vomero et al.,2018)(图 3-21)。

样品 1～3 的比值 $I_D/(I_D+I_G)$呈增加趋势,而样品 4～10 的比值 $I_D/(I_D+I_G)$逐渐降低(样品 9、10 甚至出现低于原生结构煤的情况),表明样品 1～3 分子结构的有序度降低,而样品 4～10 分子结构在变形作用下发生移动重排,形成更有序的构型(图 3-22)。值得注意的是,煤变形过程中分子结构通过重排作用形成有序构型是一个可逆的过程,即煤变形过程中重排作用的正向(重排有序化)与逆向反应(无序化)能够同时进行。样品 2～8 分子结构

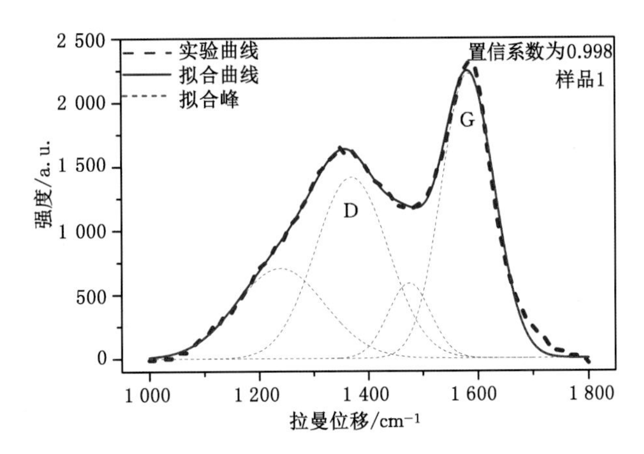

图 3-20 Raman 谱图拟合示意图

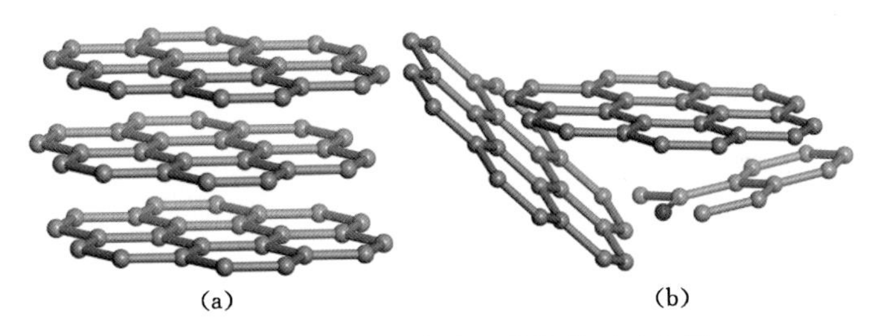

图 3-21 有序与无序分子结构模型示意图

(a) 面对面的类石墨有序结构;(b) 含有无定形碳的无序结构

中弱键结合力断裂使得结构松弛速率高于重排形成有序结构的速率,因此整体表现为代表有序度的比值 $I_D/(I_D+I_G)$ 比原生结构煤的比值 $I_D/(I_D+I_G)$ 低,分子结构向无序化发展;而样品 9、10 分子结构的松弛速率低于重排速率,使得煤分子结构整体表现为向有序化发展。

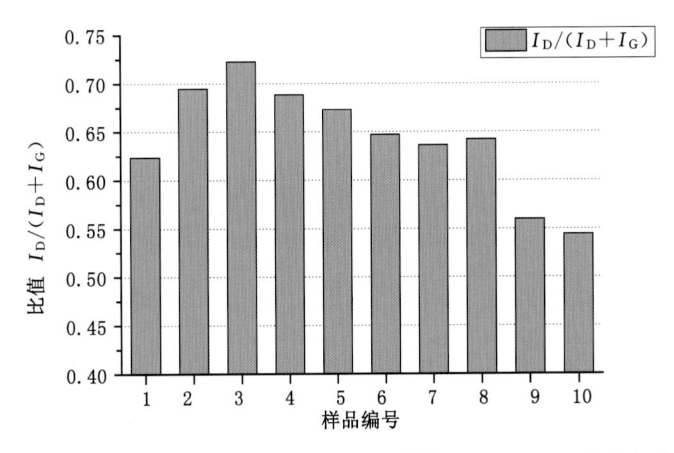

图 3-22 实验变形样品煤分子结构有序度参数 $I_D/(I_D+I_G)$ 的分布特征

3.4.1.3 氢键演化特征

为了半定量评价实验变形煤中氢键的结构特征参数,首先在 Origin 7.5 软件中利用高斯分布方程拟合 FTIR 谱图(图 3-23),所用高斯分布方程能够满足氢键结构参数计算的精度要求(Miura et al.,2001)。2 400~3 600 cm^{-1}波段的 FTIR 谱图中共识别出七类氢键(P_1~P_7),具体分峰归属参见表 3-3,其中在 2 800~3 000 cm^{-1}与 3 100~3 200 cm^{-1}波段中的拟合峰分别代表脂肪与芳香结构 CH 的伸缩振动(Li et al.,2004a)。

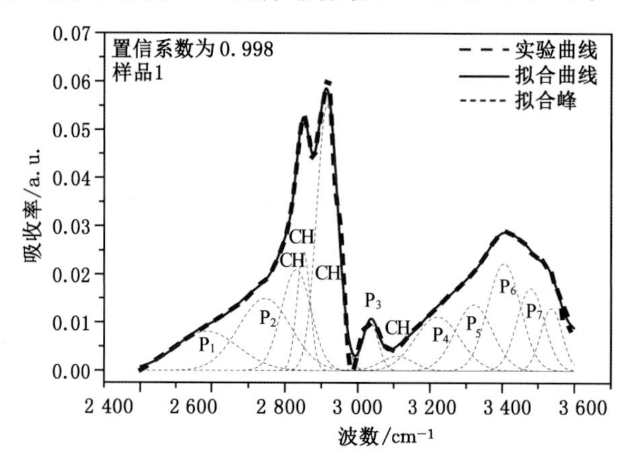

图 3-23　FTIR 谱图拟合示意图

表 3-3　2 400~3 600 cm^{-1}波段的 FTIR 谱图中拟合峰的归属

(据 Painter et al.,1987;Miura et al.,2001 和 Li et al.,2011)

编号	氢键类型	拟合峰位置/cm^{-1}	氢键的化学结构模型
P_1	SH—OH	~2 508	
P_2	COOH dimers	~2 739	
P_3	OH—N	~3 006	
P_4	Cyclic OH	~3 200	
P_5	OH—ether	~3 300	
P_6	Self-associated n-mers ($n>3$)	~3 406	
P_7	OH—π	~3 506	

依据 Lambert-Beer 公式计算实验变形煤中的氢键数量(n_{ij}),具体计算公式如下,

$$n_{ij}=\frac{A_{ij}}{\sigma_{ij}} \tag{3-3}$$

其中,i 和 j 分别代表着不同类型实验变形煤与氢键;A_{ij} 和 σ_{ij} 则分别代表着 i 类型实验变形煤中 j 类型的氢键(包括从 P_1 到 P_7 七种氢键)的积分强度与红外光谱的吸收率。σ_{ij} 计算公

式为(Miura et al.,2001):

$$\sigma_{ij}=\sigma_0(1+0.0147\times\Delta_{v\mathrm{OH},ij}) \tag{3-4}$$

其中,σ_0代表自由羟基—OH的吸附系数;$\Delta_{v\mathrm{OH},ij}$代表j类型的氢键相对于自由羟基的波数位移(Li et al., 2004b),因此将σ_{ij}计算公式代入式(3-4)可得:

$$n_{ij}=\frac{A_{ij}}{\sigma_0(1+0.0147\times\Delta_{v\mathrm{OH},ij})} \tag{3-5}$$

氢键的强度被定义为氢键生成反应热焓的绝对值(ΔH)(注:氢键生成反应过程中$\Delta H<0$,因此氢键强度用$-\Delta H$表示)。根据Miura等(2001)的研究可得第i类实验变形煤中j型氢键的强度$-\Delta H_{ij}$计算公式如下:

$$-\Delta H_{ij}=0.067\times\Delta_{v\mathrm{OH},ij}+2.64 \tag{3-6}$$

根据上述公式可推导出氢键的总数量(n_{total})、平均键强度($-\Delta H_{\mathrm{av}}$)和总键强度($-\Delta H_{\mathrm{total}}$)的计算公式:

$$n_{\mathrm{total}}=\sum_{ij}\frac{A_{ij}}{\sigma_0(1+0.0147\times\Delta_{v\mathrm{OH},ij})} \tag{3-7}$$

$$-\Delta H_{\mathrm{total}}=\sum_{ij}\frac{A_{ij}}{\sigma_0(1+0.0147\times\Delta_{v\mathrm{OH},ij})}\times(0.067\times\Delta_{v\mathrm{OH},ij}+2.64) \tag{3-8}$$

$$-\Delta H_{\mathrm{av}}=\frac{\sum_{ij}\frac{A_{ij}}{\sigma_0(1+0.0147\times\Delta_{v\mathrm{OH},ij})}\times(0.067\times\Delta_{v\mathrm{OH},ij}+2.64)}{\sum_{ij}\frac{A_{ij}}{\sigma_0(1+0.0147\times\Delta_{v\mathrm{OH},ij})}} \tag{3-9}$$

(1) 氢键含量变化

使用式(3-5)与式(3-7)分别计算实验变形煤中不同类型氢键的含量以及氢键总含量,并绘制氢键含量特征分布图(图3-24)。前6种氢键SH—OH、COOH dimmers、OH—N、cyclic OH、OH—ether以及self-associated n-mers ($n>3$)的含量均随着实验变形煤的变形强度增加而逐渐降低[图3-24(a)~(c)]。与共价键相比,氢键作为煤分子交联结构中的一种弱键结合力甚至能够在室温条件下断裂(Buckingham et al.,2008)。在应力作用下,氢键不断被调整,使得OH—π的断裂速率高于其他类型氢键的生成速率,因此OH—π含量随着实验样品变形强度的增强呈增加趋势[图3-24(d)]。

各类氢键的总含量整体表现为从样品1至样品6减少,而从样品7至样品10呈略微增加的趋势[图3-24(d)]。样品1~6内主要由于OH—π形成速率要低于其他氢键断裂速率的总和,使得氢键总含量降低;而在总含量上升阶段主要是由于样品7~10受到更强烈的变形作用,氢键OH—π形成速率要高于其他氢键的断裂速率。尽管氢键总含量在样品7~10中呈略微上升趋势,但仍低于原生结构煤与部分脆性变形样品,表明煤分子结构的演化过程中氢键断裂后不能完全恢复。

通过对比不同样品氢键含量与强度的变化特征,可以探讨不同实验变形条件对氢键变化的影响。在变形实验温度分别为200 ℃与300 ℃的样品9与样品10中,前6种氢键的含量要明显低于变形实验温度为100 ℃的样品5氢键的含量。前人实验研究表明,煤样品氢键的热解离温度需达到150 ℃以上(Miura et al.,1992),因此与样品5相比,样品9与样品10中由于高温作用大大加速了氢键的断裂速率。同样,通过对比样品5、6、8可以发现,高差应力作用也能够促进氢键的解离;样品4、6中不同氢键含量对比表明,随着恒定轴压作用

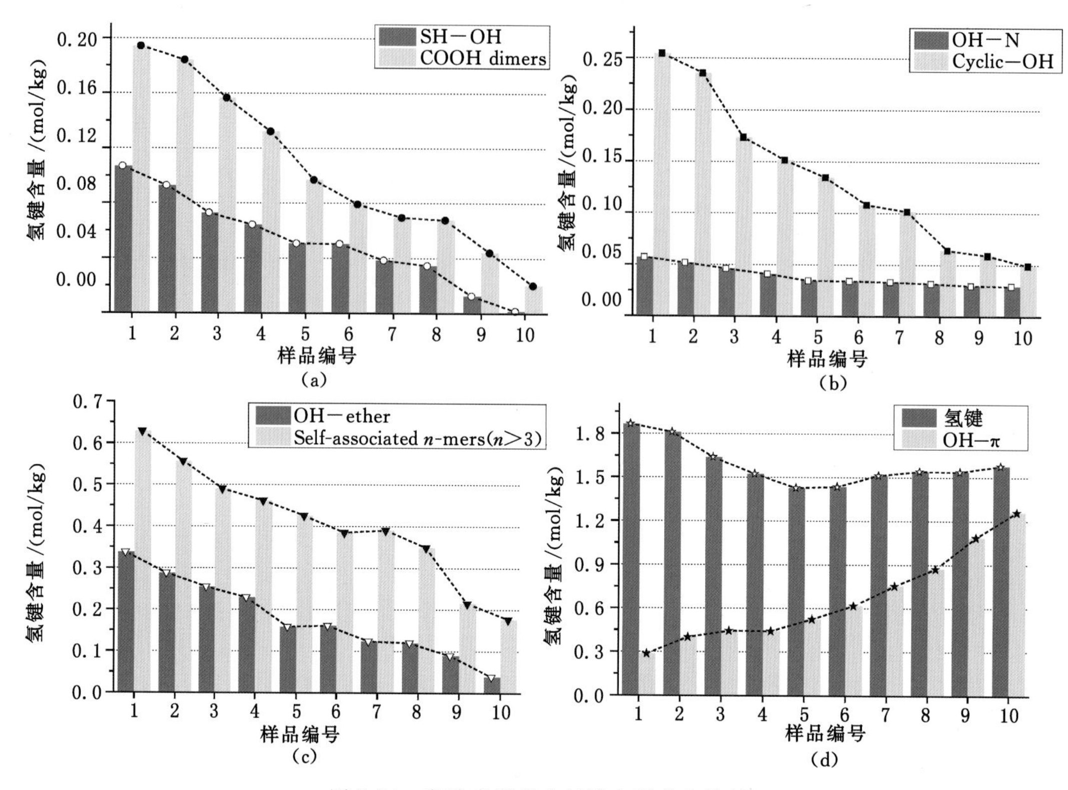

图 3-24　实验变形煤中氢键含量分布特征

(a) 实验变形煤中 SH—OH 与 COOH dimmers 含量分布特征；

(b) 实验变形煤中 OH—N 与 Cyclic—OH 含量分布特征；

(c) 实验变形煤中 OH—ether 与 Self-associated n-mers(n>3) 含量分布特征；

(d) 实验变形煤中氢键 OH—π 与总的氢键含量分布特征

时间的增加，变形作用产生更多的机械能，从而导致更多氢键断裂；而高围压样品 2、3 中前 6 种氢键含量要明显高于低围压样品 6 的氢键含量，表明氢键的解离反应在高围压作用下受到一定程度抑制作用。

(2) 氢键强度

1) 氢键强度分布模式

利用公式(3-6)计算各类氢键生成反应的焓变，并绘制实验变形煤氢键强度分布模式图(图 3-25)。在分布模式图中，样品 2～7 的平均氢键含量与强度用来代表脆性变形序列，样品 8～10 的平均氢键含量与强度则用来代表韧性变形序列。

七类氢键的强度均在 0～80 kJ/mol 的范围内，其强度值远远低于共价键的强度(图 3-25)。高强度域内氢键[>15 kJ/mol，包括前六类氢键 SH—OH、COOH dimmers、OH—N、Cyclic—OH、OH—ether 以及 self-associated n-mers (n>3)]含量由原生结构煤至实验韧性变形煤逐渐降低；而在低强度域(<15 kJ/mol)内的 OH—π 键含量随实验样品的变形强度增加呈上升趋势。由氢键在高、低强度域内的互补变化可推测，氢键在温压变形作用下能够调整转化，即高强度域内的氢键断裂后能够通过分子结构在温压变形作用下的结构重排，跃迁至芳香结构上的活化点位形成低强度域中的 OH—π 键(Li et al.,2004a)。

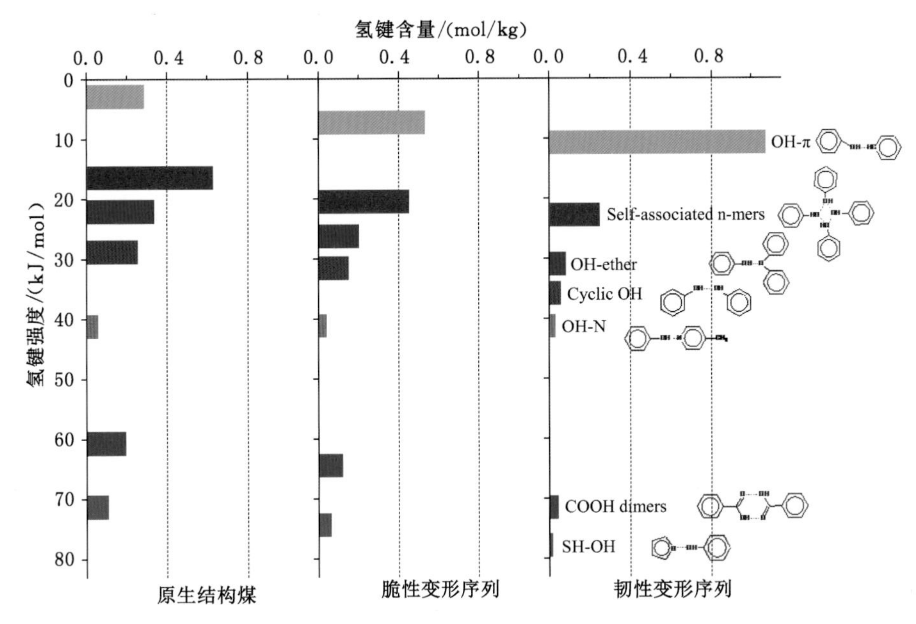

图 3-25　不同变形序列样品中氢键强度分布模式图

从微观角度而言，煤中氢键的强度取决于其几何学特征的变化，主要包括键长度与键角度。整体而言，由原生结构煤至韧性变形煤，未断裂的氢键以及通过转化重新形成的氢键的强度均呈升高趋势（尤其在韧性变形序列中），表明在温压作用下更为紧密有序的煤分子构型使得氢键键长缩短，强度增加。

2）氢键总键强度与平均强度变化特征

利用公式(3-8)与公式(3-9)分别计算氢键的总强度与平均强度并进行对比研究。尽管单一氢键的强度在温压变形作用下均有一定程度的增强，但总氢键强度与平均氢键强度却均表现随变形作用增强而呈现降低的趋势(图 3-26)。总氢键强度的降低主要是高强度域内氢键在温压变形作用下大量断裂导致的，而平均氢键强度的降低则主要是受到高强度域内氢键断裂后向低强度域 OH—π 键转化的影响。

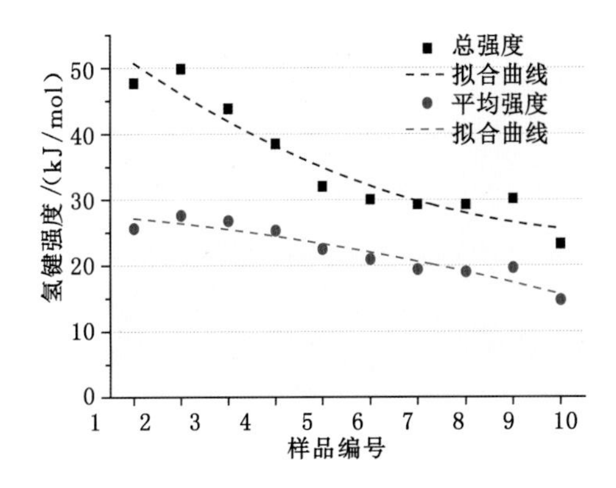

图 3-26　不同实验变形煤中总氢键强度与平均氢键强度分布特征

样品 5 相对于样品 6 和样品 8,其总氢键强度与平均氢键强度发生降低,表明高差应力作用能够促进氢键的解离;通过样品 2、3、6 的对比发现,由于高围压具有抑制氢键解离的作用,导致样品总氢键强度与平均氢键强度依然保持较高水平;受高温作用的样品 10 相对于样品 5 与样品 9,其总氢键强度与平均氢键强度显著降低,表明高温作用下氢键解离与转化速率更高。

3.4.1.4 含氧官能团与 π—π 键的演化特征

实验变形煤的 XPS 谱图窄扫结果包含着煤大分子结构的重要信息(Geng et al.,2009)。利用 Origin7.5 软件对 280～292 eV(C1s)范围内的 XPS 谱图进行分峰拟合,依据拟合结果进行半定量计算可揭示实验变形煤分子结构中含氧官能团与 π—π 键的分布特征(Perry et al.,1983;Kelemen et al.,1995;Ding et al.,2018;Shi et al.,2018)(图 3-27),具体拟合峰归属参见表 3-4。

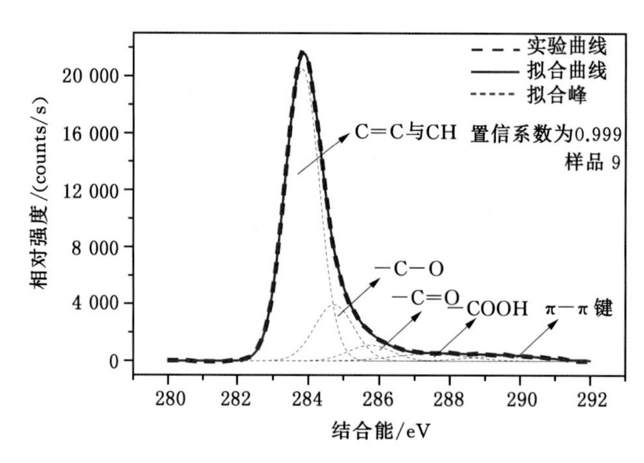

图 3-27 XPS 谱图拟合示意图

表 3-4 拟合峰归属表

(据 Perry et al.,1983;Kelemen et al.,1995;Shi et al.,2018;Pietrzak,2009)

结合能/eV	峰归属
～285	芳香或脂肪碳
～286.3	醚基,羟基
～286.6	羰基
～289.2	羧基
～290.5 与～291.5	芳香片层间的 π—π 键

(1) 含氧官能团含量变化特征

实验样品中醚键与酚羟基(—C—O 型含氧官能团)为最主要的含氧官能团类型,羰基—C=O 与羧基—COOH 次之[图 3-28(a)]。三类含氧官能团随着煤样变形强度的增加,含量整体具有下降趋势,表明含氧官能团在变形作用下发生脱落。不同类型含氧官能团作为氢键重要的质子受体(acceptors)与供体(donors),在温压变形作用下的脱落作用直接导致与之相关的氢键解离。但氢键的含量变化幅度要明显高于含氧官能团,表明氢键在含氧官

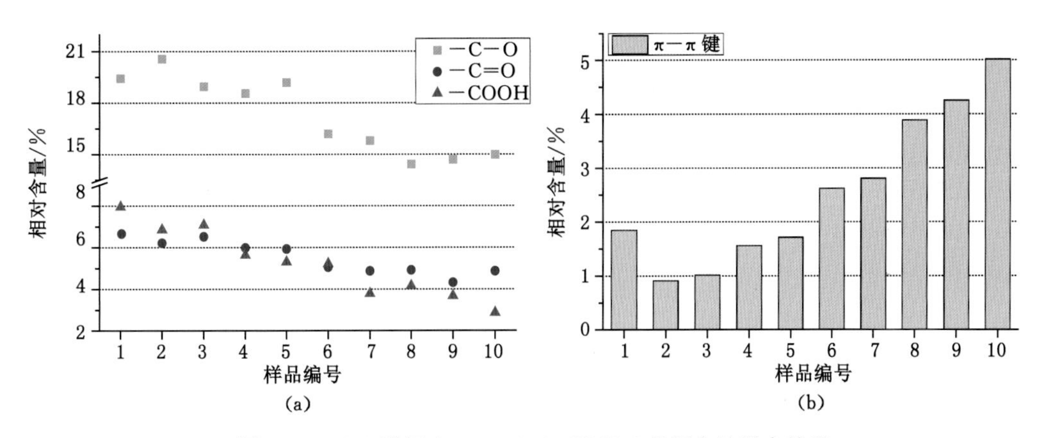

图 3-28 XPS 谱图在 280～292 eV(C1s)范围内的拟合结果

(a) 实验变形煤中含氧官能团含量分布特征；(b) 实验变形煤中 π—π 键含量变化特征

能团的脱落作用影响下的解离作用只是氢键解离的原因之一，因为氢键还能够在不破坏含氧官能团结构的前提下直接断裂。

(2) π—π 键分布特征

脆性变形煤 2～5 中 π—π 键含量均低于原生结构煤，而样品 6～10 中 π—π 键的含量均高于原生结构煤[图 3-28(b)]。相关研究表明，芳香结构的发育程度以及面对面构型更有利于 π—π 键的形成(Nishioka et al.，1990)，且芳香结构间形成的低强度 π—π 键(低于 41.81 kJ/mol)在温压变形作用过程中的变化是一个动态过程，能够在煤分子结构松弛作用过程中解离，同时也能够重新形成于面对面构型的芳香层片间(Marzec，2002)。脆性变形样品 2～5 变形强度低，转化的机械能主要通过 π—π 键的断裂释放；而对于样品 6～10，一方面，由于煤样更强的变形作用(尤其是韧性变形)被认为能够促进煤的芳构化作用以及芳香缩合作用(曹代勇等，2006；Song et al.，2018a)，另一方面，更强的变形作用(尤其是韧性变形)能够更好地促进自由分子的移动(林红等，2009)，因此，与原生结构样品相比，π—π 键的含量从样品 2 到样品 5 逐渐下降，而从样品 6 到样品 10 的 π—π 键的含量则呈上升趋势。

对比不同样品的实验变形条件，相比于样品 6，具有更高围压的样品 2、3 中 π—π 键的含量更低，表明高围压具有抑制 π—π 键形成的作用(曹代勇等，2006)；差应力更大的样品 8 (150 MPa)中 π—π 键的含量要明显高于样品 5、6，表明芳香结构在差应力作用下能够发生缩合作用或有序重排作用，导致更多的 π—π 键形成；变形实验温度条件不同的样品 5、9、10 中，样品 9 与样品 10 的 π—π 键的含量要明显高于样品 5 的 π—π 键的含量，表明高温作用增加了分子结构的移动性，更有利于 π—π 键的形成。

3.4.1.5 实验变形条件下煤分子交联网络结构动力演化模式

根据非共价键的演化特征与煤分子结构有序度的变化可总结得出：在动、热作用下煤分子结构演化主要包括两种作用类型，即松弛作用与重排作用。在松弛作用过程中，六类氢键 SH—OH、COOH dimmers、OH—N、Cyclic OH、OH—ether、Self-associated n-mers($n>3$)甚至是 π—π 键均在温压作用下被解离。由于部分解离的氢键能够转化为键能更低的 OH—π 键，因此，总氢键强度与平均氢键强度均在变形作用下降低。随着非共价键的不断解离，煤分子结构的移动性明显增强，解离后的自由分子结构在克服移动能垒后可发生重排。

随着煤样变形强度增加，煤分子结构的重排作用开始逐渐显著，单一氢键的强度增强与π—π键的数量也开始增加，进一步促进形成构型更有序和紧密的煤分子结构构型。样品9与样品10的化学结构演化特征表明，变形过程中更高的温度能够显著增加非共价键的解离速率以及分子结构的重排速率。但值得注意的是，上述两类分子结构的演化模式在温压变形过程中并非独立，二者在变形过程中是同步发生且彼此相互影响。在脆性变形样品中，以煤分子交联结构断裂为主的松弛作用主导着煤分子结构的演化，导致煤分子结构向相对无序的构型演化(图3-29，阶段2)；在韧性变形样品中分子的重排作用占据着主导地位，使得煤分子结构向有序构型演化(图3-29，阶段3)。

图3-29　高分辨率透射电镜下煤分子结构芳香条纹特征

3.4.2　煤脆、韧性变形转换的微观机理

3.4.2.1　煤变形影响因素综合分析

通过对比实验样品宏、微观变形特征以及分子结构演化的差异性，结合对照实验的温压条件变量，探讨围压、温度以及差应力条件对样品脆、韧性变形的影响。

(1) 围压

样品2、3、6为围压对照组，设定的围压分别为100 MPa、75 MPa与50 MPa。从应力-应变曲线特征来看，随着围压增加，应力-应变曲线的斜率也明显增加，这主要是由于围压能够起到增加样品力学强度的作用。在高围压作用下，样品的应变量与应变速率均大大降低，应力作用形成的机械能与转化的摩擦热能减少，煤交联分子结构中的非共价键断裂减少，自由分子结构的移动性也大大降低。因此，尽管上述三个样品所受的差应力大小相等，但高围压样品的变形作用更弱。同样，在恒定轴压作用的相同时间内受高围压的样品的应变量也明显偏低，差应力作用下更难发生变形。样品的微观变形特征也表明，随着围压的降低，样品2、3与样品6的脆性变形强度明显增加，裂隙发育的密度与宽度均有提升，而延伸性与规模降低。

(2) 温度

样品5、9、10为温度对照组，变形实验中设定的温度变量分别为100 ℃、200 ℃与300 ℃。其中，样品10的应力-应变曲线在轴压加载阶段斜率要明显低于样品5曲线的斜率，表明样品力学性质在高温作用下显著降低。高温软化作用使得在同样的差应力作用下，样品10在相同蠕变时间内的应变量约为样品5的应变量的两倍，由此可见，高温能够使得样品10在相同差应力下被软化。样品9与样品10内部煤岩组分的韧性变形特征十分显著，其中样品10煤岩组分塑性流变形成的小褶皱形态比样品9更为复杂，而在100 ℃温度条件下样品 5 不同变形微区内均以脆性变形为主。因此，样品的微观变形特征也表明，高温作用能够促进煤的韧性变形，这主要是由于高温作用下样品分子活性增加，使得煤交联分子结构中的非共价键解离速率以及自由分子结构的移动性大大增加，降低了煤样的脆性，从而促进了样品发育塑性流变。

(3) 差应力

样品 5、6、8 为差应力对照组，三者受到的差应力分别为 50 MPa、100 MPa 与 150 MPa。三个样品的应力-应变曲线在应变量小于 5%阶段基本重合，随着差应力进一步增加，应力-应变曲线发生分化。在恒定轴压作用下样品 5、6 的时间-应变曲线基本重合，而样品 8 出现应变软化现象，表明在高差应力作用下煤样发生碎裂流变。高差应力作用下，样品的应变量与应变速率显著增加，应力作用形成的机械能与转化的摩擦热能增加，使得煤交联分子结构中非共价键断裂增加，释放大量自由移动的分子，在一定程度上促进了煤样的韧性变形。样品微观变形特征表明，随着差应力的增加，样品的破碎程度逐渐增加，在更为强烈的挤压与剪切应力作用下，样品 8 发育韧性变形。

3.4.2.2 煤脆、韧性变形转换的微观机理

(1) 煤样的脆、韧性变化

煤的大分子结构是通过共价键与非共价键的连接以及分子链的纠缠作用而稳定存在(Niekerk et al.，2010)。煤体的岩石力学性质与煤化学结构的特征密切相关(Pan et al.，2013)，煤的热塑性实验研究显示，煤的力学性质与煤中非共价键的变化有直接关系(Strezov et al.，2005；Zubkova et al.，2012)。随着温度的增加，煤分子链纠缠的丢失以及非共价键的解离增加了内部分子的移动性，并导致煤的流变特征更加明显(Díaz et al.，2007)。由此可见，煤中氢键与 $\pi-\pi$ 键的解离作用能够增强煤样的塑性，降低其弹性特征(Norinaga et al.，2002)；而随着非共价键的数量的增加，煤样的脆性将会增强(Larsen et al.，1985)。

高温高压变形实验样品中大量的非共价键在变形作用过程中被解离，导致煤分子结构发生松弛作用并产生可移动分子相(Shui et al.，2008)。在脆性变形序列中发育张性裂隙，使得弱键结合力(主要指非共价键)能够沿着破碎煤样中发育的裂隙面解离(Ju et al.，2014)。脆性变形序列样品中的非共价键解离并未引起韧性变形，主要原因是实验条件下脆性变形作用转化形成的机械能主要通过非共价键的断裂释放。

相反，在样品 8、9、10 中，由于更高的差应力或温度条件使得样品内发育典型的韧性变形现象(微观小揉皱构造)，表明样品在一定变形条件下煤的力学性质被改变，塑性增强。随着差应力与温度的增加能够产生更多的机械能与热能，从而促进非共价键的解离与转化作用。与脆性变形样品相比，韧性变形样品通过非共价键断裂释放的自由分子相数量明显增加，因此煤分子结构的移动性也增加，代表煤内部分子结构发生松弛作用并能够进行局部移动。在温压变形作用下，分子结构的有序重排促进氢键转化为 $OH-\pi$ 键及形成更多的 $\pi-\pi$ 键。韧性变形作用下转化形成的应变能则通过自由分子结构的移动释放，因此从微观角度来看，煤韧性变形是通过煤分子结构有序调整与重排来实现的。

(2) 脆-韧性转换条件

前人针对煤变形实验的研究表明，煤脆、韧性变形转换存在关键性的实验条件，不同煤阶煤由于物理、化学性质的不同，脆、韧性变形转换的条件也不同。研究显示，高煤阶烟煤($R_{o,max}>1.70\%$)脆、韧性变形的转换温度在 300～400 ℃范围内(刘俊来等，2005；于立业

等,2015b);本书研究的烟煤(C_{daf}=84.35%,$R_{o,max}$=0.88%)的转换温度在 100~200 ℃的范围内;长焰煤($R_{o,max}$=0.67%)在 100 ℃的温度下就能够发生由脆性向韧性变形的转换(Liu et al.,2018)。由此可见,随着煤阶的升高,煤体脆、韧性变形的转换条件不断提高,使得高煤阶煤韧性变形程度降低甚至消失(周建勋等,1994)。

煤化过程中,随着煤阶的提高,煤分子结构中的含氧官能团脱落、芳香结构缩合拼贴及有序重排,使得氢键数量相应减少,π—π 键的数量逐渐增加(Li et al.,2004b),因此,高煤阶煤分子结构比低煤阶煤更加有序与紧密。由于 π—π 键的强度要比氢键的强度略高,高煤阶煤分子结构中高含量的 π—π 键也使得构型更为稳定,最终导致高煤阶煤的力学性质显著增强(Pan et al.,2013)。因此,随着煤阶的升高,煤中非共价键解离能与自由分子结构移动能均增加,导致煤脆、韧性变形转换的温压条件也随之提高。

3.4.3 矿物变形特征

实验变形煤中矿物的分布特征主要采用 XRD 与扫描电镜结合能谱分析(SEM-EDS)两类检测方法。矿物的测试均在中国矿业大学现代分析与计算中心完成,其中 XRD 测试采用德国 Bruker 厂商生产的 D8 Advance X 射线衍射仪,该衍射仪配备 0.6 mm 的发射缝隙以及 8 mm 的抗散射狭缝系统。测试前,样品需烘干并研磨至 200 目以下。测试过程中采用的阳极靶材料为 Cu 靶,Kα 辐射,测角仪半径设定为 250 mm,X 射线管的电压与电流分别为 40 kV 与 30 mA,扫描速度为 0.2 sec/step,采样间隔为 0.019 450°,角度的还原度为±0.000 1°。

矿物形貌观测与原位元素组成测试主要采用美国 FEI 厂商生产的 Quanta TM 250 扫描电镜,配备有 X 射线能量色散谱仪。能谱分析仪可检测的元素范围为 Be~Am。测试前,利用工具制取块状煤样并烘干,将处理后的煤样固定在样品台上进行喷金处理以增加样品的导电性。煤为非导电性物品,因此在 SEM 测试过程中选取高真空模式。

3.4.3.1 原生结构煤中矿物发育特征

XRD 测试与 SEM-EDS 结果均显示原生结构煤 Z5 中主要发育黏土矿物与赤铁矿(图 3-30),其中黏土矿物主要以胞腔充填、孔隙充填以及裂隙充填方式赋存[图 3-31(a)、(b)],且具有完整的六方片状结构;赤铁矿则多充填于裂隙结构内,具有完整的片状结构,片状尺寸可达数百微米[图 3-31(c)]。

3.4.3.2 实验变形煤中矿物形貌特征

(1) 机械破碎与研磨作用

黏土矿物是实验样品中主要发育的矿物种类,并且是煤中元素的重要载体,因此,以黏土矿物为重点研究对象(Finkelman et al.,2018,2019)。实验变形煤中黏土矿物破碎程度明显随着煤样由脆性向韧性变形的转变不断增强,强烈的破碎作用下黏土矿物失去原生结构煤中的六方片状结构,形成宽高比(aspect ratio)更小的黏土矿物。脆性变形煤中黏土矿物破碎为棱角状与次棱角状碎片[图 3-32(a)~(f)],韧性变形煤中的黏土矿物在应力作用下形成更细小的碎片或碎粒结构[图 3-32(g)、(h)]。

从脆性变形程度较低的围压对照组样品 2、3 中可观测到较完整的六方片状黏土矿物的发育,其中由于高围压作用阻碍了样品 2 变形,因此样品中黏土矿物六方片状结构保存完整,且堆砌度最高,这主要与高围压作用下样品力学强度增加,导致变形强度降低有关;

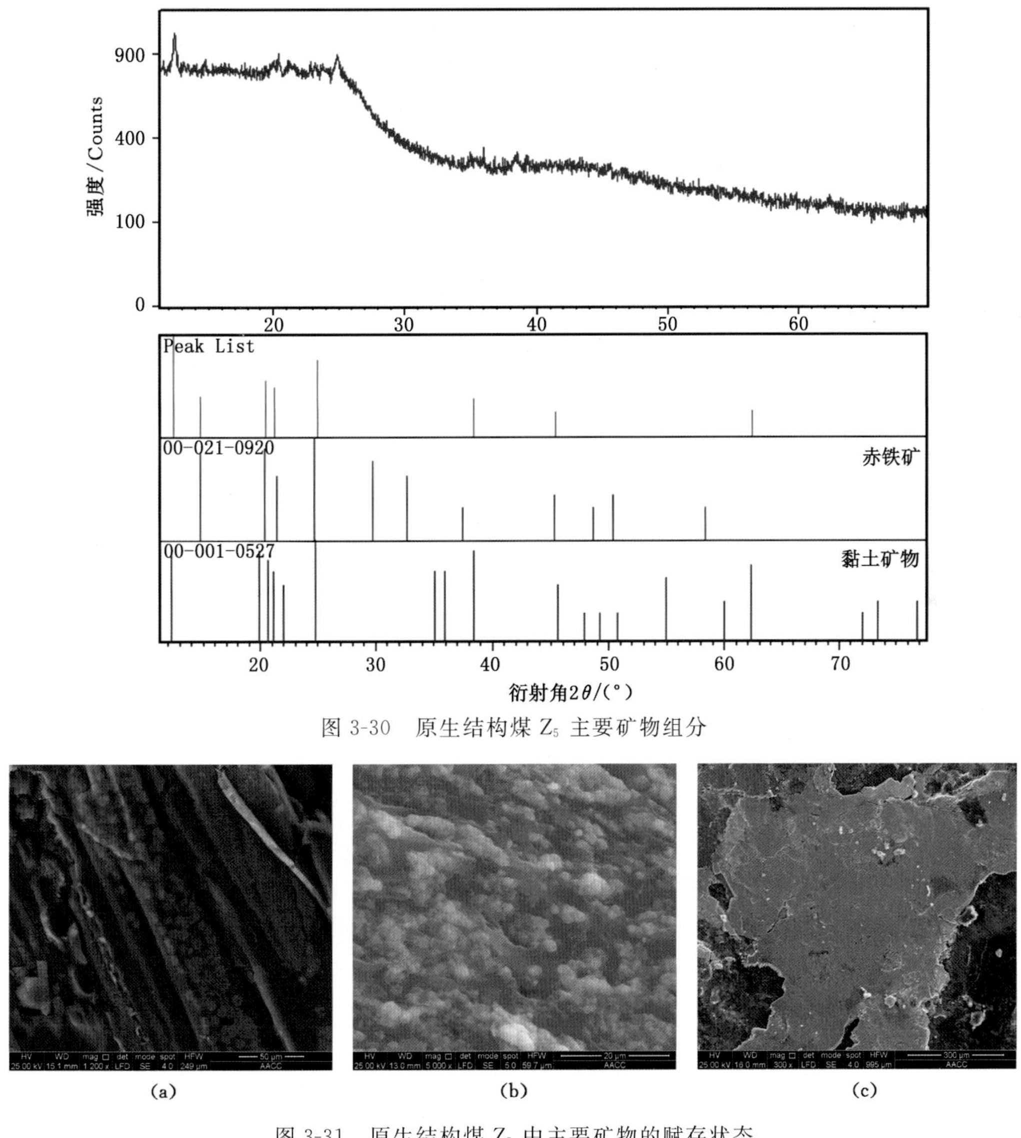

图 3-30 原生结构煤 Z_5 主要矿物组分

图 3-31 原生结构煤 Z_5 中主要矿物的赋存状态

(a) 胞腔充填黏土矿物(SEM,1 200×);(b) 孔隙结构充填黏土矿物(SEM,5 000×);
(c) 裂隙充填的片状赤铁矿(SEM,300×)

75 MPa围压作用下的样品 3 脆性破裂作用增强,部分黏土矿物失去了六方片状结构,且矿物堆砌厚度减小;样品 6 在较低围压作用下,变形的应变量与应变速率最高,大部分黏土矿物被研磨破碎成不规则碎片结构,矿物堆砌度最低[图 3-32(a)~(c)]。

差应力对照组样品 5、6、8 脆性变形强度整体均高于围压对照组,因此组内样品中黏土矿物均失去六方片状结构,其中样品 6 与样品 8 在更高的差应力作用下,煤样应变速率更高且应变量也较大,黏土矿物被破碎研磨成粒径更小的碎片结构[图 3-32(d)~(f)]。由此可见,围压围限下高差应力作用使得煤样变形更强烈,甚至发育定向裂隙及碎裂或碎粒结构,表明破碎煤粒发生旋转调整,导致赋存于煤粒间的黏土矿物也受到了强烈的机械破碎与研磨作用。

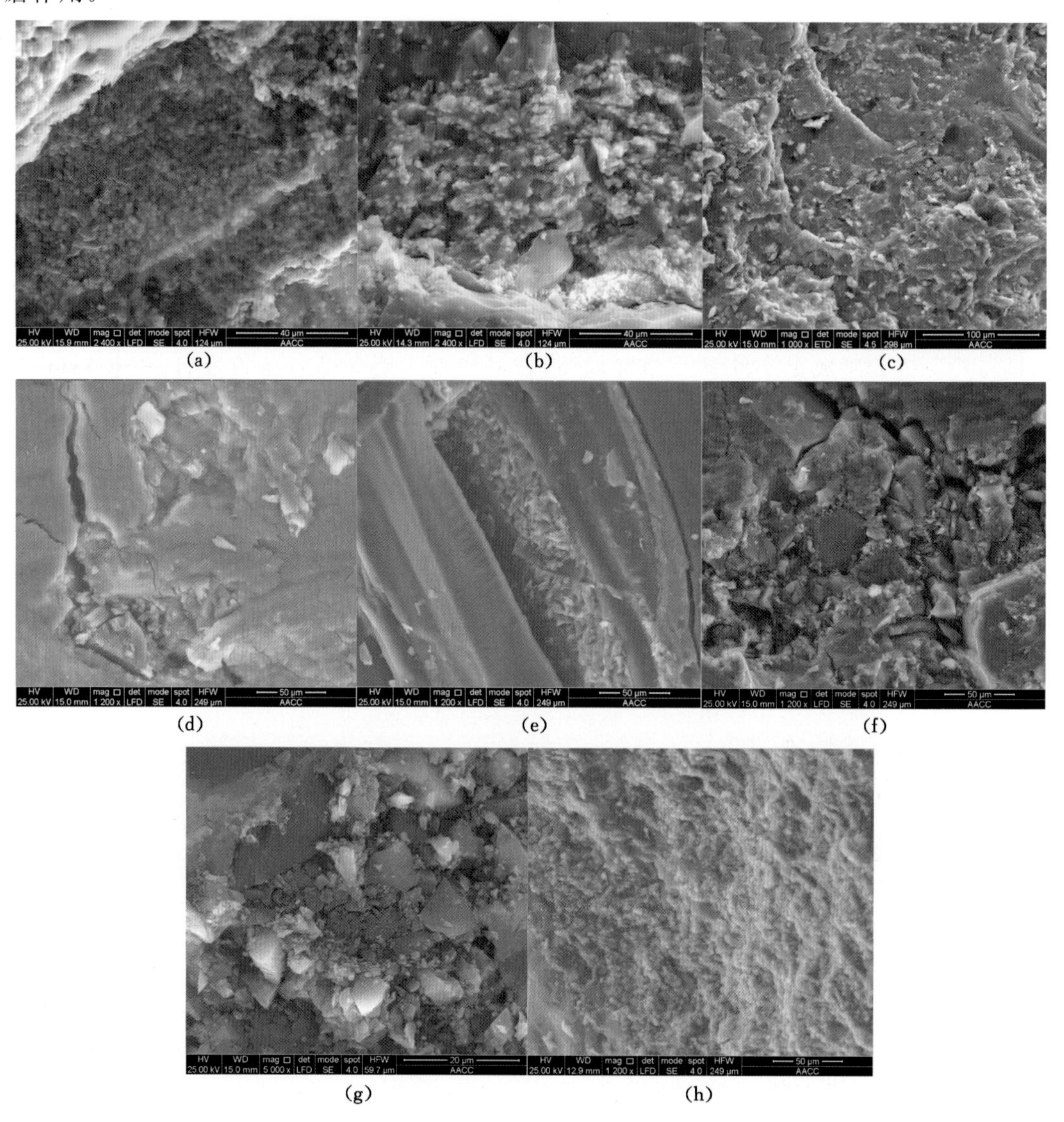

图 3-32　机械破碎与研磨作用下黏土矿物变化特征

(a) 样品 2 中的黏土矿物(SEM,2 400×);(b) 样品 3 中的黏土矿物(SEM,2 400×);
(c) 样品 4 中的黏土矿物(SEM,1 000×);(d) 样品 5 中的黏土矿物(SEM,1 200×);
(e) 样品 6 中的黏土矿物(SEM,1 200×);(f) 样品 8 中的黏土矿物(SEM,1 200×);
(g) 样品 9 中的黏土矿物(SEM,5 000×);(h) 样品 10 中的黏土矿物(SEM,1 200×)

温度对照组样品 5、9、10 中黏土矿物的形态特征差异较大,样品 9 中黏土矿物在更强烈的变形作用下失去了六方片状结构,形成十分破碎的棱角状片层;300 ℃高温样品 10 中黏土矿物在强烈的机械破碎与研磨作用下呈球状,与韧性变形的样品 8 与样品 9 有较显著的差异,推测主要是由于高温与应力耦合作用下黏土矿物的脱羟基作用形成水分子与煤中吸附水高温挥发作用,使得黏土矿物在破碎研磨作用过程中发生团聚现象[图 3-32(g)、(h)]。

(2) 剪切摩擦作用下矿物形貌特征变化

除了应力的机械破碎与研磨作用外，充填有矿物的裂隙作为结构弱面在煤变形过程中的摩擦滑动也使得矿物的形貌特征发生较大变化。实验变形煤中主要发育条痕摩擦面与镜面摩擦面两类，不同类型摩擦面上附着的矿物形貌特征变化具有显著的差异性。

1）赤铁矿

实验变形煤中条痕摩擦面上片状赤铁矿经刻划作用同样也形成条痕结构，条痕方向指示裂隙两侧破碎煤样相对摩擦滑动的方向[图 3-33(c)～(e)]。由于样品内部压力分布的分化，摩擦面上片状赤铁矿受到的正应力不均匀，使得矿物边缘受到更为明显的压扁涂抹作用[图 3-33(b)～(e)]；当压剪应力作用超过矿物力学强度极限，边缘薄层赤铁矿脱离片状主体形成小块碎片[图 3-33(c)～(h)]。在韧性变形煤中发育的镜面摩擦面上的赤铁矿在剪切滑动作用下被分离成更小的碎片结构，且赤铁矿表面无明显摩擦条痕发育[图 3-33(f)～(h)]。

样品 2 由于高围压作用，样品变形强度较低，摩擦面平直稳定且无条痕发育，因此摩擦面上的赤铁矿呈完整片状，与原生结构煤相比基本无变化[图 3-33(a)]；随着围压的降低，样品 3 中发育弱条痕摩擦面，附着于摩擦面上的赤铁矿未受到刻划作用，但完整的片状结构逐渐开始分裂，同时矿物边缘在压剪应力作用下发生薄化[图 3-33(b)]；样品 6 受到的围压最低，煤变形的应变量大大增加，使得煤中摩擦面上刻划作用增强，赤铁矿表面也留下了密集的摩擦条痕[图 3-33(e)]。

差应力对照组样品 5、6 中摩擦面上的刻划作用显著增强，使得摩擦面上的赤铁矿表面也发育较密集的擦痕，矿物边缘在压剪应力作用下发生薄化和分离、分裂作用，这主要是由于差应力的增加使摩擦面上受到的正应力增大，矿物受到的压剪作用增强，导致矿物的刻划作用与分裂、分离作用增强[图 3-33(d)、(e)]；差应力最高的样品 8 在高差应力作用下产生碎裂流变，以发育揉皱条痕摩擦面为主，附着于摩擦面上的赤铁矿也由于摩擦方式的改变发生分离与分裂，形成棱角状片层结构[图 3-33(f)]。

样品 9 与样品 10 在高温作用下被软化，使得煤体摩擦接触方式改变，以发育镜面摩擦面为主。与条痕摩擦面不同，镜面摩擦面上的矿物主要受到压剪涂抹作用，其中样品 9 摩擦面的矿物在压剪涂抹作用下开始逐渐分离与分裂；样品 10 由于应变量更大，赤铁矿被分裂成基本小于 200 μm 的残斑结构[图 3-33(g)、(h)]。

2）黏土矿物

与赤铁矿发育特征类似，黏土矿物在两类摩擦面上具有相似的形貌变化特征(图 3-34)，其中，条痕摩擦面上附着的黏土矿物在刻划作用下也形成明显的条痕结构。刻划作用下摩擦面的矿物形成较深的凹槽，而压剪涂抹作用导致黏土矿物边缘薄化，不同于赤铁矿片边缘的碎片化特征，片状黏土矿物的边缘表现为连续的薄膜化[图 3-34(b)～(d)]。镜面摩擦面上的黏土矿物则受到更为均匀的压剪涂抹作用，片状黏土矿物的方向性更加明显，形成 001 面基本平行于摩擦面的矿物薄层[图 3-34(e)、(f)]。

由于高围压作用样品 2 变形的应变量较小，摩擦面两侧煤体相对位移距离短，因此摩擦面上的黏土矿物仍然发育完整的六方片状结构[图 3-34(a)]；与赤铁矿不同，黏土矿物的应力敏感性更强，因此在样品 3 变形过程中黏土矿物表面经刻划作用形成了弱摩擦条痕[图 3-34(b)]。

差应力对照组样品 5 条痕摩擦面上的黏土矿物在较低的差应力作用下也受到刻划作

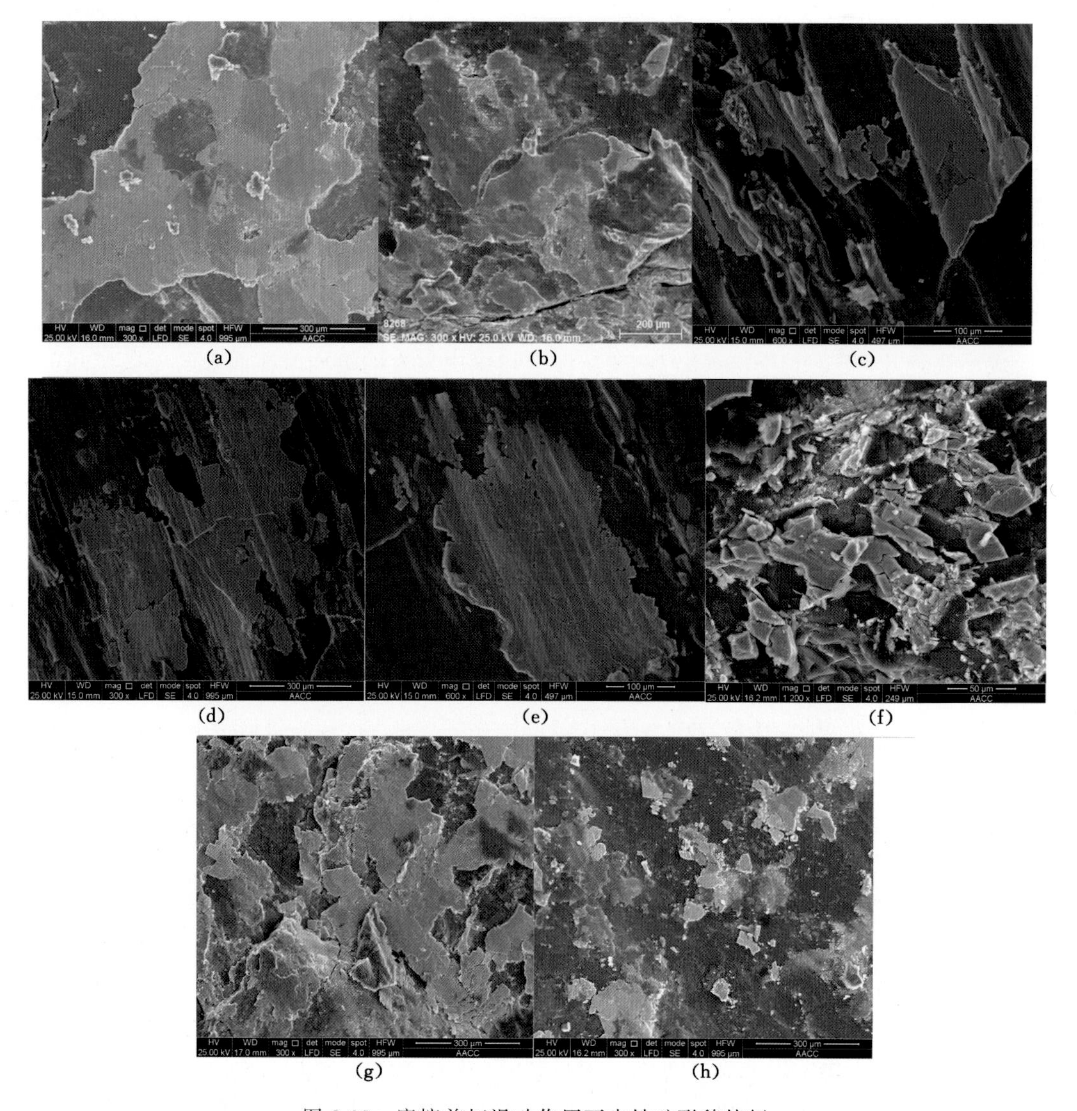

图 3-33　摩擦剪切滑动作用下赤铁矿形貌特征

(a) 样品 2 裂隙面上的赤铁矿(SEM,300×);(b) 样品 3 摩擦面上的赤铁矿(SEM,300×与 600×);
(c) 样品 4 条痕摩擦面上的赤铁矿(SEM,600×);(d) 样品 5 条痕摩擦面上的赤铁矿(SEM,300×);
(e) 样品 6 条痕摩擦面上的赤铁矿(SEM,600×);(f) 样品 8 波状条痕摩擦面上的赤铁矿(SEM,1 200×);
(g) 样品 9 条痕镜面摩擦面上的赤铁矿(SEM,300×);(h) 样品 10 波状镜面摩擦面上的赤铁矿(SEM,300×)

用,部分黏土矿物沿着相对摩擦滑动方向运移,并在阶步陡坎处滞留富集[图 3-34(c)];与样品 5 相比,样品 8 受更高的差应力作用,使得摩擦面上的黏土矿物摩擦条痕的深度大大增加,矿物边缘受压剪作用发生薄化运移[图 3-34(d)]。

与样品 5 相比,样品 9 与样品 10 在高温作用下被软化,因此主要发育镜面摩擦面。附着于摩擦面上的黏土矿物由于煤样的软化作用,受到均匀的压剪涂抹作用,矿物的堆砌度也大大降低,形成了微-纳米涂层[图 3-34(e)、(f)]。

此外,矿物的分布在一定程度上能够影响应力作用下裂隙的产生与分布(Cai et al.,

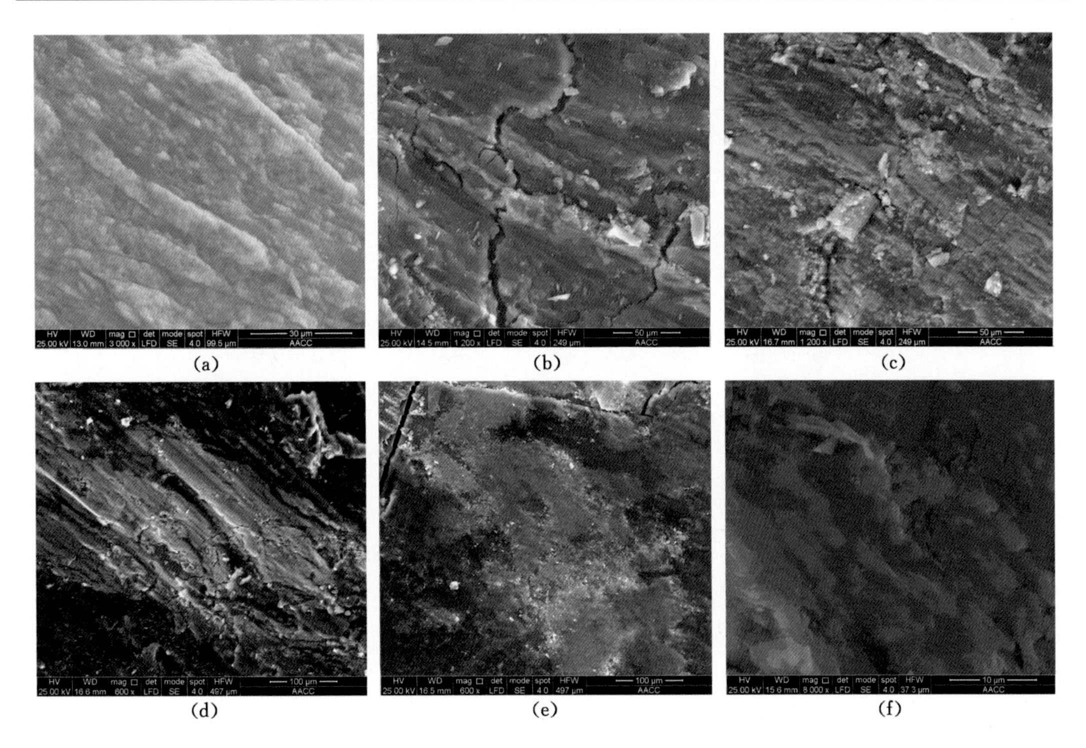

图 3-34 摩擦剪切滑动作用下的黏土矿物形貌特征

(a) 样品 2 裂隙面上的黏土矿物(SEM,3 000×);(b) 样品 3 条痕摩擦面上的黏土矿物(SEM,1 200×);
(c) 样品 5 条痕摩擦面上的黏土矿物(SEM,600×);(d) 样品 8 条痕摩擦面上的黏土矿物(SEM,8 000×);
(e) 样品 9 镜面摩擦面上的黏土矿物(SEM,8 000×);(f) 样品 10 镜面摩擦面上的黏土矿物(SEM,8 000×)

2015)。煤基质与矿物的接触面作为力学的软弱面往往有利于裂隙的发育。实验变形煤摩擦面上的矿物形貌特征在剪切摩擦作用下发生了较大的变化。条痕摩擦面上的矿物的表面在摩擦过程中也形成"沟壑纵横"的摩擦条痕,"沟壑"中的矿物可沿摩擦滑动方向运移;同时边缘摩擦作用使片状矿物分裂与分离,变形后的破碎矿物沿着滑动摩擦方向可发生一定位移;煤碎块之间的压剪摩擦作用,导致附着于摩擦面的片状矿物厚度减薄。镜面摩擦面上的矿物的完整形貌特征被破坏,形成的碎片状矿物相对均匀地分布于摩擦面上;同时波状摩擦面上的矿物在压剪作用下还受到均匀的涂抹作用,形成矿物润滑涂层。不同围压、差应力与温度共同作用,煤样变形的应变量与应变速率不同,使得样品中发育不同类型的摩擦面,最终导致摩擦面上的矿物形貌特征发生较大改观。

3.4.4 矿物动力变质作用

3.4.4.1 测试方法与峰归属

峰位移在 3 300~3 900 cm^{-1}范围内的 FTIR 光谱包含黏土矿物的内部羟基、外部羟基以及面内羟基的重要结构信息(Strydom et al.,2011)(图 3-35)。

FTIR 测试过程中的样品处理及参数设定均与 3.2.3 节中的描述一致。其中,3 300~3 500 cm^{-1}范围内的特征峰代表黏土矿物的吸附水或晶体表面的配合水,水分含量表征黏土矿物表面羟基的脱质子反应进行程度(Frost et al.,2001,2003);3 620 cm^{-1}归属为内部

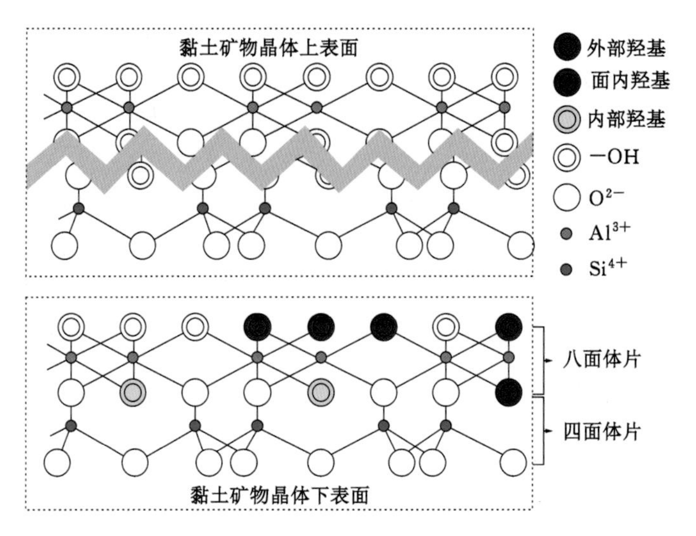

图 3-35　高岭石(100)界面中内部、外部及面内羟基的位置示意图
(修改自 Ledoux et al.,1964)

羟基,3 650 cm^{-1}归属为外部羟基,3 695 cm^{-1}与 3 670 cm^{-1}则归属为面内羟基(Serratosa et al.,1962;Ledoux et al.,1964)。

3.4.4.2　黏土矿物化学结构变化特征与机理

(1) 黏土矿物羟基结构变化特征

黏土矿物改性实验表明,矿物的层状结构和化学性质在机械应力作用下能够轻易被改变(包括研磨、撞击以及振荡作用)(Aglietti,1986),本节以温压敏感的黏土矿物为重点研究对象。不同实验变形煤中 Al 与 Si 元素的含量在一定范围内波动变化,表明不同样品中黏土矿物含量变化并无明显规律性;而样品不同变形微区对比表明,强变形区内黏土矿物的含量基本均高于弱变形区(图 3-36)。

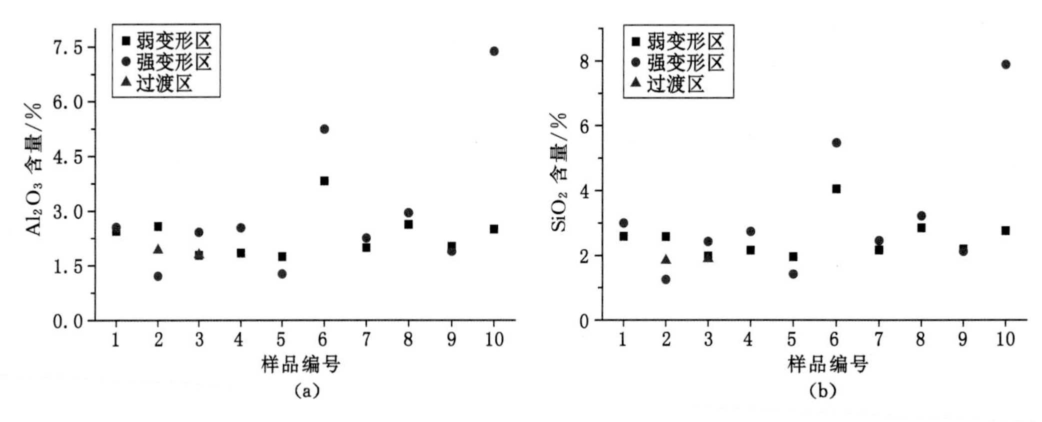

图 3-36　不同样品变形微区 Al_2O_3 与 SiO_2 的含量分布

提取同一样品中不同变形微区的 FTIR 羟基特征区间(3 500～3 700 cm^{-1})内的谱图进行对比分析,所有实验变形煤底部强变形区中羟基结构的发育程度基本上均高于中、上部变形微区,这主要与温压作用下样品底部变形强度更高,引起矿物更强烈的变形作用有关(图

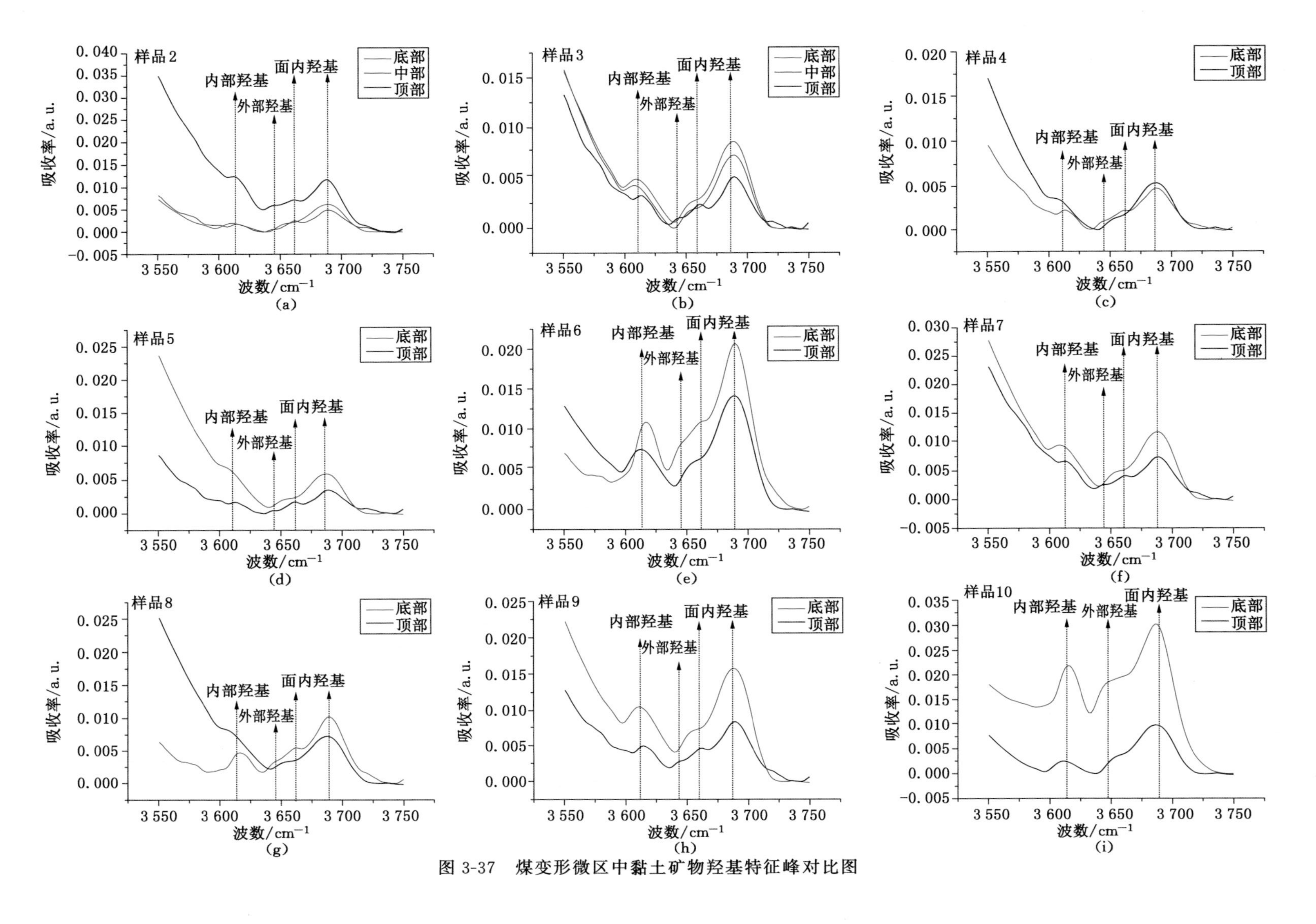

图 3-37 煤变形微区中黏土矿物羟基特征峰对比图

3-37)。在围压对照组中,样品 2 由于高围压作用严重阻碍煤样的变形作用,因此样品中黏土矿物基本不受机械破碎与研磨作用以及摩擦面上的刻划或压剪作用影响,导致黏土矿物羟基结构基本未发生明显变化[图 3-37(a)];样品 3 与样品 6 中的黏土矿物则由于围压减小受到了较强的应力改造作用,其中样品 3 中的黏土矿物受到层离与层裂作用,使得内部、外部以及面内羟基含量均增加[图 3-37(b)];样品 6 受围压围限作用最小,在强烈的变形作用下黏土矿物中不同类型羟基结构含量均增加[图 3-37(e)]。

差应力对照组中,样品 5 与样品 6 中黏土矿物在差应力作用下的层离与层裂,使得不同类型羟基结构均增加[图 3-37(d)、(e)];而样品 8 在高差应力作用下形成揉皱条痕摩擦面,摩擦面上的黏土矿物以层裂作用为主,使得大部分内部羟基转化为外部羟基结构[图 3-37(g)]。

温度对照组中,与样品 5 相比,高温样品 9、10 底部羟基结构含量显著高于顶部,这主要由于高温下煤样被软化,变形强度大幅增加,使得黏土矿物变质作用增强,同时由于高温促进了黏土矿物的热解离作用,也导致黏土矿物变质作用进一步增强[图 3-37(h)、(i)]。

(2) 黏土矿物变质机理

黏土矿物羟基含量的变化一方面取决于变形微区内黏土矿物含量的差异性,如样品 2 中顶部变形微区内 Al 与 Si 元素含量较高,导致顶部羟基特征峰的吸收强度明显高于其他变形微区;另一方面,应力改性作用也能够增加黏土矿物含量较低的变形微区内羟基含量,如样品 2 的底部 Al 与 Si 含量较中部含量低,但由于应力作用导致底部黏土矿物的面内羟基含量却略高于中部;样品 8 的顶、底部 Al 与 Si 元素含量基本相等,经变形作用后底部黏土矿物各类羟基的含量却明显高于顶部。

黏土矿物的应力改性作用主要体现在两个方面:一方面,差应力的机械破碎与研磨作用使得黏土矿物的宽高比减小,破碎边缘增加,从而导致黏土矿物的边缘羟基数增加;另一方面,更高的温度与差应力作用下,实验变形煤摩擦面上的黏土矿物更容易发生层离与剥落,导致更多的面内羟基暴露。样品 10 强变形微区内羟基含量明显降低,主要是由于高温与应力耦合作用下羟基脱落(Ramaswamy et al.,1995;Frost et al.,1996)。

3.5 实验变形煤中元素分布规律

研究表明,构造煤中元素在应力作用下可发生迁移变化(李云波,2014),而高温高压实验能够模拟地质条件,并进一步突出应力的作用效果。因此,通过对比实验变形样品间及样品内部变形微区常量与微量元素的分布特征,并结合温度、轴压与围压等实验条件分析,揭示实验变形煤中元素的迁移变化规律与机理及其影响因素。

3.5.1 元素含量测定方法

3.5.1.1 常量元素含量测试

随着测角仪、计数器、光谱室温度稳定等新技术的进步,现代 X 射线荧光光谱仪的测量精度与准确度有了较大改善,因此采用 X 射线荧光光谱分析(XRF)测定实验变形煤中常量元素的含量。XRF 测试在中国矿业大学现代分析与计算中心完成,采用德国布鲁克 AXS 公司生产的 Bruker S8 Tiger 波长色散 X 射线荧光光谱仪,仪器主要由 X 射线系统、自动进样系统、分光系统及探测系统等构成。该仪器的元素检测范围为Be(4)～U(92)，检出限为PPM～100%。利用研钵将烘干后的煤样研磨至200目以下，以硼酸为底压制测试圆片并编号，然后利用X射线荧光光谱分析仪对压片进行常量元素氧化物含量检测。测试过程中采用Cr靶材料，仪器功率设定为4 kW，最大电压为60 kV，最大电流为170 mA。

3.5.1.2　微量元素含量测试

微量元素含量测定在中国煤炭地质总局检测中心(江苏地质矿产设计研究院)完成，采用美国安捷伦的Agilent 7900电感耦合等离子体质谱仪(ICP-MS)。测试原理是通过质量分析器选择特定质荷比的离子化样品元素，经电子倍增器对离子计数，并与校正曲线比较，计算样品中该元素的浓度。ICP-MS可对土壤、矿物以及环境等液体样品中的微量、痕量及超痕量元素进行定量分析，具有分析检出限低、精密度好、准确度高、分析速度快的优点。

测试前先利用研钵将烘干样品研磨至200目以下。测试过程严格遵循两步消解法，首先用马弗炉对干燥后的粉末状样品进行持续4 h的高温灰化(500 ℃)，然后用HNO_3消解灰化后的样品，再将残渣置于高压封闭微波消解系统中用HF—HNO_3—$HClO_4$溶液进行消解。测试过程中仪器的射频功率(RF)为1 320 W，冷却气流速与雾化气流速分别为13.20 L/min和0.75 L/min，测量时间设定为0.2 s。微量元素测定的标准参照物为SARM-19，利用空白样测试结果对煤样测试结果进行标定。

3.5.2　常量元素迁移变化特征

3.5.2.1　有机质组成元素

实验变形煤的C、O、N与S等常量元素分析采用XPS测试。由于样品内部的应力分化作用导致样品内部形成变形程度不同的微区，样品底部动力端的变形强度最高(强变形区)，样品顶部变形程度最低(弱变形区)，样品中部变形程度介于强、弱变形区之间，为过渡区。不同变形微区XPS元素测试结果显示，强变形区的C元素含量基本都要高于其他两个区，尤其是在韧性变形样品8～10中[图3-38(a)]；煤中O元素具有有机与无机两种赋存形式，应力作用下的变化规律较复杂[图3-38(b)]；有机质组成元素S与N在应力作用下由于含S和N的官能团被降解，使得脱落元素向弱变形区迁移或以气体形式逸散至实验系统外部[图3-38(c)、(d)]。尽管不同样品钻取位置十分相近，但组分特征仍存在细微差别，因此变形作用下有机和无机结合态C、O、N与S元素具有不同的变化特征，个别样品对比显示，元素并未随变形强度的增加呈现富C与排除杂原子的规律变化。

样品2变形强度较低，不同变形微区内C、O、N与S元素的分布与煤岩组分及矿物分布的非均质性有关；随着围压的减小，样品3受到的围限作用减弱，以发育弱脆性变形为主，N与S元素在不同变形微区内的分布与煤的非均质性有关，强变形区与过渡区内由于黏土矿物的富集使得C元素含量较低，而O元素含量增高；围压较低的样品6变形强度进一步增加，C与O元素的变化规律与样品3类似，而煤样强变形区内动力变质作用使得有机S元素散失。

差应力对照组中样品5在差应力作用下，强变形区内C元素富集，而O、N与S元素散失，主要是由于差应力作用使得强变形区内动力变质作用程度高于弱变形区；与样品5相比，样品8中更高的差应力作用产生了更多机械能与摩擦热能，导致动力变质程度进一步增强，因此，煤样强变形区内C元素富集程度与O、N和S元素散失程度均增强。

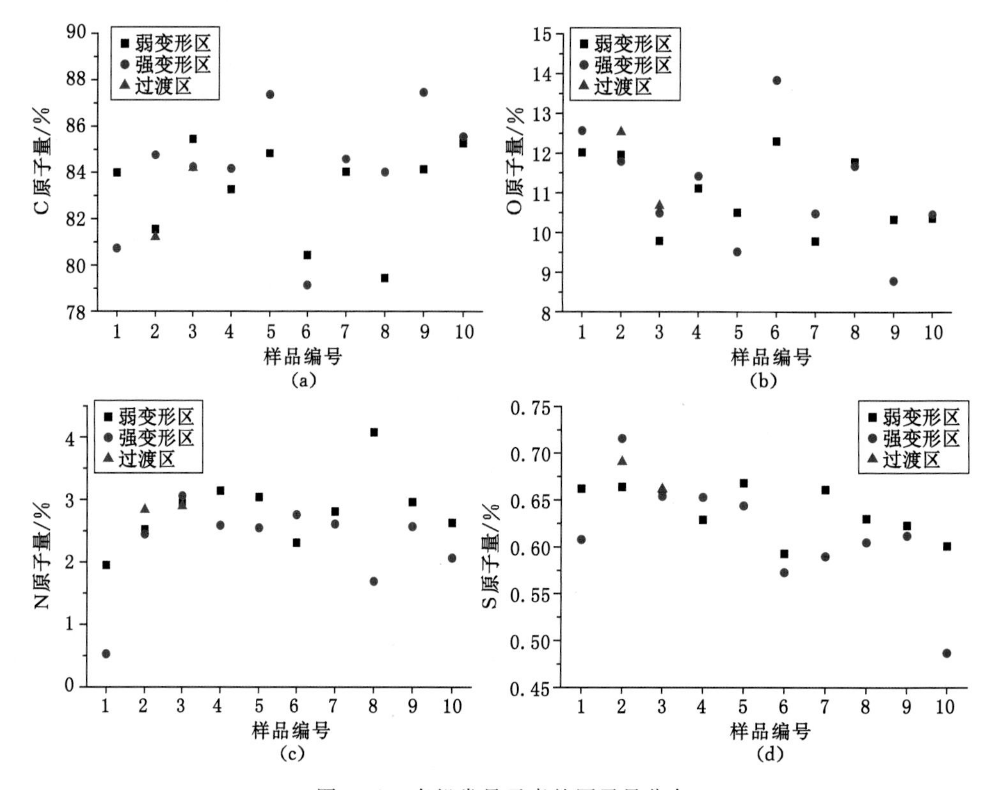

图 3-38 有机常量元素的原子量分布

温度对照组中样品 9、10 在高温作用下被软化，因此煤样发育韧性变形，低温样品 5 则主要发育脆性变形。韧性变形样品 9 强变形区富 C 贫杂原子的程度较高，而样品 10 由于 300 ℃的高温软化作用，使得样品内部发生强烈的塑性流变，尽管强变形区内黏土矿物的富集能够使 O 元素含量增加、C 元素含量降低，但强变形区在高温促进作用下动力变质程度更高，使得有机质中的 O 元素散失、C 元素富集，从而弱化了样品 10 强、弱变形区 C 与 O 元素的分布差异，同样，煤样强变形区中 N 与 S 元素也在动力变质作用影响下发生散失。

由此可见，在不同温压条件下实验变形煤内部应力与变形程度的分化，使得不同变形微区有机质动力变质程度不同(Liu et al.,2018)，并进一步导致变形微区内有机质组成元素的富集与散失。由于 C 与 O 元素的含量还受到无机黏土矿物迁移变化的影响，在不同样品中的变化规律具有差异性。因此，实验变形煤中 C、O、N 与 S 元素的迁移变化受到有机与无机结合态元素的共同影响。

3.5.2.2 无机常量元素

(1) 不同样品间无机常量元素变化特征

实验样品中无机常量元素氧化物含量主要通过 XRF 测试得到，测试对象主要包括 SiO_2、TiO_2、Al_2O_3、Fe_2O_3、MgO、CaO、Na_2O、K_2O、S 与 Cl(图 3-39)。实验变形煤中 SiO_2、Al_2O_3、Fe_2O_3、MgO 与 K_2O 的分布模式基本一致，这主要是由于上述五种氧化物均来源于或主要赋存于黏土矿物或与黏土矿物共伴生的矿物中[图 3-36；图 3-39(b)、(c)、(f)]。不同样品内五种氧化物随着外部变形实验条件变化含量分布较为稳定，分析认为，变形模拟实验

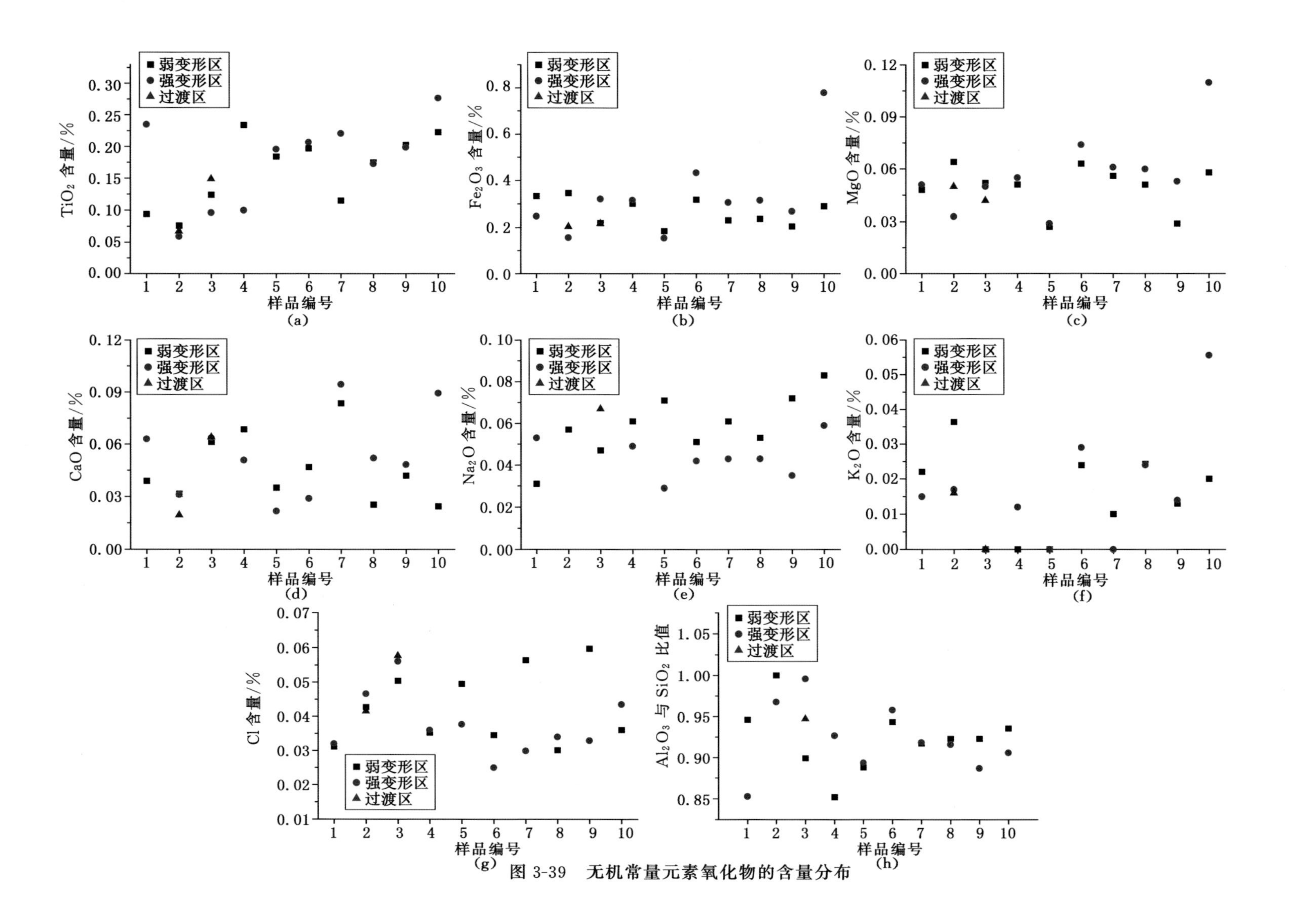

图 3-39 无机常量元素氧化物的含量分布

过程中并未与外界形成显著有效的开放交换通道,黏土矿物总体含量在应力作用影响下并不会出现明显增减情况,因此相关元素的氧化物含量变化基本维持稳定。同样,其他元素的氧化物,如 TiO_2、CaO、Na_2O、K_2O 以及 S 与 Cl 元素随着变形强度的增强并未出现明显的代入或散失,含量也无规律性变化[图 3-39(a)、(d)、(e)、(g)、(h)]。

(2) 样品内部变形微区无机常量元素分布特征

1) 黏土矿物相关元素

同一样品不同变形微区间的对比表明,从样品 2 至样品 9,上述 SiO_2、Al_2O_3、TiO_2、MgO 与 K_2O 五种氧化物在强变形区内的含量基本略高于或近等于弱变形区,表明强变形作用有利于与黏土矿物相关元素的聚集[图 3-36;图 3-39(a)、(c)、(f)]。以黏土矿物主要组成元素 Al 与 Si 的氧化物为代表,结合具体实验条件,分析样品不同变形微区及不同样品间的差异变化与机理。

在围压对照组中,样品 2 在 100 MPa 的高围压作用下应变量较低,且摩擦面基本不发育,使得样品内部黏土矿物迁移途径减少,迁移距离也减小,因此样品顶、底部 Al 与 Si 元素的分布主要受原生结构煤的非均质性影响;降低实验样品 3、6 的围压后,煤样变形强度明显增加,内部条痕摩擦面发育,差应力作用下黏土矿物可沿摩擦面局部迁移,同时,摩擦过程中产生的热能也促使活性较强的 Al 与 Si 元素在强、弱变形区内分化(李云波,2014),从而导致矿物主要组成元素 Al 与 Si 的氧化物含量在强变形区升高。

差应力对照组中,样品 5 由于受到的差应力作用最小,整体变形强度低于样品 6 与样品 8,弱变形作用下样品 5 中黏土矿物并未发生显著迁移变化;样品 6 与样品 8 在较高的差应力作用下破碎程度增加,样品 8 内甚至发育碎裂流变,因此煤样内部条痕摩擦面也广泛发育,为 Al 与 Si 元素在应力作用下的迁移变化提供了途径与动力来源,最终导致样品 6 与样品 8 强变形区内 Al_2O_3 与 SiO_2 的含量高于弱变形区的含量。此外,样品 5 与样品 6 中 Al_2O_3 与 SiO_2 的比值表现为强变形区高于弱变形区,而样品 8 中比值分布出现了反转,推测主要是由于高差应力作用下样品内部的韧性流变,导致黏土矿物变质作用增强[图 3-39(h)]。

温度对照组中,样品 9 与样品 8 在高温作用下不仅发生显著的韧性流变,摩擦面的类型也发生变化,使得样品内部物质迁移与交换能力增强。样品 9 与样品 8 中的黏土矿物在温度与差应力耦合作用下随煤体韧性流变发生由弱变形区向强变形区的迁移,同时高温作用进一步增强 Al 和 Si 元素的活性,使得 Al 与 Si 元素在强变形区内富集。在高温与差应力共同作用下,强变形区内黏土矿物还发生了动热变质作用,改变了黏土矿物的化学结构,导致样品 9 与样品 8 中强变形区内 Al_2O_3 与 SiO_2 比值均高于弱变形区[图 3-39(h)]。

2) 其他元素

Fe_2O_3 在不同样品变形微区内的分布特征与和黏土矿物相关的元素氧化物一致[图 3-39(b)]。原生结构煤 XRD 测试表明,赤铁矿为主要的含 Fe 矿物,实验变形煤中赤铁矿不同实验变形条件下的变形、变位特征与黏土矿物类似,因此 Fe_2O_3 的分异特征及机理与 Al 和 Si 的相似。围压对照组中,高围压样品 2 中强变形区与过渡区 Fe_2O_3 含量低于弱变形区,这主要是由于高围压作用限制样品的变形作用,因此应力作用下 Fe_2O_3 含量未发生明显分异;样品 3 与样品 6 由于围压降低,煤样变形强度增加,强变形区内 Fe_2O_3 的含量要明显高于弱变形区,由此可见,高围压作用抑制了 Fe 元素的迁移富集。差应力与温度对照组中,高差应力样品 8 以及高温样品 9 与样品 10 中 Fe_2O_3 的含量均呈强变形区高于弱变形区的分布特征，表明差应力以及高温作用能够通过促进 Fe 元素活性使其在强变形区内富集。

样品 4～10 中，Na_2O 在应力作用下基本均表现为强变形区内的含量低于弱变形区。研究表明，Na 元素具有十分强的有机亲和性，不同变形微区内动力变质程度的差异导致 Na 在强变形作用下显著散失（Finkelman et al.，2018）[图 3-39(e)]。在围压对照组中，高围压样品 2 与样品 3 强变形区内 Na_2O 的含量略低于弱变形区，主要是由于高围压作用下样品力学强度增加，强变形区内煤样变形强度较低，使得动力变质作用也相应减弱；样品 6 则由于围压围限作用降低，强变形区煤样变形强度升高，更强的动力变质作用使得 Na 元素散失；而在差应力与温度对照组中样品强变形区内 Na_2O 的含量均高于弱变形区，表明高温与高差应力作用均促进强变形区内 Na 元素的散失。

CaO 在脆性变形样品 2～6 中基本表现出强变形区的含量基本均低于弱变形区的情况，而在样品 7～10 中则呈现前者高于后者的情况，表明 CaO 在强变形煤（尤其韧性变形煤中）具有由弱变形区向强变形区迁移的趋势[图 3-39(d)]。Ca 元素在煤样中的主要载体矿物为碳酸盐矿物，构造煤研究表明，脆性变形环境有利于 Ca 元素的富集（李云波，2014）；而实验研究表明，机械研磨作用能够引起碳酸盐矿物相变（万国坤等，2014），因此，推测实验样品不同变形微区中 Ca 元素的迁移变化与煤体变形强度密切相关。围压对照组中，样品 2、3、6 中强变形区与过渡区 CaO 的含量均低于弱变形区，主要是由于 3 件样品的整体变形强度较低，并未引起 Ca 元素的迁移变化；差应力对照组中，样品 8 强变形区 CaO 的含量开始高于弱变形区，表明高差应力作用促进 Ca 元素向强变形区迁移；温度对照组中，受高温作用的样品 9 与样品 10 也表现为强变形区 CaO 的含量高于弱变形区，表明高温与高差应力作用下 Ca 元素发生活化迁移，并在强变形区富集。

3.5.3　微量元素迁移变化特征

3.5.3.1　不同样品间微量元素含量的变化

通过对比不同实验变形样品间的微量元素含量变化特征，将微量元素大致划分为三种变化类型，即递增、递减以及分散型。由于实验样品变形过程中无外界物质来源，递增型元素 Sc、Cr、Cu、Tl、Cd、Th、U 与 Ta 主要是由于样品非均质性导致的，分散型元素不具有显著的应力敏感性故不做深入讨论，下面重点讨论应力作用下递减型元素的变化特征[图 3-40(c)、(e)、(i)、(n)、(p)、(s)、(v)、(w)]。

递减型元素主要包括 Be、W、Co、Ni 与 Mo 元素[图 3-40(b)、(d)、(g)、(h)、(q)]。围压对照组中，通过样品 2、3、6 的对比研究发现，随着围压的减小，样品变形强度增加，递减型元素的含量也明显降低，表明高围压作用可能阻断了递减型元素的迁移散失途径（尤其是在围压为 100 MPa 的情况下），导致样品中元素散失作用减弱；差应力对照组中，随着差应力的增加，样品 5、6 中递减型元素的含量相对下降，而样品 8 中递减型元素的含量略有回升，甚至高于样品 5 与样品 6，表明在脆性变形样品中高差应力作用促进递减型元素迁移散失，而韧性变形样品中差应力作用使得元素迁移散失作用减弱；温度对照组中，样品 9 与样品 10 具有较强的韧性变形，也使得差应力作用下递减型元素的散失程度降低。

递减型元素往往具有有机亲和性，可与提供离子交换位点的杂原子官能团相结合形成络合物（赵峰华，1997；Finkelman et al.，2018）。由于杂原子官能团在应力作用下容易脱落，甚至能以气体形式逸散至实验系统外部，导致递减型元素的结合位点大大减少，脱附的递减

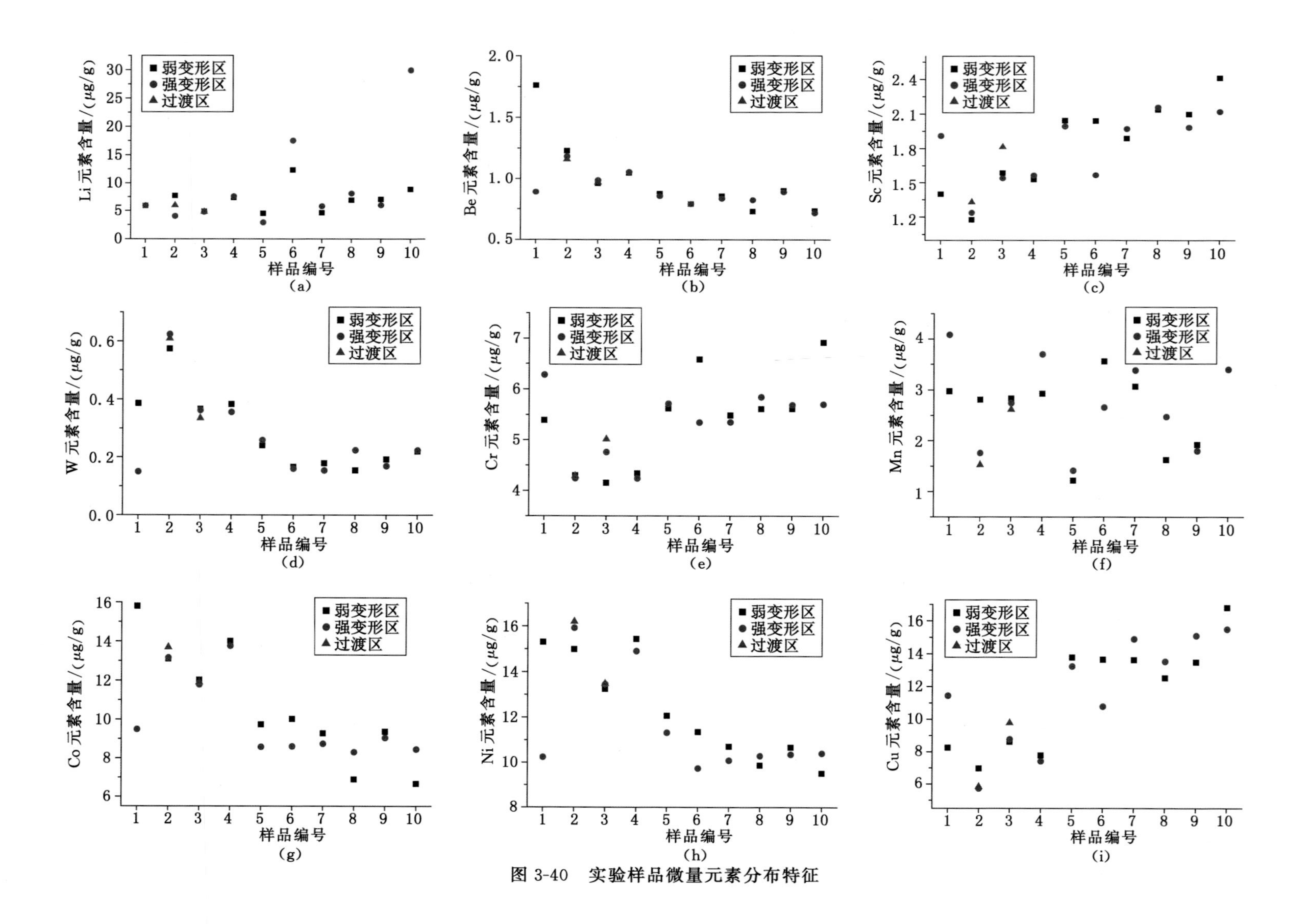

图 3-40　实验样品微量元素分布特征

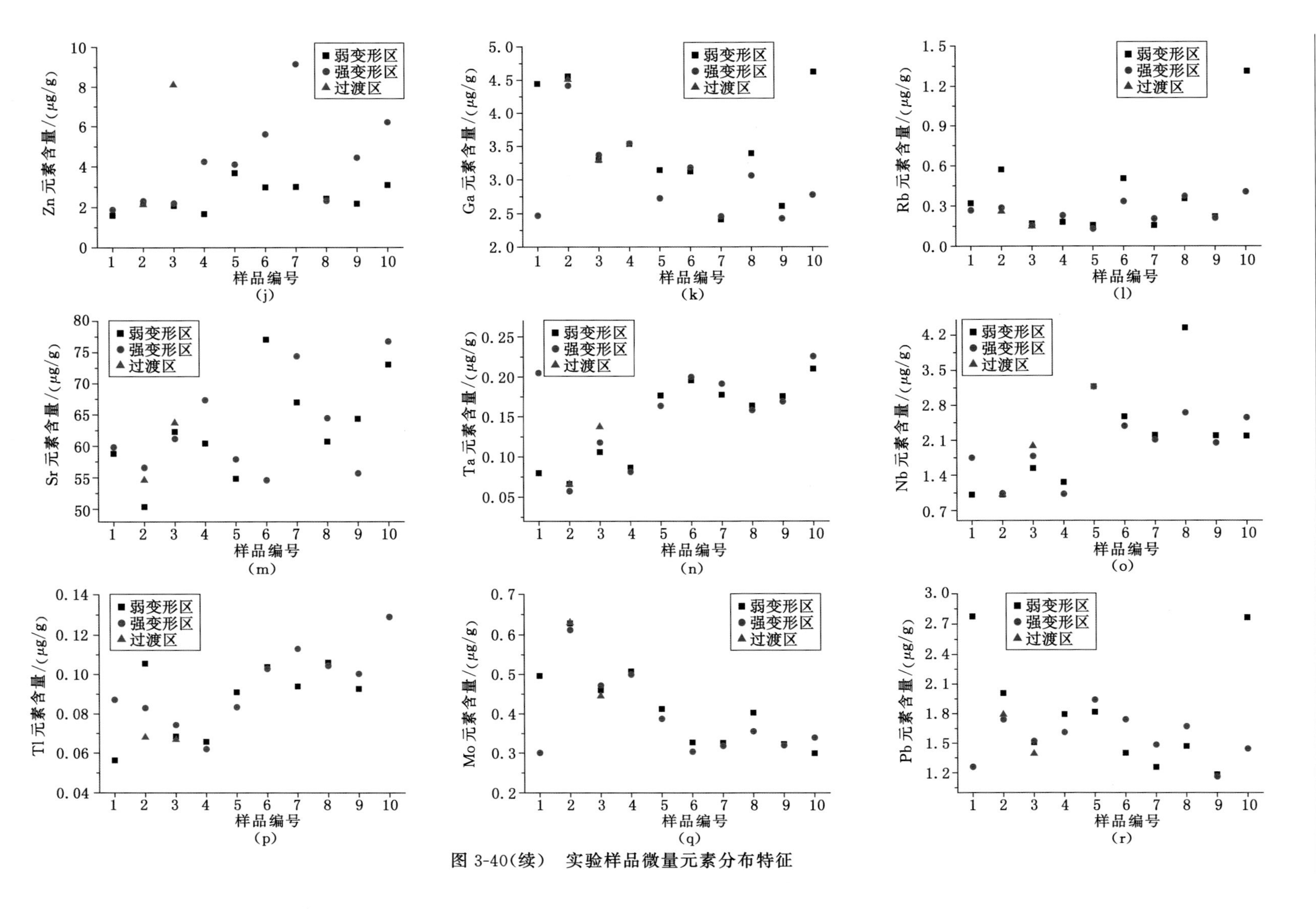

图 3-40(续) 实验样品微量元素分布特征

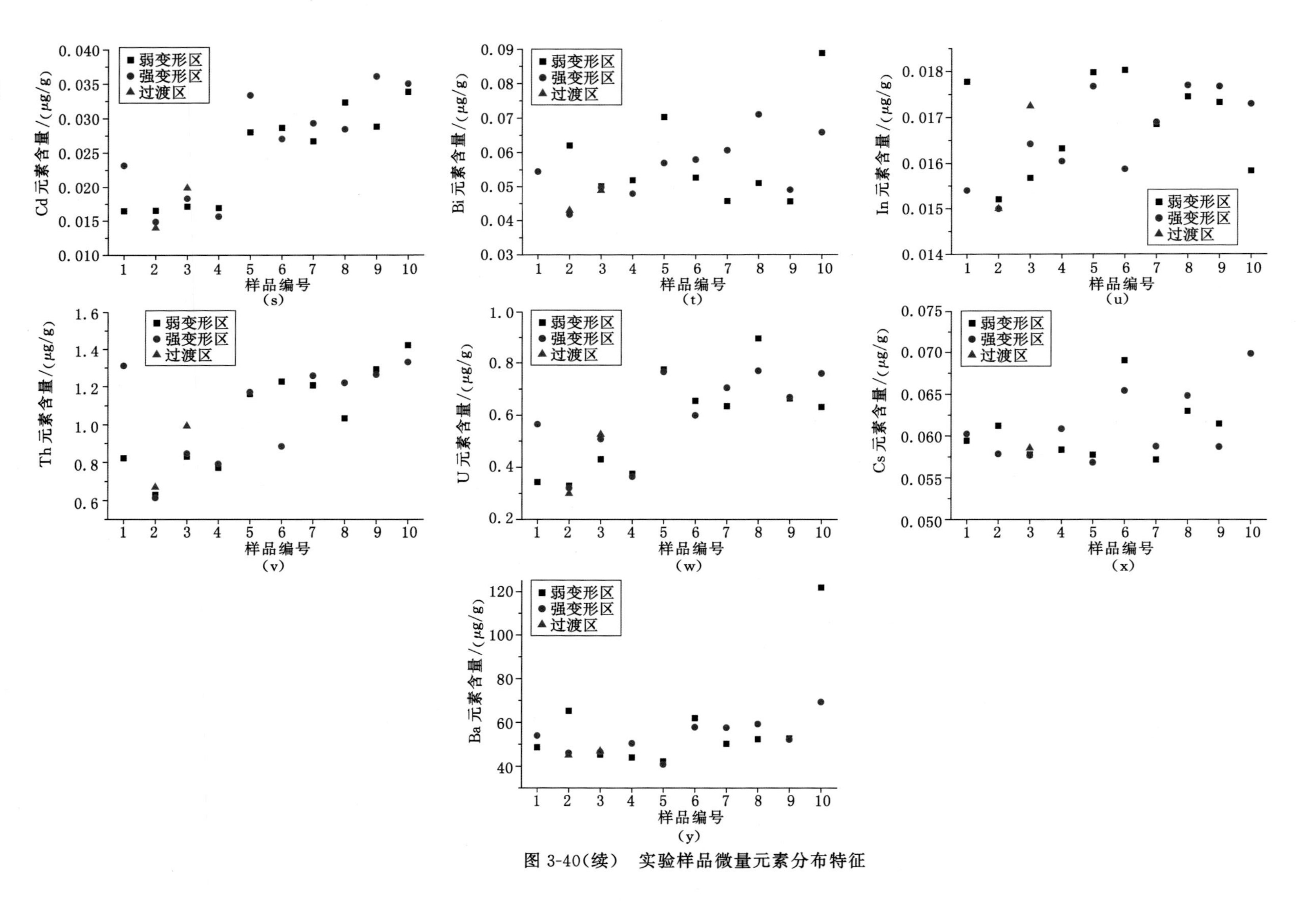

图 3-40(续) 实验样品微量元素分布特征

型元素在应力驱动作用下进一步扩散出样品，导致变形样品内元素的含量低于原生结构煤。

3.5.3.2 样品内部变形微区中微量元素含量特征对比

实验样品在温压作用下，不同变形微区的发育表明样品内部应力分布的差异性。应力作用是导致矿物与元素分异的主要动力来源，因此，不同变形微区内微量元素的分布也具有一定的响应特征，依据不同变形微区内的元素分布特征将元素变化划分为不同类型。

（1）稳定型

元素 Be、W 与 Ta 在不同样品变形微区的含量基本保持不变，仅在个别样品内出现波动，表明变形微区内这三种元素在温压变形作用下的富集或迁移散失规律不明显[图 3-40(b)、(d)、(n)]。构造煤的研究也表明，Be 与 W 元素对应力不敏感，其中 Be 元素在煤中的赋存状态十分复杂，W 元素在煤中的分布多受原生因素的影响(赵峰华，1997；李云波，2014)。同时，可能由于变形作用下不同样品中有机结合态 Be 与 W 元素的散失作用，使得 Be 与 W 元素在不同变形微区内含量差异不显著。

Ta 元素多赋存于氧化物矿物中，如锆石与金红石等矿物(Finkelman et al.,2018；赵峰华，1997)，而常量元素分异特征表明，与 Ta 相关的氧化物矿物在应力作用下无明显应力响应特征。在温度对照组中，样品 5 与样品 9 在低于 300 ℃的温度作用下，Ta 元素含量均表现为强变形区略低于弱变形区，而样品 10 受高温作用强变形区内 Ta 元素含量略高于弱变形区，主要是由于高温作用导致煤样发生强烈的韧性变形，Ta 元素在动热作用下出现了反转变化。

（2）反转型

反转型元素的含量在脆性变形煤样与韧性变形煤样不同变形微区的分布特征基本表现为相反。在脆性变形样品 2～7 弱变形区内，Co、Ni 与 In 元素的含量基本均低于强变形区内元素的含量；随着温度与差应力的增加，样品 8 与样品 9 内发育韧性变形，元素的含量呈强变形区基本均高于弱变形区，表明 Co、Ni 与 In 元素在韧性变形作用下向强变形区迁移，具有韧性变形敏感性[图 3-40(g)、(h)、(u)]。反转型元素主要赋存于硫化物矿物中，如黄铁矿与黄铜矿等矿物(赵峰华，1997)，而硫化物矿物具有一定的应力敏感性，甚至能够在温压作用下发生压溶迁移等变化，从而导致与之相关的元素在样品不同变形微区中发生分异(顾连兴等，2001；李云波等，2017)。

围压对照组中反转型元素不具有明显的规律性，主要是由于此组样品均发生脆性变形，而反转型元素对脆性变形作用不敏感；差应力对照组中，高差应力作用下样品 8 发生碎裂流变的韧性变形，使得反转型元素向强变形区局部迁移并富集；同样在温度对照组中，温度最低的样品 5 中反转型元素表现为强变形区含量低于弱变形区，而高温样品 9 与样品 10 由于软化作用发生了强烈的塑性流变，使得载体矿物压溶迁移，从而导致相关元素在变形微区内的分布发生反转。样品间的对比分析表明，反转型元素 Co 与 Ni 在强变形作用下发生散失，但不同变形微区的对比则主要受无机赋存状态元素变化的影响。由此可见，实验变形煤中元素的变化与元素的赋存状态和不同赋存状态的元素及其载体在应力作用下的变化密切相关。

（3）递增型

9 件实验样品基本均表现为强变形区内 Zn 元素的含量高于弱变形区，表明样品内部 Zn 元素在温压变形作用下向强变形微区迁移富集。Zn 元素与反转型元素类似，往往也赋存于硫化物矿物中，因此 Zn 元素的富集作用也与硫化物矿物的应力响应特征有关［图3-40(j)］。

围压对照组中，高围压样品 2 中强、过渡及弱变形区内 Zn 元素的含量基本相等；随着围压的减小，样品 3 与样品 6 弱变形区内 Zn 元素的含量低于过渡与强变形区，由此可见，高围压作用能够增强样品的力学强度，阻碍煤样变形，使得含 Zn 矿物的迁移变化作用减弱。差应力对照组中，不同样品基本均表现为强变形区内的含量高于或近等于弱变形区，表明差应力可促进 Zn 元素的富集作用。温度对照组中，实验条件 100 ℃的样品 5，强变形区内 Zn 含量略高于弱变形区；随着温度升高，样品 9 与样品 10 中强变形区内 Zn 元素的富集程度进一步增强，表明高温作用能够通过增强硫化物矿物的活化迁移，使得 Zn 元素在不同变形微区中迁移变化。

Li 元素的含量在实验变形煤中也基本表现为强变形区高于弱变形区的特征，也属于递增型元素［图 3-40(a)］。研究表明，Li 元素具有十分强的黏土矿物亲和性，约有 90%以上的 Li 赋存于黏土矿物中，因此，Li 元素在样品变形微区内的含量与黏土矿物的迁移变化密切相关(Finkelman et al.,2018)。围压对照组中，高围压样品 2 在弱变形微区内 Li 元素含量高于过渡变形区和强变形区；随着围压的减小，样品 3 三个变形微区内 Li 元素含量已基本相等；围压围限作用最小的样品 6 强变形微区内 Li 元素含量大大高于弱变形微区，主要是由于高围压作用使得黏土矿物迁移变化作用降低，导致 Li 元素含量变化不明显。差应力对照组中，仅低差应力样品 5 中 Li 元素含量表现为强变形区低于弱变形区，而差应力较高的样品 6 与样品 8 中则表现为强变形区高于弱变形区，主要是由于高差应力作用促进了黏土矿物的变形、变位与变质作用。一方面，黏土矿物沿摩擦面迁移，Li 元素也随之局部运移；另一方面，强变形区中黏土矿物吸附 Li 元素的能力也增强，活化的 Li 元素向强变形区扩散并滞留，使得 Li 元素在强变形区内富集。温度对照组中，低于 300 ℃的样品 5 与样品 9，强变形区中 Li 元素含量均低于弱变形区；而高温条件下的样品 10 在强变形区内 Li 元素显著富集，与煤样高温流变作用下黏土矿物的变形、变位和动力变质有密切关系。

(4) 递减型

元素 Sc、Cr、Rb、Ga 与 Mo 在强变形区内的含量基本均低于弱变形区(仅个别样品出现略微升高情况)，表明递减型元素在应力驱动作用下具有向弱变形区迁移的趋势，使得强变形区内元素的含量相对降低［图 3-40(c)、(e)、(l)、(k)、(q)］。其中，Sc、Cr 与 Rb 在温度对照组样品强变形微区内的富集程度更高，尤其在温度为 300 ℃的样品 10 内，由于受到高温软化作用发生塑性流变，使得该三种元素在强变形区内散失。Ga 元素则在韧性变形样品 8、9、10 的强变形区内明显散失，表明在高差应力与高温作用下 Ga 元素具有由强变形区向弱变形区迁移的趋势。

与样品间的对比分析类似，由于 Mo 元素多赋存于有机质中，在变形作用下有机结构中官能团的应力降解作用减少了元素结合点位，导致 Mo 元素在强变形区中散失。在围压对照组中，样品 2 与样品 3 在大于 50 MPa 的围压作用下变形强度较低，导致煤样动力变质作用程度降低，因此不同变形微区内 Mo 元素含量的动力分异特征不明显；而低围压作用下样品 6 较强的变形作用使得强变形区内 Mo 元素迁移散失，这与强变形区有机结构更强的动力变质作用有关。在差应力对照组中，高差应力的样品 8 受到强烈的碎裂流变作用，而样品 5 与样品 6 变形强度相对较低，因此样品 8 中强变形区内 Mo 元素的散失作用比样品 5 与样品 6 更显著。温度对照组中，样品 5 与样品 9 在较低的温度作用下强变形微区内 Mo 元素的散失程度较低，而样品 10 在 300 ℃高温软化作用下发生强烈的韧性流变，强、弱变形区内动力变质程度的分化更高，因此强变形区内 Mo 元素的散失程度高于弱变形区，主要是由于强变形微区内动力变质程度增强，有机结合态的 Mo 元素吸附位点减少，导致元素脱落散失。

（5）分散型

元素 Mn、Cu、Sr、Nb、Tl、Pb、Cd、Bi、Th、U、Cs 与 Ba 在不同样品不同变形微区中的含量变化无明显规律性，表明元素的应力敏感性较低[图 3-40(f)、(i)、(m)、(o)、(p)、(r)～(t)、(v)～(y)]。分散型元素大部分均属于亲石性元素，其中 Mn、Cu、Tl、Pb 与 Cd 元素往往既具有亲硫性也具有亲铁性，因此，元素的不同载体矿物在应力作用下的变化使得元素的应力响应特征较差（李云波等，2017）；Sr 与 Ba 元素的主要赋存载体为硫酸盐矿物或磷酸盐矿物（赵峰华，1997），两种矿物并没有显著的应力敏感性，在实验变形煤中的分布相对分散；Th 同样可能与煤中微量磷酸盐矿物共伴生（赵峰华，1997），在应力作用下不具有应力敏感性；Li 与 U 元素既具有有机亲和性也具有无机亲和性（Finkelman et al.，2018），在应力作用下变化较为复杂。

（6）稀土元素

煤中稀土元素多以吸附方式赋存于黏土矿物中（Finkelman et al.，2018；崔晓南等，2016），其中黏土矿物中的羟基结构是稀土离子的主要吸附位点，因此，稀土元素的变化与应力作用下黏土矿物中羟基结构的规律性变化有密切联系。

轻稀土元素 La、Ce、Pr、Nd、Sm 与中稀土元素 Eu 的含量在围压对照组的样品 2 与样品 3 中无明显分异规律，主要是由于受较高围压作用变形作用减弱，对稀土元素载体矿物的改造作用较弱；而样品 6 由于围压较低，样品更容易破碎变形，使得黏土矿物的物理、化学结构均发生较大变化，从而导致上述元素在强变形区内富集[图 3-41(a)～(f)]。差应力对照组中轻稀土元素与 Eu 均表现为强变形区的含量高于弱变形区，且随着差应力的增加变形微区内的含量差异也变大，表明差应力改性作用下黏土矿物的羟基结构含量增加，导致稀土元素的吸附位点增加，因此轻稀土元素与 Eu 在强变形区内的富集程度增高。温度对照组中，100 ℃变形温度的样品 5 中轻稀土元素与 Eu 的含量呈强变形区高于弱变形区；而在变形温度大于 100 ℃的样品 9 与样品 10 中上述元素的含量分布呈强变形区低于弱变形区，主要是由于较高温度作用下黏土矿物的羟基结构发生质子离域作用，甚至是脱落作用，导致轻稀土元素脱落散失（Malek et al.，1997）。中稀土元素（除 Eu 元素外）与重稀土元素的含量在大部分样品中基本均表现为强变形区高于弱变形区，但由于随着稀土元素离子半径的增加与黏土矿物的结合能力降低，使得元素含量的规律性变差[图 3-41(g)～(o)]。

稀土元素在地质过程中可比较稳定地存在于煤中，是良好的地质信息记录载体。为了进一步研究稀土元素在温压变形作用下受到的影响，对稀土元素的特征参数进行计算对比研究。首先利用上地壳（UCC）稀土元素丰度值对稀土元素进行标准化（Taylor et al.，1985），并计算稀土元素异常值（表 3-5）。由表 3-5 可得，所有实验样品的 La_N/Lu_N 比值均小于 1，表明实验样品中稀土元素的分布模式为 H 型（Seredin et al.，2012）。H 型稀土元素多被解释为由含煤盆地中富含稀土元素的循环水溶液代入煤层中的类型，其中水溶液分为多种类型，包括低温碱性热液与碱性地表水等。

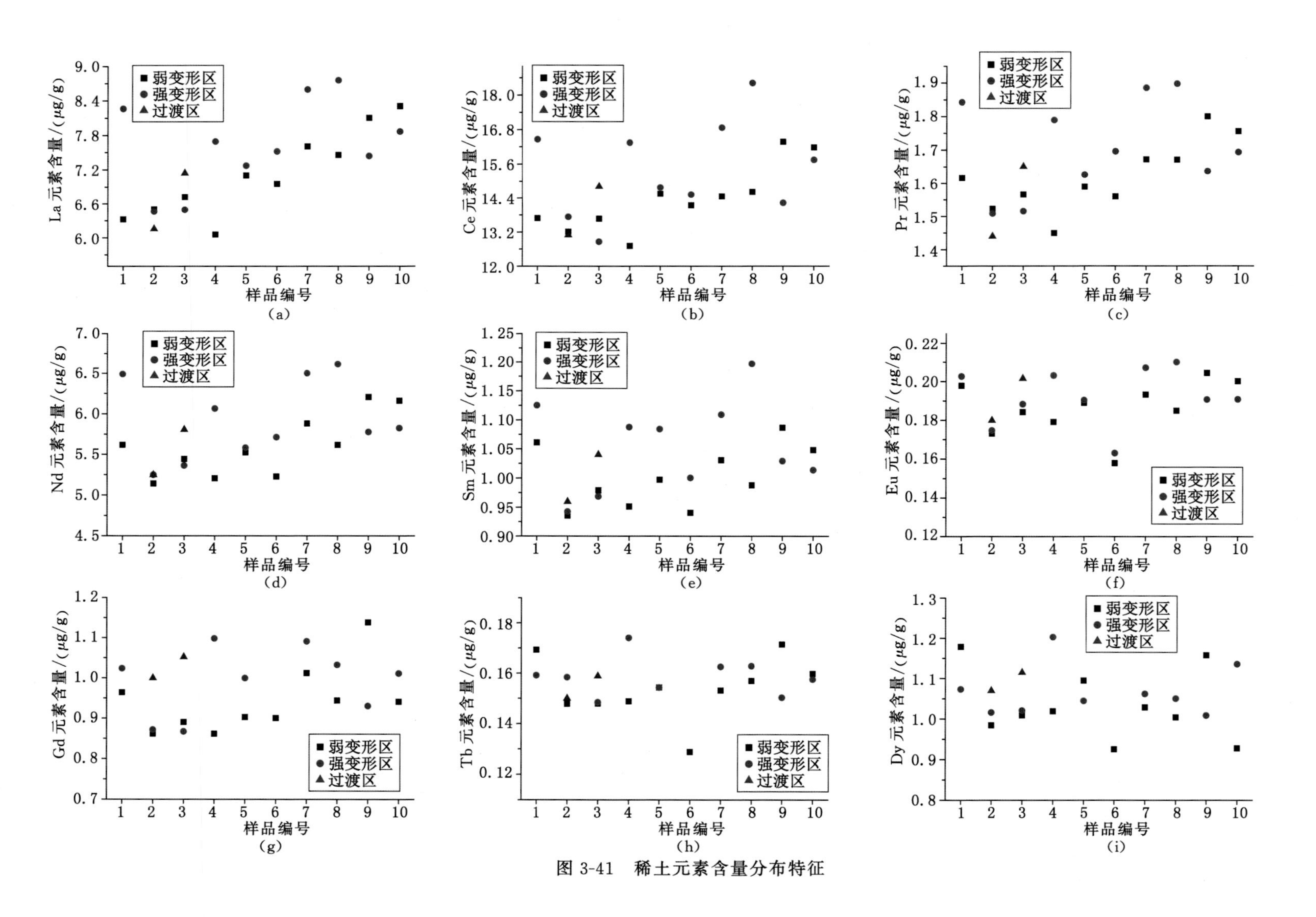

图 3-41 稀土元素含量分布特征

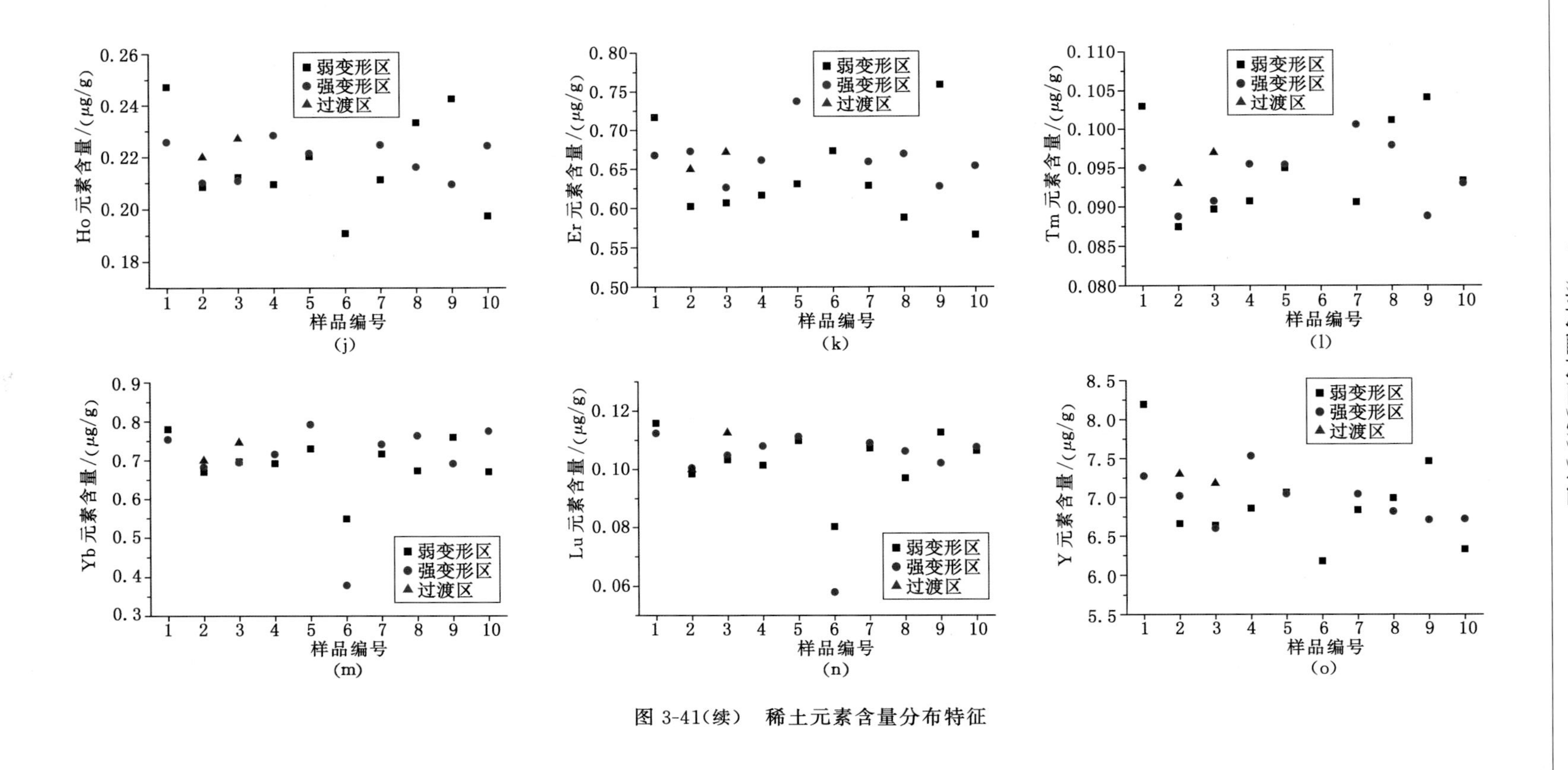

图 3-41(续) 稀土元素含量分布特征

由于稀土元素离子具有变价的特性，因此能够在特定氧化还原环境中出现异常值。样品 Ce 异常值(0.96～1.49)的统计结果均表现为弱负异常(negative anomalies)或无异常，Gd 异常值(0.98～1.16)除去两个样品值为 0.99 与 0.98 外均表现为正异常(positive anomalies)，Eu 异常值(0.85～0.95)均表现为弱的负异常，Y_N/Ho_N 异常值(1.01～1.21)均表现为弱正异常(表 3-5)。由此可见，变形煤中稀土元素异常值波动幅度较小，表明实验条件下煤样的变形作用并未改变稀土元素原生继承的分布模式。

表 3-5　稀土元素异常值计算结果表

	Ce_N/Yb_N	$Eu_N/Eu_N{}^*$	$Gd_N/Gd_N{}^*$	$Ce_N/Ce_N{}^*$	Y_N/Ho_N	La_N/Yb_N	La_N/Lu_N	Gd_N/Lu_N	La_N/Sm_N	Gd/Yb	La/Nd
原生煤	0.60	0.90	0.99	1.05	1.20	0.59	0.58	0.70	0.89	0.72	0.98
原生煤	0.75	0.90	1.08	1.01	1.17	0.80	0.78	0.77	1.10	0.79	1.10
2 顶部	0.68	0.89	1.02	1.02	1.16	0.71	0.70	0.74	1.04	0.74	1.10
2 中部	0.69	0.87	0.98	1.06	1.21	0.69	0.69	0.73	1.03	0.74	1.07
2 底部	0.64	0.91	1.16	1.04	1.21	0.65	0.66	0.84	0.96	0.83	1.02
3 顶部	0.67	0.92	1.03	1.02	1.14	0.71	0.69	0.73	1.03	0.74	1.07
3 中部	0.64	0.95	1.01	0.98	1.14	0.69	0.66	0.70	1.01	0.72	1.05
3 底部	0.68	0.95	1.14	1.03	1.15	0.70	0.68	0.79	1.03	0.82	1.07
4 顶部	0.63	0.91	1.00	1.03	1.19	0.64	0.64	0.72	0.96	0.72	1.01
4 底部	0.78	0.90	1.10	1.07	1.20	0.79	0.76	0.86	1.06	0.89	1.10
5 顶部	0.69	0.92	1.01	1.04	1.17	0.71	0.69	0.69	1.07	0.72	1.11
5 底部	0.64	0.88	1.09	1.03	1.16	0.67	0.70	0.76	1.01	0.73	1.13
6 顶部	0.89	0.85	1.16	1.04	1.18	0.93	0.92	0.95	1.11	0.95	1.15
6 底部	0.65	0.88	1.00	1.49	1.01	0.49	0.46	0.47	1.16	0.50	1.27
7 顶部	0.69	0.92	1.13	0.96	1.18	0.78	0.76	0.79	1.11	0.82	1.12
7 底部	0.78	0.92	1.14	1.00	1.14	0.85	0.84	0.84	1.16	0.85	1.15
8 顶部	0.75	0.90	1.05	1.00	1.09	0.81	0.82	0.82	1.13	0.81	1.15
8 底部	0.83	0.89	1.05	1.07	1.15	0.84	0.88	0.82	1.10	0.78	1.15
9 顶部	0.74	0.91	1.16	1.03	1.12	0.78	0.77	0.85	1.12	0.87	1.13
9 底部	0.71	0.92	1.05	0.97	1.16	0.79	0.78	0.77	1.08	0.78	1.12
10 底部	0.83	0.93	1.01	1.00	1.17	0.91	0.83	0.75	1.19	0.81	1.17
10 顶部	0.70	0.91	1.11	1.03	1.09	0.74	0.78	0.79	1.16	0.76	1.17

注：$Eu_N/Eu_N{}^*$ 为 Eu 异常值，$Gd_N/Gd_N{}^*$ 为 Gd 异常值，$Ce_N/Ce_N{}^*$ 为 Ce 异常值。

3.5.4　剪切摩擦作用下元素的分布特征

3.5.4.1　条痕摩擦面上元素的分布特征

从样品 4 摩擦面的擦痕走向与黏土矿物发生分裂和分离的部位可判断出摩擦面的相对滑动方向[图 3-42(a)]。根据 SEM-EDS 能谱图分析可得，摩擦面上富集 Fe、Al 与 Si 元素，其次为 Ca 与 Mg 元素[图 3-42(b)、(c)]。区内 Al 与 Si 元素的分布位置相重叠，摩擦滑动作用下元素浓度的高光区域被拉长呈椭圆形，椭圆斑点的长轴方向与相对滑动摩擦方向一致[图 3-42(c)]。受摩擦滑动的影响，SEM 扫描范围的上半区高光斑点发育更为密集，下半区元素浓度略低于上半区。

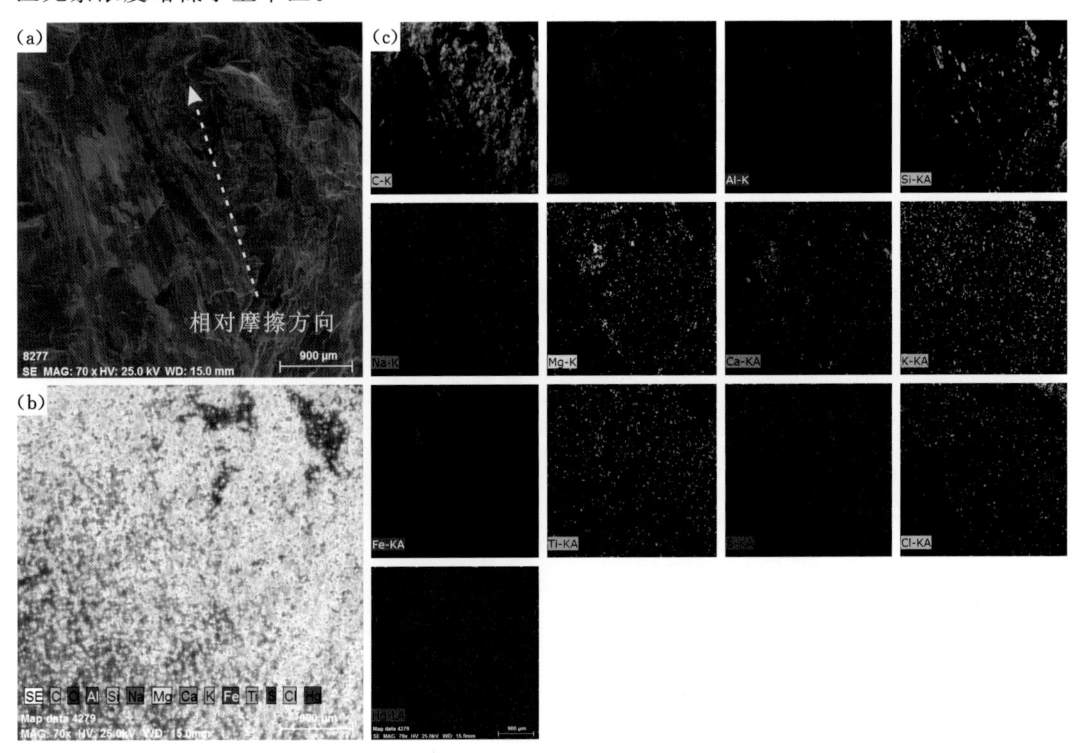

图 3-42 样品 4 中条痕摩擦表面元素分布特征

(a) 摩擦面形貌特征(SEM,70×)；(b) 元素含量分布特征综合图；(c) 单一元素含量分布图

高浓度 Fe 元素的高光区分布与 Al 和 Si 元素高光区基本也出现重叠，与 Fe 元素共伴生的元素还包括 Mg 和 Ca。Fe 元素高光斑点在下半区受摩擦滑动作用被拉长，并沿着滑动摩擦方向呈线状分布；上半区局部高光域沿滑动摩擦方向拖曳，形成锯齿状边缘；Mg 与 Ca 元素含量相对较低，其分布特征与 Fe 元素基本一致，整体表现为上半区高于下半区。

C 与 O 元素的高光区互补分布，C 元素低含量暗淡区的分布与摩擦条痕一致，主要受摩擦面上附着矿物分布的影响；而 O 元素的高光区则与 Al、Si 以及 Fe 元素高浓度区域基本重合，表明 O 元素的高光区分布主要受矿物分布的控制；Na、K、Ti、S、Cl 与 Hg 元素的分布相对分散，表明摩擦滑动作用对分散元素的影响较小。

由上述分析可得，条痕摩擦表面元素重新分布主要是由于黏土矿物与赤铁矿在剪切滑动作用下分布位置与形貌特征的变化所致。因此，实验条件下两类矿物的组成元素以及共伴生元素沿着条痕滑动摩擦面相对运动方向迁移，并能够在特定位置富集。

3.5.4.2 波状镜面摩擦面上元素的分布特征

样品 9 波状镜面摩擦面上无机元素种类相对较少，主要分布 Al 与 Si 元素，其次为 Ca 元素[图 3-43(b)、(c)]。Al 与 Si 元素高光区主要分布于摩擦面的下半区，沿着相对滑动摩擦方向呈长带状或线状分布，且 Al 与 Si 元素的高光区相互重合，表明含 Al 和 Si 元素的黏土矿物在滑动拖行作用下迁移运动；Ca 元素的高光区主要分布在块状样品边缘，呈带状分布，与 Ca 元素共伴生的 Cl 元素具有相似的分布特征；其他元素 Na、Mg、K、Fe、Ti 以及 S 元素在摩擦面上的含量十分低，因此在摩擦滑动作用下并无明显的响应特征[图 3-43(a)、(c)]。

实验变形煤中条痕摩擦面上的元素也发生迁移变化，元素的高浓度区沿滑动摩擦方向呈线状分布，且高亮斑点的长轴方向与滑动摩擦方向一致，由此可见，煤样变形过程中滑动摩擦面上的犁沟作用能够改变元素与矿物的局部分布。岩石力学性质弱的煤层在后期构造应力作用下能够形成大范围的层间滑动(顺层断层)，因此依据微观尺度摩擦面矿物与元素局部分异特征的研究可推测，随着滑动作用范围的增大，元素与矿物能够发生更大距离的迁移与运动，并在特定位置富集。

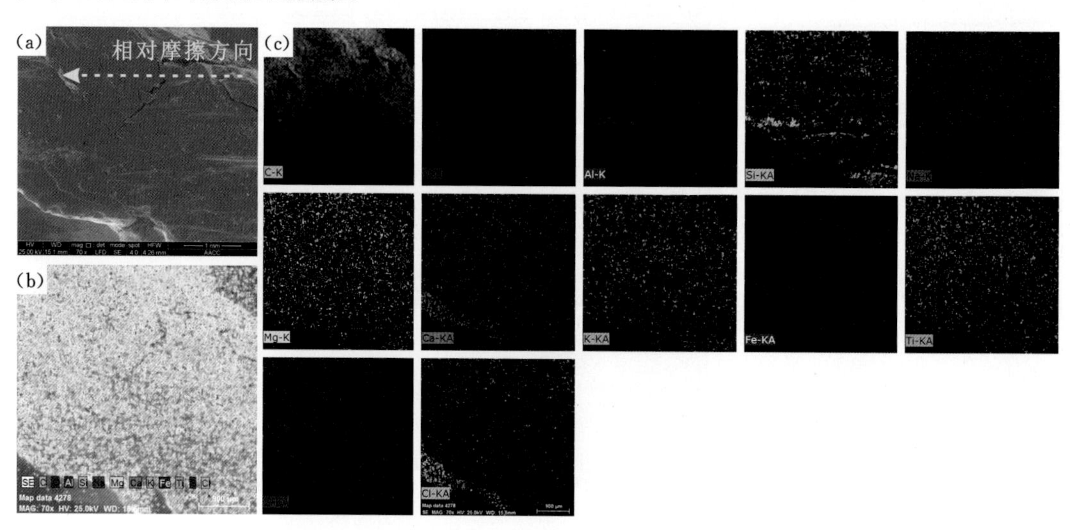

图 3-43　样品 9 中波状镜面擦表面元素分布特征

(a) 摩擦面形貌特征(SEM，70×)；(b) 元素含量分布特征综合图；(c) 单一元素含量分布图

通过模拟变形实验观测到的摩擦面上的元素迁移变化特征，表明构造煤中普遍发育的摩擦面可能是煤中元素局部迁移富集的重要路径之一。沿着摩擦面相对滑动方向，摩擦面上附着的矿物的位置与形貌特征的变化，甚至可能引起矿物的变质作用，使得矿物组成元素以及共伴生元素也随之迁移变化。

4　构造煤变形特征及动力变质作用

构造煤是在构造作用和一定的应力-应变环境下，煤的物理结构、化学结构及成分发生了不同程度的变化，形成的具有不同结构构造特征的煤（姜波等，2020）。煤作为主要以有机质组成且对温压敏感的有机岩石，在构造应力过程中相比岩石更易发生变形与变质作用，应力-应变环境的差异性使得构造煤发生不同程度及不同性质的变形、变质作用。在构造煤变形-变质过程中，赋存于煤中的元素与无机矿物也会发生相应的迁移变化，因此，研究不同类型构造煤变形与变质的差异性特征是理解和分析构造煤中元素与矿物动力分异机理的基础。通过总结构造煤宏观与微观变形特征，结合构造煤形成的应力-应变环境分析，可以深入分析构造煤的变形特征及不同类型构造煤的划分，进而揭示不同变形序列构造煤超微观结构的动力演化特征。

4.1　构造煤样品的采集

4.1.1　样品的采集方法与流程

（1）层位选取与采样点

由于宿县矿区各矿井主采煤层不尽相同，为保证样品的可对比性并减少沉积环境的影响，需尽量选取同一煤层或相近煤层作为主要采样层位。根据矿井实际生产情况，选取朱仙庄矿的8煤与10煤、芦岭矿的8煤与9煤、祁南矿的6煤与7煤以及祁东矿的7煤与8煤为重点采样层位，其中6～9煤均位于中二叠统下石盒子组，10煤位于下二叠统山西组。

依据矿区地质背景资料及构造发育特征，结合采掘工程平面图与井下素描图确定地质构造与构造煤发育区域，重点关注揭露断层或褶皱构造的工作面或巷道，同时尽量选取正在进行开采的工作面，以避免煤层长时间在空气中暴露以及人为干扰等因素。采样区域要尽量避开岩浆岩与矿井水影响部位，减少元素与矿物分异的干扰因素，凸显构造应力作用。本研究选取朱仙庄矿Ⅱ867、1041工作面与8103机巷、芦岭矿817与929工作面、祁东矿7115与8223工作面、祁南矿6125与7225工作面为主要采样区域。

（2）样品采集与封装

首先对矿井工作面揭露的煤层进行观测描述，绘制素描图，根据宏观煤岩类型、煤体结构、裂隙发育情况等进一步对煤层进行垂向分层。采样过程中尽量保证在同一分层采集样品，以最大程度减小沉积微环境的干扰。具体采样操作遵循适用于烟煤的《煤岩样品采取方法》（GB/T 19222—2003）。采集过程中需将煤壁清理干净，以便更加准确清晰地观测煤体变形特征；在发育断层构造的部位需要针对上、下盘及断层面对应层位进行采集，以保障样品的可对比性。每一个采样点位均要结合素描图进行详细描述与记录，包括采样点位置、煤体变形特征、具体构造部位以及矿物发育特征等。

由于采集样品多为构造煤，所以在采集过程中需要格外注意，尽量保持样品结构完整。封装过程中首先利用封装带将样品缠绕固定；再将封装好的样品放入密封样品盒内，避免样品被二次污染与破坏；最后在样品盒上粘贴标签纸并编号。由于样品测试项目较多，因此需要保证样品量大于 1 kg。

4.1.2 样品清单与分类

在研究区四个矿井内共采集原生结构煤与构造煤样品 149 件（表 4-1），顶、底板岩样与夹矸 20 件。随着构造煤研究的不断深入，构造煤划分方案也被不断优化调整（琚宜文等，2004；李明，2013），现阶段众多学者均参考更为系统的“结构-成因”分类方案并开展构造煤的研究（王恩营等，2009；姜波等，2016）。本书中的构造煤分类也采取“结构-成因”划分方案，该方案主要依据构造煤的结构特征与形成的应力-应变环境（姜波等，2016）。依据姜波等（2020）的构造煤分类方案，划分为三个变形序列，即脆性、脆-韧性以及韧性变形序列，其中，脆性变形构造煤包括碎裂、片状、碎斑与碎粒煤，脆-韧性变形构造煤主要为鳞片煤，韧性变形构造煤包括揉皱煤与糜棱煤。

对采集的构造煤样品分类遵循以下步骤：首先进行样品的宏观描述，包括构造煤的采样位置、宏观煤岩组分、裂隙发育程度、手试强度、摩擦面发育特征及宏观结构与构造特征等；然后依据构造煤采样点位、层位以及具体构造位置分析构造煤形成的应力-应变环境，并结合构造煤宏观结构特征与手试强度对构造煤进行初步分类；最后对重点构造煤样品制作煤岩光片，通过观测构造煤的微观变形特征进一步确定构造煤变形类型。

表 4-1 研究区采集的构造煤样品清单

矿井	煤层	样品编号	样品件数	采样位置
朱仙庄矿	8	Z_1～Z_{53}（包含 Z_{6-1}、Z_{6-2}、Z_{9-1}、Z_{9-2}、Z_{11-1} 与 Z_{11-2}）	56	Ⅱ867 工作面与 8103 机巷
	10	Z_{54}～Z_{70}（包含 Z_{59-1} 与 Z_{59-2}）	18	1041 工作面
芦岭矿	8	L_1～L_{25}	25	817 工作面
	9	L_{26}～L_{31}	6	929 工作面
祁东矿	7	D_{14}～D_{19}	6	7115 工作面
	8	D_1～D_{13}	13	8223 工作面
祁南矿	6	N_1～N_{13}（包含 N_{12-1} 与 N_{12-2}）	14	6125 工作面
	7	N_{14}～N_{23}（包含 N_{21-1} 与 N_{21-2}）	11	7225 工作面

4.2 构造煤宏、微观变形特征

对构造煤样品宏观与微观变形特征的描述与观测均在中国矿业大学煤层气成藏过程教

育部重点实验室完成。利用Cannon SX160 IS相机对构造煤宏观变形特征进行拍照，微观变形特征的观测采用的是配备 LV-LH50PC 光源的 Eclipse LV100N Pol(日本 Nikon)偏光显微镜。构造煤微观变形特征观测的煤岩光片制作流程主要参考 Drelich 等(1997,2000)提出的注胶法进行制作，具体遵循以下两个步骤：首先，通过注入环氧树脂胶将构造煤样品固结，然后利用砂纸与 Al_2O_3 悬浮液垂直于煤岩组分抛光固结样品，最后利用偏光显微镜观测样品抛光面的变形特征。

4.2.1 原生结构煤

原生结构煤作为构造煤的对照，一般完整性较好[图 4-1(a)]，手标本中能够清晰地分辨暗煤、镜煤以及亮煤条带；构造改造程度极低的原生结构煤一般发育两组稀疏的内生裂隙，其中一组裂隙往往沿煤岩组分条带发育，延伸稳定；另一组内生裂隙多垂层发育，往往被围限在镜煤条带内；受构造改造形成的外生裂隙发育程度十分低。原生结构煤难以用手捏碎，甚至沿着裂隙也较难掰开。偏光显微镜下能够清晰地观测到原生结构煤中不同的显微煤岩组分[图 4-1(b)]；在扫描电镜下，原生结构煤中裂隙不发育，煤体仍保持完整块状结构[图4-1(c)]。

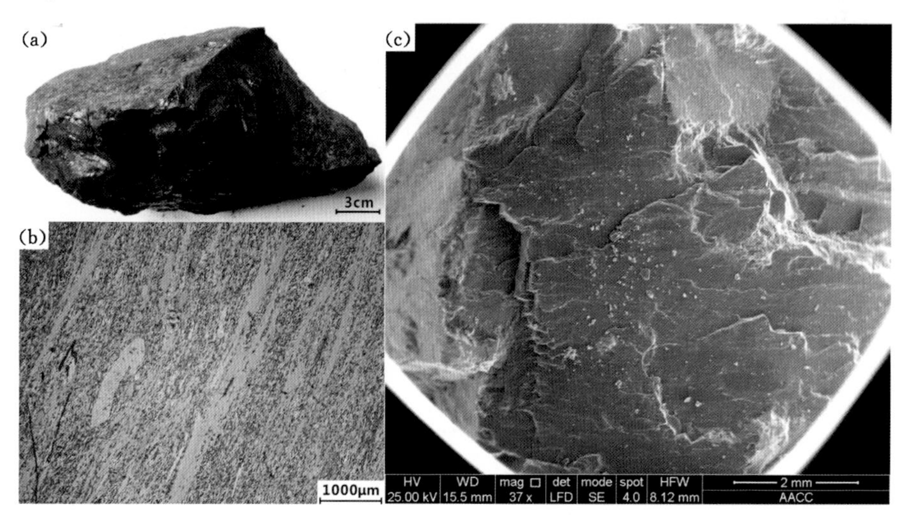

图 4-1 原生结构煤宏、微观变形特征(采集于 8223 工作面 52 采架附近的样品 D_8)

(a) 宏观图片；(b) 偏光显微图片；(c) SEM 图片(SEM,37×)

4.2.2 脆性变形构造煤

脆性变形构造煤随着变形强度的增加依次发育碎裂煤以及片状、碎斑和碎粒煤。脆性变形构造煤多形成于高应变速率应变环境(李明,2013)，而脆性变形构造煤形成的应力作用类型多样，片状煤形成于剪切应力环境，其余脆性变形构造煤则多形成于挤压、拉张或剪切应力环境(屈争辉等,2012)。由碎裂煤、碎斑煤至碎粒煤，构造应力作用逐渐增强，构造煤中裂隙密度与数量均增加，煤体受到的机械破碎与研磨作用逐渐增强，煤粒的粒径减小，磨圆度增强。此外，随着煤体结构破碎程度的增加，宏观煤岩组分也由碎裂煤中的清晰可辨逐渐过渡为不可识别。

碎裂煤整体仍保持较为完整的块状构造[图 4-2(a)]，手标本中宏观煤岩组分条带清晰可见，原生结构保存相对完整，手试强度高，难以捏碎，沿着裂隙面也较难掰开，偶尔可沿裂隙破碎成大块。煤体被多组裂隙切割，其中以垂层与顺层两组裂隙为主，多为继承内生裂隙，受构造改造作用煤体沿裂隙面发生小幅位移，垂层裂隙可进一步延伸切穿不同煤岩组分。偏光显微镜下能够清晰地观测到碎裂煤中不同的显微煤岩组分[图 4-2(b)]；扫描电镜下，碎裂煤中主要发育两组近垂直裂隙，相互交切，导致煤体结构破碎[图 4-2(c)]。

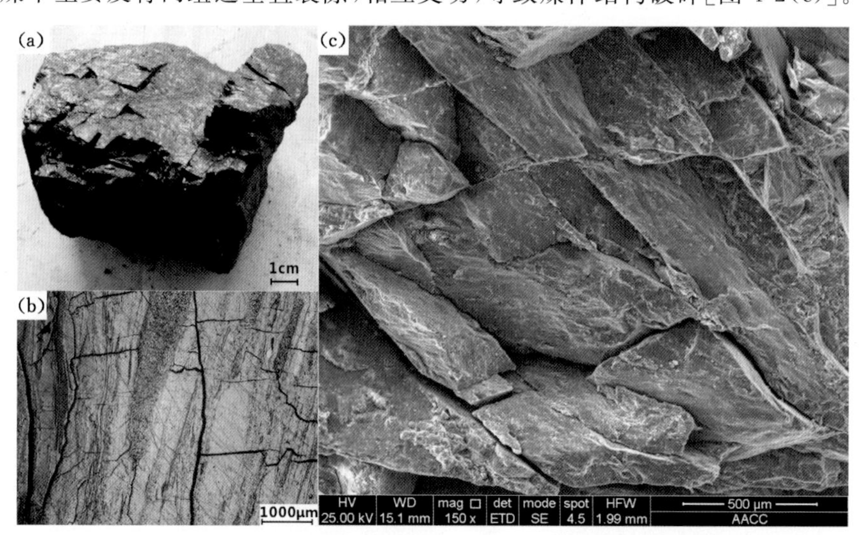

图 4-2　碎裂煤宏、微观变形特征(采集于 7225 工作面 16 采架附近的样品 N_{18})

(a) 宏观图片；(b) 偏光显微图片；(c) SEM 图片(SEM，150×)

片状煤具有较为完整的块状构造，发育片状结构[图 4-3(a)]，手标本中宏观煤岩组分条带清晰可见，原生结构保存相对完整，手试强度高，但可沿裂隙破碎成片状。煤体被一组优势裂隙切割，表明片状煤形成于剪切应力作用，偏光显微镜下能够清晰地观测到片状煤中的显微煤岩组分，并明显可见一组延伸稳定的裂隙[图 4-3(b)]，在扫描电镜下也可观察到片状煤被优势裂隙切割形成片状结构[图 4-3(c)]。

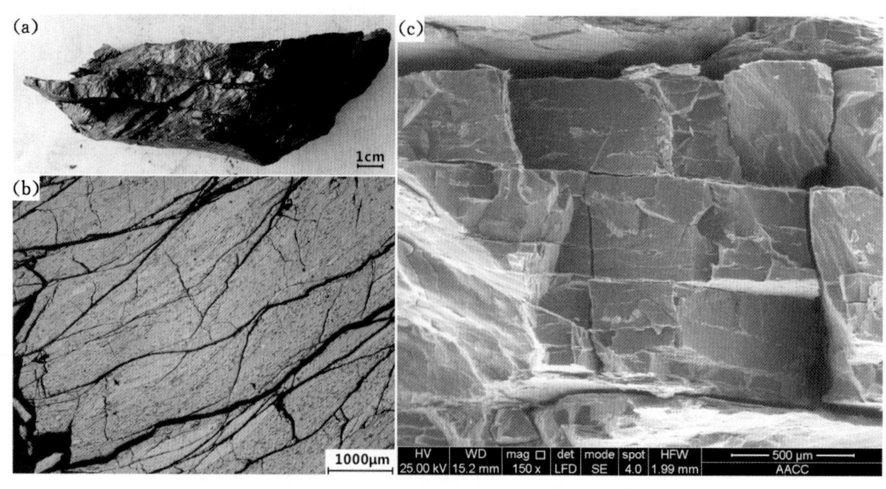

图 4-3　片状煤宏、微观变形特征(采集于 817 工作面 95 采架附近的样品 L_8)

(a) 宏观图片；(b) 偏光显微图片；(c) SEM 图片(SEM，150×)

碎斑煤整体仍保持相对完整的块状构造，但在采集与观测过程中发生破碎掉渣[图 4-4(a)]，手标本中宏观煤岩组分条带隐约可见，原生结构保存不完整，被多组裂隙切割(往往多于 3 组)。煤体手试强度中等，能够捏碎为棱角状碎块与碎粒，在偏光显微镜下能够观测到破碎的显微煤岩组分[图 4-4(b)]，镜下碎斑结构可明显地划分出不同粒级的碎基与碎斑，其中碎斑所占比例为 50%左右，扫描电镜下碎斑煤表面也能观察到两个粒级的碎斑结构，其中碎基粒级可达微米级[图 4-4(c)]。

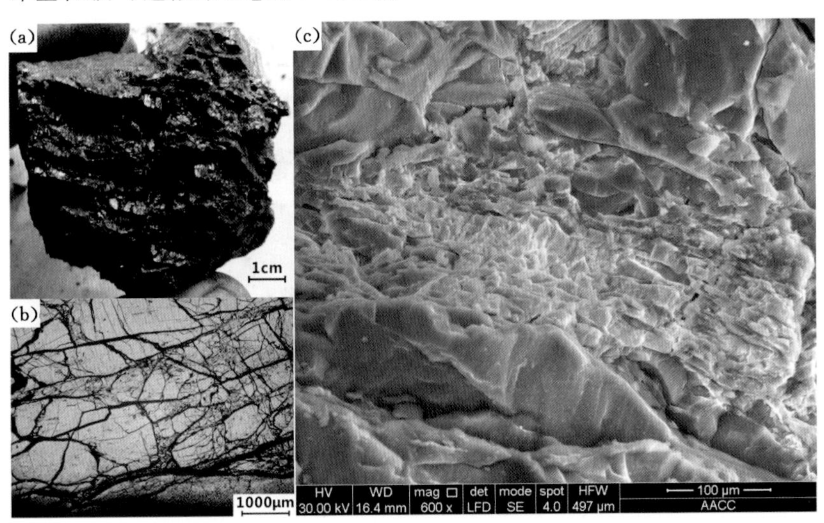

图 4-4　碎斑煤宏、微观变形特征(采集于 817 工作面 97 采架附近的样品 L_{15})

(a) 宏观图片；(b) 偏光显微图片；(c) SEM 图片(SEM，600×)

碎粒煤结构十分破碎，具有典型的碎粒结构，在井下采集过程中往往难以采集到完整的块状样品[图 3-1(a)]，手标本中宏观煤岩组分条带不可见，原生结构基本不可识别，煤体手试强度低，易捏碎为碎粒与碎粉。偏光显微镜的观测可见碎粒结构的粒级基本均小于1 mm [图 4-5(b)]，扫描电镜观测发现碎粒煤具有较为均一的碎粒结构[图 4-5(c)]。

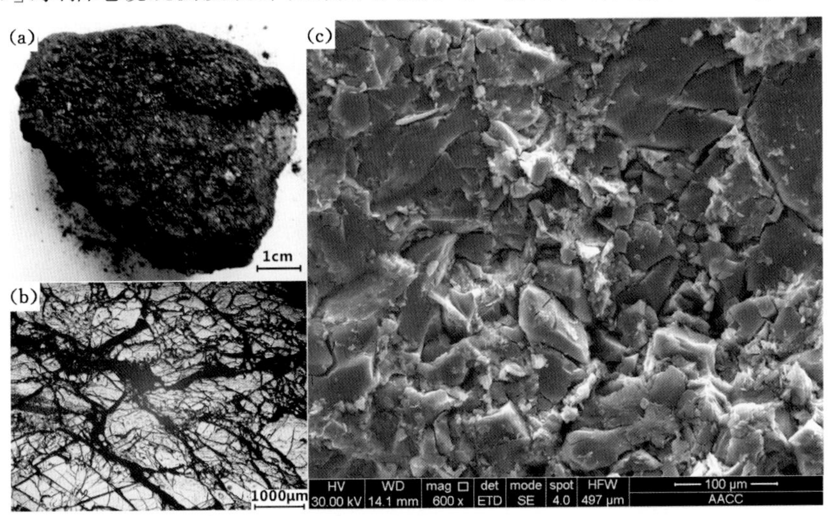

图 4-5　碎粒煤宏、微观变形特征(采集于 1041 工作面 92 采架附近的样品 Z_{54})

(a) 宏观图片；(b) 偏光显微图片；(c) SEM 图片(SEM，600×)

4.2.3 脆-韧性变形构造煤

脆-韧性变形构造煤作为脆性与韧性的过渡序列，以鳞片煤为典型代表。鳞片煤结构十分破碎，具有典型的鳞片结构，在井下采集过程中难以采集到完整的块状样品[图 4-6(a)]。手标本中宏观煤岩组分难以分辨，煤体往往被密集的弧形裂隙切割形成鳞片结构，且鳞片状煤体往往被镜面摩擦面包裹，煤体手试强度十分低，易捏碎呈鳞片状或碎粉。偏光显微镜下观察可发现鳞片煤被十分密集紊乱的弧形裂隙切割成鳞片状或柳叶状[图 4-6(b)]，扫描电镜下可观测到鳞片煤局部被切割为厚度小于 50 μm 的薄片结构[图 4-6(c)]。

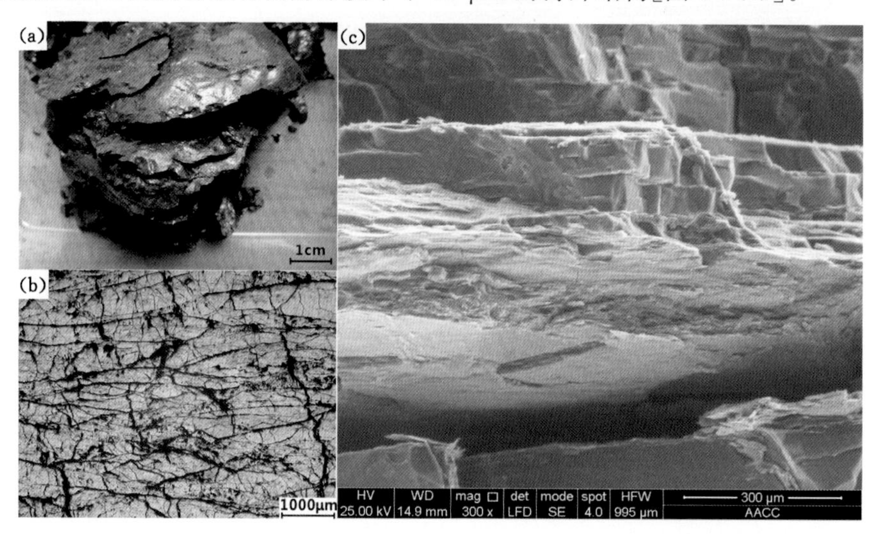

图 4-6　鳞片煤宏、微观变形特征(采集于 817 工作面 85 采架附近的样品 L_{24})

(a) 宏观图片；(b) 偏光显微图片；(c) SEM 图片(SEM，300×)

4.2.4 韧性变形构造煤

韧性变形构造煤往往形成于低应变速率的挤压或剪切变形环境，主要包含揉皱煤与糜棱煤两大类。揉皱煤具有十分典型的揉皱结构，井下采集的较为完整的块状揉皱煤基本均被极为发育的镜面摩擦镜面包裹，极易破碎成碎粒与碎粉[图 4-7(a)]，手标本尺度与偏光显微镜下煤体多呈弯曲的微观褶皱构造[图 4-7(b)]，在显微镜下也能观测到类似的流动状揉皱结构[图 4-7(c)]。

糜棱煤整体十分破碎，井下难以采集到完整的块状样品。糜棱煤的断面可见十分细腻的煤粉，煤岩组分难以辨认，且发育大量弧形镜面摩擦镜面[图 4-8(a)]，在偏光显微镜下可见定向性十分显著的透镜状与鳞片状结构，碎基占 50%以上[图 4-8(b)]。糜棱煤由于结构过于破碎，难以制作扫描电镜样品，因此未能观测到更为微观的结构。

4.3 构造煤中摩擦面的发育特征及影响因素

基于对构造煤手标本样品的变形特征的分析，可发现构造煤中由于碎块沿着内生裂隙面或者后生裂隙位移滑动形成了大量摩擦面[图 4-9(a)～(d)]，不同变形强度构造煤内发育

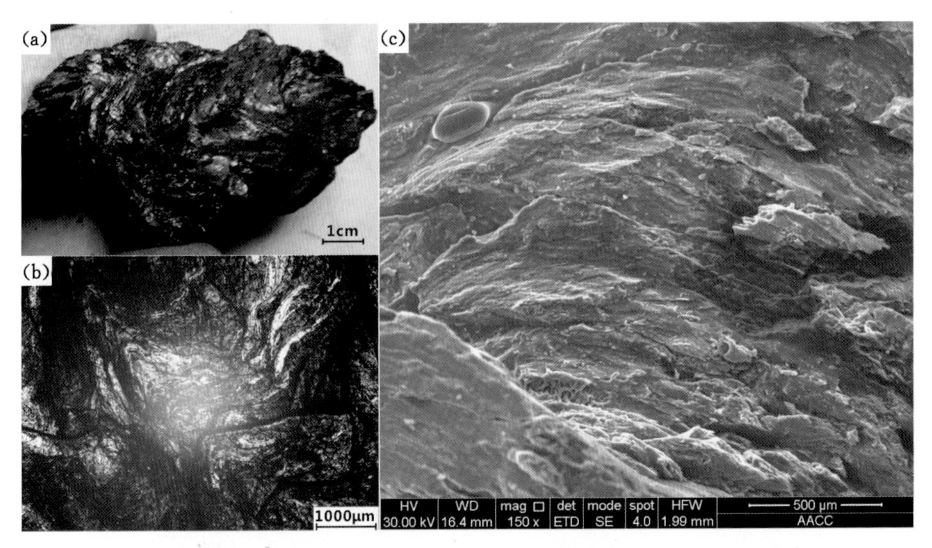

图 4-7　揉皱煤宏、微观变形特征(采集于 1041 工作面 90 采架附近的样品 Z_{61})

(a) 宏观图片;(b) 偏光显微图片;(c) SEM 图片(SEM,150×)

图 4-8　糜棱煤宏、微观变形特征(采集于 7115 工作面 43 采架附近的样品 D_{16})

(a) 宏观图片;(b) 偏光显微图片

的滑动摩擦面不同,在观测与总结的基础上将不同类型摩擦面划分为条痕摩擦面与镜面摩擦面两大类。

沿着原生结构煤内生端割理与面割理将煤体破开,可发现原生结构煤中内生裂隙表面无明显摩擦作用痕迹(图 4-10),这主要是由于原生结构煤受到后期构造变动作用极其微小,煤碎块之间基本未发生相对位移。

4.3.1　条痕摩擦面

在脆性变形构造煤中,碎裂煤、片状煤以及碎斑煤以发育条痕摩擦面为主(图 4-11)。弱脆性变形构造煤剪切滑动距离相对较短,裂隙面的改造程度较低,在个别碎裂煤中甚至未观察到摩擦面的发育(图 4-12)。由于在弱脆性变形阶段煤体受到的破碎与研磨作用较小,煤体坚硬程度仍较高,摩擦面在高应变速率剪切滑动过程中棱角状块体通过刻划作用形成“沟壑纵横”的摩擦条痕。弱脆性变形构造煤中条痕摩擦面往往平直稳定,凹凸起伏状少见,摩擦面上的擦痕指示着煤体基质块之间的相对运动方向。脆性变形构造煤摩擦面所受到的

(a) (b)

(c) (d)

图 4-9 构造变形煤中广泛发育的不同类型摩擦面

图 4-10 原生结构煤端割理与面割理表面特征

正应力作用要小于脆-韧性与韧性变形构造煤，也是导致条痕摩擦面没有发生进一步演化的原因之一。

4.3.2 镜面摩擦面

在强脆性变形的碎粒煤、脆-韧性变形的鳞片煤以及韧性变形的揉皱煤中以发育镜面摩擦面为主，镜面摩擦面在强烈的压剪作用下波状起伏，多呈弧形包裹于块状样品表面。鳞片煤、揉皱煤以及糜棱煤中密集发育的摩擦面将煤体切割成细小的柳叶状与鳞片状(图 4-13)。发育镜面摩擦面构造煤的断口显示煤体颗粒粒径十分小，反映煤体经历了十分强烈的破碎与研磨作用，细小的煤粉颗粒在剪切摩擦面上起着涂抹作用，导致摩擦面十分光滑(图 4-14)。根据镜面摩擦面的形貌特征又可将其分为三个亚类，即波状镜面摩擦面、条

图 4-11 碎裂煤、片状煤以及碎斑煤中发育的条痕摩擦面

图 4-12 摩擦面不发育的碎裂煤

痕镜面摩擦面以及土状镜面摩擦面。

(1) 波状镜面摩擦面

波状镜面摩擦面多发育于脆-韧性与韧性变形构造煤中，摩擦面波状起伏程度较另外两个亚类更大(图 4-15)。波状镜面摩擦面发育的完整性与延续性表明构造煤经历了强烈的压剪应力作用，摩擦表面附着的白色矿物往往呈弥散状分布，摩擦面光亮程度十分高，与细粒化的构造煤在剪切摩擦活动过程中的均匀涂抹作用有关。

(2) 条痕镜面摩擦面

条痕镜面摩擦面兼具摩擦条痕与摩擦镜面两类形貌特征，但摩擦条痕密度与深度往往低于脆性变形构造煤中发育的条痕摩擦面(图 4-16)。由于发育镜面摩擦面的构造煤破碎

(a) (b) (c)

图 4-13 摩擦面切割构造煤形成柳叶状与薄片状结构

(a) (b) (c)

图 4-14 镜面摩擦面断口形貌特征

程度较脆性变形构造煤的高，因此煤体基质间的压剪刻划作用形成的摩擦条痕深度更浅。摩擦表面附着的矿物分布受条痕的影响多沿摩擦滑动方向呈线状分布，矿物片层结构在剪切摩擦作用下的厚度低于条痕摩擦面上的矿物厚度。

（3）土状镜面摩擦面

土状镜面摩擦面具有油脂光泽，光亮程度低于前两个亚类摩擦面，表面附着弥散状的细小颗粒(图 4-17)。土状镜面摩擦面多发育于夹矸与煤层的接触面附近或黏土矿物含量较高的构造煤中，具有类似夹矸或泥岩中发育的剪切摩擦面的特征(图 4-18)。因此，土状光泽摩擦面的形成可能主要与构造煤中黏土矿物含量更高或剪切过程中水分或气体成分较少有关，碎块在剪切滑动过程中不够润滑，黏滞性较强。

图 4-15 构造煤中波状镜面摩擦面形貌特征

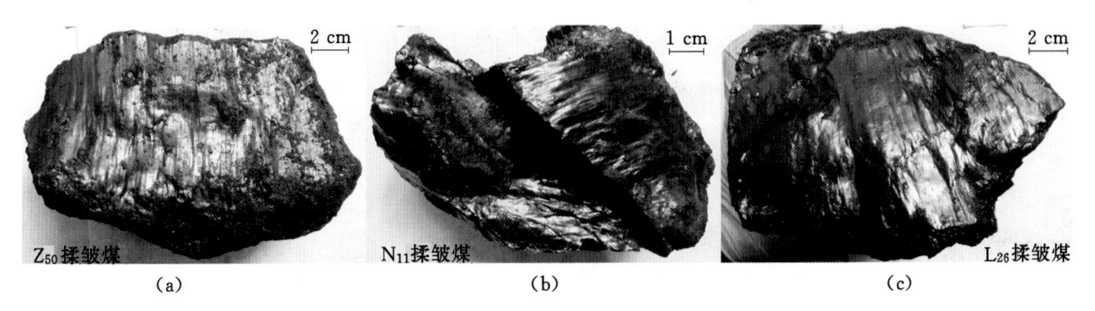

图 4-16 构造煤中条痕镜面摩擦面形貌特征

图 4-17 构造煤中土状镜面摩擦面形貌特征

图 4-18 夹矸与顶、底板泥岩中发育的滑动剪切摩擦面

4.3.3 摩擦面矿物

原生结构煤裂隙脉充填的矿物基本均呈较为完整的片层状(图 4-19),煤体中发育裂隙脉矿物的部位作为结构弱面在应力作用下往往会优先发生摩擦滑动,使得裂隙脉矿物形貌特征被改变。观测统计表明,构造煤中不同类型摩擦面上基本均附着矿物[图 4-20(a)~(d)],脆性变形构造煤中条痕摩擦面上的矿物在刻划作用下失去完整的片状结构,整体呈线状分布[图 4-20(c)],例如在碎斑煤中片状矿物被破碎呈残斑状分布[图 4-20(b)];而在脆-韧性变形及韧性变形构造煤中更强烈的压剪应力作用使镜面摩擦面上的矿物受到涂抹作用呈弥散状分布[图 4-20(a)、(d)、(e)]。

图 4-19 原生结构煤中裂隙脉矿物

4.3.4 摩擦面形成条件

由上述分析可知,原生结构煤中可见部分裂隙面表面依然保持原始形态,并无摩擦面发育,应力作用下随着煤体变形强度的不断增加,摩擦面逐渐由条痕摩擦面演化为镜面摩擦面。摩擦面的发育变化主要取决于五方面原因:其一,不同变形序列构造煤所形成的应力-应变环境不同,脆性变形构造煤摩擦面上受到的正应力较小,因此以发育条痕摩擦面为主,而脆-韧性与韧性构造煤多形成于挤压或剪切应力作用,其摩擦面则更为光滑,同时脆性变形构造煤多形成于高应变速率环境,煤体尚未被进一步的破碎与研磨,进而在摩擦表面留下大量的擦痕,而韧性变形构造煤在低的应变速率下错移滑动,使得构造煤中摩擦面极为光滑;其二,随着变形强度不断增加,煤体基质间的错动距离明显增加,滑动摩擦面也逐渐由条痕摩擦面过渡至镜面摩擦面;其三,随着机械破碎与研磨作用的增强,煤中碎粒的粒径逐渐减小,磨圆度增加,使得构造煤中摩擦面越来越光滑;其四,滑动摩擦面上基本均附着薄层矿物,矿物(尤其是层状的黏土矿物)在摩擦滑动过程中起着润滑减阻的作用,使得构造煤更容易形成表面光滑且附着有机质-矿物薄膜的镜面摩擦面;其五,滑动过程中,水分与气体的参与能够使得摩擦面滑动阻力降低,导致摩擦面的光亮程度更高。

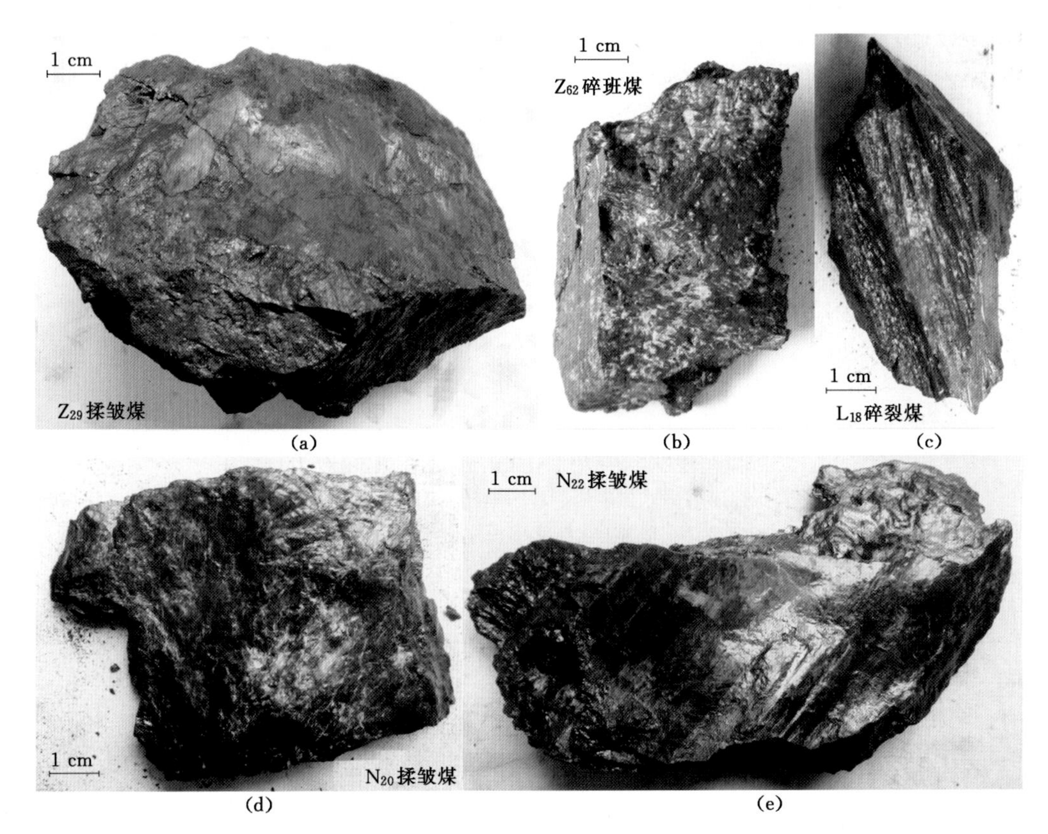

(a)　(b)　(c)　(d)　(e)

图 4-20　构造煤摩擦面上的矿物形貌特征

4.4　构造煤有机结构动力变质规律

构造应力作用往往伴随着一系列的力化学作用，也促进构造煤化学结构的改变，不同类型构造煤形成的应力-应变环境的差异性导致化学结构演化规律不同。因此，通过系统测试不同构造煤分子结构特征，以复合煤分子结构模型为基础，揭示构造煤分子结构的演化特征与机理，可为有机质组成元素以及有机结合态元素的分异机理分析提供基础。

4.4.1　构造煤样品基本特征

采集于朱仙庄 8 煤的原生结构煤与构造煤样品的挥发分在 30.22%～36.48%之间，C_{daf}在 81.59%～84.91%范围内，属于高挥发分烟煤(表 4-2)。根据结构-成因分类方案将 6 件构造煤样品划分为脆性、脆-韧性与韧性三个变形序列构造煤，其中脆性变形构造煤包括碎裂煤、片状煤、碎斑煤与碎粒煤，脆-韧性变形构造煤为鳞片煤，韧性变形构造煤则包括揉皱煤。不同变形序列构造煤形成的应力-应变环境有差异，脆性变形构造煤往往形成于高应变速率的变形环境，可形成于挤压、拉张或剪切应力环境。随着变形强度的增加，脆性变形构造煤的破碎颗粒尺寸减小，磨圆度增加，表明脆性变形构造煤受到强烈的机械破碎与研磨作用。通过煤粒间的破碎与研磨，脆性变形作用将机械能转化为摩擦热能与分子动能(Ju et al.,2009;Hou et al.,2012;Li et al.,2017b)。

过渡类型的脆-韧性变形构造煤通常形成于强烈的剪切应力变形环境,一组密集发育的优势裂隙破坏煤体的原生结构;韧性变形构造煤中塑性流动作用表明,其形成于强挤压或剪切变形的低应变速率变形环境,在缓慢的韧性变形过程中,应力作用的机械能主要通过煤分子结构内部的离域与蠕变转化为应变能(Xu et al.,2014)。

表 4-2 样品工业分析与元素分析结果表

变形类型	样品编号	工业分析/%				元素分析/%(wt)				
		M_{ad}	A_d	V_{daf}	FC_d	$S_{t.d}$	O_{daf}	C_{daf}	H_{daf}	N_{daf}
原生结构煤	Z_2	1.70	6.65	35.55	60.16	0.16	9.94	83.16	5.01	1.71
碎裂煤	Z_4	1.94	5.66	36.04	60.34	0.22	2.71	82.63	5.21	1.61
片状煤	Z_{10}	1.95	5.12	30.22	66.21	0.12	8.75	84.91	4.69	1.53
碎斑煤	Z_1	0.88	6.08	36.48	59.65	0.29	11.30	81.59	5.29	1.51
碎粒煤	Z_9	0.96	9.77	34.80	58.82	0.30	11.03	81.94	5.24	1.45
鳞片煤	Z_6	1.99	11.17	33.28	59.27	0.28	9.96	83.09	5.19	1.45
揉皱煤	Z_7	1.92	13.44	33.52	57.54	0.29	10.22	83.00	5.09	1.35

注:M_{ad}—空气干燥基水分;A_d—干燥基灰分产率;V_{daf}—干燥无灰基挥发分产率;FC_d—干燥基固定碳;ad—空气干燥基;d—干燥基;daf—干燥无灰基。

4.4.2 构造煤交联分子网络结构演化特征

4.4.2.1 Raman 表征的芳香结构特征

构造煤的 Raman 实验结果处理与实验序列变形煤类似,采用 Origin 7.5 软件对一级模区(1 000~1 800 cm^{-1})进行高斯分峰拟合[图 4-21(a)]。拟合后通过参数计算得到的比值 I_D/I_G是煤等缺陷碳材料的有效表征参数(Eckmann et al.,2012),代表煤分子结构的结晶程度,I_D/I_G比值的减小意味着煤中的芳香结构的有序度、堆砌度以及延展度的增加,即煤分子结构的结晶度增加(Mochida et al.,1984;Potgieter-Vermaak et al.,2011;Seong et al.,2013)。

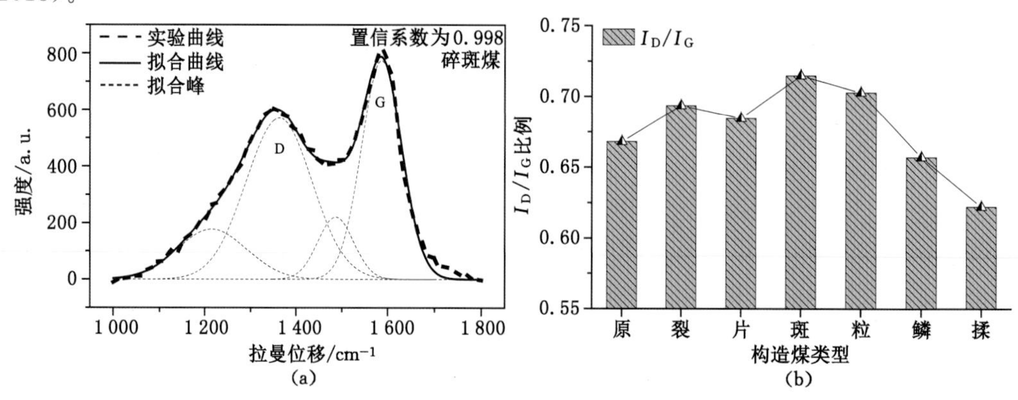

图 4-21 拉曼光谱一级模区的拟合示例与拟合计算结果

(a) 1 000~1 800 cm^{-1}拉曼光谱一级模区分峰拟合示意图;(b) 构造煤中 I_D/I_G比值分布特征

分子结晶度参数 I_D/I_G 从原生结构煤到碎斑煤基本呈现上升趋势，而从碎斑煤到揉皱煤则逐渐降低，表明构造煤分子结晶度在脆性变形构造煤中随着变形强度的增加而变差，而从碎斑煤到揉皱煤随着变形强度的增加结晶度逐渐变好，尤其是脆-韧性与韧性变形构造煤的结晶度已经明显高于原生结构煤[图 4-21(b)]。脆-韧性与韧性变形构造煤因形成于特殊的应力-应变环境，能够更好地促进煤分子结晶度的增加。脆性变形构造煤中机械能主要通过破碎与研磨作用转化为动能与摩擦热能来改变煤分子结构，尽管脆性变形作用转化的动能与热能能够促使一部分自由相分子有序重排，但由于相比之下自由相分子结构的形成速率更高，两相抵消，使得分子的有序度整体仍呈降低趋势，因此 I_D/I_G 比值呈增加趋势。脆性变形构造煤中的碎粒煤变形强度最高，煤体受到的机械破碎与研磨作用也最强，转化获得的热能与动能最多，因此，分子有序重排效率的明显增加使得 I_D/I_G 比值开始减小。

在脆-韧性与韧性变形构造煤中，强烈的压剪应力以及低应变速率作用下转化形成的应变能能够更有效地促进煤分子结构有序重排，且有序重排的速率要高于自由相分子产生的速率，因此构造煤的 I_D/I_G 比值降低(Ju et al.,2009;Hou et al.,2012;Pan et al.,2015a)。

4.4.2.2　XRD 表征的芳香结构特征

XRD 是检测构造煤微晶结构的有效分析方法(Zhang et al.,2014;Roberts et al.,2015)，测试仪器与参数设定和煤中矿物测定一致。为了减小煤中矿物质对构造煤分子结构测试的干扰，需将干燥后研磨至 200 目以下的粉末状样品进行脱矿处理，脱矿方法采用 Strydom 等(2011)设计的 HCl-HF-HCl 三步脱矿，通过反复利用盐酸与氢氟酸达到矿物消解脱除的目的，煤分子结构的微晶参数在消解脱矿过程中并未受到影响(Van Niekerk et al.,2008)。

构造煤 10°～50°范围内的 XRD 谱图中发育两个驼峰，包括衍射角 25°附近的宽缓驼峰与衍射角 40°附近相对较弱的驼峰，二者均为石墨结构衍射峰(Pan et al.,2019)。为了计算构造煤中芳香结构的晶体参数，利用 Origin7.5 对 XRD 谱图进行高斯拟合，拟合后共获得三个特征峰，包括 20°处的 γ 峰、25°处的 π 峰(002 峰)以及 42°处的 10 峰[图 4-22(a)](Sonibare et al.,2010;Baysal et al.,2016)。根据拟合结果，利用 Bragge 与 Debye-Scherrer 公式可计算出煤分子结构的晶体参数层间距(d_{002})、芳香层片尺寸(L_a)、堆砌高度(L_c)以及平均有效堆砌层数(N)，具体计算公式如下，

$$d_{002} = \lambda / 2\sin\theta_{002} \tag{4-1}$$

$$L_a = 1.84\lambda / \beta_{10}\cos\theta_{10} \tag{4-2}$$

$$L_c = 0.89\lambda / \beta_{002}\cos\theta_{002} \tag{4-3}$$

$$N = L_c / d_{002} \tag{4-4}$$

其中，λ 代表 Kα 辐射的波长(本次实验为 0.154 18 nm)；β_{10} 和 β_{002} 分别为拟合峰 10 与 002 的半高峰宽；θ_{10} 与 θ_{002} 则分别为两个特征峰的衍射角度。

由原生结构煤至碎斑煤，构造煤分子结构中芳香层片的有效堆砌层数以及堆砌高度均随变形强度的增高逐渐降低，而由碎粒煤至揉皱煤则呈增加的趋势；相反地，由原生结构煤至碎斑煤，芳香层片有效层间距呈增加的趋势，而由碎粒煤至揉皱煤则呈降低的趋势[图 4-22(b)]。由此可见，脆性变形作用下芳香层片结构倾向于松弛作用(除了碎粒煤)，构造煤交联网络结构的松弛作用是从结合能较低的化学键开始(Ju et al.,2009)，即比共价键弱一个或多个数量级的非共价键(Vasireddy et al.,2011)。

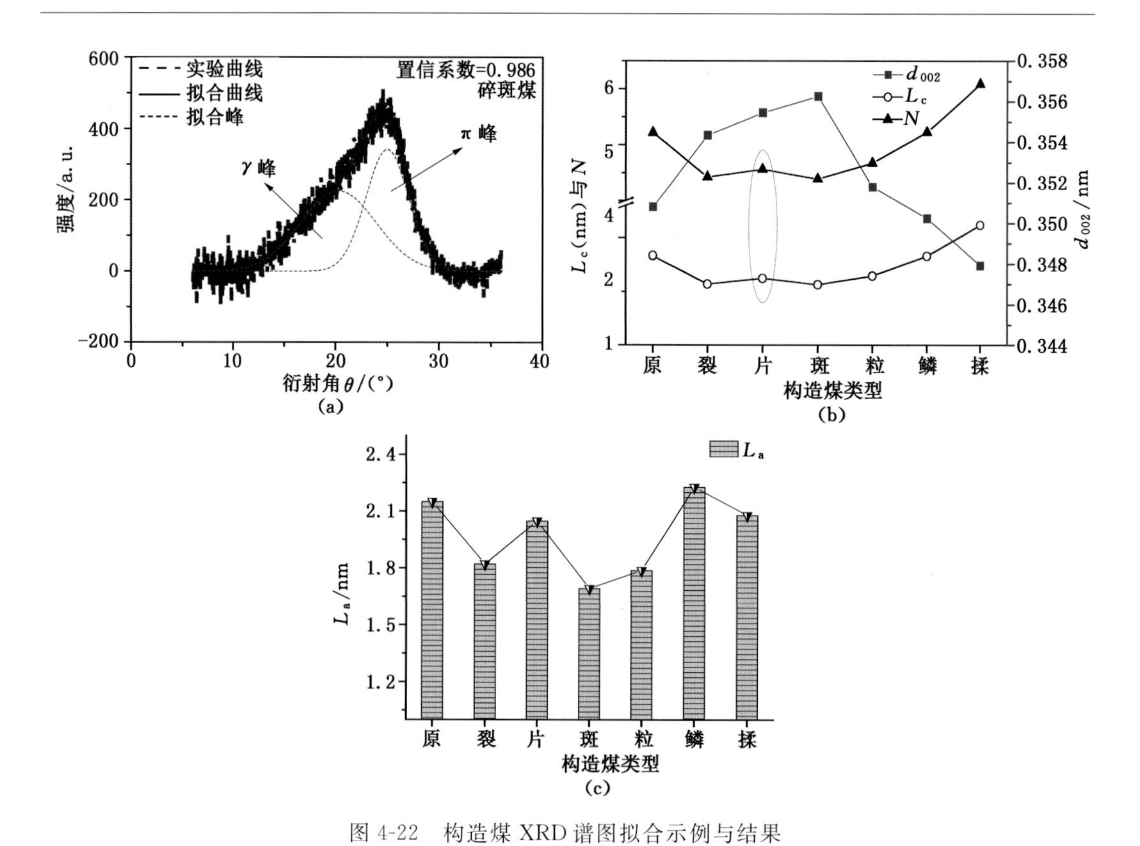

图 4-22　构造煤 XRD 谱图拟合示例与结果

(a) 5°～35°范围内的 XRD 谱图拟合示意图;

(b) 不同构造煤分子结构中芳香层片的层间距(d_{002})、堆砌高度(L_c)以及平均有效堆砌层数(N)分布特征;

(c) 构造煤分子结构的晶面尺寸(L_a)分布特征

弱脆性变形构造煤中,尽管连接芳香层片结构的 π—π 键能够在机械能转化的摩擦热能与动能的作用下形成,但由于氢键高速率的解离作用使得芳香层片结构释放移动导致构造煤微晶结构结晶度持续降低。碎粒煤受到更为强烈的机械破碎与研磨作用,导致更多的摩擦热能与动能作用于煤分子结构,因此碎粒煤中的芳香结构结晶度更高。

值得指出的是,形成于剪切应力作用下的片状煤有更高的堆砌高度(L_c)以及平均有效堆砌层数(N),表明剪切应力变形环境更有利于芳香层片的有序重排与堆砌作用[图 4-22(b)]。在脆-韧性与韧性变形构造煤中强烈的压剪应力以及转化形成的应变能可更有效地促进煤大分子结构的局部移动,形成有序度更高、层间距更小、堆砌高度更高及堆砌层数更多的分子结构构型。构造煤分子中芳香结构的横向尺寸随着变形强度的变化并未呈明显的规律性增加,表明构造变形作用并未能促进芳环缩合作用[图 4-22(c)]。

4.4.2.3　侧链结构

(1) 脂肪侧链

构造煤 FTIR 光谱在 2 700～3 000 cm^{-1}区间包含脂肪侧链中 CH_x 结构的信息。通过对该区间内的谱图进行分峰拟合获得四个主要特征峰,包括 2 850 cm^{-1}处对称伸缩振动的 CH_2,2 890 cm^{-1}处的甲基 CH,2 920 cm^{-1}处对称伸缩振动的 CH_3 以及 2 960 cm^{-1}处对称伸缩振动的 CH_2[图 4-23(a)]。利用 2 700～3 000 cm^{-1}区间内拟合的特征峰可计算脂肪结

构特征参数 $CH_2/CH_3=A_{2\,915\sim2\,940}/A_{2\,950\sim2\,975}$(其中,$A_{2\,915\sim2\,940}$表示在 2 915~2 940 cm^{-1} 波段内拟合峰的总拟合面积),在本研究中计算公式可进一步转化为 $CH_2/CH_3=A_{2\,920}/A_{2\,960}$,该参数能够反映脂肪侧链结构的分支度或长度。

随着变形强度的增加,构造煤中 CH_2/CH_3 的比值呈降低趋势,表明在构造应力作用下煤分子结构中的脂肪链结构分支度增加或长度明显降低[图 4-23(b)],主要是由于在构造煤变形过程中环烷烃发生开环作用或者稳定性较低的脂肪链结构脱落,使得 CH_2 含量相对降低而 CH_3 含量增加,导致 CH_2/CH_3 的比值降低。鳞片煤与揉皱煤中由于强烈的压剪应力作用,使得 CH_2/CH_3 比值相对原生结构煤大大降低。此外,压剪应力作用下煤内部分子结构还向着更为有序构型的调整,也导致支链结构更容易断裂脱落。

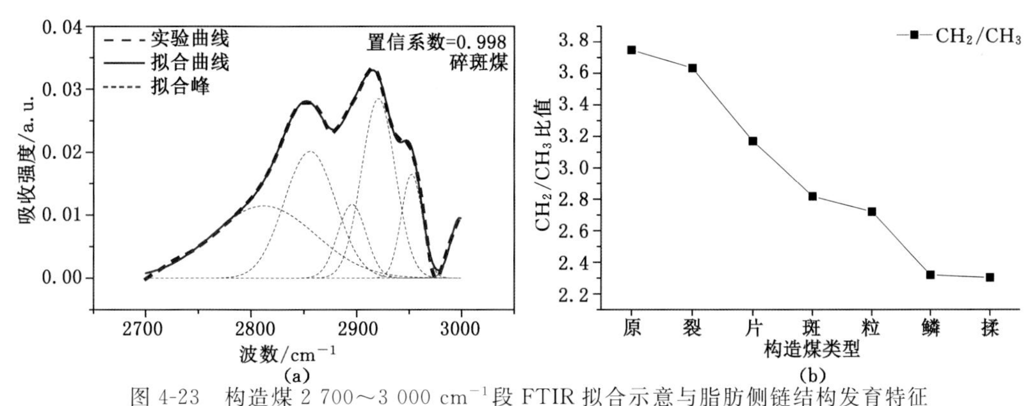

图 4-23 构造煤 2 700~3 000 cm^{-1}段 FTIR 拟合示意与脂肪侧链结构发育特征

(a) 2 700~3 000 cm^{-1}红外谱图分峰拟合示意图;(b) 构造煤中脂肪侧链结构参数 CH_2/CH_3 比值分布特征

(2) 杂原子官能团

含氧官能团—C—O(醚基与羟基)为煤中含氧官能团的最主要组成部分,其次为羰基—C=O,再次之为羧基—COOH[图 4-24(a)]。三类含氧官能团含量整体均具有随变形强度增高而降低的趋势,表明煤变形作用能够促进含氧官能团的解离作用。

构造煤中含氮官能团主要由吡咯与吡啶组成,其中吡咯占据主导地位(占比超过 80%)[图 4-24(b)]。与前人研究结果类似,元素分析结果显示 N_{daf} 随着构造煤变形强度的增加呈降低的趋势,表明应力作用能够导致氮原子的脱落排出[图 4-24(c)](Song et al., 2018b)。吡咯结构作为煤中主要的含氮官能团形式,也是最不稳定的有机氮形式,在煤变质作用过程中往往会优先降解(Boudou et al., 2008; Valentim et al., 2011; Ding et al., 2018),因此,构造煤中吡咯结构占比随变形强度的增加而持续降低与构造应力作用下吡咯结构的降解作用密不可分。此外,构造煤中含氧与含氮官能团的应力降解使得煤分子结构中极性官能团数量降低,必然导致相关氢键数量减少(Miura et al., 2001)。

4.4.2.4 次生结构缺陷

尽管构造煤中芳香结构随变形程度增高结晶度更高,但煤芳香结构中的次生结构缺陷仍然存在,甚至在煤高温高压变形的石墨化作用进程中次生结构缺陷也依然存在(Bustin et al., 1995b)。Raman 光谱中 D 峰的峰位移对芳香结构中的结构缺陷十分敏感(Pan et al., 2017)。构造煤的缺陷峰位移 D(W_D)随着变形强度的增强而增加,表明强变形作用能够产生更多的次生结构缺陷(图 4-25)。

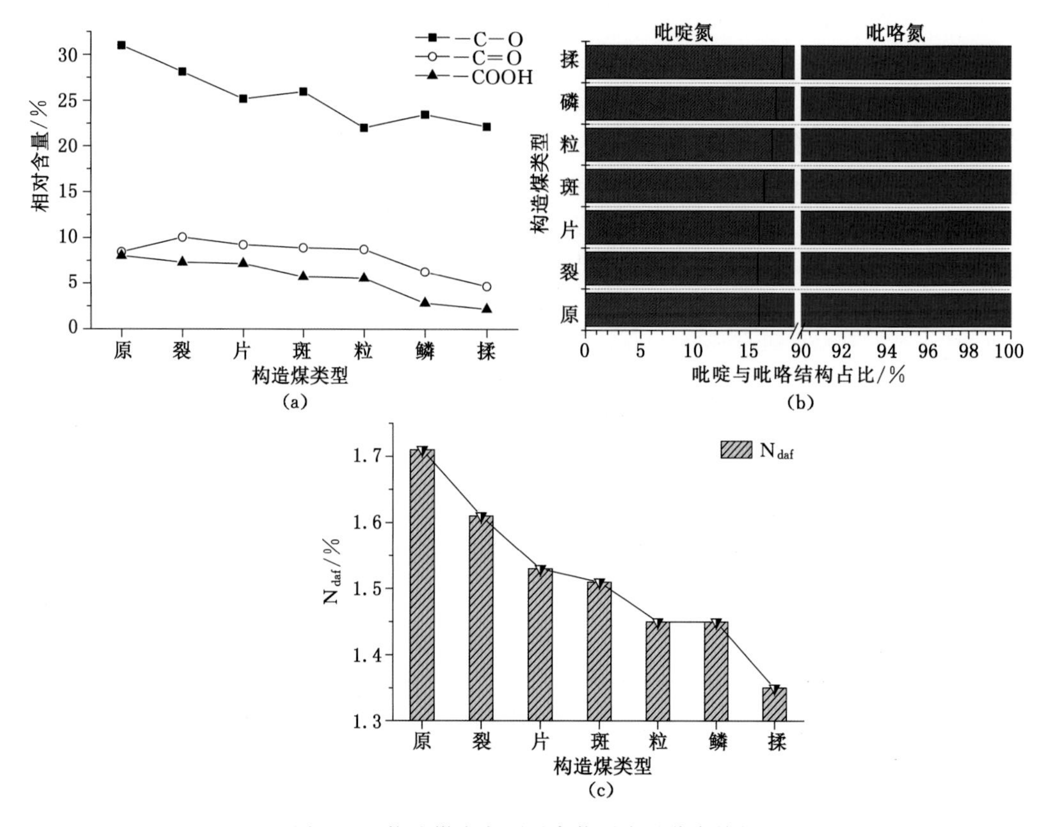

图 4-24　构造煤中杂原子官能团含量分布特征

(a) 构造煤中含氧官能团含量分布特征;(b) 构造煤中含氮官能团含量分布特征;(c) 构造煤中 N_{daf}分布特征

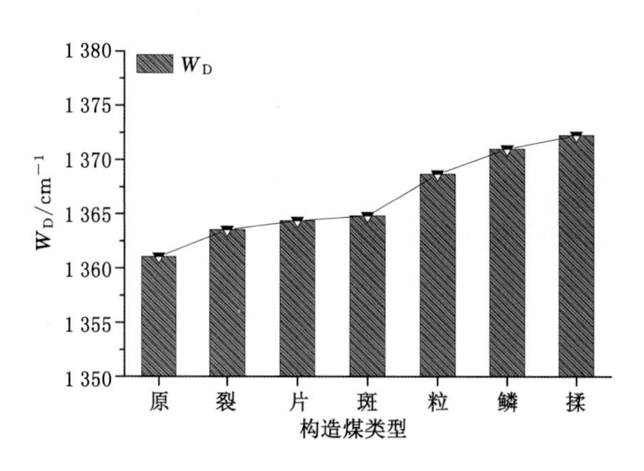

图 4-25　构造煤中次生结构缺陷峰 D 的峰位移分布特征

应力作用下煤分子芳香结构中的化学键能够发生旋转调整或者拉长断裂等作用，形成不同类型的面内结构缺陷，包括 Stone-wales(SW)缺陷、单缺陷(Single vacancy)以及双缺陷(Double vacancies)等(Liu et al.,2018;Song et al.,2019)。在脆-韧性与韧性变形构造煤中 W_D增加更为显著，可见韧性变形作用能够促进分子结构面内缺陷的发育，这主要由于鳞片煤与揉皱煤形成于更为强烈的压剪应力环境,强烈的压剪应力通过直接作用于微观结构使得芳环结构发生更有效的应力分解作用。

4.4.2.5 非共价键

构造煤中氢键参数计算方法与实验变形煤类似,首先利用 Origin 7.5 软件对 2 400~3 600 cm^{-1}波段内的 FTIR 谱图进行拟合(图 4-26),根据拟合后的结果进行非氢键的参数计算。

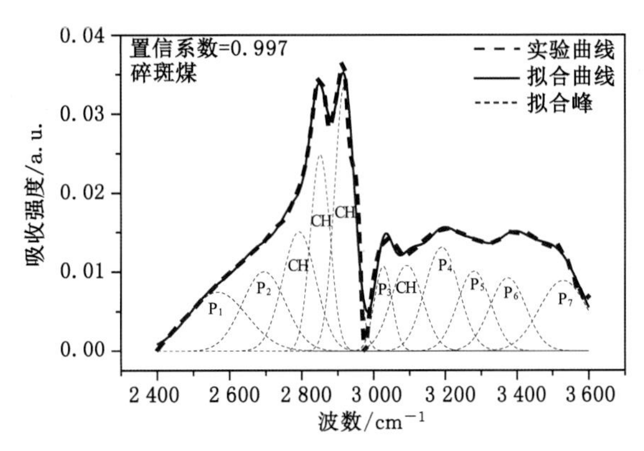

图 4-26 2 400~3 600 cm^{-1}波段的 FTIR 谱图拟合示意图

(1) 构造煤中氢键含量特征

根据式(3-5)与式(3-7)对不同类型构造煤中的七类氢键含量进行计算,并绘制氢键含量分布图(图 4-27)。构造煤中的氢键以发育 OH—π 为主,其次为 Self-associated *n*-mers ($n>3$)、OH—ether 以及 Cyclic—OH,含量最低的三类氢键分别为 COOH dimers、OH—SH 以及 OH—N。随着构造煤变形强度的增加,后六类氢键基本呈现减少的趋势,表明构造煤的变形作用能够促进六类氢键的断裂作用[图 4-27(a)]。

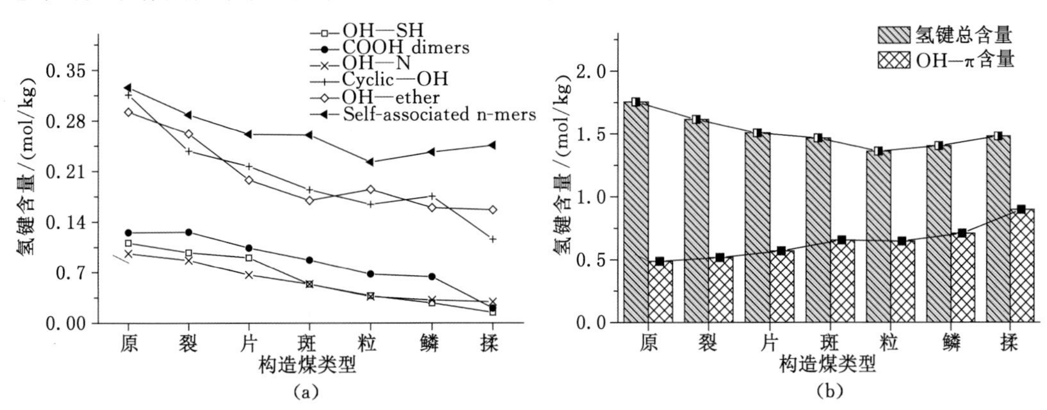

图 4-27 构造煤中氢键含量分布特征

(a) 氢键 OH—SH、COOH dimers、OH—N、Cyclic—OH、OH—ether 与 Self-associated *n*-mers 在不同构造煤中的分布特征;(b) 氢键 OH—π 与总氢键含量分布特征

相反,氢键 OH—π 的含量却随构造变形作用的增强而逐渐增加,主要是由于其他类型

的氢键断裂后能够重新连接至极性芳香结构，从而形成新的 OH—π 键[图 4-27(b)]。由原生结构煤至碎粒煤，随着变形强度的增加总氢键含量降低，但在鳞片煤与揉皱煤中呈微弱的增加趋势，这主要归因于不同类型构造煤中氢键变化的速率不同[图 4-27(b)]。具体而言，在脆性变形构造煤中氢键 OH—π 新生成的速率要低于其他六种类型氢键的断裂速率，而在鳞片煤与揉皱煤中 OH—π 新生成的速率要高于其他氢键的断裂速率，因此氢键的总含量在鳞片煤与揉皱煤中略微增加。

尽管氢键 OH—π 的含量整体具有增加趋势，但 OH—π 的键强度与其他氢键的强度属于同一等级，因此氢键 OH—π 在构造应力作用的初期阶段也发生了断裂作用，并且可以通过芳香结构的移动调整重新形成新的 OH—π 或由其他断裂氢键转化形成。

(2) 构造煤中氢键强度特征

根据式(3-8)与式(3-9)可分别计算不同构造煤中氢键的总强度与平均强度，并绘制二者在不同构造煤中的分布特征图。氢键的总强度 $-\Delta H_{total}$ 基本随着变形强度增加呈降低趋势，尤其在鳞片煤与揉皱煤中(图 4-28)。脆性变形构造煤中氢键的 $-\Delta H_{total}$ 降低主要是由于氢键总含量 n_{total} 受应力诱导断裂作用影响不断降低；不同于脆性变形构造煤，氢键总含量 n_{total} 略微升高的鳞片煤与揉皱煤是由于压剪应力作用下断裂氢键的跃迁转换，使得总焓变 $-\Delta H_{total}$ 降低(主要指的是断裂的氢键重新跃迁至芳香结构形成稳定性更高的 OH—π 键)(Miura et al.,2001;Li et al.,2004b)。

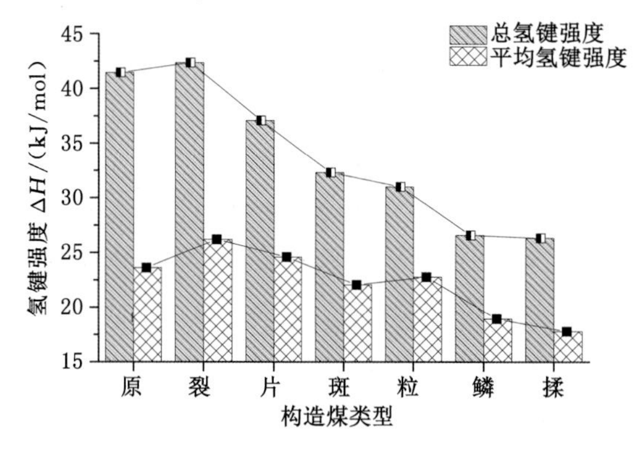

图 4-28 构造煤中总氢键强度与平均氢键强度分布特征

此外，氢键 OH—π 的含量随着脆性变形构造煤变形强度升高而缓慢增加，使得氢键向低强度域转化，因此氢键转化为 OH—π 的作用是导致脆性变形构造煤中氢键的 $-\Delta H_{total}$ 降低的另外一个缘由。脆性变形构造煤中氢键的平均强度 $-\Delta H_{av}$ 随着变形强度增高呈波动下降的趋势，主要也是受煤分子结构重排过程中氢键转化作用的影响。鳞片煤与揉皱煤中 $-\Delta H_{av}$ 的下降趋势要明显高于其他构造煤，表明这两类构造煤的氢键发生了更快速的转化作用。

(3) π—π 键与杂原子官能团

1) XPS 谱图拟合

采用与实验变形煤同样的处理与测试步骤，通过利用 Origin7.5 软件对 280～292 eV (C1s)以及 392～406 eV(N1s)的 XPS 谱图进行分峰拟合(图 4-29)。其中，C1s 包括含氧官能团与 π—π 键的重要信息，N1s 包括含氮官能团吡啶(～398.7 eV)与吡咯(～400.3 eV)的重要信息。

2) π—π 键

构造煤中 π—π 键的含量随着变形强度的增加整体呈上升趋势，尤其在鳞片煤与揉皱煤中(图 4-30)。构造煤中芳香片层结构的构型决定着 π—π 键的含量，其中面对面贴合的芳香片层结构中 π—π 键的结合能更高、数量更多，而其他不规则构型则不利于 π—π 键的形成。因此，强变形构造煤中高含量的 π—π 键表明构造应力作用促进了芳香片层结构的构型调整，促使更多 π—π 键形成。此外，与碎斑煤相比变形程度更弱的片状煤中 π—π 键的含量更高，同时鳞片煤与揉皱煤中的 π—π 键的含量要显著高于碎粒煤，片状煤、鳞片煤与揉皱煤均形成于具剪切应力性质的变形环境内，因此，可以推断剪切应力变形环境更利于构造煤芳香结构的构型调整。

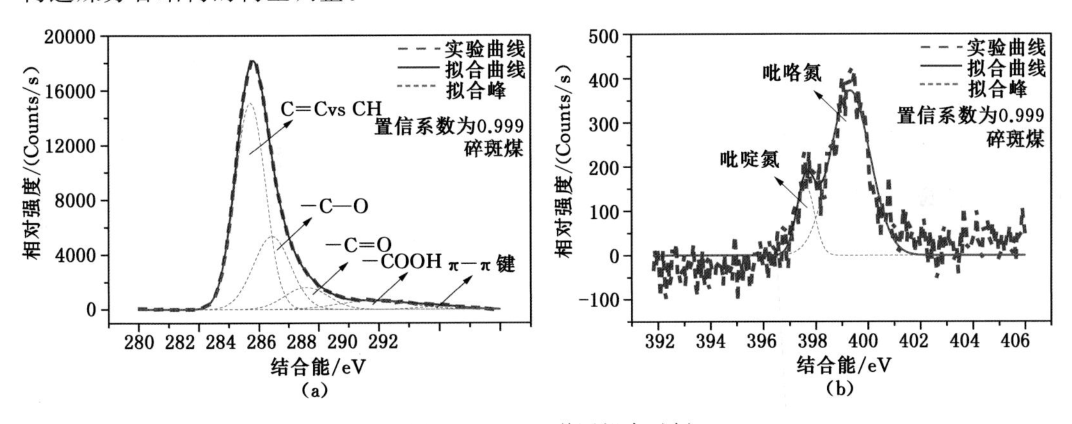

图 4-29 XPS 谱图拟合示例

(a) 280～292 eV 的 XPS 谱图拟合示意图；(b) 392～406 eV 的 XPS 谱图拟合示意图

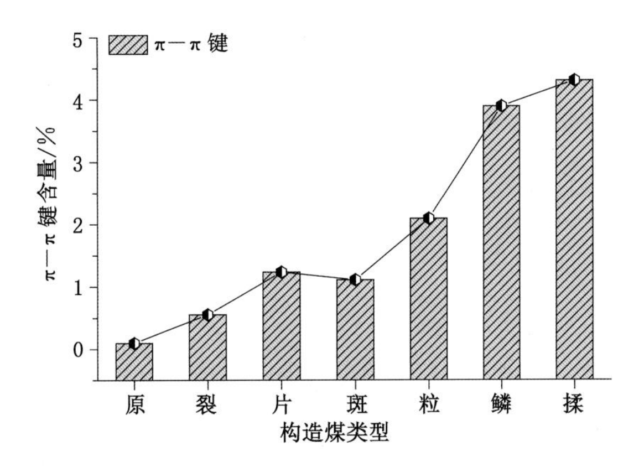

图 4-30 构造煤中 π—π 键含量分布特征

4.4.2.6 煤分子结构有序重排作用

(1) 构造煤分子结构松弛作用

氢键与 π—π 键在构造煤大分子网络结构中具有重要的交联作用，能够限制不同分子相(包括刚性相与移动相)的移动(Shui et al.,2008)。前人在构造煤变形模拟实验中通过量子化学计算表明，应力作用产生的机械能远远大于羰基的解离能（1 199 kJ/mol，1 328 kJ/mol）与Stone-wales面内结构缺陷形成能（303.4 kJ/mol）（Xu et al.，2014；Han et al.，2017）。构造煤中氢键的总强度$-\Delta H_{total}$与平均强度$-\Delta H_{av}$分别在26.33～41.46 kJ/mol与17.79～26.20 kJ/mol的范围内，π－π键的强度则不高于41.84 kJ/mol（Nishioka et al.，1990），由此可见，非共价键断裂所需要的能量要远远低于羰基解离能与次生结构缺陷形成能，因此，相对共价键而言非共价键对应力作用更为敏感。非共价键在应力作用下直接断裂与由官能团解离引起的断裂是其断裂的两个重要机制（图4-31，阶段2）。

尽管构造煤中π－π键数量随变形强度的升高而增加，但π－π键依然可以在煤体变形的初步阶段被解离（图4-31，阶段2），但π－π键的解离作用是可逆的，后期在应力作用下形成的煤分子构型中又可重新生成。非共价键的断裂促使煤分子结构内形成更多活性反应位点与释放的分子结构，导致构造煤分子结构发生松弛作用，从而为应力作用下分子结构的局部移动与有序重排提供先决条件（Nishioka，1994；Vasireddy et al.，2011）。

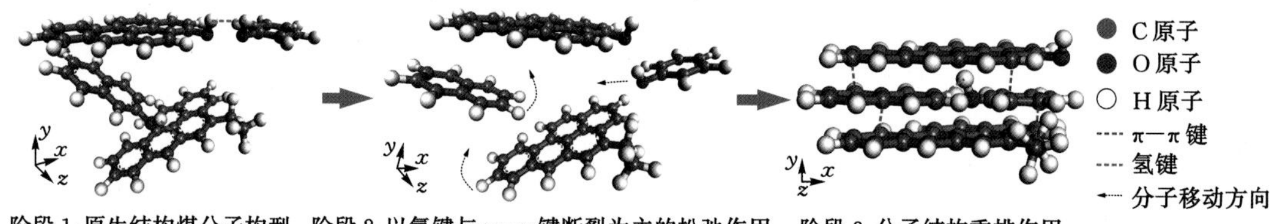

图4-31　构造煤分子结构应力作用下分子结构演化模式图

（2）构造煤分子结构应力诱导重排作用

不同类型构造煤形成的应力-应变环境的差异性导致煤分子结构应力改造作用效率不同。在脆性变形构造煤中，煤体在强烈的机械破碎与研磨作用下，随着变形强度的增加，煤体破碎颗粒尺寸减小，磨圆度增加。整个过程伴随着大量的动能与摩擦热能的形成，能够促进煤分子结构的松弛作用，并克服分子移动的能垒使得部分可移动分子相局部移动重排，形成更有利于π－π键生成的分子构型（图4-31，阶段3）（Nishioka et al.，1990；Hou et al.，2012；Xu et al.，2014）。

剪切应力作用形成的片状煤与鳞片煤中分子构型的堆砌度更高、层间距更小[图4-22(b)]，一方面是因为剪切应力能够促进煤分子结构的离域与非共价键的断裂，导致分子结构的移动性大大增强；另一方面剪切应力作用能够更有效地促进层状芳香结构的移动调整，形成相互平行的面对面有序排列构型。

揉皱煤中的塑性变形现象指示煤体形成于强挤压或剪切的低应变速率变形环境（Ju et al.，2009），在这种变形环境中机械能能够转化为应变能（Liu et al.，2018）。转化形成的应变能能够更有效地克服分子移动的能垒，使得构造煤分子结构中自由分子移动的频率更高。因此，韧性变形构造煤中交联结构破坏形成的自由分子能够在应力作用下更容易移动并有序重排形成自由能更低、堆砌度更高和更有序的分子构型（面对面堆砌型），从而形成更多的π－π键（图4-30）。此外，Raman光谱中结构缺陷峰位移D在韧性变形构造煤中显著增加，表明韧性变形作用导致分子结构面内缺陷发育程度更高，使得煤分子结构的初始反应能增加，自由分子移动的活化能降低。韧性变形经历了漫长的变形时间也为煤分子结构的移动与构型调整提供足够的反应时间。

依据上述提出的构造煤分子交联网络结构应力作用下的重排演化路径，针对构造应力作用下煤变形是否能生成甲烷气体的探讨从理论上有更合理与深入的认知(Hou et al.，2017)。复合模型认为，煤分子结构是由分子量在 1 300～3 500 amu 的大分子结构(主体分子)与 100～500 amu 的小分子(客体分子)组成(Marzec，2002)。在第二个演化阶段[图 4-31(b)]，非共价键的断裂不仅使得小分子结构(100～500 amu)得到释放并发生局部移动，而且也通过芳香层片堆砌作用使得煤中孔隙结构增加(尤其是纳米孔结构)(Vasireddy et al.，2011；Pan et al.，2015a，2015b，2015c)。因此，如果上述两种情况均出现，一定尺寸的移动小分子将脱离大分子网络结构的束缚，进入纳米孔中以吸附方式存储甚至能够逸散到空气中(Pan et al.，2019)。

5 构造煤中矿物变形、变质与元素分异特征

矿物是煤中无机亲和性元素的主要载体(Finkelman,1999;Finkelman et al.,2019),煤变形过程中矿物的响应特征是分析无机亲和性元素分异机理的主要基础,而有机质是有机结合态元素的主要载体,应力作用下构造煤动力变质作用是有机结合态元素分异的主要机理。本章将通过对元素载体的动力演化及元素分布与赋存载体的分析,揭示构造煤中元素迁移变化的特征与机理。

5.1 构造煤中矿物变形与变质特征

构造煤中矿物在应力作用下不仅形貌特征发生变化,特定矿物的化学结构也能够被改变。可以利用 XRD、SEM-EDS 与 FTIR 等测试方法研究构造煤中矿物的变形、变位与变质特征,样品处理与测试方法与 3.3 节中实验变形煤的测试方法一致。

5.1.1 构造煤中矿物种类发育特征

通过 XRD 测试分析可得,祁南矿构造煤 N_6、N_8、N_9、N_{10}、N_{11} 与 N_{13} 内主要发育高岭石、蒙脱石以及石英三类矿物,其中以高岭石为主,蒙脱石与石英次之[图 5-1(a)]。随着变形强度的增加,祁南矿构造煤中高岭石的含量整体呈增加趋势,蒙脱石则仅出现于鳞片煤中,石英在各类构造煤 XRD 谱图中均不明显。

祁东矿构造煤 D_1、D_2、D_5、D_6、D_{10}、D_{13}、D_{16} 与 D_{18} 中主要发育高岭石、蒙脱石、石英、方解石以及铁白云石五类矿物[图 5-1(b)]。脆-韧性与韧性变形构造煤中高岭石与石英矿物含量均相对脆性变形构造煤显著增加,并且发育蒙脱石矿物,脆性变形构造煤中碎斑煤与碎裂煤发育方解石与铁白云石程度较高。

朱仙庄矿构造煤 Z_{22}、Z_{26}、Z_{27}、Z_{31}、Z_{35}、Z_{47}、Z_{49} 与 Z_{51} 中主要发育高岭石,石英、方解石与铁白云石次之[图 5-1(c)]。高岭石的吸收峰强度在朱仙庄矿脆-韧性与韧性构造煤的 XRD 谱图中明显增强,而方解石与铁白云石则仅在碎裂煤与片状煤中被检测到。

芦岭矿构造煤 L_5、L_7、L_8、L_{10}、L_{11}、L_{13} 与 L_{15} 中矿物种类相对简单,主要发育高岭石与石英两大类,以高岭石为主,高岭石矿物吸收峰强度也随着变形强度的增加呈增加趋势[图 5-1(d)]。

由于 XRD 检测以全煤样品为对象,大量有机质对谱图产生较强的背景干扰,很多微量矿物并未检测到,因此,应结合 SEM-EDS 检测结果进一步揭示研究区构造煤中矿物的发育特征。测试结果显示,在区内构造煤中还发育伊利石、赤铁矿、石膏以及黄铁矿等矿物

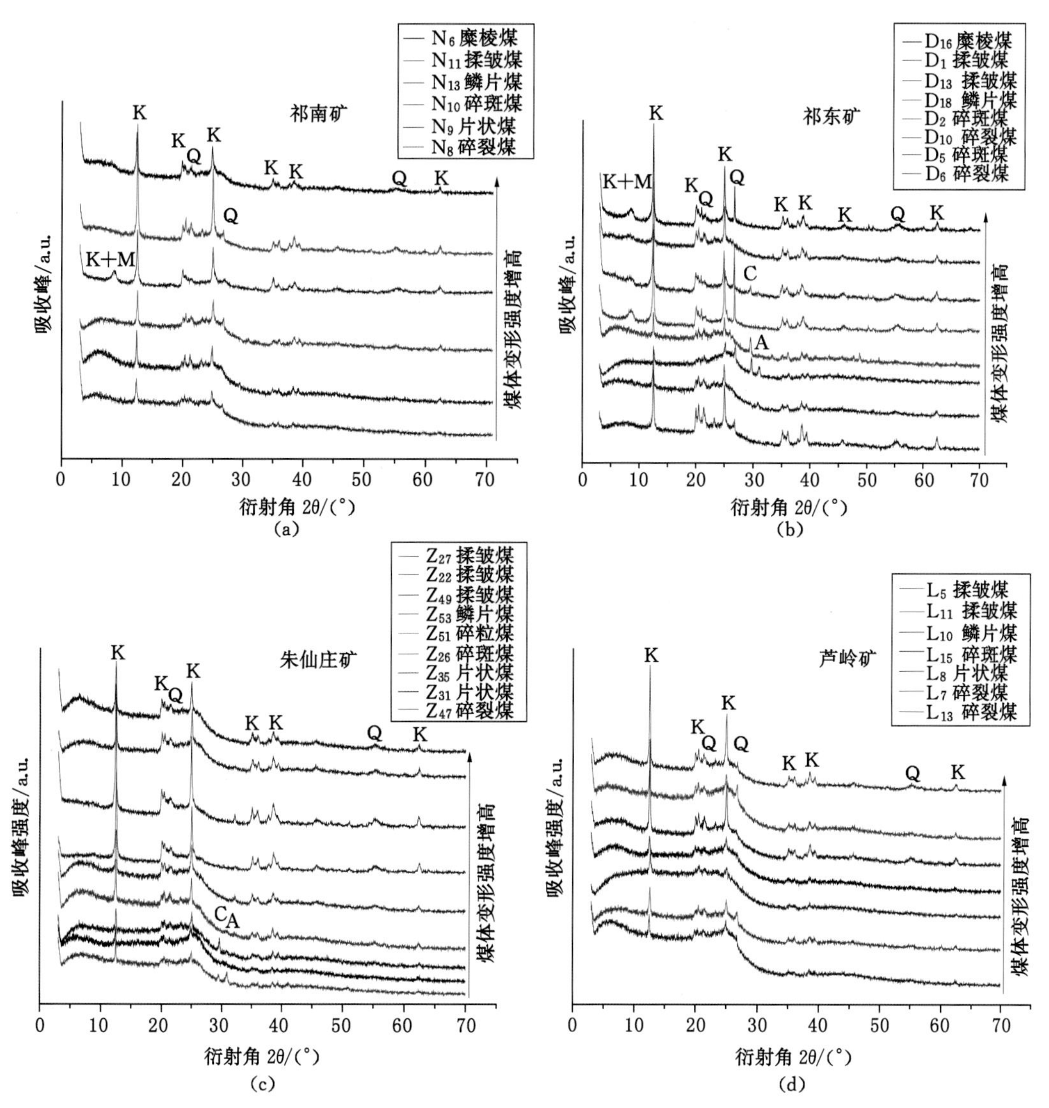

K—高岭石；Q—石英；M—蒙脱石；C—方解石；A—铁白云石

图 5-1　不同矿井的矿物 XRD 测试结果

(图 5-2)，其中层间含有 K^+ 的伊利石、针状石膏矿物以及以裂隙充填赋存的黄铁矿分别在揉皱煤 L_{21}、鳞片煤 L_{10} 以及揉皱煤 N_{22} 强变形构造煤中被观测到，表明随着变形强度的增加矿物种类也具有多样化的发育趋势[图 5-2(a)、(c)]；碎粒煤 Z_{51} 中矿物出现的机械混杂现象表明，强烈的碎裂流变作用增强了矿物的混杂作用[图 5-2(b)]。

由此可见，宿县矿区煤中主要发育硅酸盐(高岭石、伊利石以及蒙脱石)、碳酸盐(方解石、铁镁质白云石)、硫酸盐(石膏)、氧化物(石英、赤铁矿)以及硫化物(黄铁矿)等矿物，其中以硅酸盐黏土矿物最为发育。构造煤中黏土矿物与碳酸盐矿物的发育模式截然不同，黏土矿物的吸收峰强度随煤体变形强度的增加呈现增高的趋势，尤其在脆-韧性与韧性变形构造煤中，表明随着变形强度的增强黏土矿物含量升高。由祁南矿与祁东矿构造煤中黏土矿物

(a)　(b)　(c)　(d)

图 5-2　SEM-EDS 检测结果

(a) 揉皱煤 L_{21} 中发育的伊利石(SEM,1 200×);(b) 碎粒煤 Z_{51} 中混杂的高岭石与赤铁矿(SEM,5 000×);(c) 鳞片煤 L_{10} 中的石膏(SEM,8 000×);(d) 揉皱煤 N_{22} 中的黄铁矿(SEM,300×)

的发育特征可总结得出黏土矿物在脆-韧性与韧性构造煤中具有多样化、复杂化的特征;而碳酸盐类矿物则多发育于脆性变形构造煤内,在脆-韧性与韧性变形构造煤中发育程度低;石英矿物在构造煤中的分布无明显规律性,仅在祁东矿中出现矿物含量与变形强度正相关的分布特征。

5.1.2　构造煤中矿物的形貌特征

依据煤中矿物的形成时期可分为同生与后生矿物两类,不同类型矿物在构造煤中的赋存形态存在差别。成煤期后构造应力作用使得煤体原生结构被强烈破碎,赋存于构造煤中的不同类型矿物也受到构造改造发生变形与变位,本节综合偏光显微镜与 SEM-EDS 观测结果分析构造煤中矿物的动力演化特征。

5.1.2.1　矿物的赋存形态

(1) 硫化物矿物

宿县矿区构造煤中的硫化物矿物主要为黄铁矿,黄铁矿主要以草莓状、团块状以及裂隙充填等形式赋存(图 5-3)。草莓状黄铁矿多为球形多晶集合体,尺寸在 1～100 μm 不等,往往出现在镜质组内[图 5-3(a)];团块状黄铁矿尺寸多大于 100 μm,呈透镜状、长条状以及圆球状等不规则形状[图 5-3(b)],草莓状与团块状等赋存形态的黄铁矿均为同生矿物,形成于含煤盆地泥炭堆积过程的还原环境中;裂隙充填的黄铁矿多呈板片或薄片状,是经过后期低温热液沿裂隙侵入沉淀形成的[图 5-3(c)]。

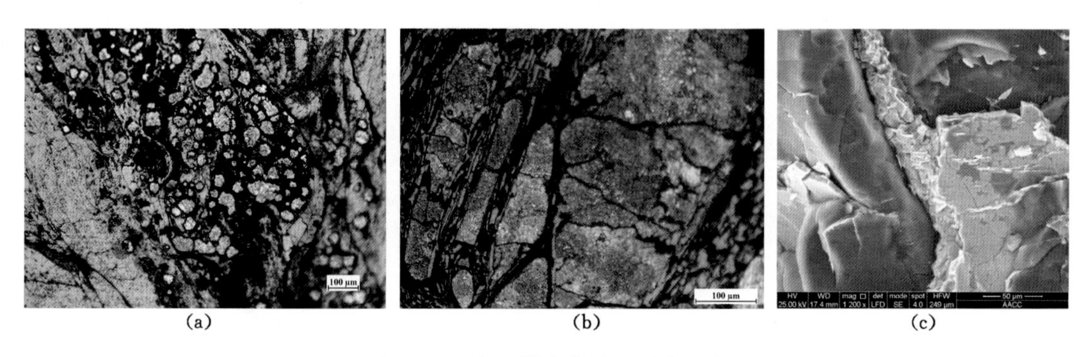

图 5-3 研究区煤中黄铁矿赋存形态

(a) 碎斑煤 Z_{62} 中莓球状黄铁矿(偏光显微镜，100×)；(b) 碎斑煤 Z_{62} 中团块状黄铁矿(偏光显微镜，100×)；(c) 碎裂煤 L_{13} 中裂隙充填黄铁矿(SEM，1 200×)

(2) 碳酸盐矿物

构造煤中酸盐矿物主要包括方解石与铁镁质白云石。研究区构造煤中方解石矿物的发育对构造煤形成的应力-应变环境有一定的选择性，裂隙脉碳酸盐矿物分别在碎裂煤与碎斑煤(脆性变形构造煤)中被观测到[图 5-4(a)、(b)]；同样，XRD 检测结果也显示碳酸盐矿物更倾向于以裂隙脉形式出现在脆性变形构造煤中。脆性变形构造煤在挤压、拉张或剪切应力作用下形成的孔、裂隙为流体运移提供通道，当流体遇到合适的环境就地沉淀形成裂隙脉矿物。脆性变形构造煤中孔、裂隙相对其他变形序列构造煤连通性更好，有利于裂隙脉碳酸盐矿物的发育。部分裂隙脉形式赋存的碳酸盐矿物多被限制于镜质组内，并垂直于煤岩组分条带，这一类裂隙脉矿物形成于煤化作用阶段，主要是由于基质收缩形成的端割理为矿物沉淀提供了适宜场所。除了典型的裂隙充填赋存形式，在煤体胞腔中也发现碳酸盐矿物的充填赋存[图 5-4(c)]。

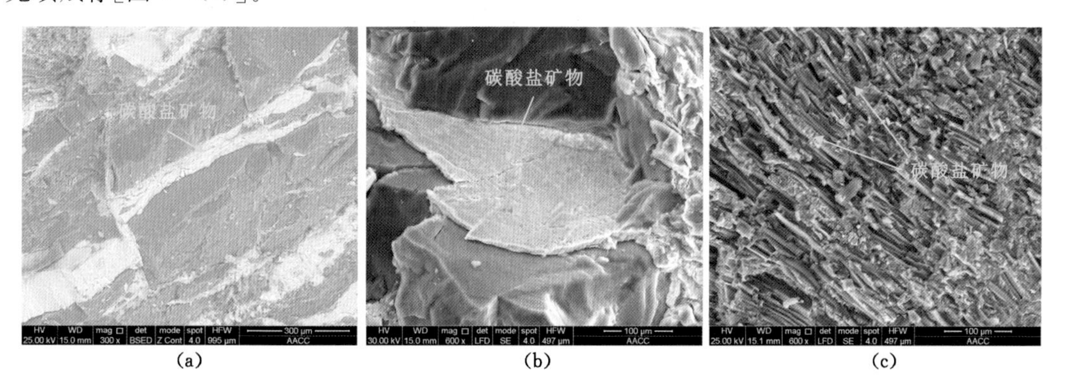

图 5-4 研究区煤中碳酸盐矿物赋存形态特征

(a)与(b) 碎裂煤 N_8 与碎斑煤 D_5 中裂隙充填碳酸盐矿物(SEM，300×与 600×)；(c) 片状煤 L_8 中胞腔充填碳酸盐矿物(SEM，600×)

(3) 硅酸盐矿物

淮北矿区硅酸盐矿物主要为黏土矿物，包括高岭石、蒙脱石和伊利石等，它们在煤中的赋存形式主要包括裂隙、孔隙以及胞腔结构充填(图 5-5)。黏土矿物的充填沉淀主要受控于泥炭沼泽盆地中水环境的酸碱度，陆源碎屑矿物的淋滤溶液随着酸性的沼泽水在孔裂隙结构中运移过程中遇到高 pH 环境与 Si 反应形成沉淀（Ward，2002）。

图 5-5 研究区煤中硅酸盐矿物赋存形态特征

(a) 碎斑煤 Z_{10} 中裂隙充填黏土矿物（SEM，1 200×）；(b) 祁南矿揉皱煤 N_3 中孔隙充填黏土矿物（SEM，2 400×）；(c) 碎裂煤 N_1 中胞腔充填黏土矿物（偏光显微镜，100×）

(4) 氧化物矿物

研究区内氧化物矿物主要包括赤铁矿与石英等。煤中赤铁矿赋存形式主要有裂隙充填与有机结构间隙充填两种[图 5-6(a)、(b)]，当氧化物矿物晶体生存空间充足时能够发育完整的自形晶[图 5-6(c)]。

图 5-6 研究区煤中氧化物矿物赋存形态特征

(a) 碎裂煤 L_7 中裂隙充填赤铁矿（SEM，600×）；(b) 碎粒煤 Z_{54} 中有机结构间充填赤铁矿（SEM，600×）；(c) 碎裂煤 N_{18} 中自形晶赤铁矿（SEM，10 000×）

由上述分析可得，研究区不同矿物主要赋存状态之一是裂隙充填形式，孔隙充填、胞腔充填等次之，不同赋存形式矿物在经历多期次构造应力作用后的形貌特征变化需要进一步总结分析。

5.1.2.2 矿物对应力-应变环境的响应特征

随着构造煤变形强度的不断增加，煤体碎粒的粒度不断减小，机械破碎与研磨作用也逐渐增强。煤中矿物在机械破碎与研磨作用下也发生了不同程度的结构破坏，同时构造煤中广泛发育的摩擦面上附着的矿物形貌特征在剪切摩擦作用下也被改变。

(1) 机械破碎与研磨作用

原生结构煤与碎裂煤中赤铁矿形态保存完整[图 5-7(a)];脆性变形作用下具有完整片状结构的赤铁矿被分离为破碎的片层[图 5-7(b)];韧性变形构造煤中赤铁矿被进一步破碎研磨为粒度更小的圆形颗粒[图 5-7(c)]。

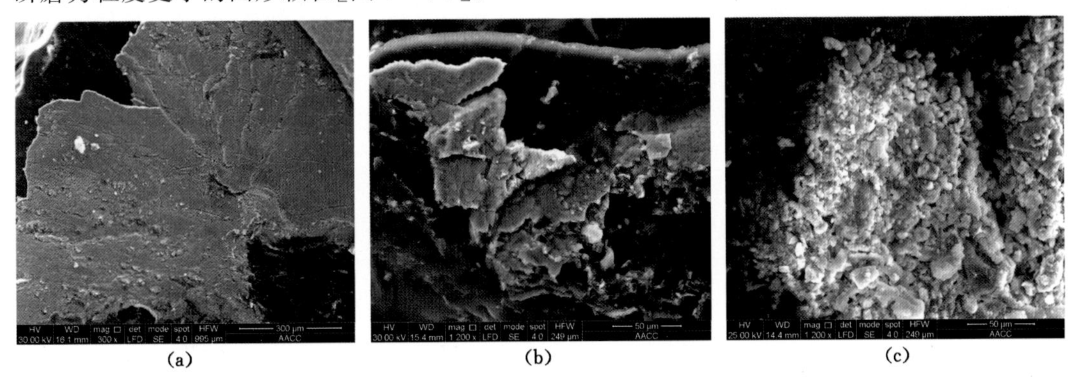

图 5-7　构造煤中赤铁矿在机械破碎与研磨作用下的形貌特征变化

(a) 原生结构煤 N_{15} 中赤铁矿(SEM,300×);(b) 碎裂煤 D_{11} 中赤铁矿(SEM,1 200×);
(c) 揉皱煤 N_{11} 中赤铁矿(SEM,1 200×)

方解石与赤铁矿在构造煤中的形貌特征变化具有相似性。原生结构煤中方解石矿物呈完整片状[图 5-8(a)];脆性变形构造煤中方解石随着构造煤变形强度的增加,强烈的机械破碎与研磨作用使得片状矿物破碎成棱角状颗粒[图 5-8(b)];在韧性变形构造煤中,方解石被构造应力作用进一步破碎为更小的矿物颗粒,同时由于更强烈的研磨作用使方解石颗粒棱角减少,磨圆度增加[图 5-8(c)]。

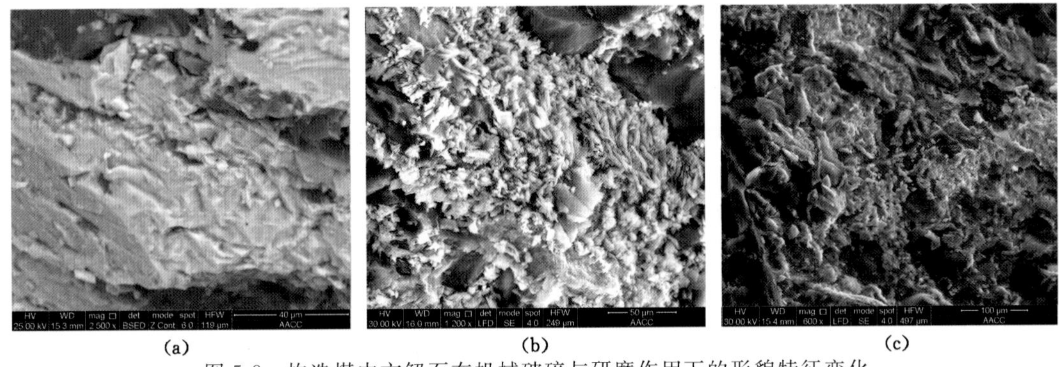

图 5-8　构造煤中方解石在机械破碎与研磨作用下的形貌特征变化

(a) 原生结构煤 D_8 中方解石矿物(SEM,2 500×);(b) 碎粒煤 Z_{51} 中方解石矿物(SEM,1 200×);
(c) 揉皱煤 Z_{61} 中方解石矿物(SEM,600×)

宿县矿区构造煤中主要发育的黏土矿物是对温度与压力较为敏感的一类矿物,其独特的物理与化学结构也使得黏土矿物在构造煤变形过程中具有易变多样的特性。原生结构煤中黏土矿物具有典型的六方片状结构[图 5-9(a)];脆性变形作用使得黏土矿物失去六方片状结构,形成尺寸更小的不规则片状结构[图 5-9(b)];在强烈的韧性变形作用下,煤基质之间更强烈的破碎研磨作用使黏土矿物完全失去六方片状结构,呈弥散状分布于破碎的有机

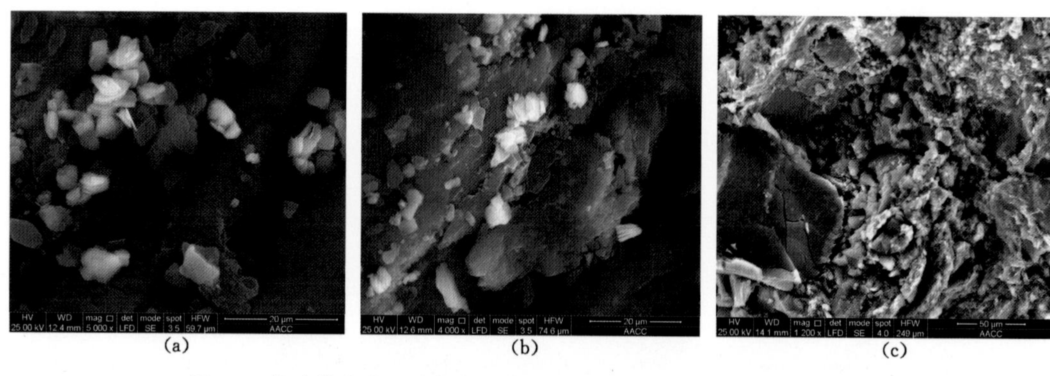

图 5-9　构造煤中黏土矿物在机械破碎与研磨作用下的形貌特征变化

(a) 碎裂煤 Z_{11} 中黏土矿物(SEM,5 000×);(b) 碎斑煤 L_{15} 中黏土矿物(SEM,4 000×);
(c) 揉皱煤 Z_{27} 中黏土矿物(SEM,1 200×)

质间隙内[图 5-9(c)]。

(2) 剪切摩擦作用

成煤作用过程中形成的端割理与面割理是构造煤破裂的结构弱面,因此构造煤中发育大量内生继承性裂隙,原生裂隙中先存矿物的形态在裂隙面上受滑动压剪作用影响产生较大变化。

原生结构煤裂隙内充填的六方片状黏土矿物堆叠呈厚层六方柱状,且柱状表现为明显的无序性[图 5-10(a)]。脆性变形构造煤中发育的条痕摩擦面使得黏土矿物片层结构的有序性增加,压剪应力作用下矿物在摩擦面上发生移动与重新分布,同时由于脆性变形构造煤中条痕摩擦面的条痕沟壑深度较大,黏土矿物多集中分布于刻划形成的沟壑内[图 5-10(b)]。此外,脆性变形构造煤摩擦面上垂直于摩擦条痕方向发育类似断层面中的阶步,当矿物沿着摩擦面滑动运移时由于阶步的拦截阻挡作用,使得矿物集中分布于阶步陡坎附近(图5-11)。

强变形构造煤中镜面摩擦面上黏土矿物的堆砌厚度在压剪滑动过程中大大减小,片状矿物相对均匀地涂抹于摩擦面[图 5-10(c)~(e)]。强烈的剪切滑动作用下层状黏土矿物的离层剥落使得层状厚度大大减小,甚至形成纳米级薄层黏土矿物(图 5-12)。黏土矿物往往在摩擦面形成均匀涂抹的微-纳米涂层,六方片状结构的黏土矿物仅零星分布,大量宏、微观观测均表明镜面摩擦面上附着有矿物微-纳米涂层。

上述均匀矿物-有机质涂层的形成没有过多挥发分的参与作用,当水分含量较高时,摩擦面上的黏土矿物在滑动研磨作用下随着粒径的减小发生团聚现象,从而形成微纳米级球状颗粒[图 5-10(f)]。此外,黏土矿物的存在一定程度上能够增加润滑性,促进构造煤的韧性变形,同时以填充黏土矿物的原生裂隙为结构弱面发生优先滑动,应力与黏土矿物的润滑作用使得继承性节理进一步扩展。

随着构造煤变形强度的增加,煤中往往出现各类矿物混杂共伴生现象。构造应力作用下煤体破碎流变,导致煤内部物质交换作用以及与外界环境的物质代入作用增强,因此矿物机械混杂作用增强[图 5-13(a)]。构造煤摩擦面上矿物混杂现象更为显著,主要是由于沿摩擦面的剪切滑动作用为矿物局部运移与富集提供了动力和通道[图 5-13(b)]。

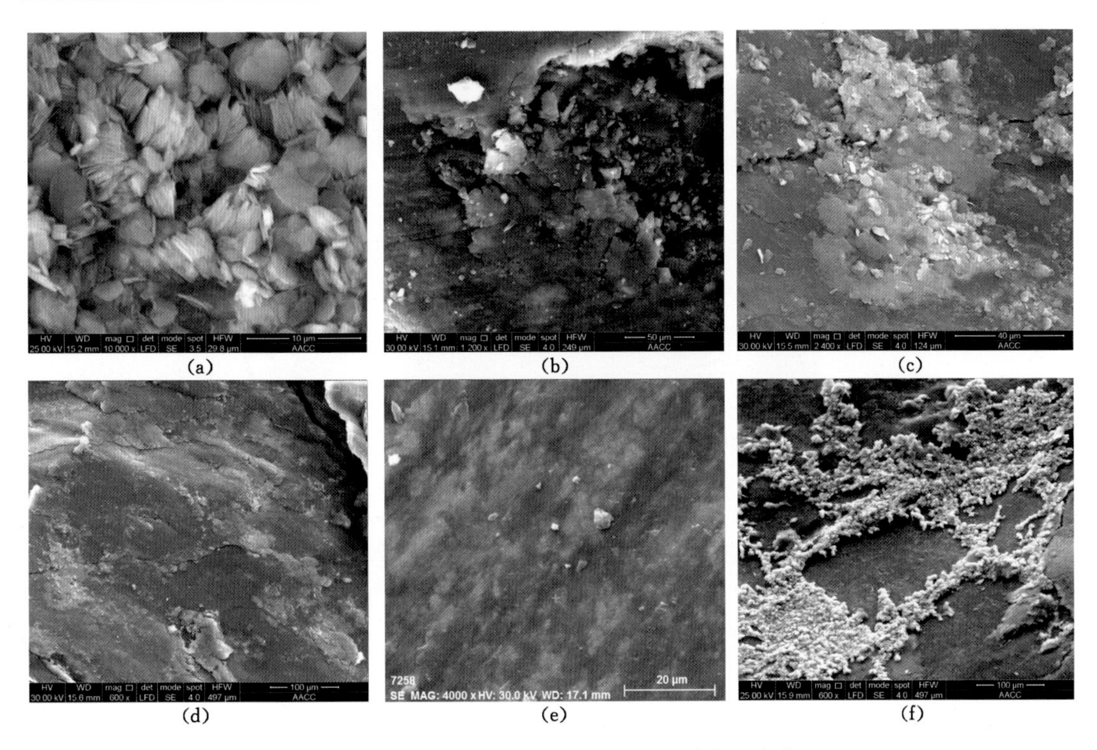

图 5-10　摩擦面上的黏土矿物微观形貌特征变化

(a) 原生结构煤 Z_{11} 中裂隙面附着的黏土矿物(SEM,10 000×);(b) 碎裂煤 N_{14} 中条痕摩擦面上的黏土矿物(SEM,1 200×);

(c)与(d) 鳞片煤 $Z_{59\text{-}1}$ 中镜面摩擦面上的黏土矿物(SEM,2 400×与 600×);

(e) 揉皱煤 D_7 中镜面摩擦面上的黏土矿物(SEM,4 000×);

(f) 揉皱煤 $N_{12\text{-}2}$ 中土状镜面摩擦面上的球状黏土矿物(SEM,600×)

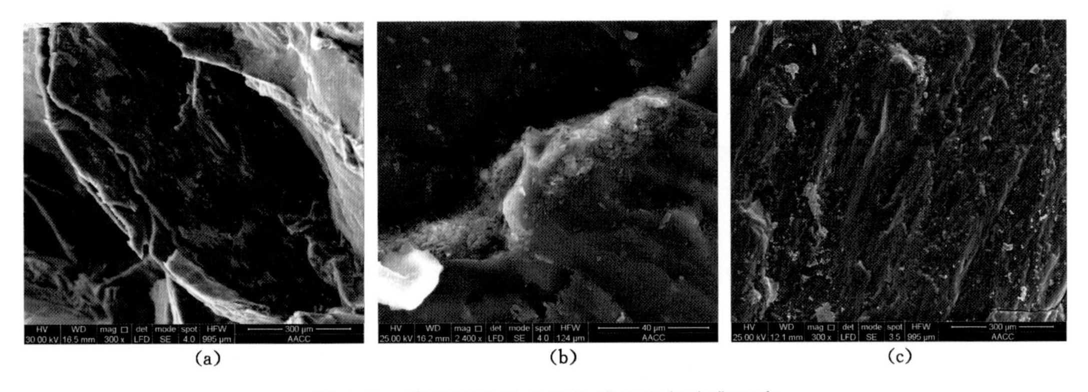

图 5-11　摩擦面上阶步陡坎附近矿物富集现象

(a) 碎裂煤 D_{12} 中摩擦面上矿物分布特征(SEM,300×);

(b) 片状煤 Z_{35} 中摩擦面阶步陡坎上黏土矿物富集特征(SEM,2 400×);

(c) 碎裂煤 N_{19} 中摩擦面上矿物分布特征(SEM,300×)

5.1.3　黏土矿物化学结构动力变质作用

宿县矿区主采煤层所属的华北晚古生代煤层中黏土矿物分布最广、含量最多,也是煤中灰分的主要来源。黏土矿物指含钾与镁等离子的含水层状硅酸盐矿物(粒径小于 2 μm)。

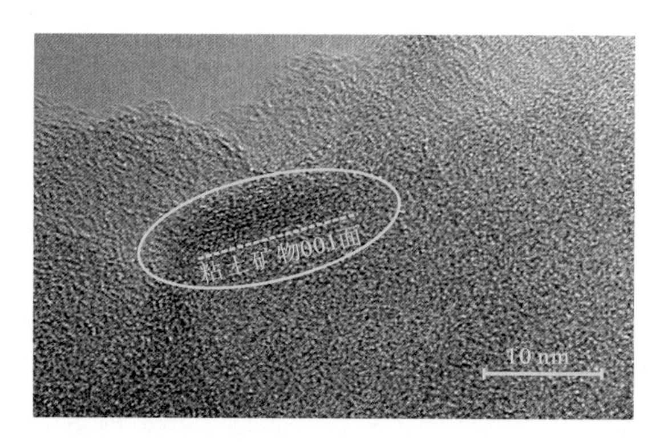

图 5-12　应力作用下剥落形成的纳米级薄层黏土矿物
（揉皱煤 Z_{27}，HRTEM，500 000×）

元素	含量/wt%
Al	0.31
Si	0.37
K	0.07
Ca	4.11
Mg	0.03
S	22.62
Fe	22.62
Co	0.21
Ni	0.01
Cu	0.01

(a)

元素	含量/wt%
Al	3.43
Si	2.25
O	23.60
Ca	8.58
S	0.02
La	1.35
Ce	5.67
Nd	6.06
Zr	0.67
Y	1.02

(b)

图 5-13　强变形构造煤中矿物混杂现象
(a) 揉皱煤 L_{21} 中混杂的黄铁矿、碳酸盐矿物与黏土矿物（SEM，2 400×）；
(b) 揉皱煤 N_3 中波状摩擦面上混杂的碳酸盐矿物与黏土矿物（SEM，2 400×）

黏土矿物种类较多，主要包括高岭石族、蛭石族、海泡石族、伊利石族及蒙脱石族等具有四面体片（以 T 表示）和八面体片（以 O 表示）晶体结构的矿物。黏土矿物根据结构组成可分为多种类型，例如由一个四面体片（T）和一个八面体片（O）组成的结构单元层称为 TO 型，此类黏土矿物包含蛇纹石、埃洛石和高岭石等；而由两个四面体片夹一个八面体片组成的结构单元层称 TOT 型，如蒙脱石、蛭石和云母等；还包括 TOT 层链型，如坡缕石、海泡石等（Balan et al.，2014）。研究区内构造煤中常见的矿物以高岭石、伊利石、蒙脱石以及绿泥石和伊-蒙混层矿物为主。

相关研究表明，煤中伊利石矿物含量与镜质组反射率呈正比，不同温压条件下黏土矿物之间会发生不可逆的相变。在低于 150 ℃时，黏土矿物以高岭石与蒙脱石为主，温压敏感的黏土矿物在机械研磨作用下可发生相转变（张慧，1994；张春忙，2000）。宿县矿区构造煤 XRD 测试结果也表明，随着构造煤变形强度的增加，黏土矿物的结晶度整体具有变差的趋势。前人对构造煤中黏土矿物的研究忽略了共生组合特征的揭示，本节采用黏土矿物提取实验研究黏土矿物组合特征，为后续对黏土矿物相关元素分异机理的分析提供基础。

5.1.3.1 构造煤中黏土矿物提取实验步骤

为了研究构造煤中黏土矿物的组合特征，选取一组典型构造煤样品进行黏土矿物的提取实验(图 5-14)。首先将全煤样品研磨至 1 mm 以下通过 200 ℃灰化处理，将有机质移除(煤中黏土矿物含量与结构特征在 200 ℃灰化作用下基本维持不变)(Grigore et al.,2008)；将灰化后的残余物溶解至 70～80 mL 去离子水中，将含有残余物的溶液搅拌并静置过夜；然后持续利用超声细胞破碎器处理溶解的溶液 30 min，添加焦磷酸钠分散剂促进煤中黏土矿物的悬浮(Lynch,1997)；吸取 10 mL 黏土矿物悬浮液进行离心与超声分解后制作黏土矿物涂片，包括自然风干涂片、乙二醇溶剂涂片以及高温涂片；最后利用 XRD 对三类黏土矿物涂片进行检测，依据构造煤三类黏土矿物涂片的 XRD 谱图计算不同类型黏土矿物的相对含量。构造煤中半定量分析严格遵循《沉积岩中黏土矿物和常见非黏土矿物 X 射线衍射分析方法》(SY/T 5163—2018)，该标准是基于 Schultz(1964)提出的分析方法，具体的分析过程可参照 Liu 等(2003)的描述。

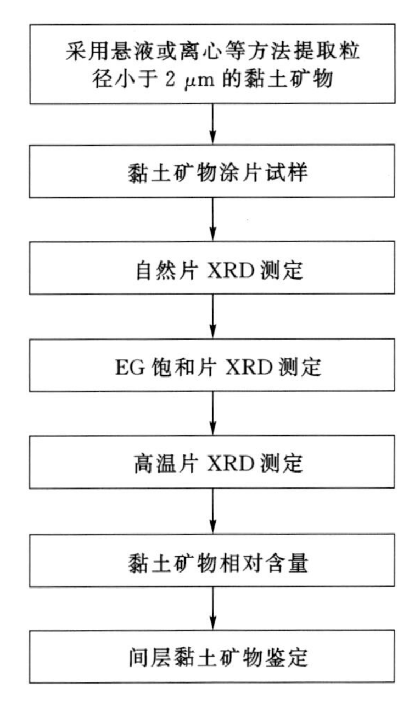

图 5-14 黏土矿物提取实验流程图

5.1.3.2 不同构造煤中黏土矿物的组合特征

依据构造煤黏土矿物涂片的 XRD 谱图计算黏土矿物的含量特征(图 5-15)，发现 6 件构造煤样品与原生结构煤样品中黏土矿物的组合特征发生规律性分异。随着变形强度的增加，构造煤中黏土矿物的发育逐渐多样化，由单一的高岭石演化为高岭石、伊利石、蒙脱石以及伊-蒙混层等多种类型黏土矿物，尤其在鳞片煤与揉皱煤中(表 5-1)。伊-蒙混层矿物的相对含量在原生结构煤以及脆性变形构造煤中不超过 10%，而在脆-韧性及韧性变形构造煤中含量显著提高，达 30%以上。同时值得注意的是，在鳞片煤中伊-蒙混层的占比也增加，伊利石仅出现于鳞片煤(18%)与揉皱煤(2%)中，而高岭石高占比情况则主要出现在原生结构煤与脆性变形构造煤中。

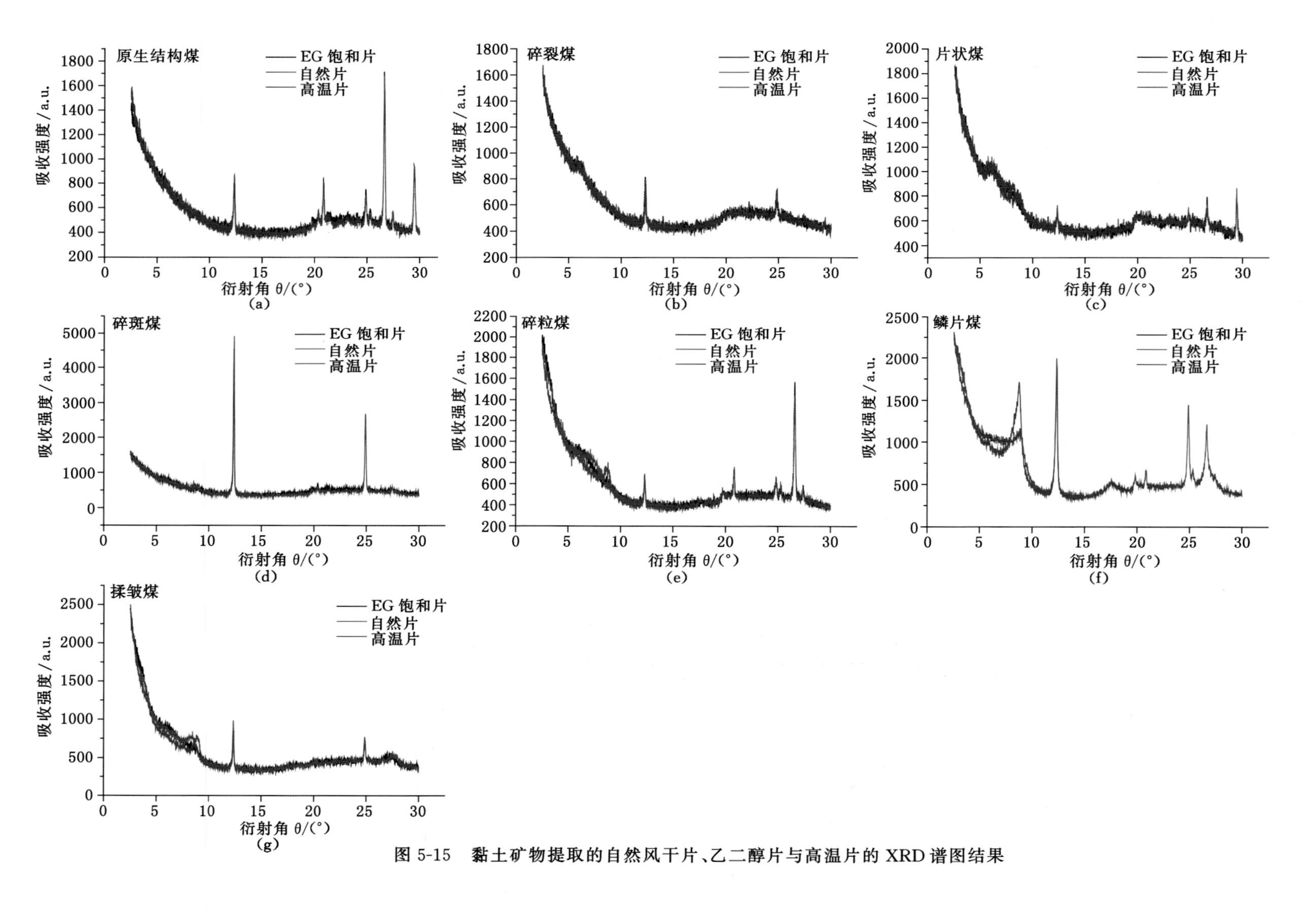

图 5-15 黏土矿物提取的自然风干片、乙二醇片与高温片的 XRD 谱图结果

表 5-1 构造煤的黏土矿物提取分析结果

样品编号	构造煤类型	黏土矿物相对含量/%			伊利石/蒙脱石(I/S)混层比/%
		伊-蒙混层(I-S)	伊利石(I)	高岭石(K)	
Z_2	原生结构煤	/	/	100	/
Z_4	碎裂煤	/	/	100	/
Z_{10}	片状煤	10	/	90	15
Z_1	碎斑煤	5	/	95	20
Z_9	碎粒煤	10	/	90	20
Z_6	鳞片煤	51	18	31	20
Z_7	揉皱煤	35	2	63	20

“/”:检测过程中未发现。

矿井中构造煤的分布与地质构造的发育密切相关,研究区内不同煤层中发育的断裂构造控制着构造煤的局部分布。断层带内的水-岩反应使得断层面附近富含伊-蒙混层的断层泥大量发育(Faulkner et al.,2010;Gratier,2011),断层面附近由构造应力作用引起的机械混杂作用促使构造煤与断层泥之间发生物质交换,Li 等(2014b)发现煤层内断层面附近强变形构造煤样品中伊-蒙混层矿物的发育。剪切变形作用一方面能够促进煤体变形,增强机械混杂作用;另一方面,剪切应力作用下形成稳定延伸的层滑面能够为黏土矿物的迁移提供途径与驱动力。此外,切层断层的发育能够提供流体运移通道,促进物质代入作用,使得煤层外部黏土矿物随流体进入断层面附近强变形构造煤中,同时由于构造煤变形强度的增加使得孔、裂隙系统更为发育,有利于外部黏土矿物随流体运移再沉淀。

鳞片煤与揉皱煤中伊-蒙混层矿物的含量与混层比高于脆性变形构造煤,伊利石也仅出现在这两类构造煤中。断层岩的研究认为,剪切应力作用能够促进黏土矿物的伊利石化作用(Casciello et al.,2011),因此推测构造煤中剪切应力作用也可导致鳞片煤与揉皱煤中的蒙脱石的伊利石化作用。

5.1.3.3 构造煤中黏土矿物羟基的演化特征

构造煤黏土矿物中四类羟基特征吸收峰均被 FTIR 光谱检测到(图 5-16)。总体而言,构造煤中黏土矿物的 3 620 cm^{-1}、3 650 cm^{-1}与 3 695 cm^{-1}特征吸收峰随变形强度的增加而呈现增加趋势,尤其是 3 650 cm^{-1}特征吸收峰。形成于强烈压剪切应力作用的鳞片煤与揉皱煤中黏土矿物的三个特征吸收峰的强度高于比其变形强度高的构造煤,而特征吸收峰 3 695 cm^{-1}的肩峰 3 670 cm^{-1}在剪切应力作用下开始消失。

构造煤中黏土矿物的 3 620 cm^{-1}、3 650 cm^{-1}与 3 695 cm^{-1}特征峰吸收强度的增加源于多方面原因。首先,构造煤中强烈的构造变形作用促进了物质交换作用,使得黏土矿物混入构造煤中,尤其是伊利石与蒙脱石。一方面,强变形构造煤中黏土矿物含量的增加无疑也使得黏土矿物的羟基吸收峰强度增加;另一方面,由于伊利石与蒙脱石片层的宽高比(片层底面宽度/片层厚度)相对高岭石更大(Beckett et al.,1997;Tombáet al.,2006;Leroy et al.,2009),也能够导致内部羟基与面内羟基的数量明显增加。

其次,Yariv 等(1979)总结认为,高岭石在研磨作用下可发生热扩散(thermal diffusion)、离层(delamination)、层裂(layer breakdown)和吸附水分子作用,破碎与研磨作

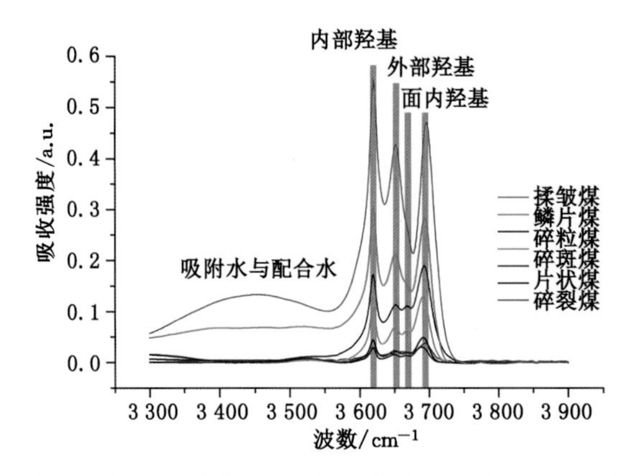

图 5-16　不同构造煤中黏土矿物羟基特征吸收峰的 FTIR 谱图

用下黏土矿物的层离与层裂作用能够暴露更多含羟基的氧原子或氢原子面(Kristof et al., 2002)。类似于黏土矿物的改性实验,构造煤中强烈的机械破碎与研磨作用不仅改变了赋存其中的黏土矿物的形貌特征、含量与组合特征,同时也改变了矿物的化学性质。

鳞片煤与揉皱煤中 3 670 cm^{-1}特征峰的肩峰的丢失主要是由于强烈的剪切应力作用促进黏土矿物底面的脱羟基作用。研磨改性实验表明,应力作用能够促进面内羟基间的质子转移作用,通过羟基的质子转移形成水分子,留下悬挂的超氧化阴离子,具体反应参见方程(5-1)。类似的,构造煤中黏土矿物在应力作用下通过脱羟基反应形成的水分子被吸附或络合于黏土矿物的表面(Frost et al.,2001,2003),使得 3 300～3 500 cm^{-1}区间内 FTIR 光谱吸收峰强度增加(图 5-16)。

$$-OH + -OH \Leftrightarrow H_2O + -O^- \tag{5-1}$$

构造煤中强烈的应力作用使得层状黏土矿物发生层离与层裂作用,形成更多的破碎边缘(broken edge)并暴露更多的羟基底面,使得破碎边缘的外部羟基(3 650 cm^{-1})数量增加,黏土矿物晶体底面上的面内羟基(3 695 cm^{-1})也在应力作用下含量发生增加。

采集构造煤摩擦面上的黏土矿物涂层并利用高分辨率透射电镜结合能谱(HR-TEM)进行分析,发现摩擦面上黏土矿物涂层中的黏土矿物形态六方片状结构并不规则[图 5-17(a)],且能谱分析表明这类复合涂层实际含有大量的有机质[图 5-17(b)],表明在压剪应力作用下黏土矿物可能发生有机质插层改性作用,导致矿物-有机质复合涂层的形成(吴俊,1987;吴俊等,1990)。相关研究表明,突出煤表面 Al 与 Si 含量增加,覆盖了一层黏土矿物膜,可作为煤与瓦斯突出预测的重要参考指标(郭德勇等,1996)。

5.1.4　构造煤中有机质与黏土矿物的耦合作用

5.1.4.1　黏土矿物促进构造煤韧性变形作用

构造煤微观变形特征表明,脆性变形构造煤中黏土矿物含量较低,而在脆-韧性及韧性变形构造煤中黏土矿物含量较高,此外,研究区中灰分产率高的构造煤变形强度往往高于含量低者。5.1.1 节研究表明,宿县矿区内矿物以发育黏土矿物为主(Pan et al.,2013),而煤的共轴压缩机械强度要比黏土的高数倍(Pan et al.,2013;Maubec et al.,2017)(图 5-18);同时,由于黏土矿物特殊的物理、化学结构特征,使煤体在应力作用下更容易剪切滑动。因此,

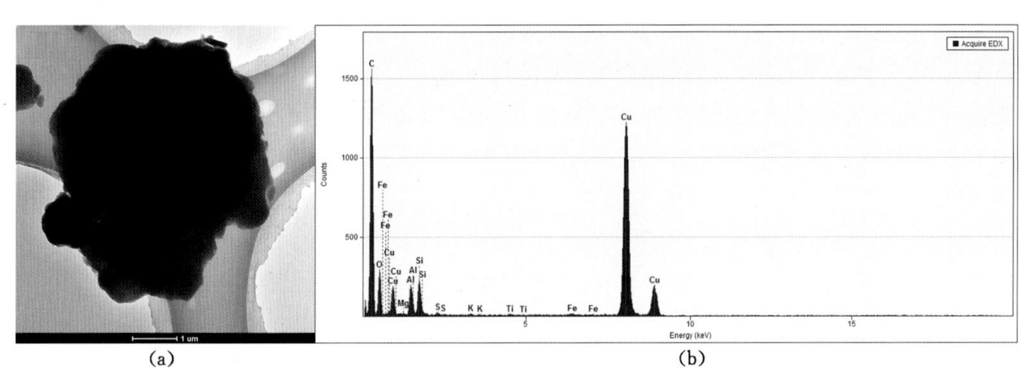

图 5-17 揉皱煤 Z_7 中波状镜面摩擦面上复合涂层的元素组成

（a）波状摩擦面上黏土矿物微观形貌特征；（b）黏土矿物的能谱分析结果

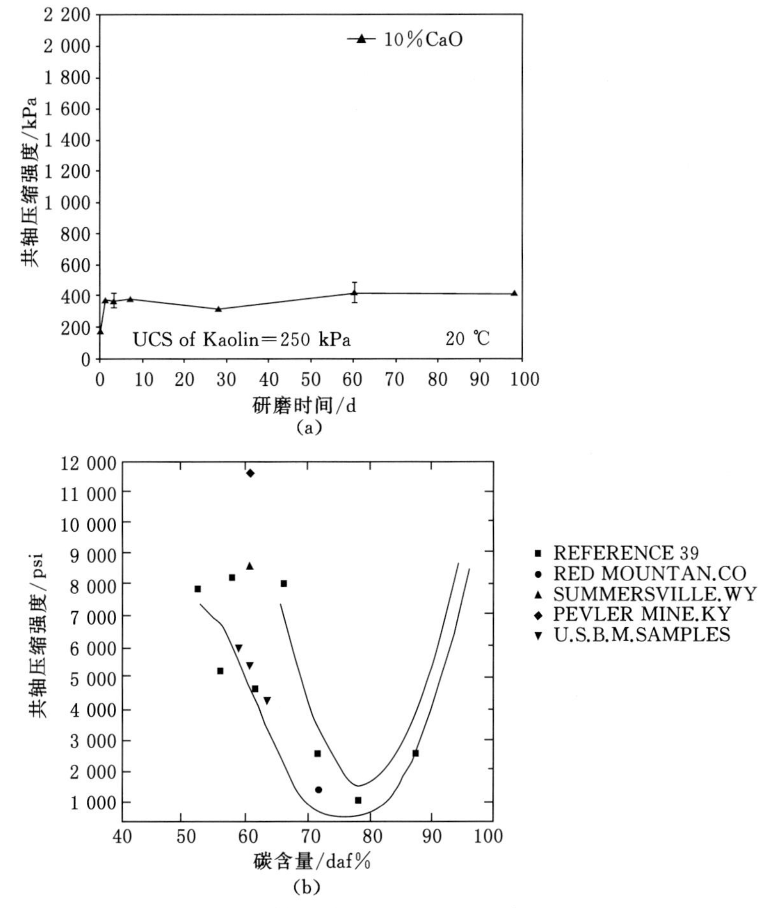

图 5-18 煤与黏土矿物的共轴压缩强度图（修改自 Pan et al.，2013 与 Maubec et al.，2017）

（a）黏土矿物共轴压缩强度图；（b）不同煤阶煤共轴压缩强度图

与构造岩类似，构造煤中黏土矿物涂层也具有显著的润滑与减阻作用，能够促进煤体的韧性流变。

5.1.4.2 黏土矿物是煤中元素的重要载体

黏土矿物形成过程中，四面体或八面体结构中往往会出现类质同象替代现象，导致电荷不平衡，并且由于晶体的破损，断裂面上会暴露出黏土矿物中的氧原子，这些特性使黏土矿物晶面上带有永久负电荷；矿物表面具有大量羟基基团，受介质 pH 影响可改变电性，称为可变电荷（孙园园，2016）。此外，黏土矿物颗粒细小、不饱和电荷、比表面积巨大和层间域存在吸附水和阳离子等这些特性决定了黏土矿物具有特殊的理化性质，包括离子交换性与吸附性等。

黏土矿物是煤中最为发育的矿物之一（Finkelman et al.，2019），其特殊的物理与化学结构特征使得矿物吸附元素的能力十分强，是煤中微量元素的重要载体之一（Mintova et al.，2015；魏斌等，2011）。Finkelman 等（2018）通过化学逐级提取实验表明，烟煤中 42 种元素里有 38 种元素或多或少均与黏土矿物有着密切联系，有 12 种元素的黏土矿物赋存状态含量占比超过 50%（Finkelman et al.，2018）。本书研究也表明，宿县矿区内黏土矿物的发育最为广泛，且大量微量元素与黏土矿物密切共伴生。

5.1.4.3　矿物与元素的地质催化作用

构造煤中广泛发育的黏土矿物一方面能够促进煤体的剪切变形作用，使构造煤发生由脆性向韧性变形的转换；另一方面在煤的动力变质作用过程中，黏土矿物具有地质催化作用。

随着黏土矿物相关的 Si—O 和 Al—O 等化学键特征峰吸收强度的增高，韧性变形构造煤中有机质的芳香结构（1 600 cm^{-1}）与脂肪结构（2 800～3 200 cm^{-1}）吸收峰强度均降低，表明黏土矿物含量的增加使得煤动力变质作用进一步加强（图 5-19）。黏土矿物含量较高的碎裂煤芳香与脂肪结构吸收峰的强度略低于黏土矿物含量较少的片状煤，尽管片状煤的变形强度略高，但由于黏土矿物的催化作用使得碎裂煤的动力变质作用更显著。

构造煤中高含量的黏土矿物与应力改性作用下暴露出来的大量羟基与水分子相接形成质子，从而进一步促进煤内部化学结构的演化；同时由于黏土矿物是煤中无机元素的重要赋存载体，吸附的金属离子也具有一定程度的催化作用（Mango，1992），主要是通过促进煤分子中 C—C 键的断裂来实现催化作用（吴艳艳等，2009；吴艳艳，2011）。因此，强变形构造煤在应力作用下的超前演化作用，实际上是前人提出的动力变质作用与黏土矿物和吸附金属离子的地质催化作用的共同结果。通过矿物与离子的地质催化作用促进构造煤有机质动力变质，也使得分子交联网络结构的松弛作用明显增强，一定程度上降低了煤体的力学性质，促进构造煤脆、韧性变形转换。

5.2　构造煤中元素分异特征

本节选取宿县矿区 8 煤层中 4 件原生结构煤与 30 件构造煤样品，通过构造煤中常量元素与微量元素的迁移变化特征分析，进一步筛选厘定应力敏感元素，揭示构造煤中元素分异的应力响应机制。

5.2.1　构造煤中元素含量分布规律

5.2.1.1　常量元素分布规律

煤有机质结构在动力变质作用下发生一系列规律性演化，整体应呈富 C、去 H、脱 N 及排 O 的趋势（程国玺等，2017），但宿县矿区构造煤中与有机质相关的元素并未呈现十分明

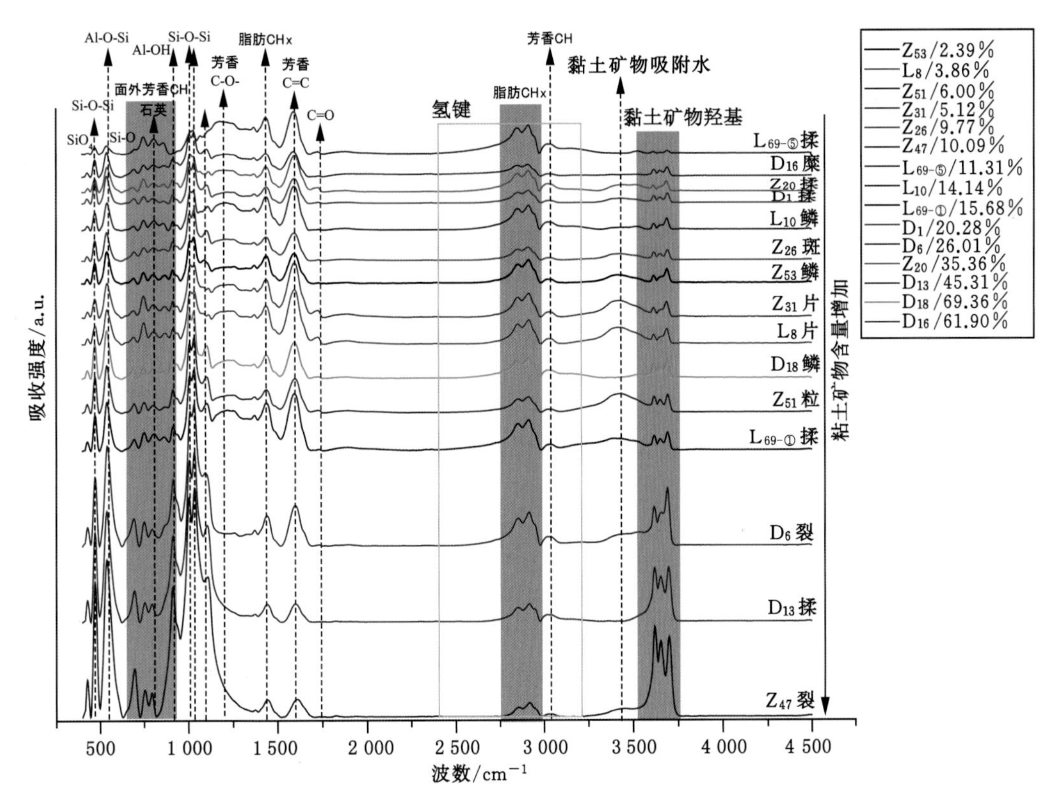

图 5-19　构造煤 FTIR 谱图

显的规律，个别元素甚至出现相背离的变化特征。其中，C 与 O 元素随着变形强度的增加分别表现为贫 C、富 O 的相反变化趋势[图 5-20(a)、(b)]，与灰分产率的相关性分析表明，C 与 O 元素含量的变化主要受构造煤中黏土矿物变化的控制(图 5-21)。

研究区构造煤中 O 元素主要赋存于无机矿物中(尤其是黏土矿物)，因此尽管在动力变质作用下有机结构中的含 O 官能团断裂脱除，但随构造煤变形强度的增加矿物的混入作用增强，导致无机赋存形式的 O 元素含量显著增加，因此 O 元素含量整体呈上升趋势；构造煤中灰分产率的升高会导致有机质占比减小，因此 C 元素含量随着变形强度的增加却表现为下降趋势。

全硫含量 $S_{t,d}$ 在碎裂煤与片状煤中的含量分布相对稳定，而从碎斑煤至揉皱煤其含量变化波动范围增加，表明更强的构造应力作用能够干扰 S 元素的稳定赋存状态，使得元素含量波动变化[图 5-20(c)]。黏土矿物含量变化引起的无机 S 含量的变化是 $S_{t,d}$ 变化的主要原因，而有机 S 在动力变质作用中的变化则被中和。

N 元素在不同构造煤中的含量波动范围均较大，其平均值从原生煤至鳞片煤呈略微下降的趋势，而在揉皱煤中波动范围十分大且平均值略微上升[图 5-20(d)]，推测主要是因为由原生煤至鳞片煤动力变质作用增强，使得有机 N 元素发生动力脱除作用，而在揉皱煤中由于含 N 矿物含量的增加，导致无机 N 含量增加，因此揉皱煤中总 N 含量平均值具有增高趋势。H 元素在不同构造煤中的分布相对稳定(除个别异常样品外)[图 5-20(e)]，表明在动力变质作用中 H 元素含量基本维持稳定，即便动力变质作用影响下赋存形式被改变也并

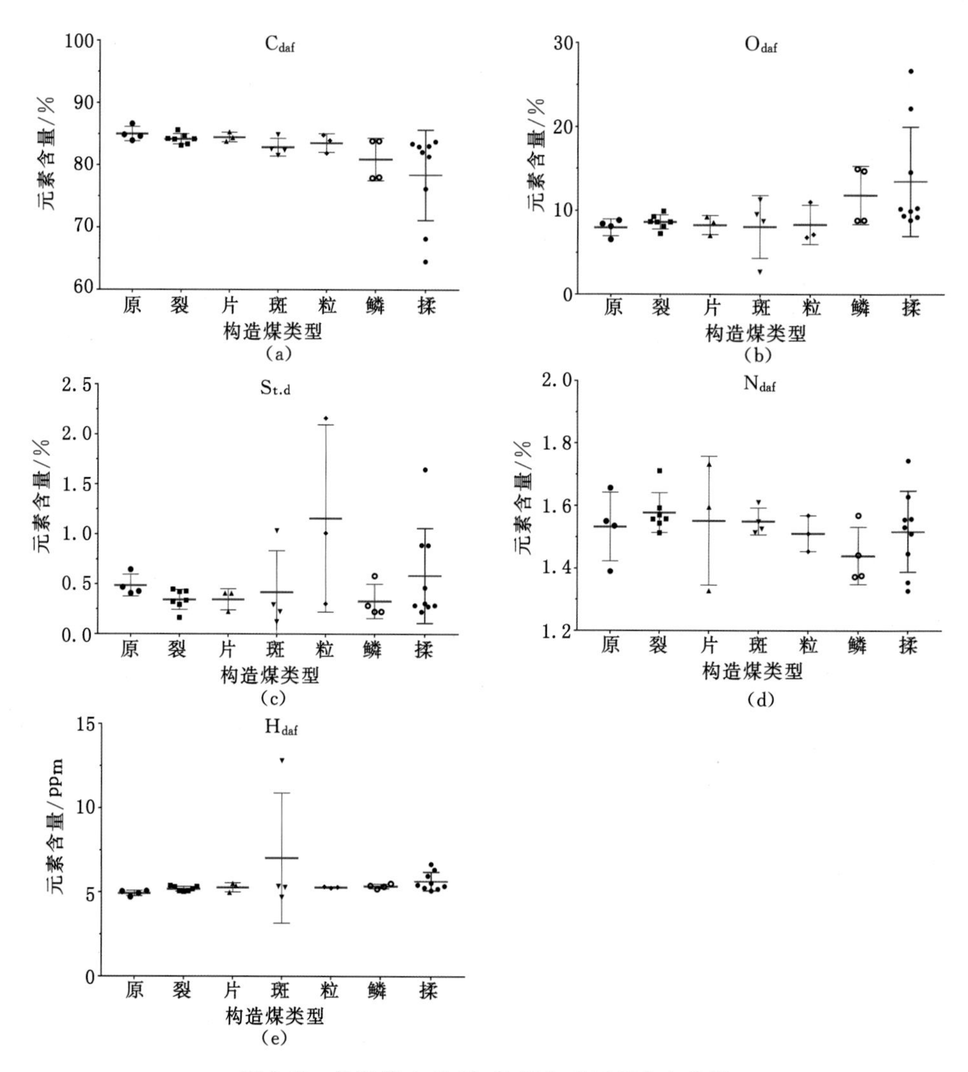

图 5-20 构造煤中 C、H、O、N 与 S 元素分布特征

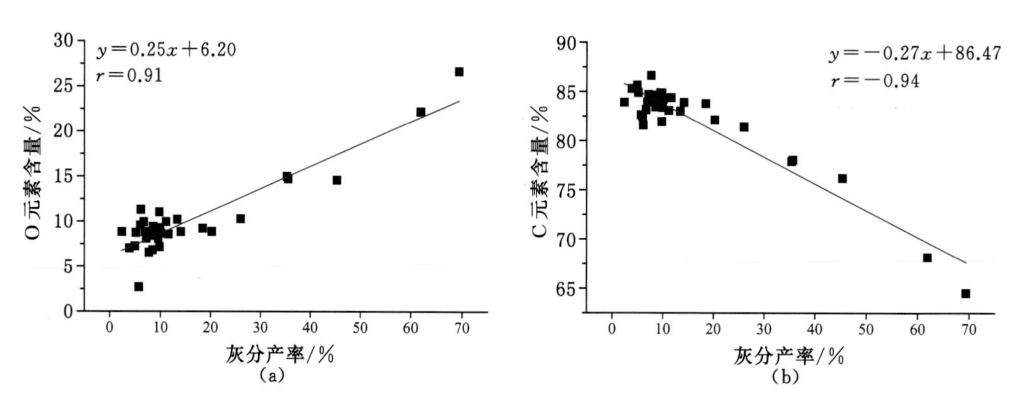

图 5-21 构造煤中 O 与 C 元素含量与灰分产率相关性分析

未脱离煤有机质结构的束缚。

无机常量元素中 Si、Ti、Al 以及 K 的氧化物含量平均值基本均随着构造煤变形强度的增加呈现上升趋势，尤其在鳞片煤与揉皱煤中其平均含量显著增加[图 5-22(a)、(c)与(f)]。同时，该四种元素含量在片状煤与碎粒煤至揉皱煤中变化波动范围大大增加，表明更强的变形作用以及剪切应力更容易改变元素的状态并促进元素富集。上述元素均为黏土矿物的组成元素或与黏土矿物密切共伴生，因此在构造应力作用下表现出一致的变化规律。Fe 元素氧化物含量变化与上述四种元素类似，但整体变化波动范围更大[图 5-22(d)]。

Ca 元素氧化物在构造煤中的标准偏差随变形强度的增加而略微减小，表明脆性变形作用更容易干扰 Ca 元素的赋存[图 5-22(e)]。脆性变形构造煤中 CaO 含量平均值要略高于鳞片煤与揉皱煤，主要是由于脆性变形作用下煤体发育的孔、裂隙系统有利于含 Ca 碳酸盐矿物的沉淀富集，因此脆性变形作用有利于 Ca 元素的富集。

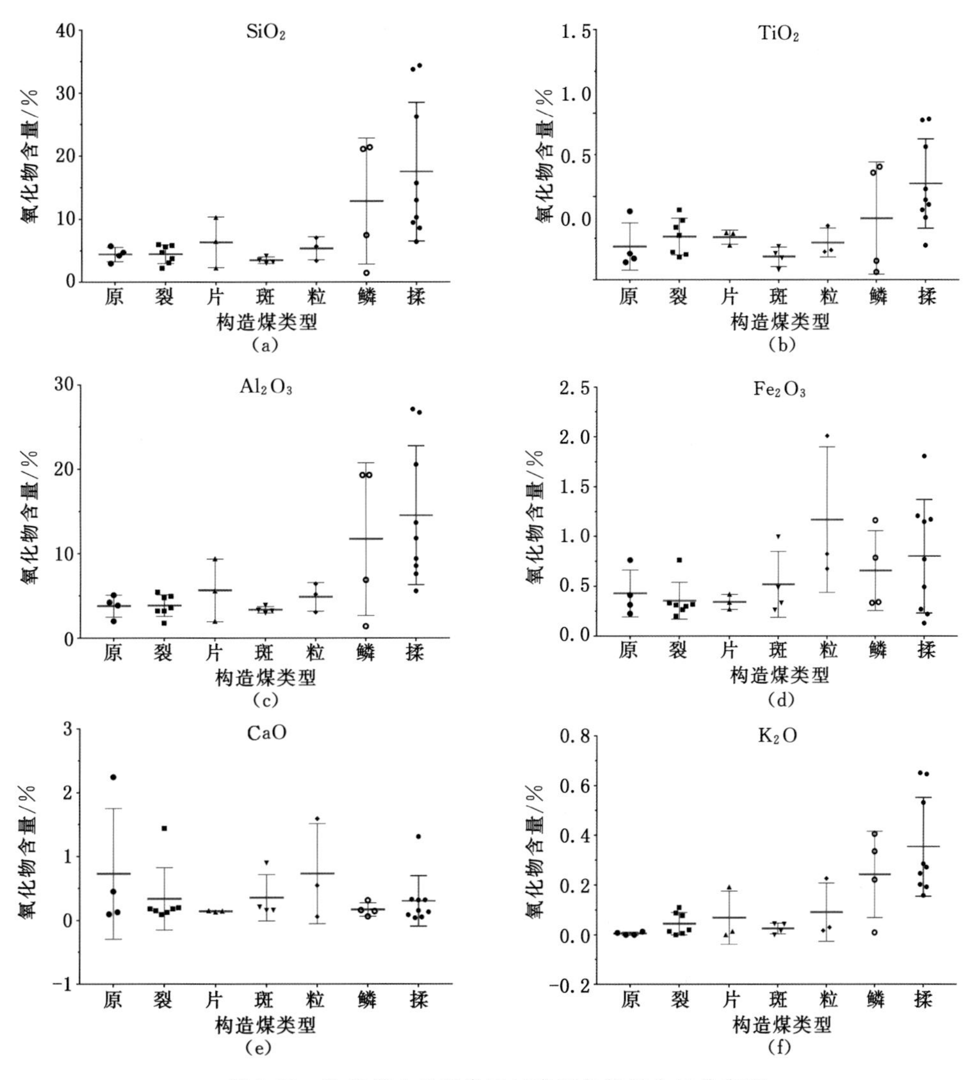

图 5-22 构造煤中无机常量元素氧化物的含量分布图

5.2.1.2 微量元素分布规律

依据不同类型构造煤中微量元素含量的分布特征，将元素划分为递增、突增、双增与分散型 4 类。

（1）递增型

微量元素 Li、Sc、Cr、Zn、Ga、Rb、Y、Cd、Nb、Pb、Bi、In 与 Cs 随煤变形强度的增加，标准偏差的变化范围基本表现为增大趋势（尤其在碎粒煤、鳞片煤以及揉皱煤中）（图 5-23），表明强构造应力作用能够改变上述元素的赋存，使元素在强变形构造煤中富集。该类型元素含量的平均值整体也呈增加的趋势，在碎粒煤、鳞片煤以及揉皱煤中其平均含量显著高于其他类型构造煤，也表明高应力作用促使这类元素在强变形构造煤中富集。

（2）突增型

微量元素 Cu、Ni、Co 与 Mn 在不同类型构造煤中标准偏差的变化范围均较大，在碎粒煤、鳞片煤以及揉皱煤中增高趋势更为显著（图 5-24）。该类元素含量平均值在碎粒煤、鳞片煤以及揉皱煤中表现为突增，碎粒煤中含量甚至要略高于鳞片煤以及揉皱煤。这一类元素基本均赋存于黄铁矿中，元素的跳跃式变化与强变形构造煤中黄铁矿的变化有着密切关系。

（3）双增型

微量元素 Be 与 Sr 在弱脆性变形构造煤中的标准偏差的变化范围比碎粒煤、鳞片煤和揉皱煤的大，表明元素赋存状态与含量在脆性变形作用下更容易受到扰动[图 5-25(a)、(b)]。Sr 与 Be 元素平均含量整体分布相对分散，仅在个别弱脆性变形构造煤中含量略微增高。

微量元素 Th、U、Ba 与 Ta 含量在不同构造煤中分布波动均较大，表明元素在构造应力作用下受到的扰动较大[图 5-25(c)～(f)]。平均含量分布表明，该四种元素甚至在碎斑煤或碎粒煤中表现为相对亏损，在较强的脆性变形作用下元素发生散失；在鳞片煤以及揉皱煤中其平均值含量呈现略微增加趋势，表明强变形作用又能够使这类元素发生富集，因此元素含量平均值表现为在弱脆性、脆-韧性及韧性变形煤中增加。

（4）分散型

Tl、W 以及 Mo 元素含量的标准偏差以及平均值变化均无明显规律，相对较为分散，表明应力作用下三种元素的应力敏感性较弱（图 5-26）。

5.2.2 构造煤中稀土元素分异特征

为了研究稀土元素在不同构造煤中的分布特征，选取宿县矿区朱仙庄矿与芦岭矿 8 煤层同一层位的 3 件原生结构煤与 22 件构造煤为研究对象，包括碎裂煤、片状煤、碎斑煤、碎粒煤、鳞片煤、揉皱煤以及糜棱煤。按照变形强度增加的顺序将不同类型构造煤依次编号 1～8，以便对稀土元素进行拟合分析。

将 25 件样品的稀土元素含量进行球粒陨石标准化（Taylor et al.，1985），不同样品标准化后的稀土元素分布模式基本一致，表明所有样品中稀土元素有相同的物源[图 5-27(a)]。不同构造煤中稀土元素分布模式有统一的 Eu 负异常，且轻稀土元素的球粒陨石分布模式比重稀土元素的更为平缓，表明元素主要来源于长英质或长英质中间体的陆源碎屑物（Dai et al.，2016）。不同构造煤中未标准化的稀土元素含量的分布也具有一致性，表现为从 La～

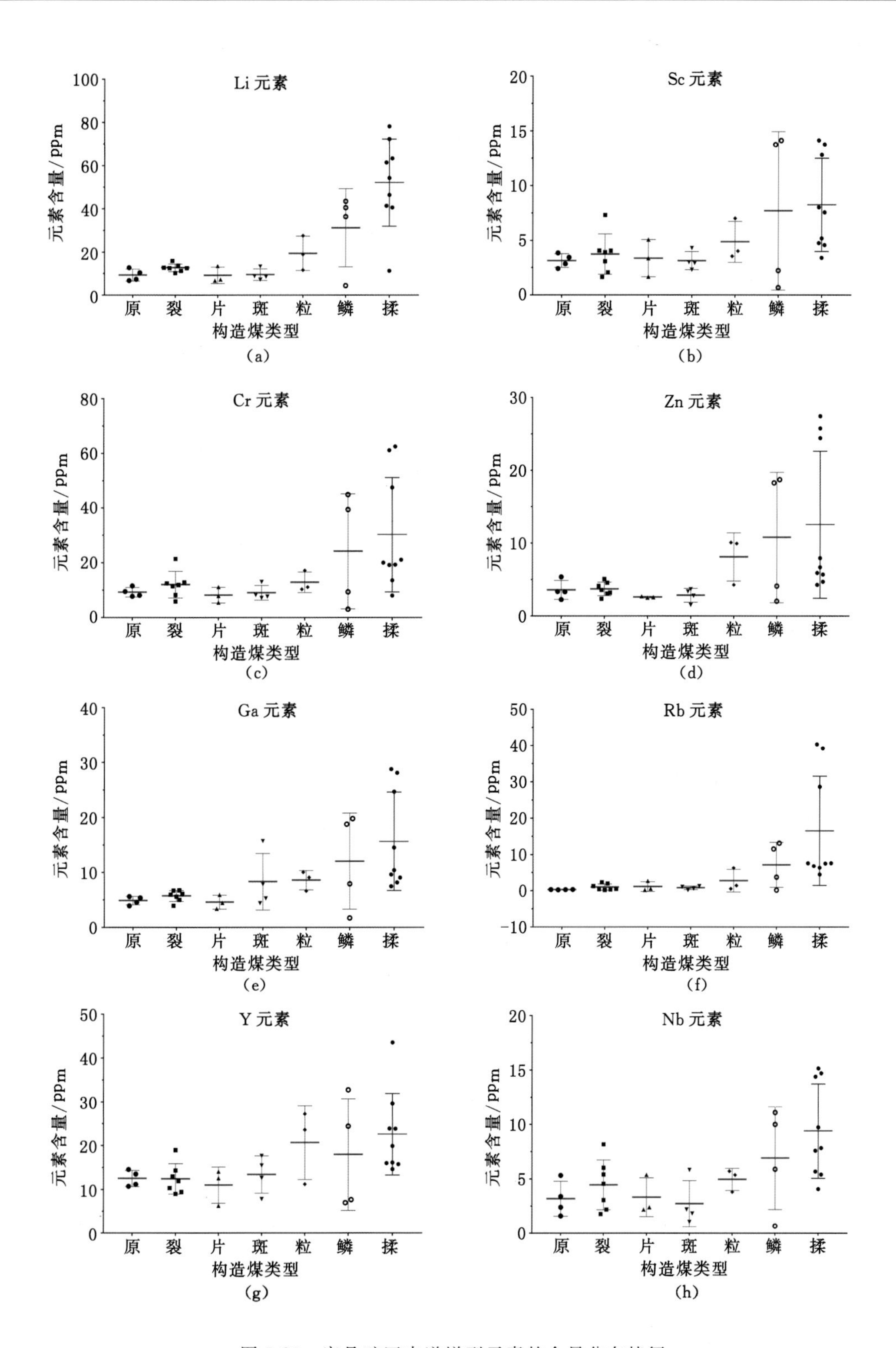

图 5-23　宿县矿区中递增型元素的含量分布特征

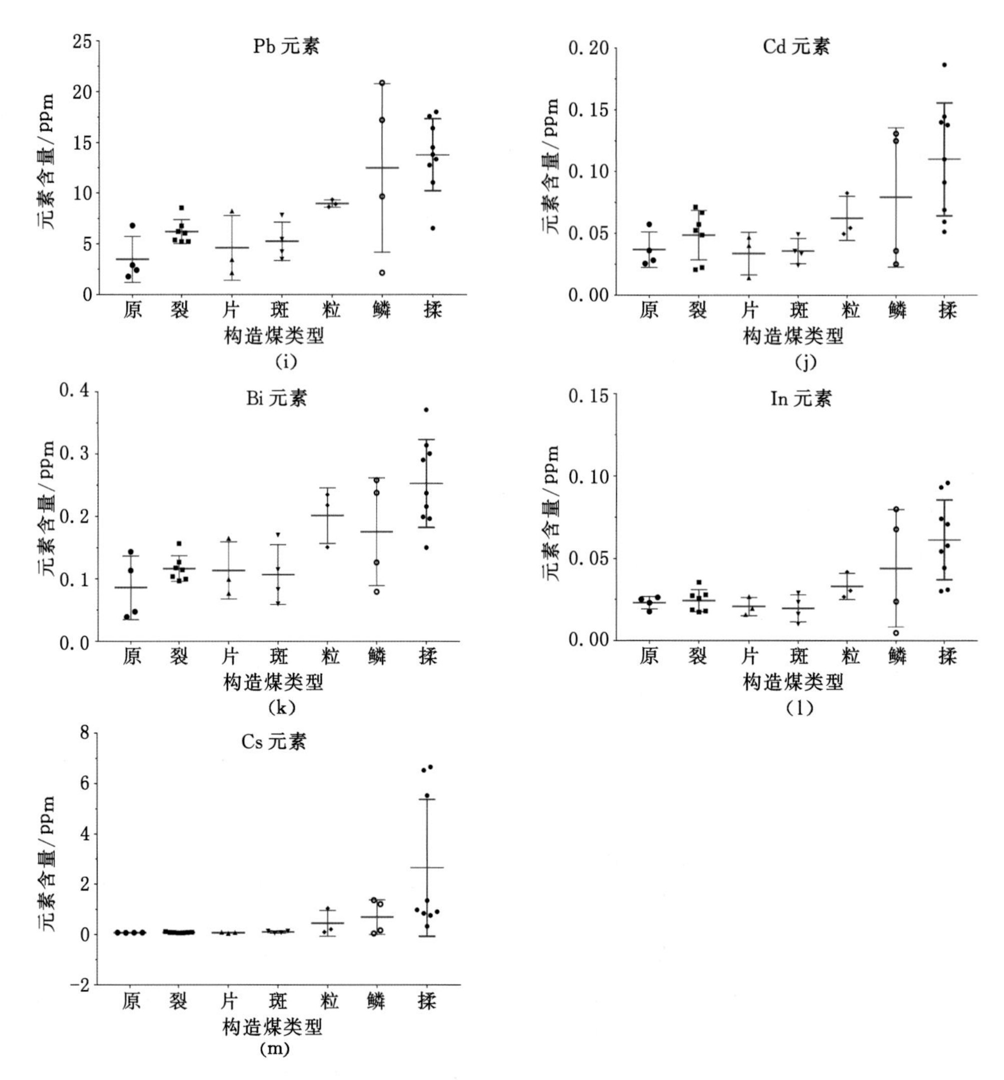

图 5-23(续) 宿县矿区中递增型元素的含量分布特征

Lu 稀土元素含量整体呈下降趋势;轻稀土与重稀土元素表现出明显的分异特征,其中重稀土元素的含量整体均低于轻稀土元素的含量;此外,轻稀土元素中的 Ce 与 Nd 出现明显的正异常[图 5-27(b)]。

由于稀土元素在研究区样品中主要以吸附态形式存在于黏土矿物中,且前人研究也表明,黏土矿物对稀土元素吸附性随稀土元素的原子序数增加而降低(Xiao et al.,2016;池汝安等,1993),因此,构造煤中黏土矿物在应力作用下吸附能力的变化与稀土元素本身的性质差异是控制煤中稀土元素分异的主要原因。

以煤体变形强度作为横坐标绘制稀土元素含量分布模式图,并利用 Origin 软件进行线性拟合,确定稀土元素与构造煤变形强度之间的关系(图 5-28)。总体来看,构造煤中稀土元素含量明显随着变形强度的增加而呈现增加趋势,与 Yang 等(2012)和 Li 等(2014b)的研究结果一致。随着稀土元素原子序数的增加,稀土元素含量与煤变形强度的相关性系数整体也呈增加趋势,其中轻稀土元素与中稀土元素(Eu～Tb)和煤变形强度的相关性系数均高于 0.8,而重稀

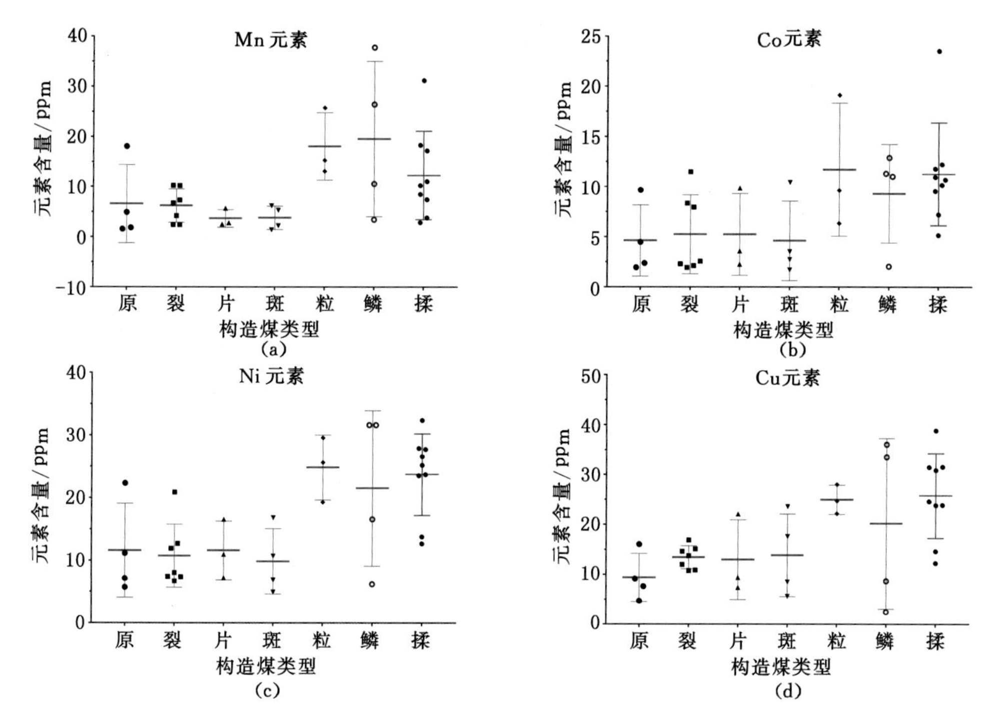

图 5-24 宿县矿区中突增型元素的含量分布特征

土元素(Dy、Ho、Er、Tm、Yb、Lu)的相关性系数则基本均低于 0.7[图 5-29(a)]。La～Nd 元素线性拟合的斜率均高于 1,而其他稀土元素线性拟合的斜率均低于 0.6,表明 La～Nd 元素随变形强度的增加富集程度变化快,对应力作用的敏感性更强[图 5-29(b)]。

构造煤中平均稀土元素含量整体随着变形强度的增加而呈升高的趋势。线性拟合的斜率越高表明稀土元素含量在煤体变形作用影响下增长速率越快。值得注意的是,平均稀土元素含量在片状煤与鳞片煤中显示高异常值,尤其在鳞片煤中,表明稀土元素对剪切应力作用的敏感性更强。为了进一步研究稀土元素在构造煤中的分异机理,结合稀土元素主要载体黏土矿物在应力作用下的物理、化学性质变化展开进一步讨论与分析。

5.2.3 构造煤中元素的赋存状态

元素赋存状态是分析煤中元素在应力作用下分异机理的重要基础,本节主要采用数理统计分析方法(包括聚类分析、主因子分析以及相关性分析),同时结合 SEM-EDS 测试结果对宿县矿区煤中元素的赋存状态进行研究。

5.2.3.1 聚类分析

通过对 ICP-MS 微量元素测试结果、XRF 常量元素氧化物测试结果、工业分析结果中的灰分产率和元素分析的 $S_{t,d}$ 含量进行归一化,采用组间连接方式进行系统聚类分析(图 5-30),所有元素在相似距离为 5 时可划分为 6 个群。

群 1:包括两个亚群,群内元素主要为亲石性元素,与灰分产率的相关性极高,且大部分元素与黏土矿物有关,主要包括 Li、Sc、Cr、Co、Zn、Ga、Rb、Y、Nb、Pb、Cd、Bi、In、U、Cs、Ba、REE、Al_2O_3、SiO_2、TiO_2、Fe_2O_3、K_2O、O_{daf}与 Ad。

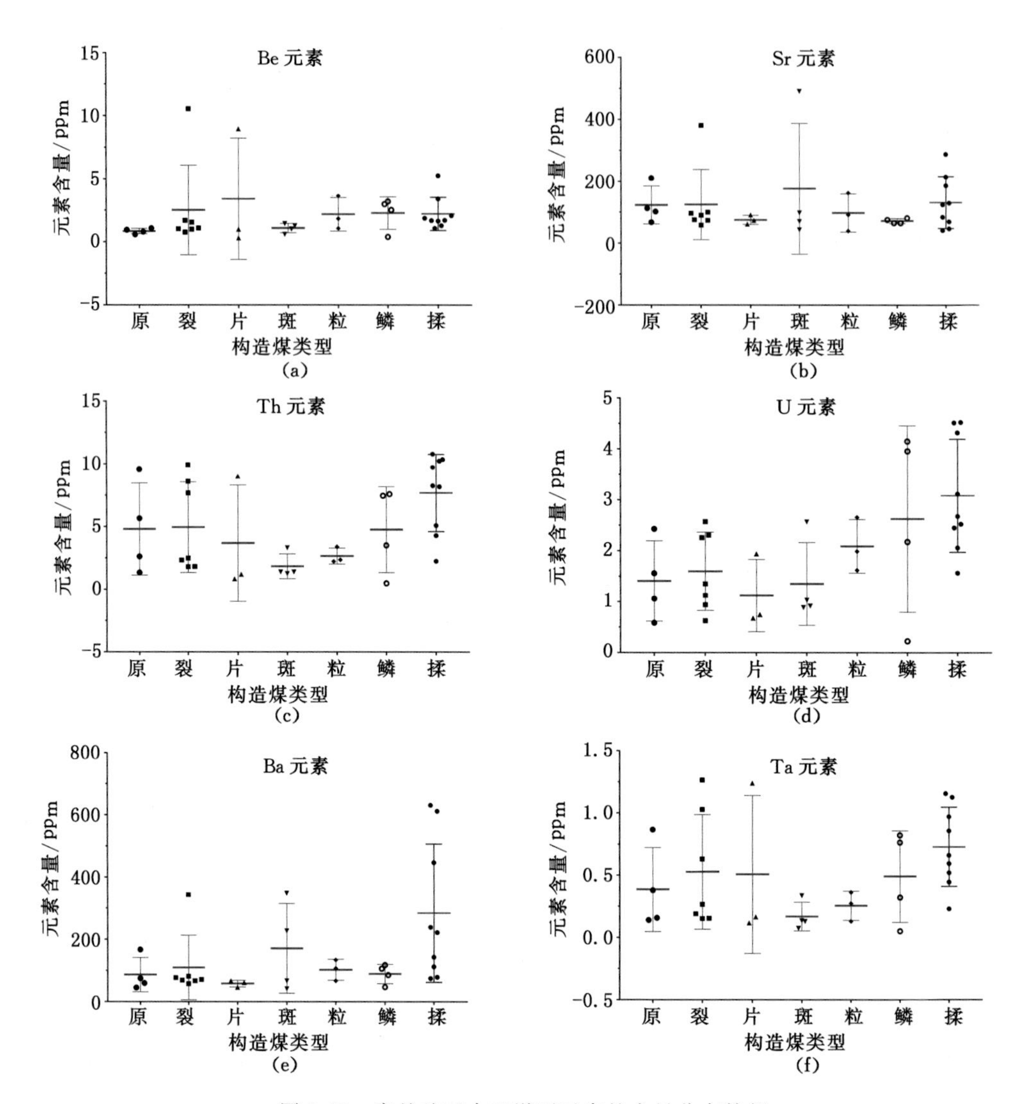

图 5-25 宿县矿区中双增型元素的含量分布特征

第 1 亚群：与黏土矿物的相关性最强，主要包含 Li、Sc、Cr、Zn、Ga、Rb、Nb、Pb、Cd、Bi、In、U、Cs、Ba、REE、Al_2O_3、SiO_2、TiO_2、K_2O、O_{daf}与 Ad。其中 K 离子多赋存于蒙脱石的层间域内，稀土元素能够被黏土矿物吸附，部分元素还可能与石英以及硫化物矿物相关。

第 2 亚群：主要包括中 Mn、Co、Y 与 Fe_2O_3。该亚群内的 Co、Y 与 Mn 元素多赋存于含 Fe 矿物或黏土矿物中，其中 Co 与 Mn 多赋存于赤铁矿或黄铁矿中；Y 元素与 REE 的化学性质相似，多赋存于黏土矿物中，故常与 REE 放在一起讨论。

群 2：主要包含 Ni 与 Cu 元素，属于与含 Fe 矿物共伴生的元素。Ni、Co 与 Fe 三者的化学性质十分相似，二价的 Co 与 Ni 阳离子常以类质同象形式替代 Fe 离子（赵峰华，1997）。SEM-EDS 测试结果显示，在黄铁矿与赤铁矿中均含有 Co 与 Ni 元素，且在铁镁质白云石中也检测到三类元素的存在。

群 3：包括 W、Mo 与 H_{daf}，其中 W 与 Mo 元素均具有较强的有机亲和性，H 则是有机质

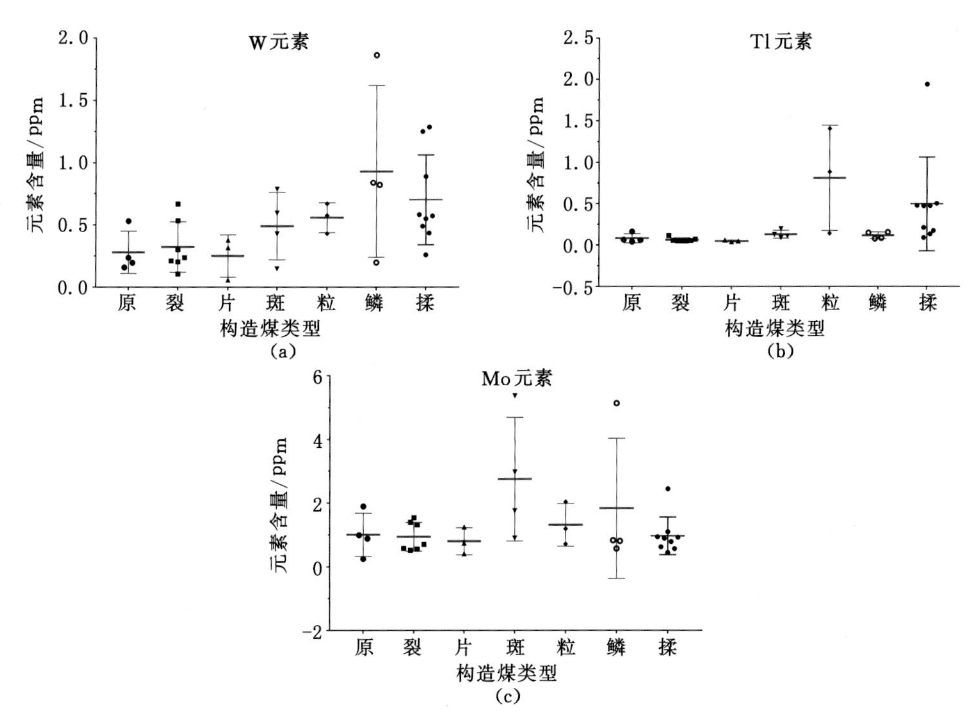

图 5-26 宿县矿区中分散型元素的含量分布特征

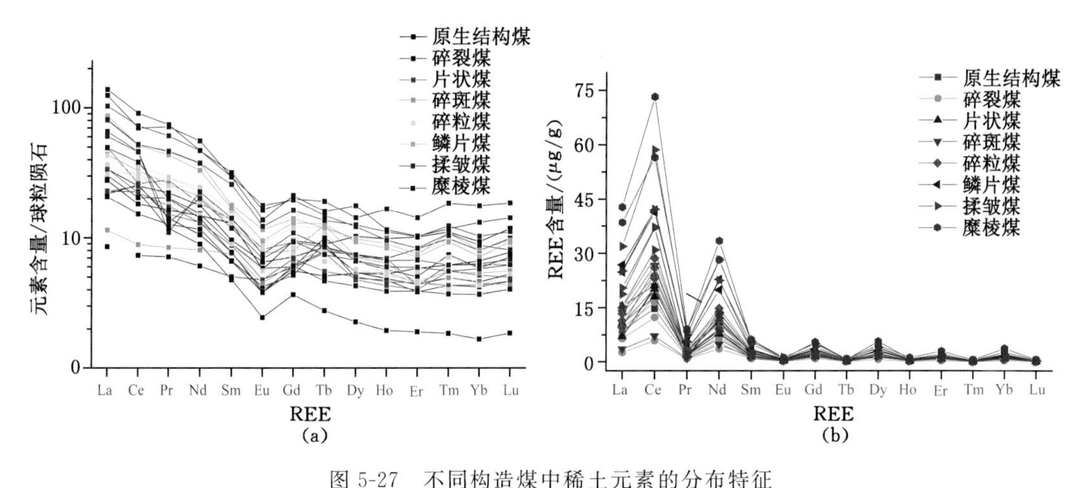

图 5-27 不同构造煤中稀土元素的分布特征

(a) 不同构造煤中标准化稀土元素的分布模式图;(b) 不同构造煤中未标准化稀土元素的分布模式图

的重要组成部分。

群 4:包括 Th 与 Ta 元素,可能与煤中氧化物矿物密切共伴生(Finkelman et al.,2018)。

群 5:包含 Be、Tl、Sr、$S_{t,d}$以及 CaO 元素。群内元素与 $S_{t,d}$和 CaO 相关性较高,可能与硫酸盐矿物有关,其中,Tl 及 Sr 元素往往赋存于硫酸盐或碳酸盐矿物内。

群 6:包含 C_{daf}与 N_{daf},二者均为有机质的重要组成元素。

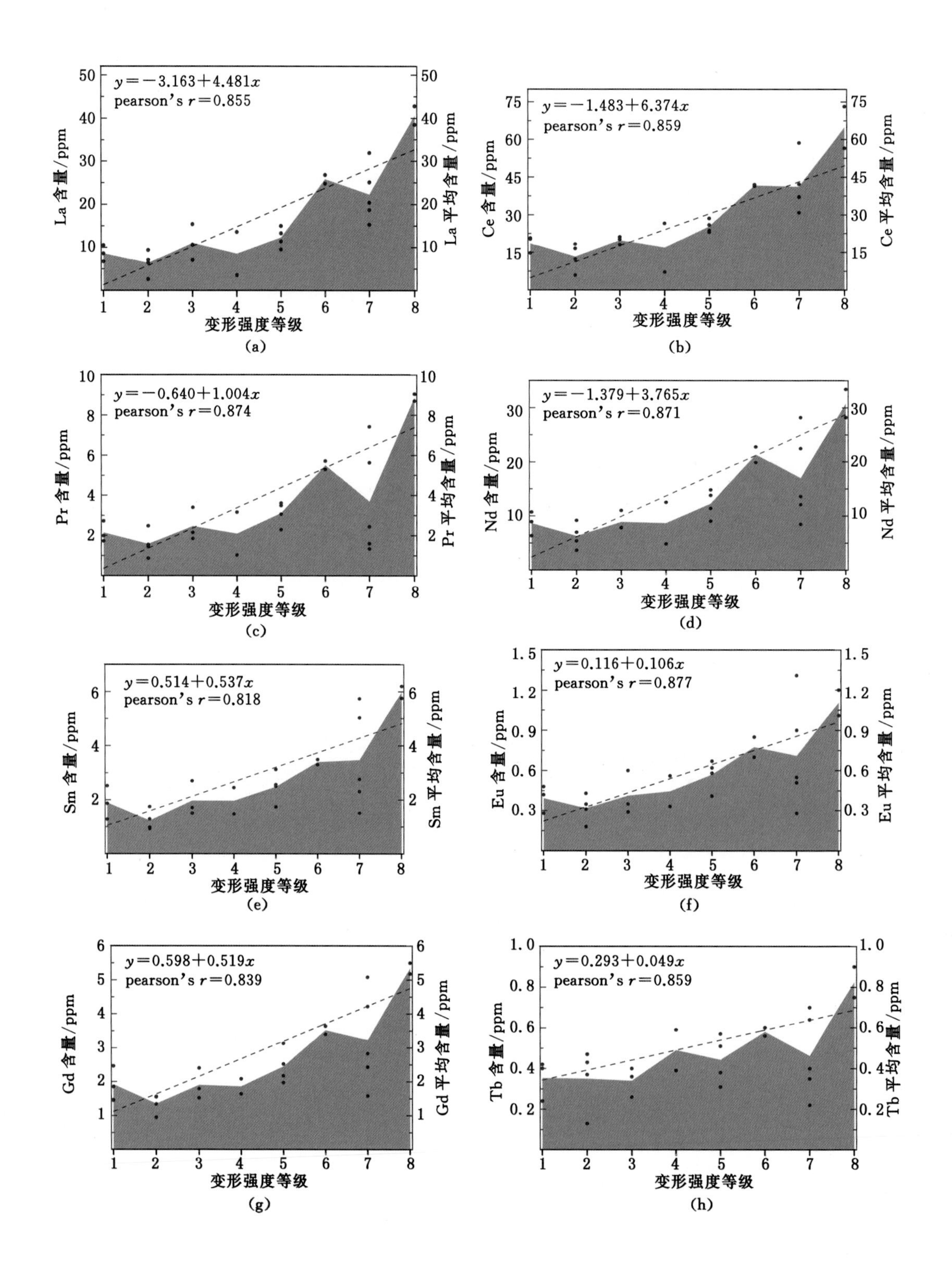

图 5-28　构造煤中稀土元素含量平均值分布特征以及构造煤变形强度与稀土元素含量的相关性

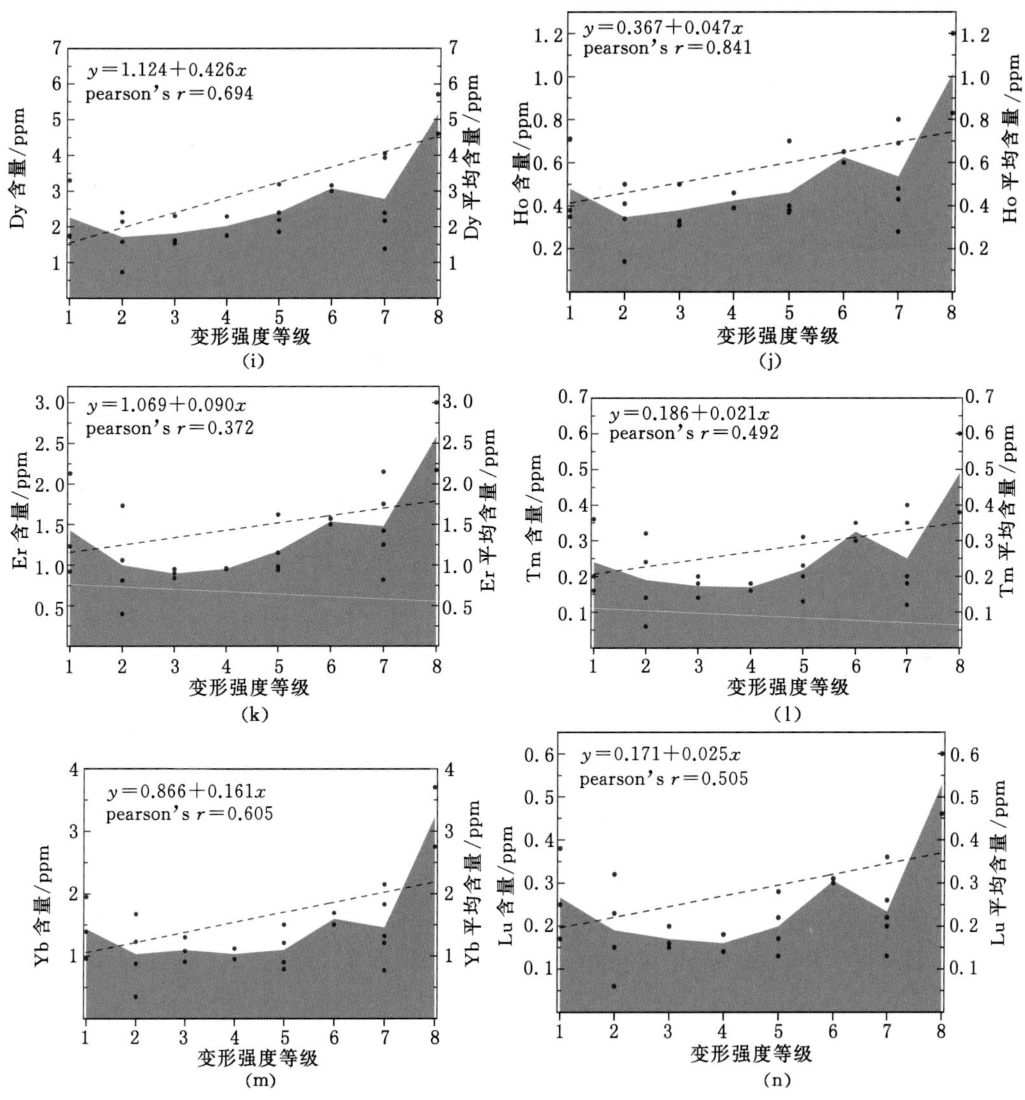

图 5-28(续) 构造煤中稀土元素含量平均值分布特征以及构造煤变形强度与稀土元素含量的相关性

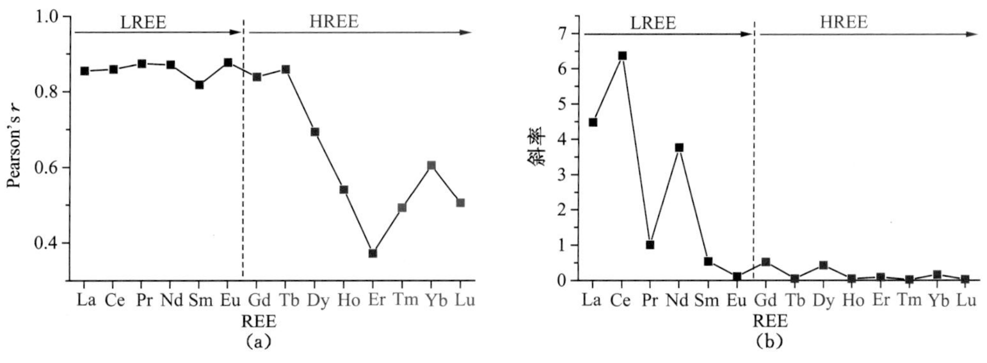

图 5-29 构造煤中稀土元素含量与煤变形强度的相关性系数与斜率分布图

(a) 相关性系数分布图;(b) 斜率分布图

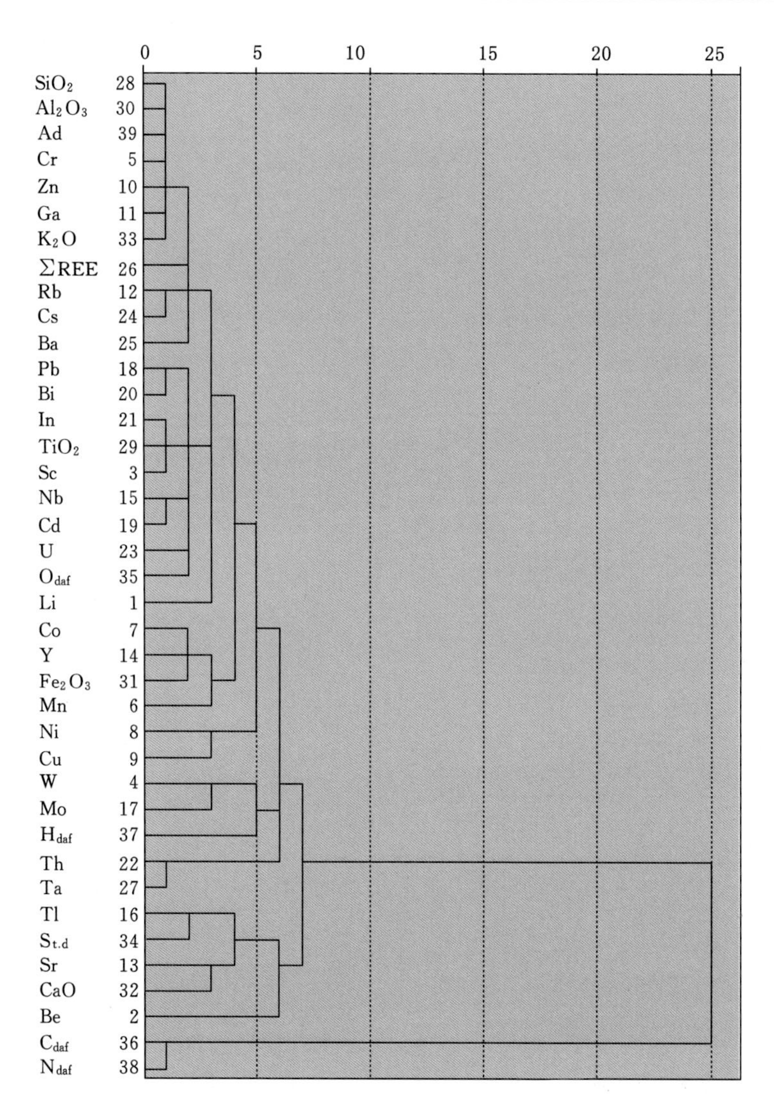

图 5-30　层析聚类分析树状图

5.2.3.2　主因子分析

因子模型中认为原始变量由共同因子与唯一因子组成，其中共同因子是所有原始变量的共有因子，而唯一因子是原始变量的特有因子。通过因子分析寻找共同因子，从而降维简化原始变量，更好地揭示各原始变量之间的联系(王文峰，2005)。

由解释的总方差表(表 5-2)可以发现，由 1～7 七个因子的累积方差可达到 89.391%，表明所有元素基本可以用七个共有因子来解释，同样，在碎石图中折线的曲率也是在第七个因子之后表现得更为平缓(图 5-31)。

表 5-2 解释的总方差表

元素	起始特征值			提取平方和载入			循环平方和载入		
	合计	方差百分比/%	累积/%	合计	方差百分比/%	累积/%	合计	方差百分比/%	累积/%
1	22.209	56.945	56.945	22.209	56.945	56.945	17.531	44.952	44.952
2	3.453	8.855	65.800	3.453	8.855	65.800	4.213	10.802	55.754
3	2.944	7.549	73.349	2.944	7.549	73.349	3.693	9.469	65.223
4	2.160	5.538	78.887	2.160	5.538	78.887	3.386	8.683	73.906
5	1.810	4.641	83.528	1.810	4.641	83.528	2.633	6.750	80.656
6	1.255	3.218	86.746	1.255	3.218	86.746	2.009	5.152	85.808
7	1.031	2.645	89.391	1.031	2.645	89.391	1.397	3.583	89.391
8	0.875	2.243	91.634						
9	0.743	1.905	93.539						
10	0.464	1.191	94.730						
11	0.404	1.035	95.765						
12	0.373	0.956	96.720						
13	0.295	0.756	97.477						
14	0.243	0.623	98.100						
15	0.167	0.429	98.529						
16	0.118	0.303	98.832						
17	0.104	0.267	99.099						
…	…	…	…						
39	−3.321E−16	−8.516E−16	100.000						

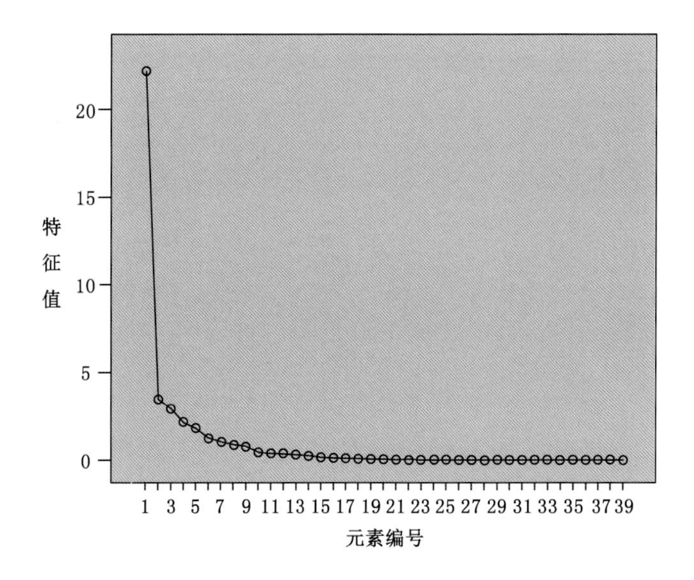

图 5-31 主因子分析的碎石图

第1主因子与灰分产率具有十分高的相关性(0.935)，尤其是Al_2O_3(0.910)与SiO_2(0.928)的相关性十分高，与第1主因子相关的元素有机亲和性十分弱，与C_{daf}呈明显的负相关关系(−0.951)(表5-3)，暗示与第1主因子相关的元素Li、Sc、W、Cr、Cu、Zn、Ga、Rb、Nb、Pb、Cd、In、U、Cs、Ba及REE均赋存于无机矿物中，主要来源于泥炭沼泽堆积过程中进入盆地的陆源碎屑物。第1主因子相关的元素与聚类分析中的群1第1亚群的元素基本一致，多赋存于黏土矿物中，其中W元素的赋存状态较复杂，还具有一定的有机亲和性。

表5-3　旋转后的因子矩阵

元素	变量						
	1	2	3	4	5	6	7
Li	0.680	—	0.368	—	−0.180	0.302	—
Be	—	—	−0.323	−0.134	−0.550	0.451	−0.053
Sc	0.788	0.513	—	−0.032	−0.091	—	—
W	0.542	—	—	—	−0.049	−0.655	—
Cr	0.900	0.310	—	—	—	—	—
Mn	0.456	0.758	—	—	−0.024	—	−0.002
Co	0.451	0.662	−0.222	0.339	−0.132	—	−0.066
Ni	0.537	0.614	−0.005	0.451	−0.223	—	−0.043
Cu	0.540	0.459	—	—	−0.199	—	—
Zn	0.840	0.464	—	—	—	−0.048	—
Ga	0.854	0.305	—	—	—	−0.006	—
Rb	0.962	—	—	—	—	−0.022	—
Sr	—	—	−0.108	—	0.792	—	−0.136
Y	0.581	0.718	—	—	−0.043	−0.026	—
Nb	0.717	—	0.574	—	−0.081	—	—
Tl	—	—	—	0.945	—	—	—
Mo	−0.129	−0.114	−0.241	—	−0.058	−0.882	−0.015
Pb	0.680	—	—	0.351	−0.282	0.301	—
Cd	0.667	—	0.415	0.390	−0.002	—	—
Bi	0.555	—	0.367	0.613	−0.093	—	—
In	0.821	—	0.352	—	−0.036	—	—
Th	0.432	−0.051	0.843	—	−0.033	—	−0.042
U	0.690	0.351	0.561	—	−0.043	—	—
Cs	0.934	—	—	—	—	−0.067	—
Ba	0.804	−0.026	−0.009	—	0.513	—	—
ΣREE	0.806	—	—	—	0.316	−0.070	−0.038
Ta	0.459	—	0.831	−0.036	—	−0.006	−0.039
SiO_2	0.928	—	—	—	−0.022	—	—

表 5-3(续)

元素	变量						
	1	2	3	4	5	6	7
TiO_2	0.829	—	0.415	—	—	—	—
Al_2O_3	0.910	—	—	—	−0.070	—	—
Fe_2O_3	0.387	0.555	—	0.587	0.311	−0.158	−0.015
CaO	−0.142	0.470	−0.213	—	0.660	—	—
K_2O	0.922	—	—	—	−0.145	—	—
$S_{t,d}$	−0.154	—	—	0.889	—	−0.221	−0.109
O_{daf}	0.944	—	—	−0.049	−0.001	−0.107	−0.186
C_{daf}	−0.951	−0.085	−0.093	−0.044	−0.070	—	−0.097
H_{daf}	—	—	−0.013	−0.032	—	−0.070	0.952
N_{daf}	—	−0.288	—	−0.008	0.636	−0.180	—
A_d	0.935	—	—	—	—	—	−0.002

注:“—”代表载荷绝对值不大于 0.3。

第 2 主因子主要与 Fe_2O_3(0.555)和 CaO(0.470)相关性较高,与第 2 主因子相关的元素主要包括 Mn、Co、Ni、Cu、Zn 以及 Y 元素,往往赋存于含 Fe 矿物以及含 Ca 矿物内。与第 2 主因子相关的元素基本与群 1 第 2 亚群和群 2 内的元素一致。

第 3 主因子主要与 TiO_2(0.415)呈一定的正相关关系,相关的载荷元素主要包括 Li、Nb、Cd、Bi、In、Th 以及 U。Ti 元素一方面能够赋存于黏土矿物中,也可能以独立金红石矿物存在。同样,与 Ti 元素相关的 Th 与 U 元素既能够被黏土矿物吸附,也能够混入金红石矿物中。

第 4 主因子主要与 Fe_2O_3(0.587)及 $S_{t,d}$(0.879)正相关,与第 4 主因子相关的元素 Co、Ni、Tl、Pb、Cd 与 Bi 基本均与硫化物矿物(如黄铁矿或闪锌矿等)有着显著的相关性。其中,Cd 能够被黏土矿物吸附或以类质同象形式替换 Fe 或 Zn 等离子;元素 Ni 与 Tl 则可能赋存于黄铁矿、黄铜矿或方铅矿等硫化物矿物内。

第 5 主因子主要与 CaO(0.660)具有正相关关系,该主因子的主要载荷元素 Sr 与 Ba 主要赋存于碳酸盐矿物或硫酸盐矿物内。

第 6 主因子载荷元素 Li、Be 与 Pb 的赋存状态较为复杂,可与黏土矿物、金红石矿物和方铅矿等共生,其中 Be 元素甚至存在有机赋存形式。

第 7 主因子的载荷元素只包括有机质中的 H 元素,由于个别样品中 H_{daf} 值的异常,导致 H 元素不能用其余主因子进行解释。

值得注意的是,Mo 元素与七个主因子均不成正相关关系,表明 Mo 元素的成因不能用以上七个主因子来解释,具有其他特殊的成因来源。Li、Sc、Cr、Mn、Co、Ni、Cu、Zn、Ga、Y、Nb、Pb、REE 以及 Ta 元素均与两个及以上的主因子呈正相关关系,暗示这些元素在煤中的赋存状态复杂,受多重来源的叠加作用。

5.2.3.3 相关性分析

宿县矿区煤的灰分主要来源于黏土矿物,因此 Al 与 Si 元素的氧化物含量与灰分产率之间呈显著的正相关关系[图 5-32(a)、(b)];而 CaO 及全硫含量 $S_{t,d}$ 与灰分产率的正相关性十分弱[图 5-32(c)、(d)]。黏土矿物主要是在同生作用过程中陆源碎屑物质随水进入泥炭沼泽中形成的,而代表碳酸盐矿物、硫酸盐矿物以及硫化物的 CaO 与全硫往往多为后生成因,因此二者基本不与灰分产率呈正相关关系。Fe_2O_3 代表赤铁矿、菱铁矿以及黄铁矿等含铁矿物,具有多种成因,显示与灰分呈一定的正相关关系[图 5-32(e)]。

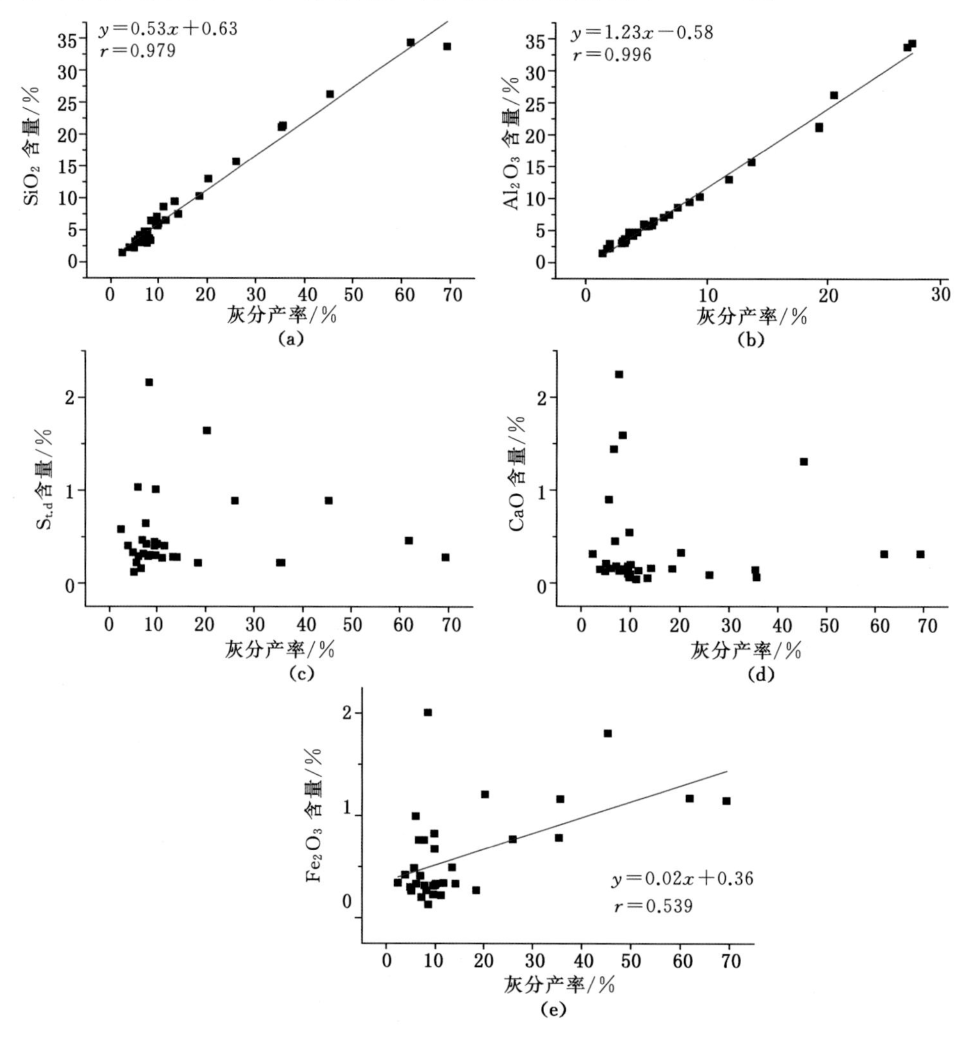

图 5-32　无机常量元素与灰分产率相关性分析

分析 27 种微量元素与煤中常量元素氧化物以及灰分产率之间的相关性(表 5-4)可以看到,微量元素中绝大部分元素与灰分产率之间的相关性系数均大于 0.5,而与 C_{daf} 呈负相关关系,表明宿县矿区煤中大部分微量元素均以无机结合态形式存在。其中,Li、W、Cr、Nb、Th、Ta、Sc、Ga、Rb、Y、Cd、Bi、In、U、Cs 以及 Ba 与代表黏土矿物和金红石矿物的 Al、Si、Ti 以及 K 呈显著的正相关关系,而与 Fe、Ca 等正相关性较弱,表明这一类元素主要赋存于黏土或金红石等矿物中。

表 5-4 相关性系数表

元素	Li	Be	Sc	W	Cr	Mn	Co	Ni	Cu
SiO_2	0.763*	0.101	0.886*	0.517*	0.949*	0.622*	0.532*	0.672*	0.623*
TiO_2	0.681*	−0.035	0.883*	0.516*	0.926*	0.568*	0.453*	0.613*	0.735*
Al_2O_3	0.776*	0.114	0.892*	0.503*	0.938*	0.635*	0.523*	0.685*	0.639*
Fe_2O_3	0.359	−0.142	0.530*	0.376	0.549*	0.679*	0.644*	0.700*	0.464
CaO	−0.146	−0.205	0.007	−0.029	0.009	0.259	0.296	0.19	−0.066
K_2O	0.747*	0.218	0.878*	0.478	0.904*	0.635*	0.657*	0.718*	0.684*
$S_{t,d}$	0.022	−0.198	−0.093	0.111	−0.045	0.124	0.332	0.347	0.061
O_{daf}	0.604*	0.038	0.771*	0.538*	0.880*	0.491	0.404	0.523*	0.543*
C_{daf}	−0.613*	0.011	−0.790*	−0.623*	−0.919*	−0.508*	−0.428	−0.539*	−0.584*
H_{daf}	0.048	−0.049	0.145	0.277	0.181	0.045	−0.018	−0.028	0.15
N_{daf}	−0.152	−0.456	−0.134	0.024	0.084	−0.194	−0.226	−0.288	−0.008
Ad	0.732*	0.078	0.848*	0.513*	0.938*	0.598*	0.513*	0.635*	0.568*

元素	Zn	Ga	Rb	Sr	Y	Nb	Tl	Mo	Pb
SiO_2	0.920*	0.936*	0.950*	0.175	0.722*	0.855*	0.24	−0.253	0.810*
TiO_2	0.886*	0.877*	0.881*	0.187	0.727*	0.850*	0.215	−0.295	0.767*
Al_2O_3	0.909*	0.930*	0.924*	0.153	0.718*	0.860*	0.245	−0.26	0.843*
Fe_2O_3	0.680*	0.612*	0.531*	0.325	0.685*	0.422	0.670*	0.052	0.493
CaO	0.121	0.064	0.016	0.495	0.179	−0.124	0.282	−0.057	−0.103
K_2O	0.887*	0.880**	0.939*	0.098	0.755*	0.748*	0.18	−0.249	0.799*
$S_{t,d}$	0.067	0.02	−0.024	0.04	0.155	0.006	0.850*	0.228	0.1
O_{daf}	0.837*	0.800*	0.907*	0.191	0.557*	0.697*	0.089	−0.074	0.610*
C_{daf}	−0.872*	−0.912*	−0.951*	−0.196	−0.622*	−0.751*	−0.193	0.037	−0.652*
H_{daf}	0.121	0.390	0.176	−0.033	0.189	0.205	0.02	0.054	0.152
N_{daf}	0.048	0.094	0.134	0.293	−0.138	0.01	0.037	0.059	−0.269
Ad	0.910*	0.927*	0.957*	0.206	0.674*	0.834*	0.236	−0.244	0.765*

元素	Cd	Bi	In	Th	U	Cs	Ba	ΣREE	Ta
SiO_2	0.801*	0.699*	0.907*	0.628*	0.856*	0.917*	0.742*	0.860*	0.636*
TiO_2	0.813*	0.738*	0.942*	0.670*	0.878*	0.856*	0.699*	0.854*	0.727*
Al_2O_3	0.809*	0.713*	0.914*	0.635*	0.865*	0.881*	0.707*	0.828*	0.631*
Fe_2O_3	0.610*	0.581*	0.512*	0.205	0.503*	0.556*	0.514*	0.609*	0.218
CaO	0.034	0.045	−0.04	−0.221	−0.066	0.076	0.292	0.131	−0.185
K_2O	0.697*	0.645*	0.882*	0.441	0.785*	0.890*	0.684*	0.791*	0.455
$S_{t,d}$	0.261	0.365	−0.039	0.017	−0.009	0.023	0.024	0.111	−0.04
O_{daf}	0.645*	0.483	0.804*	0.466	0.683*	0.878*	0.707*	0.760*	0.521*
C_{daf}	−0.689*	−0.578*	−0.833*	−0.477	−0.751	−0.932*	−0.795*	−0.811*	−0.530*
H_{daf}	0.067	0.194	0.149	0.035	0.257	0.179	0.275	0.119	0.052
N_{daf}	0.067	−0.037	−0.011	0.019	0.004	0.217	0.32	0.237	0.103
Ad	0.769*	0.665*	0.875*	0.604*	0.820*	0.929*	0.774*	0.851*	0.622*

注："*"代表相关性系数绝对值不小于 0.5。

Cr、Mn、Co、Ni、Cu 与 Zn 等元素不仅与黏土矿物密切相关，还受到其他来源影响的叠加作用，在扫描电镜的原位分析结果中也观察到 Co、Ni、Cu 等元素可在黏土矿物、含铁矿物以及硫酸盐矿物中被检测到(图 5-33)。由此可见，相关性分析结果基本与主因子分析结果一致。

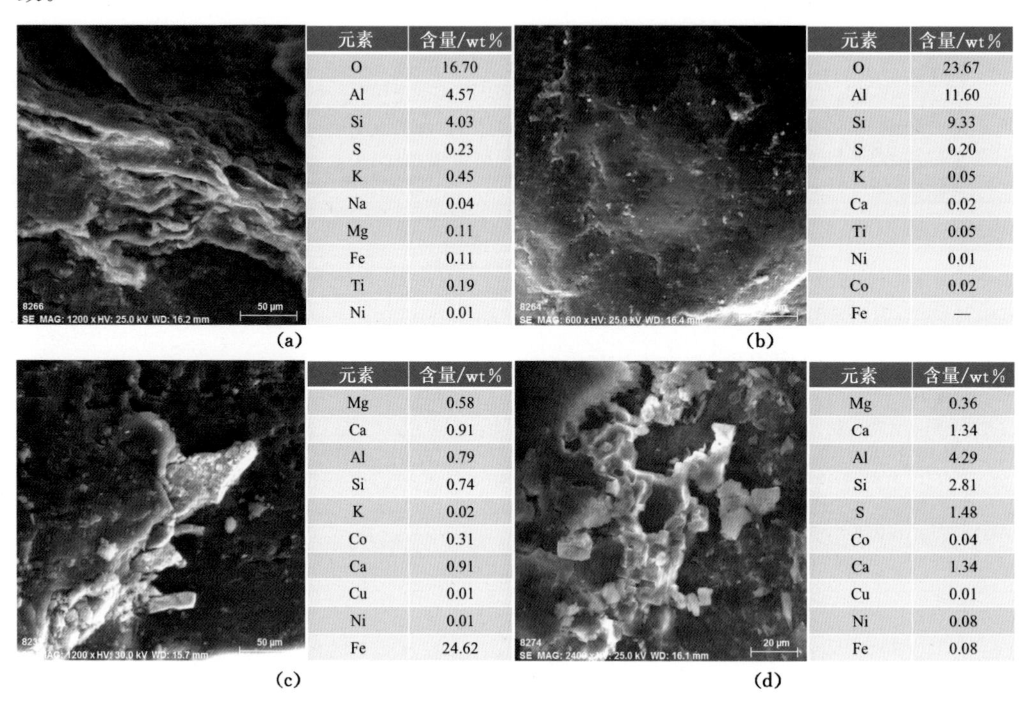

(a)

元素	含量/wt%
O	16.70
Al	4.57
Si	4.03
S	0.23
K	0.45
Na	0.04
Mg	0.11
Fe	0.11
Ti	0.19
Ni	0.01

(b)

元素	含量/wt%
O	23.67
Al	11.60
Si	9.33
S	0.20
K	0.05
Ca	0.02
Ti	0.05
Ni	0.01
Co	0.02
Fe	—

(c)

元素	含量/wt%
Mg	0.58
Ca	0.91
Al	0.79
Si	0.74
K	0.02
Co	0.31
Ca	0.91
Cu	0.01
Ni	0.01
Fe	24.62

(d)

元素	含量/wt%
Mg	0.36
Ca	1.34
Al	4.29
Si	2.81
S	1.48
Co	0.04
Ca	1.34
Cu	0.01
Ni	0.08
Fe	0.08

图 5-33 构造煤 SEM-EDS 原位检测结果

(a) 碎斑煤 D_2 中黏土矿物与黄铁矿混杂(SEM,1 200×)；(b) 揉皱煤 N_3 中黏土矿物与硫酸盐矿物混杂(SEM,600×)；

(c) 碎粒煤 Z_{51} 中赤铁矿与黏土矿物的混杂现象(SEM,1 200×)；

(d) 片状煤 L_8 中黏土矿物、硫酸盐矿物以及黄铁矿的混杂(SEM,2 400×)

少数元素，如 Be(0.078)、Sr(0.206)与 Tl(0.236)与灰分产率的正相关系数小于 0.3。其中，Be 元素与灰分产率以及 C_{daf} 均呈十分弱的正相关关系，暗示 Be 元素既具有无机亲和性也具有有机亲和性，与主因子分析结果一致；Sr 元素与 CaO(0.495)以及 Fe_2O_3(0.325)呈一定程度的正相关关系，暗示 Sr 很可能赋存于铁白云石等后生成因的碳酸盐矿物内；Tl 元素则与 Fe_2O_3(0.670)及全硫(0.850)呈较强的正相关关系，表明 Tl 元素多赋存于黄铁矿或硫酸盐矿物内。

Mo 元素与灰分产率呈弱负相关关系(−0.244)，暗示 Mo 元素具有一定的有机亲和性。此外，Mo 元素含量与灰分产率之间的线性拟合也显示灰分产率在 0～10%时，Mo 元素含量下降至较低水平；在灰分产率大于 10%时，Mo 元素含量基本维持稳定的低含量(图5-34)。

5.2.4 元素迁移变化机理

随着变形强度的增加，构造煤中部分元素含量呈规律性变化。聚类分析、主因子分析、

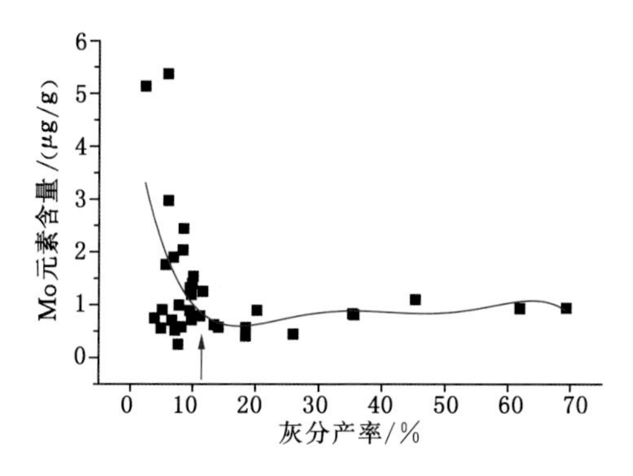

图 5-34　Mo 元素含量与灰分产率间的相关性分析

相关性分析结合原位测试结果表明，不同元素的赋存状态多样，同一元素也存在多种赋存状态，且不同赋存状态的元素含量变化规律也有差异，故构造煤中元素含量变化与元素主要赋存载体的变化有着密切联系。因此，本节基于不同元素的赋存状态深入分析元素的分异机理。

5.2.4.1　常量元素

（1）有机常量元素

构造煤中 C 与 O 元素随着变形强度的变化表现为贫 C 富 O 的趋势，主要是由于受到构造煤中黏土矿物的迁移变化。相关性分析表明，煤中 O 元素主要以无机结合态赋存于不同矿物中，包括硅铝酸盐矿物、碳酸盐矿物以及氧化物矿物等，而以含氧官能团形式赋存于煤有机质中的 O 元素占比低。随着构造煤变形强度的增加，煤中矿物含量与灰分产率均呈增加趋势，因此以无机赋存状态为主的 O 元素也随着构造煤变形强度的增加呈上升趋势。构造煤中 C 与 O 元素呈显著的负相关关系，暗示煤中 C 元素的主要赋存状态为有机形式，而赋存于无机矿物中的 C 元素则为次要赋存状态，如碳酸盐矿物等。强变形构造煤中无机矿物含量的增加会导致有机质占比相应减少，因此以有机赋存状态为主的 C 元素含量随着构造煤变形强度增加呈下降趋势。

煤中 S 元素的赋存状态也复杂多样，包括硫酸盐硫、硫化物硫以及有机硫等。研究认为，全硫含量低于 0.5%的低硫煤中 S 元素以有机结合态为主，而高于 2%的高硫煤则以无机结合态为主（陈鹏，1994）。研究区内构造煤的硫含量基本均小于 0.5%，因此区内 S 元素主要为有机赋存态，包括硫醚、硫醇与噻吩等含硫官能团。动力变质作用影响下，构造煤有机结构中 S 元素的分布基本保持稳定，这是由于动力变质作用虽然能够促进杂原子官能团的脱落作用，但降解后的小分子结构被围限在分子交联网络结构中并未逸散。在脆-韧性与韧性变形构造煤中多个样品中 S 元素含量出现大幅波动，出现含量值高于 0.5%的样品，分析认为这两个序列构造煤中由于矿物的机械混入作用增强，导致无机赋存状态的 S 元素含量增加，因此构造煤中无机矿物含量的增加引起无机 S 含量升高是 $S_{t,d}$变化的主要原因。

煤中 N 元素往往以有机形式赋存，主要包括吡啶、吡咯以及季氮官能团，此外，相关研究表明，N 元素还能以无机形式赋存，如铵伊利石等（刘钦甫等，1996）。研究区内构造煤的 N 元素以有机结合态为主要赋存形式，N 元素的平均含量分布表明 N 元素在碎粒煤与鳞片煤中散失，主要是由于随构造煤变形强度的增加，含氮官能团的应力降解作用增强，有机结合态的N元素含量相对下降，导致总氮含量降低。煤中H元素的赋存状态也包括有机与无机结合态，其中无机结合态H元素为次要赋存状态，可见于硫酸盐等矿物中，有机质中的H元素是构造煤中的主要赋存状态。H元素含量的平均值分布表明，在动力变质作用影响下H元素含量基本保持稳定，主要是由于构造煤有机化学结构的应力降解形成的小分子结构未脱离煤分子交联网络结构的束缚。

前人研究认为，构造煤有机质的动力变质作用能够引起C元素的富集与H、O、N和S元素的散失（程国玺等，2017），而研究区内构造煤有机结合态的C、H、O、N与S元素的含量变化规律与前人研究结果不一致，主要受到无机赋存状态的元素含量变化产生的影响。但值得注意的是，构造煤有机结构的演化改变了原子间化学键的键长与键角，甚至使得化学键断裂，因此，有机结合态的C、H、O、N与S元素在动力变质作用的影响下化学形态被改变，也具有应力敏感性。

（2）无机常量元素

数理统计分析与原位测试结果均显示Al、Si、Ti与K元素均与黏土矿物密切共伴生。无机结合态的Al与Si元素作为黏土矿物的主要组成元素，在构造煤中的迁移变化受黏土矿物变化影响。尽管Si元素还存在其他的无机赋存状态，如石英矿物、锆石以及单质硅等，但研究区内构造煤中其他赋存形式的Si元素占比较小。随着变形强度增加，构造煤中灰分产率也具有增加趋势，研究区内煤的灰分主要来源于黏土矿物，因此黏土矿物含量随着变形强度增加也呈上升趋势，暗示强构造变形作用有利于黏土矿物富集。相应地，Al与Si元素的含量也随变形强度的增加而呈上升趋势，尤其在鳞片煤与揉皱煤中其平均含量显著增加。

Ti与K元素含量的平均值也随着构造煤变形强度的增加呈现上升趋势，其中Ti元素往往以类质同象形式替换黏土矿物晶格中的Si元素。逐级化学提取实验表明，约95%的K元素赋存于黏土矿物中（Finkelman et al.，2018），如伊利石矿物的层间域，因此二者在鳞片煤和揉皱煤中的富集也与黏土矿物的富集和动力变质作用有关。

脆性变形构造煤中Ca元素含量要略高于鳞片煤与揉皱煤，且在脆性变形构造煤中含量波动变化范围更大，表明脆性变形作用有利于Ca元素的富集。赋存状态分析表明，Ca是碳酸盐矿物的主要组成元素，研究区内碳酸盐矿物多以裂隙脉形式赋存于煤层中。脆性变形构造煤发育连通性较好的孔、裂隙系统，可为含矿流体提供运移路径，同时也为裂隙充填的碳酸盐矿物提供更多赋存场所；而韧性变形构造煤中孔裂隙系统的连通性差，不利于含矿流体的运移与碳酸盐矿物的沉淀。因此，脆性变形作用下碳酸盐矿物的富集，导致Ca元素表现为在脆性变形构造煤中富集。

5.2.4.2 构造煤中稀土元素迁移变化机理

以往研究认为，稀土元素的分布和赋存是聚煤期成煤环境、物源信息等的良好指示，稀土元素在煤中的分布主要受沉积环境、成岩母质、地下水和低温热液流体等作用控制，具有化学性质稳定、均一化程度高和不易受变质作用影响的特点（Schatzel et al.，2003；Wang et al.，2008）。实际上煤中稀土元素的分布变化受多种因素影响，往往是多因素叠加、综合作用的结果（Bouška et al.，1999；Dai et al.，2010），其中构造应力作用是影响构造煤中稀土元素迁移变化的重要因素之一（Song et al.，2018b；李云波，2014）。

（1）构造煤中稀土元素的载体

相关研究均表明煤中的稀土元素往往与黏土矿物密切共伴生（Querol et al.，1997；

Finkelman et al.,2019),因此稀土元素的分布与黏土矿物的变形和变质作用密切相关。李云波(2014)通过对构造煤中微量元素的聚类分析发现,稀土元素可能赋存于黏土矿物或氧化物矿物中,同时相关性分析发现稀土元素含量与构造煤中灰分以及煤的镜质组反射率正相关,因此推测构造煤中稀土元素的分异可能受到成煤期后构造应力的影响。黏土矿物在时间与空间上与煤有着不可分割的联系,而且在物性方面与煤有较多的相似之处,如二者都具有低温、低压敏感性,结构转变不可逆(张慧,1994;张春忙,2000;王中刚,2016)。前文5.1.2～5.1.4节研究表明,随着构造煤变形强度增加,赋存于构造煤中的黏土矿物结构也发生变化,并进一步影响其理化性质,导致与黏土矿物息息相关的稀土元素在强变形构造煤中富集。

原位的SEM-EDS检测结果表明,研究区构造煤中黏土矿物是稀土元素的重要载体,其中稀土元素La、Ce、Nd与Gd能够在混杂矿物中被检测到(图5-35)。SEM-EDS谱图中轻稀土元素Nd、Ce与La的峰强度要明显高于稀土元素Gd,与构造煤中稀土元素的分布模式基本一致[图5-27(b)与图5-35]。

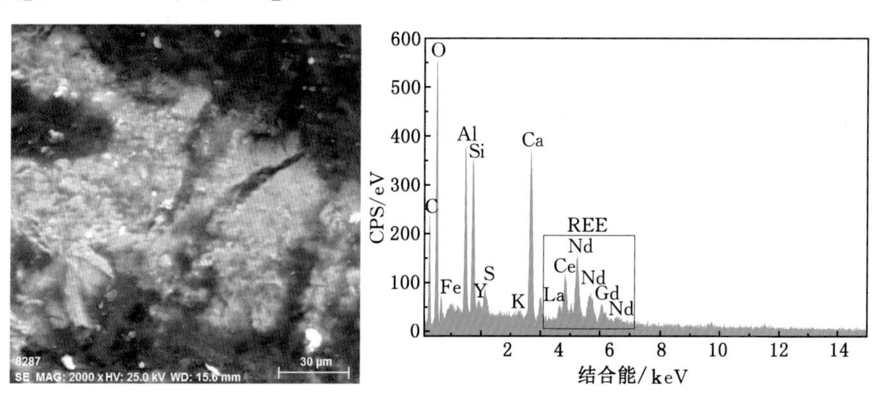

图5-35　含稀土元素的黏土矿物扫描电镜原位分析

(2)黏土矿物吸附稀土元素机理

黏土矿物吸附稀土元素主要包括两大吸附中心:黏土矿物中Al或Si被其他离子替代,导致矿物中的电荷不平衡,形成第一活性吸附中心(即取代结构吸附活性中心);黏土矿物晶体结构断裂面上层状结构中硅氧与铝氧暴露在外的氧原子面带有剩余键力,具有吸附阳离子形成化学键的能力,为第二吸附活性中心(断面余键吸附活性中心)(孙园园,2016)。稀土元素在黏土矿物中的吸附机制主要包括物理吸附与化学吸附(Moldoveanu et al.,2013),物理吸附指的是稀土元素以离子交换态形式吸附于黏土矿物的底面(001面)上,但这种吸附方式取决于底面羟基的暴露程度以及类质同象替代Al^{3+}与Si^{4+}形成的吸附中心数量(Ma et al.,1999);而黏土矿物破碎边缘的羟基形成了化学吸附的主要位点,稀土元素通过酸碱配合方法吸附于边缘羟基形成面内络合物即为化学吸附(Stumpf' et al.,2002;Tertre et al.,2006)。

黏土矿物吸附稀土元素的能力受到内部与外部因素的影响,内部因素是指黏土矿物的比表面积与离子交换能力(cation exchange capacity,CEC)以及缺陷位点的数量与可交换离子类型等;外部因素则主要指环境介质的溶液pH、溶液离子强度、压力以及温度等

(Susmita et al.,2012);此外,稀土元素被黏土矿物吸附的能力还受到稀土元素本身的化学性质的影响。池汝安等(1993)通过量子化学计算与吸附实验表明,同一种黏土矿物对不同稀土元素的吸附性存在差异。通过计算被吸附阳离子与黏土矿物吸附活性中心氧的相互作用能来表征吸附活性中心氧原子与被吸附阳离子之间的相互作用力大小,相互作用能负值越大,表明稀土元素被吸附形成的 REE—O 键越强,黏土矿物中氧原子吸附稀土离子的能力越强(表 5-5)。研究结果表明,黏土矿物吸附稀土离子的能力由 La^{3+} 至 Lu^{3+} 逐渐降低(池汝安等,1993)。

表 5-5 M^{n+}—O 与高岭石的相互作用能(E_{ab})以及稀土离子含量与构造变形强度的相关性系数(r)(引自池汝安等,1993)

REE^{3+}	E_{ab}	r	RE^{3+}	E_{ab}	r
Sc^{3+}	−0.870	0.864	Tb^{3+}	−0.734	0.859
La^{3+}	−0.802	0.922	Dy^{3+}	−0.727	0.735
Ce^{3+}	−0.797	0.920	Ho^{3+}	−0.712	0.599
Pr^{3+}	−0.792	0.934	Y^{3+}	−0.701	0.606
Nd^{3+}	−0.785	0.932	Er^{3+}	−0.692	0.481
Sm^{3+}	−0.771	0.870	Tm^{3+}	−0.690	0.568
Eu^{3+}	−0.762	0.892	Yb^{3+}	−0.678	0.660
Gd^{3+}	−0.757	0.895	Lu^{3+}	−0.669	0.476

(3) 构造煤中黏土矿物的差异性特征

1) 构造煤中黏土矿物含量特征

XRD 测试分析结果显示,不同类型构造煤中黏土矿物的发育特征基本一致,主要包括黏土矿物、方解石、白云石、石英、黄铁矿以及磷酸盐矿物,其中黏土矿物最为发育(图 5-36)。

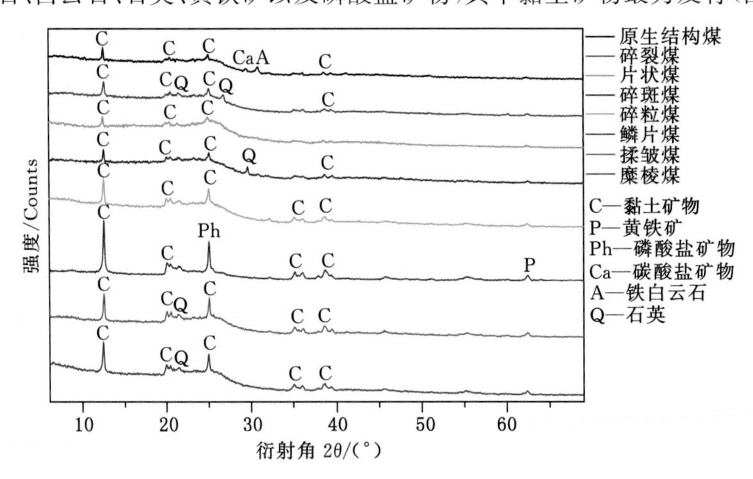

图 5-36 不同构造煤中矿物的 XRD 谱图特征

煤中灰分主要由矿物产生,因此灰分产率能够在一定程度上代表矿物的含量,而黏土矿物是研究区中最主要的矿物,其含量与灰分产率呈正比。煤中灰分产率与构造煤变形强度的相关性分析显示，二者之间的相关性系数为 0.639（图 5-37）。平均灰分产率的分布图显示，脆性变形构造煤中平均灰分含量基本一致，而脆-韧性与韧性变形构造煤中平均灰分产率要高于脆性变形构造煤（尤其是鳞片煤与糜棱煤），其中鳞片煤中的平均灰分含量甚至要高于揉皱煤。

Al 元素作为黏土矿物的必要组分，也能够作为评价构造煤中黏土矿物含量的一个参数。线性拟合结果显示，Al 元素含量与构造煤变形强度呈正相关关系，相关性系数为 0.630，表明黏土矿物含量随着构造煤变形强度增加具有上升趋势；平均 Al 元素含量分布特征表明，韧性变形构造煤与脆-韧性变形构造煤中黏土矿物的含量要高于脆性变形构造煤与原生结构煤（图 5-38）。

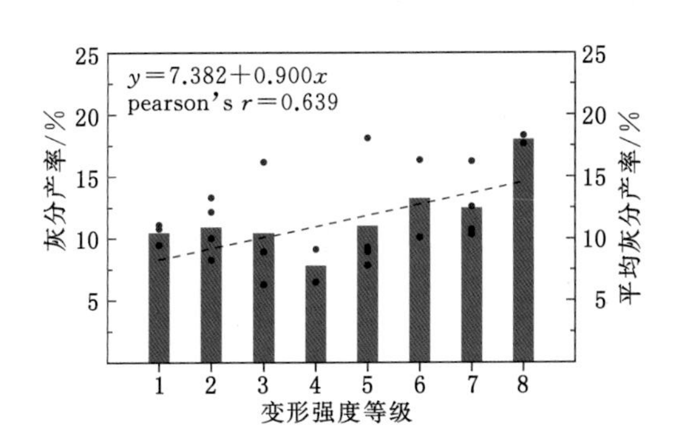

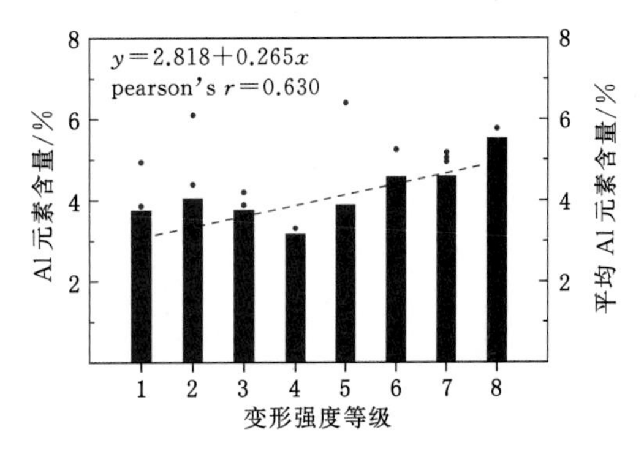

图 5-37　灰分产率与构造煤变形强度等级关系图　　图 5-38　Al 元素含量与构造煤变形强度等级关系图

此外，黏土矿物的含量分布特征与灰分产率的变化呈正相关关系，而灰分产率与构造煤变形强度也呈正相关关系，相关性系数为 0.639。由此可见，构造煤中黏土矿物的含量与构造煤变形强度呈正相关关系，构造煤中黏土矿物含量越高导致吸附稀土元素的位点也越多。但 Al 元素含量与变形强度的正相关性系数为 0.63，明显低于轻稀土元素与变形强度之间的相关性系数（>0.8），表明黏土矿物的含量并不是稀土元素含量变化的唯一因素。

黏土矿物作为可迁移的矿物在煤孔、裂隙系统中可发生溶解运移和再沉淀作用（Ward，1992；Tarabbia，1994；Karacan et al.，2000），在朱仙庄矿 8 煤层中发现大量裂隙充填与摩擦面附着的黏土矿物[图 5-39(a)～(c)]。孔、裂隙系统作为重要的含矿流体的运移通道，其在构造应力作用下能够被显著改善（Liu et al.，2015a），强构造变形煤的孔、裂隙系统更差的连通性和增加的孔体积更有利于黏土矿物的沉淀与滞留（即物质迁移）（Song et al.，2018b）。此外，煤体韧性变形作用促进了煤层与外界环境发生物质交换[图 5-39(d)、(e)]，使得矿物的混杂与掺入作用增强，这是强构造变形煤中黏土矿物含量增加的另外一个原因（即物质交换）。

2）构造煤中黏土矿物的形貌特征

原生结构煤中黏土矿物具有完整的层片结构，基本未受到应力改造作用[图 5-40(a)]。4.2 节研究表明，构造煤在应力作用下发生强烈的机械破碎与研磨作用，相似的应力作用也改变了构造煤中黏土矿物的形貌特征。

在片状煤与碎粒煤中黏土矿物表现为碎斑状，片层结构的厚度减小[图 5-40(b)、(c)]；鳞片煤与糜棱煤中的黏土矿物则在机械破碎与研磨作用下形成弥散状，片层结构的横向尺

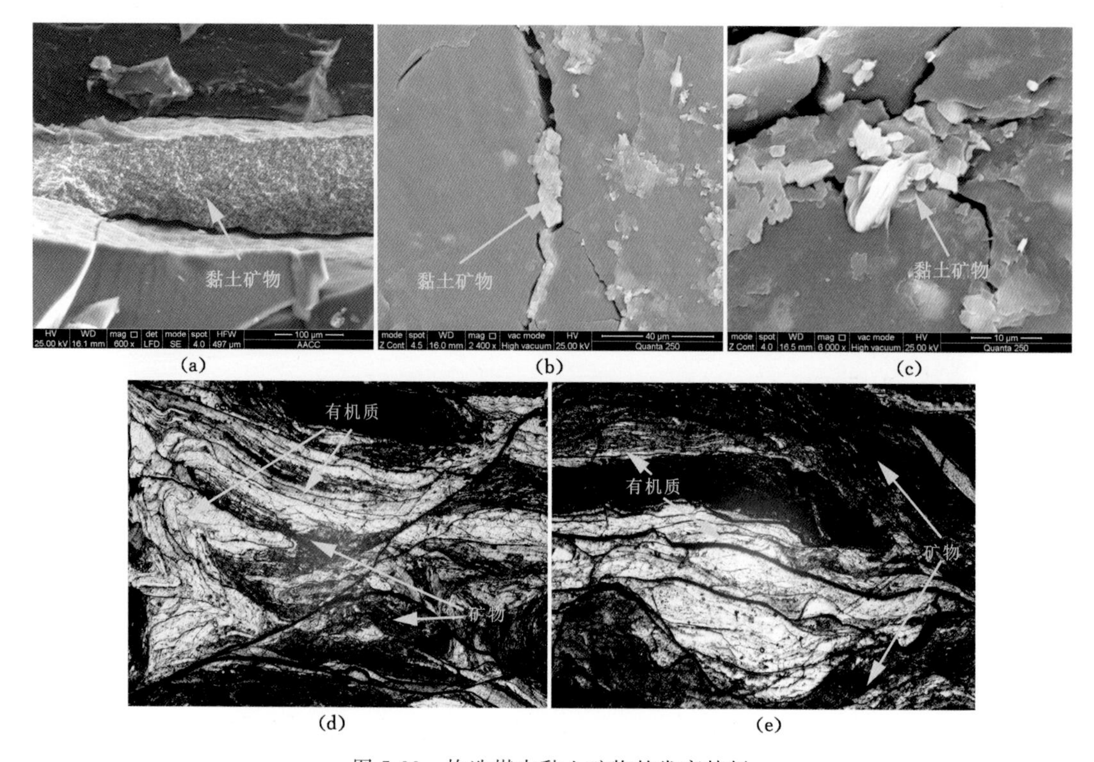

图 5-39　构造煤中黏土矿物的发育特征

(a)与(b) 裂隙中再沉淀结晶的黏土矿物(SEM,600×与 2 400×);(c) 孔隙结构中沉淀形成的黏土矿物(SEM,6 000×);(d)与(e) 韧性变形构造煤中黏土矿物与有机质的混杂现象

寸变得更小[图 5-40(d)、(e)]。总而言之,黏土矿物层片结构的尺寸与堆砌程度随着应力作用的增强均具有减小的趋势。

高岭石矿物在无水研磨实验中的结构演化分为两个阶段:① 在研磨实验的初期,层状结构的破碎能够导致高岭石矿物比表面积增加,尤其是结晶度较差的黏土矿物(Sanchez-Soto et al.,2000)[图 5-41(b)];② 随着研磨实验时间的增加,黏土矿物的尺寸显著减小,并导致团聚现象发生,此时黏土矿物的比表面积开始减小(Éva Kristóf.,1993;Sanchez-Soto et al.,2000;Meenakshi et al.,2008)[图 5-41(c)]。值得注意的是,黏土矿物在强构造变形煤中的粒径尺寸变化仍然大于研磨实验中发生团聚现象时的尺寸,因此构造应力作用下形成的黏土矿物形貌特征以及结构变化与研磨实验初期阶段更为相似,黏土矿物在应力改造作用下仍保持着层状结构(图 5-40)。

此外,研磨实验表明改性作用下黏土矿物的比表面积在初始阶段均明显增加,尤其是微孔与介孔数量(图 5-42)(Sanchez-Soto et al.,2000;San Cristobal et al.,2009),因此可以推测,应力作用下煤中黏土矿物的变化类似于研磨实验的初始阶段,其比表面积明显增加,进一步导致稀土元素的吸附位点增多。

(4) 黏土矿物应力改性作用

1) 物理吸附作用

黏土矿物底面(001 面)上的羟基官能团决定着矿物的阳离子交换能力(图 5-43)(Ma et

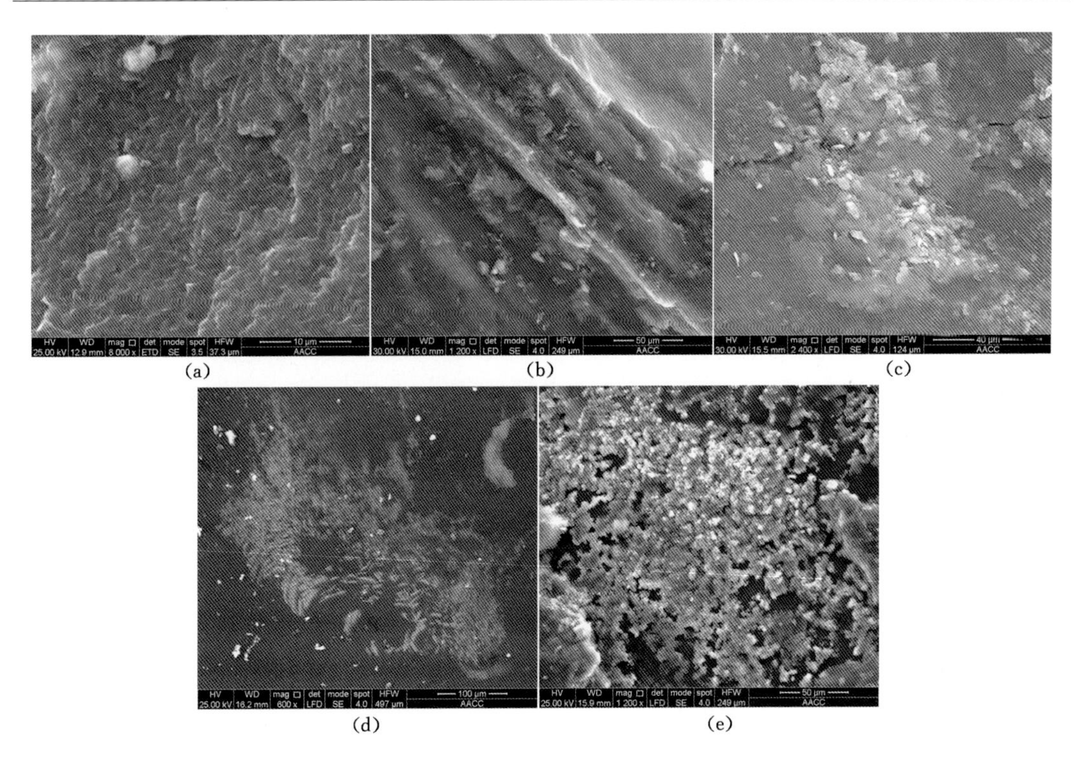

图 5-40 不同构造煤中黏土矿物的微观结构特征

(a) 原生结构煤中黏土矿物发育特征(SEM,8 000×);(b) 片状煤摩擦面上黏土矿物发育特征(SEM,1 200×);(c) 碎粒煤中黏土矿物发育特征(SEM,2 400×);(d) 鳞片煤滑动摩擦面上黏土矿物发育特征(SEM,600×);(e) 糜棱煤中黏土矿物发育特征(SEM,1 200×)

图 5-41 研磨实验后的高岭石样品的微观变形特征(引自 Mako et al.,2009)

(a) 原生的高岭石;(b) 研磨 1/4 h 后的高岭石;(c) 研磨 1 h 后的高岭石

al.,1999)。应力作用下黏土矿物的离层作用使得底面大量暴露,通过对暴露面上羟基的离子化作用能够显著增强黏土矿物对稀土元素的物理吸附作用。

2) 化学吸附作用

稀土元素在黏土矿物中的化学吸附方式,是指能够在黏土矿物的底面和破损边缘上的吸附作用(Strawn et al.,1999)。构造应力作用于煤中黏土矿物能够促进 3 670 cm^{-1} 处的羟基结构间发生质子转移作用(尤其在 Al—O 六面体的底面上)(Tombácz et al.,2006),形成水分子后留下超氧化的氧离子能够强烈吸附稀土元素离子(Éva Kristóf.,1993;Kristof et al.,2002;Frost et al.,2003)[反应(5-1)]。此外,羟基的去质子作用能够直接导致黏土矿物

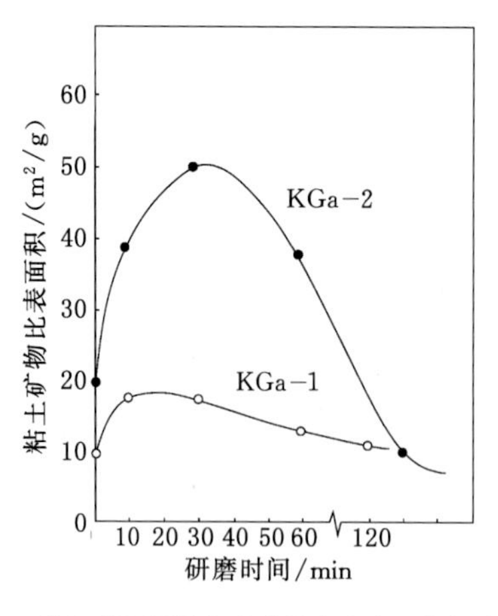

图 5-42　黏土矿物研磨实验过程中比表面积的变化特征
（引自 Sanchez-Soto et al.,2000）

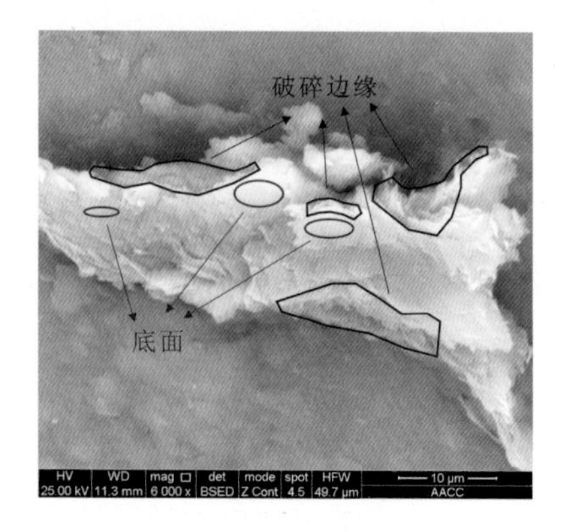

图 5-43　煤中黏土矿物的边缘面与底面的微观结构图

吸附表面正电荷的亏损，积累的负电荷降低了化学键形成所需要的自由能(Strawn et al.,1999)，促进稀土元素在黏土矿物底面悬挂键上形成面外吸附[反应(5-2)]。

$$\text{Clay}-\text{O}^- + \text{REE}^{3+} \Leftrightarrow \text{Clay}-\text{O}\ \text{REE}^{2+} \tag{5-2}$$

此外，构造煤中的黏土矿物在应力作用下的机械破碎与研磨作用使得片层状结构分裂，导致边缘部位的羟基(～3 650 cm^{-1})显著增加，因而黏土矿物中稀土元素的吸附位点增多。

(5) 构造煤中黏土矿物组合特征

随着构造煤变形强度的增加，构造煤中黏土矿物的组合特征变得更为复杂。弱变形构造煤中黏土矿物往往较为单一，而伊利石、蒙脱石及伊蒙混层的黏土矿物则开始出现于强变形构造煤中。不同类型的黏土矿物具有不同的物理与化学结构特征，伊利石与蒙脱石是 2∶1的 TOT 型黏土矿物，而高岭石为 1∶1 的 TO 型黏土矿物(图 5-44)。

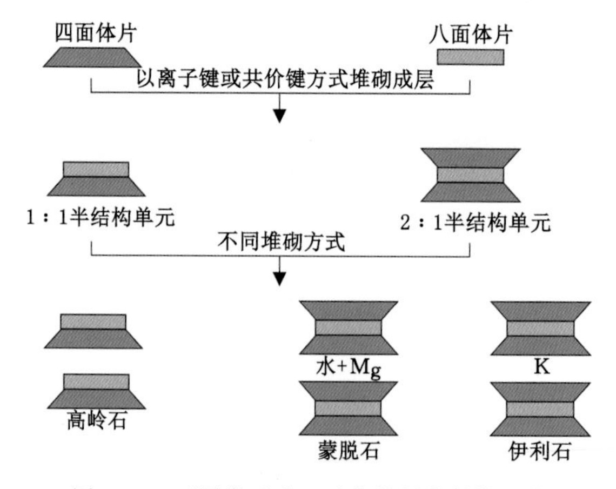

图 5-44　不同类型黏土矿物的层状结构示意图

伊利石、蒙脱石以及伊-蒙混层矿物层间孔以及比表面积均要高于黏土矿物(Omotoso,2004;Deng et al.,2017)，随着黏土矿物的比表面积增加稀土元素的吸附位点也明显增加；

同时，伊利石与蒙脱石的离子交换能力与破损边缘的羟基数量也要高于高岭石(Durrant et al.，2018)。因此，与蒙脱石和伊利石相比，高岭石对稀土元素的吸附能力相对较差，强变形构造煤中转化形成或机械混入的伊利石与蒙脱石导致稀土元素富集。

综上所述，强变形构造煤中稀土元素的富集主要取决于两方面因素：一方面，变形强度更高的构造煤中应力作用能够促进物质迁移与物质交换；另一方面，应力改性作用使得黏土矿物对稀土元素的吸附作用增强，导致稀土元素在强变形构造煤内富集。黏土矿物吸附稀土元素同样还依赖于外部环境，稀土元素作为可移动的元素在黏土矿物中的吸附作用是可逆的(Awwiller et al.，1991)，构造应力作用不仅改善了黏土矿物对稀土元素的吸附作用，同时也改变了煤层中流体的运移通道、温度以及压力等条件。因此，稀土元素在外部环境的改变下能够被活化，沿着构造煤中的孔、裂隙系统运移并富集。

(6) 稀土元素的剪切应力敏感性

片状煤、鳞片煤、揉皱煤以及糜棱煤均形成于强烈的压剪应力作用，在压剪应力作用下它们发育大量的滑动摩擦面，如在片状煤中可观测到十分明显的条痕滑动摩擦面，摩擦面平直且延伸稳定，而在鳞片煤、揉皱煤与糜棱煤中则发育一系列十分密集的波状镜面摩擦面。滑动摩擦面上基本均附着大量的黏土矿物涂层，沿着滑动摩擦方向能够为流体的运移提供通道并增强黏土矿物的局部迁移，使得黏土矿物混入强变形构造煤中，包括伊利石与蒙脱石矿物。

摩擦面附着的黏土矿物形貌特征变化表明，剪切应力作用下黏土矿物受到的改性作用相比其他类型应力作用更为显著(图 5-40)。一方面，片层状黏土矿物在剪切应力作用下发生方向调整，并沿着平行于 001 面方向离层，使得黏土矿物的片层厚度减小，宽高比增加；另一方面，剪切应力作用使得黏土矿物片层之间的滑动作用能够增强底面上的羟基(3 670 cm^{-1})去质子化作用，并增强其阳离子交换能力。

(7) 稀土元素的竞争性吸附

不同稀土元素与黏土矿物的亲和性不同，黏土矿物中有限的吸附点位必然会导致稀土元素之间发生竞争性吸附。稀土元素的模拟吸附实验表明，轻稀土元素在黏土矿物上的吸附性强于重稀土元素(Morgan et al.，2012)，因此限制性的吸附性位点会优先被吸附性更强的轻稀土元素占据，即便黏土矿物被重稀土元素优先占据，仍然可能在漫长的地质历史演化中被代入的轻稀土元素所替代。因此，轻稀土元素在煤中相对富集，重稀土元素在煤中表现为相对亏损，类似的情况在黏土沉积物的风化过程中也表现出相同的含量分布特征(Chen et al.，2003)。

5.2.4.3 微量元素迁移变化机理

(1) 单增型元素

研究表明，微量元素 Li、Sc、Cr、Zn、Ga、Rb、Y、Nb、Pb、Cd、Bi、In、Cs 与 REE 随着煤变形强度的增加，平均含量及含量波动范围均具有增大趋势。元素赋存状态分析结果表明，上述元素均具有亲石性，且大部分与黏土矿物有着密切联系。其中，REE 元素在片状煤、鳞片煤与揉皱煤中含量均明显增加，表明剪切应力作用促进 REE 元素在构造煤中的富集作用；Y^{3+} 的半径与 REE 元素中 Ho^{3+} 的半径相似，化学性质也十分类似，常常将 Y 元素与 REE 元素放在一起讨论(Bau，1996；Seredin et al.，2012)，因此，Y 元素在构造煤中也具有与 REE 相似的迁移变化规律。逐级化学提取实验表明，约 90%的 Li、Sc 与 Rb 元素与黏土矿物结合在一起，其他元素 Ga、In 及 Cs 与代表黏土矿物的 Al 与 Si 元素也呈显著的正相关关系，尽管主因子分析显示 Li、Sc、Ga、Rb、Nb、In 及 Cs 元素可能具有多种赋存状态，但主要仍赋存于黏土矿物中，因此，微量元素 Li、Sc、Ga、Rb、Y、Nb、In 及 Cs 在强变形构造煤中的富集与黏土矿物的变形、变位及变质作用有着密切联系。

上述与黏土矿物密切伴生的元素多以化学吸附态赋存。黏土矿物在构造应力作用下不仅发生机械混入作用，还发生动力变质作用，应力改性后的黏土矿物吸附相关元素的位点增加，吸附能力得到改善(尤其是剪切应力作用)。构造煤中黏土矿物的一系列变化，不仅能够代入相关元素，也增加了元素被吸附留存的可能性，因此，与黏土矿物相关的元素在强变形构造煤中富集，并可能具有较强的剪切应力敏感性。

(2) 突增型元素

微量元素 Cr、Mn、Co、Ni、Cu、Zn、Pb、Cd 与 Bi 也在强变形构造煤中富集，但元素含量在碎粒煤、鳞片煤以及揉皱煤中波动变化范围更大，且平均值要显著高于弱变形构造煤。聚类分析结果表明，黏土矿物是 Cr、Cd 与 Bi 元素的载体矿物之一；相关性分析表明，Cr、Mn、Co、Ni、Cu 及 Zn 与 Fe 和 Ca 元素相关性较高，主要赋存于含 Fe 与 Ca 的矿物中；主因子分析表明，Co、Ni、Pb、Cd、Bi 元素又与硫化物矿物密切伴生；而原位测试结果显示，Cr、Zn、Pb、Cd 及 Bi 元素的赋存状态较为复杂，具有多重来源的叠加性质。由此可见，Cr、Mn、Co、Ni、Cu、Zn、Pb、Cd 与 Bi 元素主要赋存于含 Fe 和 Ca 的硫化物及硫酸盐矿物中，同时也有小部分赋存于黏土矿物中，因此，这类元素在碎粒煤、鳞片煤及揉皱煤中的富集是黏土矿物、硫化物矿物及硫酸盐矿物在应力作用下变化的共同结果。

(3) 双增型元素

双增型微量元素 Th、U、Ta、Sr 与 Ba 在构造应力作用下受到的扰动较大，主要在弱脆性与强韧性构造煤中表现为相对富集。其中，主因子分析表明，微量元素 U 与 Ba 均与两个及以上的主因子呈正相关关系，赋存状态不明确；Th、U 和 Ta 元素与代表黏土矿物或金红石矿物的 Al、Si 和 Ti 呈正相关关系，表明元素部分赋存于黏土矿物；赋存状态分析表明，Sr 与 Ba 元素可赋存于碳酸盐矿物或硫酸盐矿物内；他人研究认为，Th、U、Sr 与 Ba 元素还可能赋存于磷酸盐矿物中(赵峰华，1997)。碳酸盐矿物在构造煤中多以裂隙充填的方式赋存，在脆性变形构造煤中较发育，磷酸盐矿物与硫酸盐矿物也能够以裂隙充填方式赋存，对脆性变形环境也具有敏感性；在韧性变形构造煤中上述矿物在流变过程中发生机械混入，也使得矿物含量增加，因此，双增型元素在脆性与韧性变形构造煤中均发生一定程度的富集。

(4) 分散型元素

微量元素 Be、W、Tl 及 Mo 在构造煤中的含量十分低，分布较分散，无明显规律性。研究表明，该四种元素的赋存状态较为复杂，其中 Be 与 W 元素既具有无机亲和性也具有有机亲和性；Mo 元素具有其他特殊的成因来源，同时也具有一定的有机亲和性；Tl 元素与硫化物矿物有一定的相关性。因此，Be、W、Tl 及 Mo 元素弱的应力响应特征主要是受元素低含量与复杂赋存状态的影响。

5.3 构造带内元素迁移变化规律

5.1 与 5.2 节分析了元素与矿物在不同类型构造煤中的分布具有一定的规律性，而构造煤作为应力作用的产物与地质构造密不可分，换言之，构造煤的分布受到地质构造的控制。因此，有必要研究具体的构造带内元素与矿物的分布模式，从而进一步揭示构造煤中元素与矿物的分异机理。

5.3.1 微观构造带内元素分布规律

5.3.1.1 微区元素分布测试方法

微小尺度构造带内元素分布测试均在上海铂锐仪器有限公司完成，主要采用德国 Bruker 的原位微区 X 射线荧光光谱仪 M4 Tornado(Micro-XRF)进行面扫。为研究元素的分布模式，首先对样品进行注胶固结处理(由于该仪器检测元素的种类为 Na～U，有机元素不在检测范围内，而胶的成分主要为有机元素，因此基本不会影响测试结果)；然后垂直于样品煤岩组分条带剖开抛光，利用仪器配备的自动扫描拼接红外显微镜获得样品抛光面的微观变形特征；最后选定典型变形区域并进行指定元素分布扫描，并结合元素分布特征与高分辨率的偏光显微镜照片进行对照分析。测试过程中将样品仓室内抽成真空，采用多导毛细管 Rh 靶激发，形成小于 20 μm 的光斑，通过移动样品台，对样品表面进行无损扫描检测。测试过程中电压为 50 kV，阳极电流为 60 μA，测试速率为 3 ms/pixel。

烟煤的显微组分主要包括镜质组、半镜质组、惰质组与壳质组四个组分组，无机矿物赋存于显微煤岩组分间，研究表明，煤中元素的分布与煤岩组分以及无机矿物的组合分布有着密切关系(许琪等，1990)。从微观角度而言，应力作用导致元素的载体煤岩组分与矿物发生变形与变质，甚至能够进一步引起元素分异，因此本节拟通过原位检测手段揭示微观构造对元素与矿物迁移变化的控制作用。

5.3.1.2 微观构造带元素分布特征

(1) S-C 面理组构带

1) 结构带特征

样品 N_{11} 为采集自祁南矿 6 煤层的揉皱煤，样品内部发育典型的 S-C 面理组构，S 与 C 面理的锐夹角指示着煤岩组分的剪切运动方向[图 5-45(b)]。压剪应力作用下煤岩组分显著的韧性流动，使得原生结构特征被强烈破坏[图 5-45(c)]。

2) 元素分布特征

S-C 面理组构带内扫描的元素主要包括 Al、Si、K、Ca、S、V、As、Cl、Ge、Fe、Ni、Rb、Y、Zn 与 Zr 共计 15 类元素(图 5-46)。其中，Al 与 Si 元素广泛分布，二者含量的高亮区域基本重合，表明元素的分布主要受黏土矿物在煤岩组分中分布特征的影响[图 5-46(a)、(b)]。A 点处 S、V、Ni 与 Ti 元素浓度值较高[图 5-46(c)、(g)、(k)、(i)]；B 点主要富集 Fe 元素，但并未与 S 元素分布区域重叠，Si 元素含量高值区在 B 点也有分布，推测此处可能发育菱铁矿、赤铁矿以及石英等矿物[图 5-46(b)、(f)、(g)]；C 点处主要富集 Ca 元素，而 S 元素并不富集，主要受到方解石矿物发育的影响[图 5-46(e)、(g)]。总体来看，Al、Si、Ti、K 与 S 等元素高值区的分布形态与煤岩组分的流变形态基本一致，表明随着煤体的流变煤岩组分及赋存其中的无机矿物在应力作用下发生变形与变位，使得元素局部分布特征变化。

(2) 微观褶皱构造带内元素分布特征

1) 微观褶皱带结构特征

发育微观揉皱构造带的样品为采集自朱仙庄矿 8 煤层的揉皱煤 Z_{50}(图 5-47)。

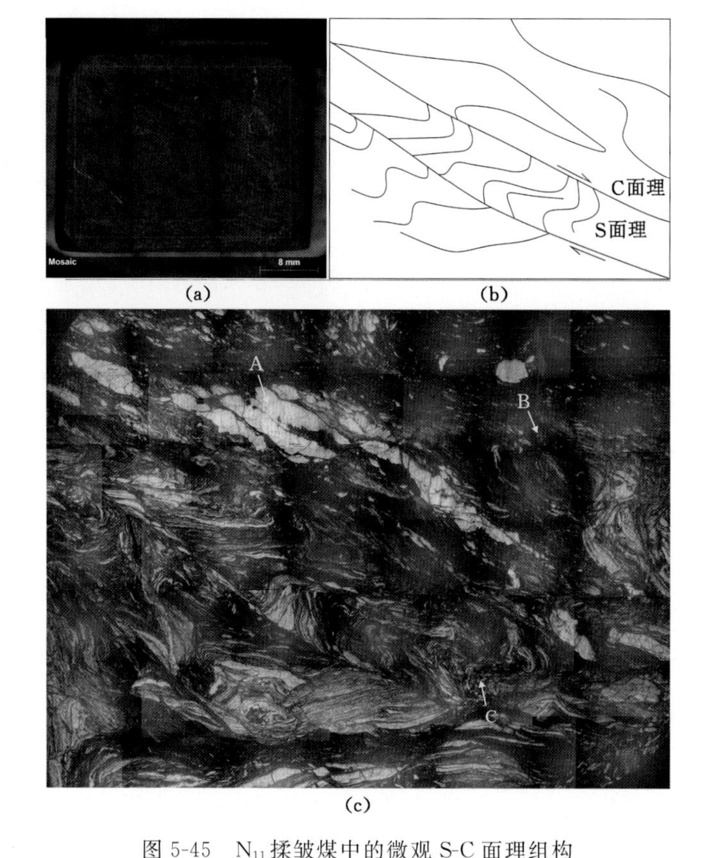

(a)　　(b)

(c)

图 5-45　N_{11} 揉皱煤中的微观 S-C 面理组构

(a) 红外显微镜下 S-C 面理组构拼接图；(b) S-C 面理组构简图；(c) 偏光显微镜下 S-C 面理组构拼接图

2) 元素分布特征

由于仪器扫描范围的限制，该微观褶皱构造一翼元素分布扫描不完整。微观揉皱带内扫描的元素主要包括 Al、Cr、Cu、Fe、K、Ni、Ca、S、Si、Ti 与 Zn(图 5-48)，带内 Al、K 与 Ti 元素的分布特征基本一致，主要受分布于有机质内的黏土矿物的控制[图 5-48(a)、(c)、(d)]；由于样品表面是采用砂纸抛光，处理过程中接触到 Si 元素，使得 Si 元素分布与 Al 元素不一致[图 5-48(a)、(b)]；S 与 Fe 元素高值区有一定重合度，推测是受到黄铁矿的分布控制[图 5-48(e)、(g)]。整体看来，Al、Cr、Cu、Fe、K、Ni、S 以及 Zn 元素的含量高浓度区趋向集中分布于发生微褶皱的核部，而 Si 与 Ti 元素的含量高浓度值主要分布于褶皱中和面之上的煤岩组分中，表明揉皱核部作为应力集中区发育强烈的韧性变形作用，促进了 Al、Cr、Cu、Fe、K、Ni、S 与 Zn 元素的富集作用。

(3) 碎斑结构带内元素分布特征

1) 碎斑结构带特征

发育碎斑结构带的样品为采集自朱仙庄矿 8 煤层的碎斑煤 D_4[图 5-49(a)、(c)]，碎斑结构的发育表明煤体在变形过程中经历了十分强烈的机械破碎与研磨作用。原生结构煤的煤岩组分条带基本呈层状分布，在机械破碎与研磨作用下碎斑结构仍然保留部分原生结构特征，碎基则在强烈破碎与研磨作用下失去原生结构，煤岩组分难以辨认。

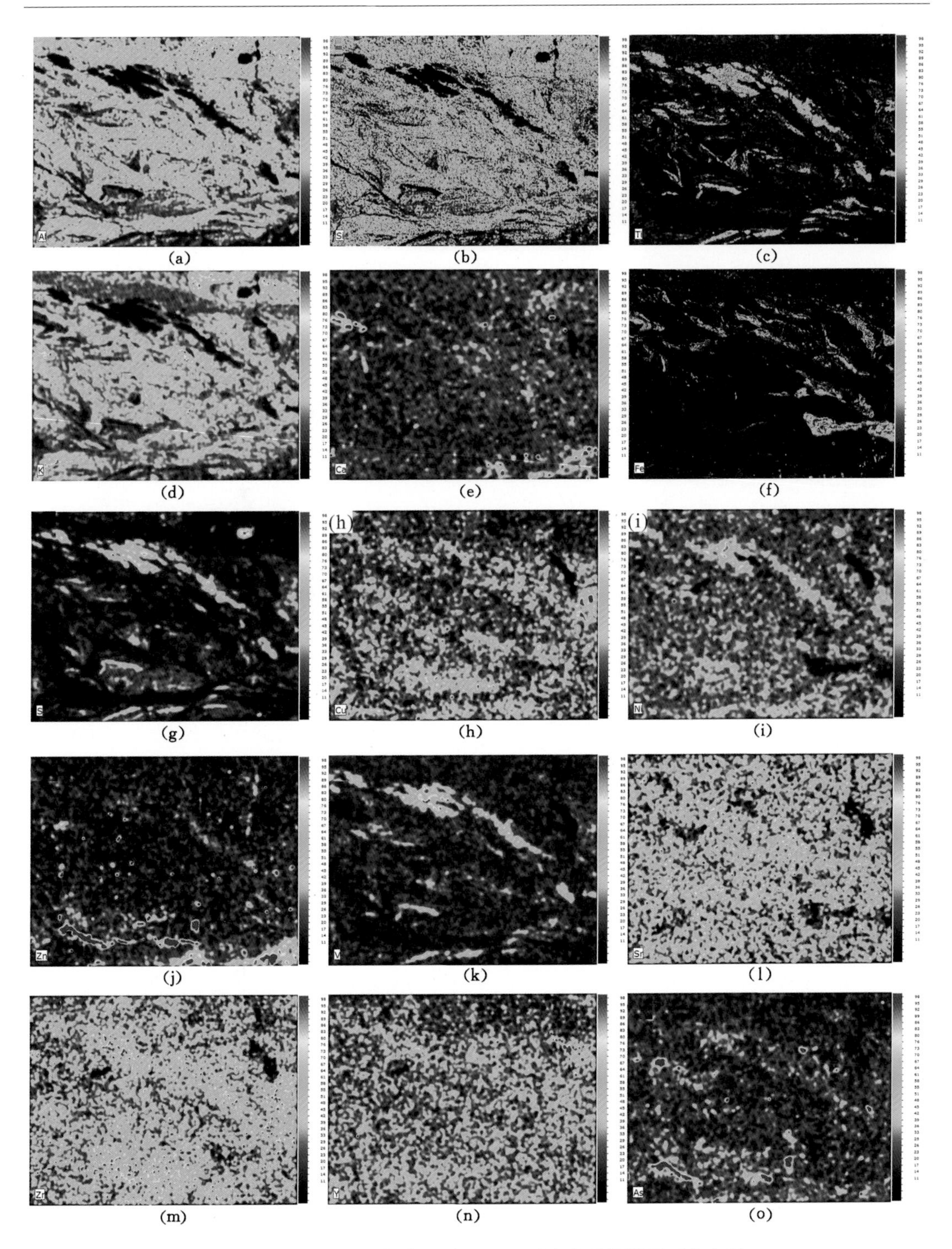

图 5-46 S-C 面理组构带 Micro-XRF 元素含量检测平面分布图

碎斑结构带内 A 点与 B 点处破碎的惰质组依然保持一定的方向性，惰质组指示的方向与煤岩组分变形前的展布方向一致。基于点 A 处惰质组在碎斑结构带内的方向调整，可推断碎斑结构形成于顺层挤压或剪切作用。在样品右侧 C 点与 D 点附近呈线状分布的团块

(a)

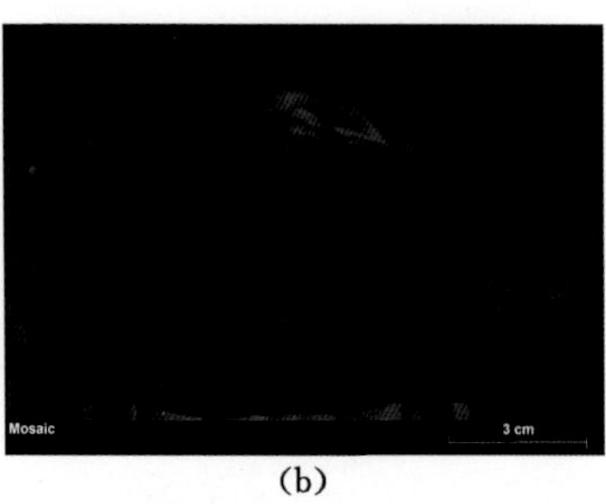

(b)

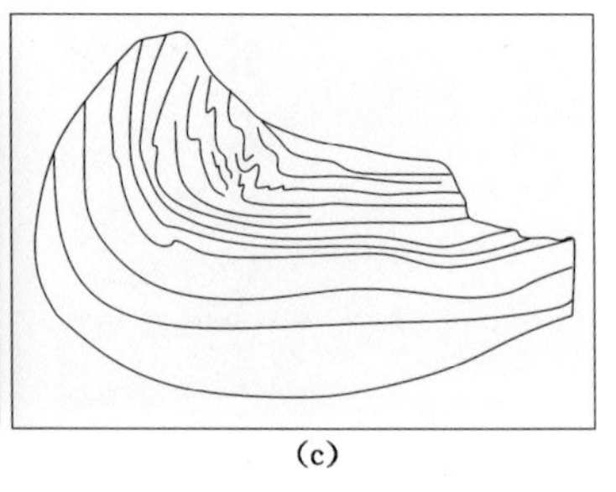
(c)

图 5-47　揉皱煤 Z_{50} 中微观尺度揉皱构造带

(a) Z_{50} 宏观变形特征；(b) 红外显微镜下揉皱构造带拼接图；(c) 微观揉皱构造带简图

状黄铁矿是在同生作用下形成的，经变形作用后黄铁矿的周缘基本均被碎基包裹，表明煤体破碎研磨过程中黄铁矿也发生了调整与迁移。

2) 元素分布特征

尽管碎斑结构中煤岩组分条带可分辨程度较低，但原位扫描结果显示 Al、Si 与 Ti 元素仍具有成层分布的特征，尤其在保存较为完整的碎斑内，而碎基部分中 Al 与 Si 元素则已经在机械破碎与研磨作用下发生重新分布，不再保持层状分布特征[图 5-50(a)、(b)]。其中 Al 与 Si 元素的高亮区分布基本一致，Ti 元素的分布却并不与 Al 和 Si 重合，但分布特征却具有相似特征，表现为碎斑中成层分布而碎基中分散分布的特征[图 5-50(c)]。

Fe 与 S 元素高亮区的分布与碎斑结构带内黄铁矿的分布一致，Fe 元素的高值区外围发育不规则次高亮的晕状区，表明在碎斑结构形成过程中随着黄铁矿的位置调整 Fe 与 S 元素能够在局部发生浸染作用[图 5-50(d)、(e)]；主要分布于扫描范围右侧区域的 Zn 元素含量高值区与 Fe 和 S 元素的高值区相伴生，表明 Zn 元素的分布受碎斑结构带内黄铁矿变形与变位作用的控制[图 5-50(f)]；Ca 元素的高亮区在扫描范围内呈分散分布，高值点整体具有一定的成层分布特征[图 5-50(g)]；Cr 元素由于整体含量十分低，未呈现明显的规律，分布较分散[图 5-50(h)]。

不同微观构造带内元素原位扫描表明，元素的分布与有机煤岩组分和矿物的分布有着密切联系，构造煤中煤岩组分在应力作用下的变形与变位作用使得局部区域元素与矿物的分布被改变。

(4) 滑动摩擦面矿物与元素分布特征

模拟变形实验已表明，在摩擦滑动作用下摩擦面上矿物的位置与形貌特征被改变，并导致相关元素的迁移变化。滑动摩擦面在构造煤中广泛发育，摩擦面上附着的矿物在应力作用下产生了一系列物理与化学结构的变化，同时也使得矿物与相关元素沿着相对摩擦方向发生局部迁移变化。

1) 条痕摩擦面上矿物与元素分布特征

所选条痕摩擦面发育于祁东矿 8 煤层碎斑煤样品 D_4 中[图 5-51(a)]。摩擦面上发育的无机元素以 Al 与 Si 为主，其余无机元素含量较低[图 5-51(b)、(c)]。Al 与 Si 元素高光区分布特征一致，均沿着相对滑动摩擦方向呈“虚接触”的线状或带状分布，表明元素沿着滑动方向迁移。滑动摩擦方向的起始端 Al 与 Si 元素的含量低于滑动终止端，表明二者沿着滑动方向在滑动终止端富集。相比于模拟实验形成的条痕摩擦面，脆性变形构造煤中条痕摩

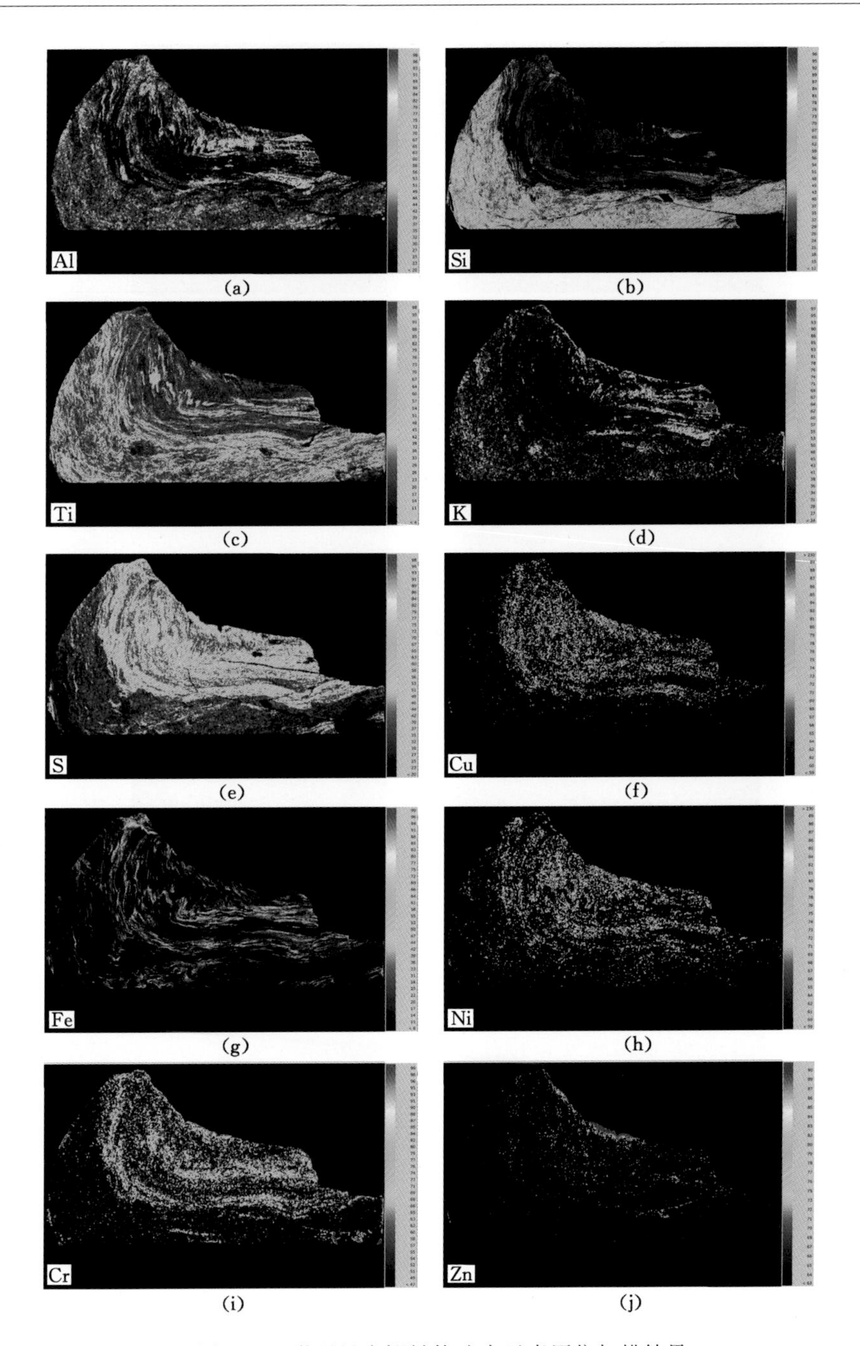

图 5-48 微观尺度褶皱构造中元素原位扫描结果

擦面上刻划作用形成的“沟壑”更深，凹凸不平的沟壑使得 Al 与 Si 元素集中分布于擦痕的凹槽部位。

O 元素的高光区分布与 Al 和 Si 元素的分布基本一致，而 C 元素高光区分布恰好与 Al 和 Si 呈互补关系；低含量的 S、Na 与 Mg 元素在擦痕的凸起处出现低含量的暗淡区，与 C 元素的暗淡区基本重合，表明具有较强的无机亲和性；而 Ca、K、Ti、Fe、Co、Ni 与 Cu 元素在扫

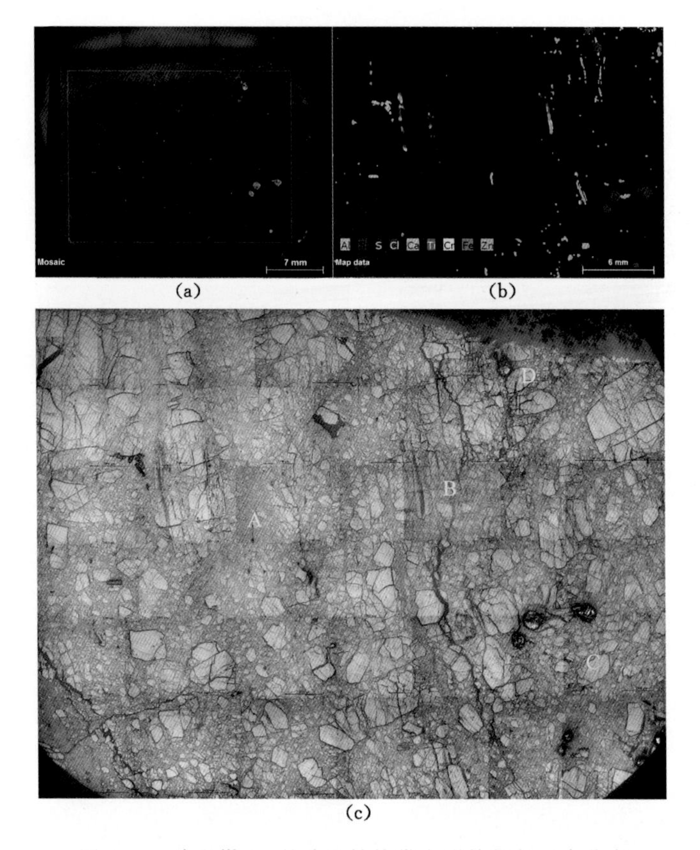

图 5-49　碎斑煤 D_4 的碎斑结构带变形特征与元素分布

(a) 红外显微镜下碎斑结构带拼接图；(b) 碎斑结构带内元素的综合分布图；(c) 偏光显微镜下碎斑结构带拼接图

描区域内的分布较分散，并无明显规律。

2）镜面摩擦面上矿物与元素分布特征

① 波状镜面摩擦面

波状镜面摩擦面 1 发育于朱仙庄矿 8 煤层揉皱煤样品 Z_{25} 中[图 5-52(a)]。摩擦面上主要分布的元素包括 Al 和 Si，其次为 Fe、K、Ti、Na 与 Mg 元素[图 5-52(b)、(c)]。摩擦面上 Al、Si 元素分布呈现两个方向的特征，其一为元素的高亮区沿滑动摩擦方向呈长条状和类纺锤状等；其二为元素的高亮区横向排列垂直于滑动摩擦方向，根据元素分布特征可推测前者是黏土矿物在滑动摩擦作用下被拉长所导致，而后者则是由于矿物在滑动摩擦过程中于摩擦阶步陡坎处形成富集。

Fe 元素高浓度区在滑动摩擦面上呈零星分布的斑状，斑块的长轴方向与滑动摩擦方向一致；O 元素的分布与 Al 和 Si 元素一致；C 元素的暗淡区与摩擦条痕方向一致；与 Al 和 Si 元素共伴生的 K 元素在摩擦滑动方向的终端富集程度也较高；其余的 Ti、Na 与 Mg 元素由于含量较低，摩擦滑动作用影响下的分布特征不明显。

所选波状镜面摩擦面 2 发育于朱仙庄矿 10 煤层揉皱煤样品 Z_{60} 中[图 5-53(a)]。摩擦面上主要包含 Al 和 Si 元素，其次为 K、Ca 与 Ti 元素[图 5-53(b)、(c)]。Al 和 Si 元素的高亮区在波状镜面摩擦面上的分布较分散，仅在相对摩擦滑动方向起始端的小范围内相对暗

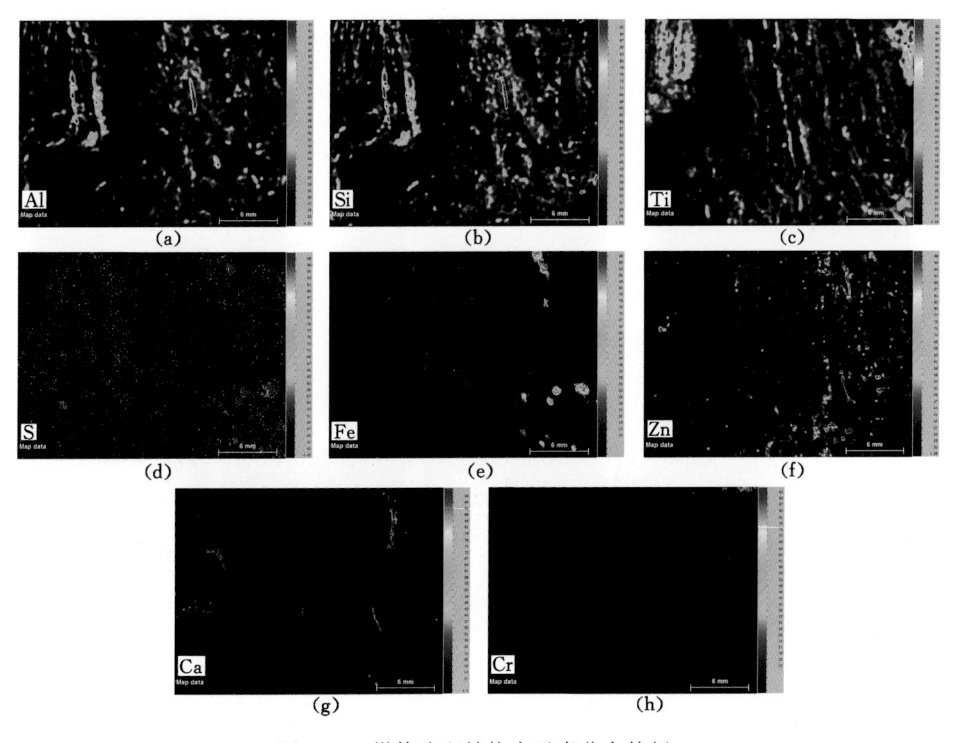

(a) (b) (c)

(d) (e) (f)

(g) (h)

图 5-50 煤体碎斑结构中元素分布特征

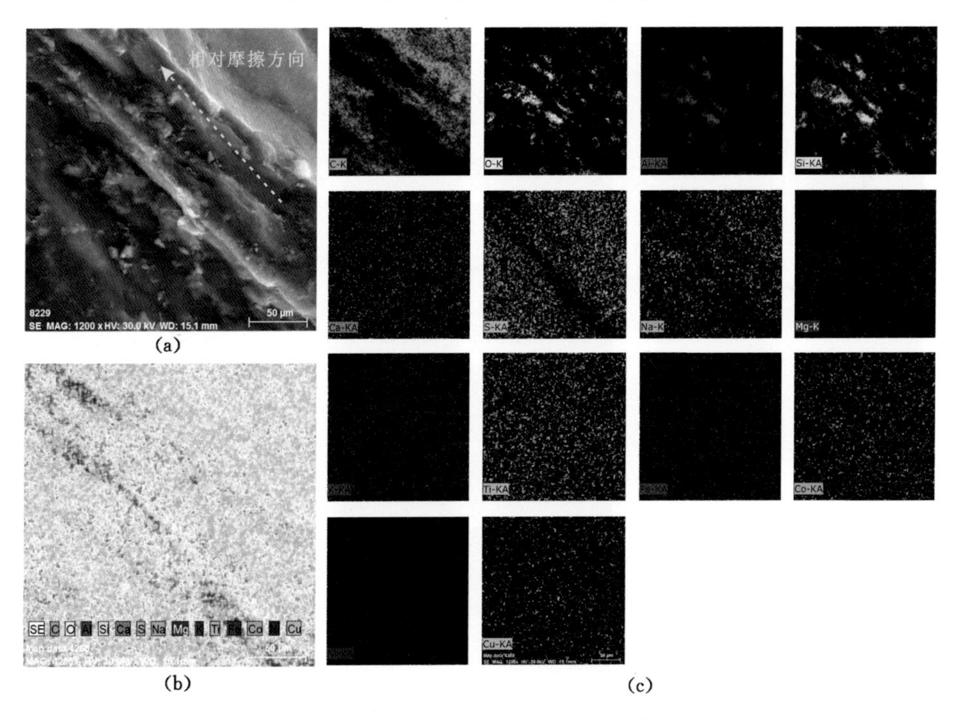

(a) (b) (c)

图 5-51 条痕摩擦面表面矿物与元素分布特征

(a) 摩擦面形貌特征(SEM,1 200×);(b) 元素含量分布特征综合图;(c) 单一元素含量分布图

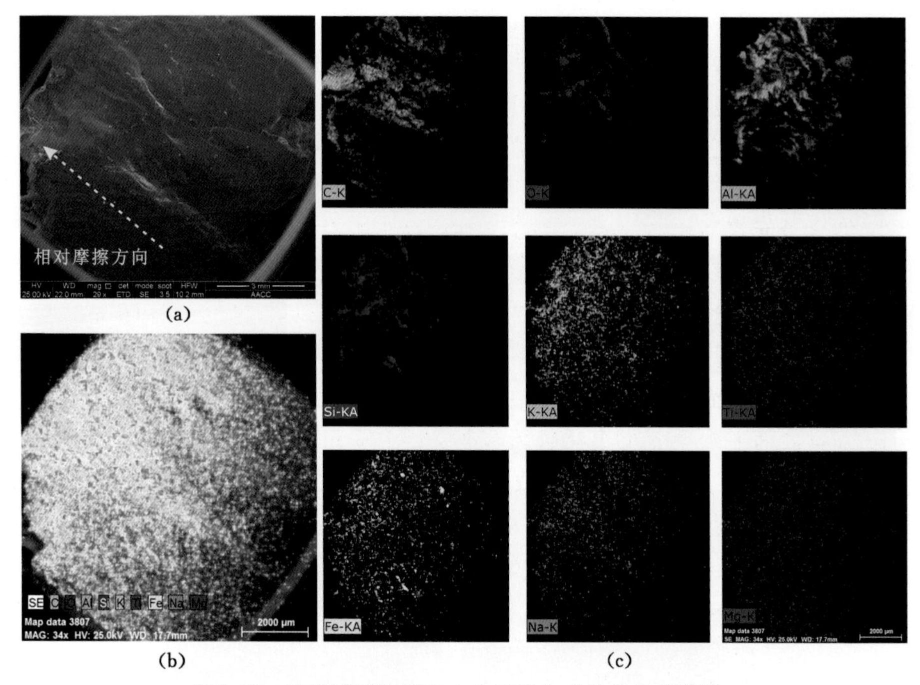

图 5-52　波状镜面摩擦面 1 上元素与矿物的分布特征

(a) 摩擦面形貌特征(SEM,34×);(b) 元素含量分布特征综合图;(c) 单一元素含量分布图

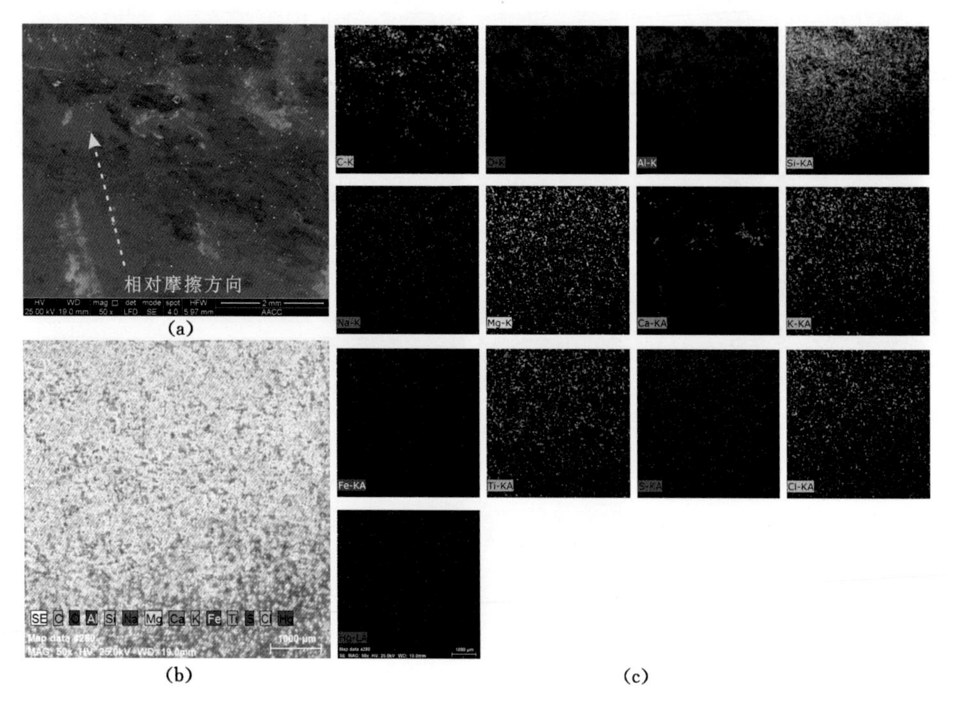

图 5-53　波状镜面摩擦面 2 表面矿物与元素分布特征

(a) 摩擦面形貌特征(SEM,50×);(b) 元素含量分布特征综合图;(c) 单一元素含量分布图

淡。与波状镜面摩擦面 1 明显不同的是，波状镜面摩擦面 2 上由于强烈的压剪摩擦作用，使得 Al 和 Si 元素相对均匀地涂抹在整个扫描范围内；与 Al、Si 元素密切相关的元素 K 和 Ti 元素在摩擦面的分布也较为均匀；Ca 元素的高浓度区分布则较为集中，沿相对滑动方向呈直线分布或团簇状的亮斑；C 元素的亮度整体较为暗淡，主要是由于摩擦面上黏土矿物的涂层导致有机质被覆盖其下；相反，O 元素则因为矿物的广泛分布，在整个扫描范围内 O 的含量十分高；低含量元素 Na、Mg、Fe、S 与 Hg 在摩擦面上分布较分散，无明显规律。

所选波状镜面摩擦面 3 发育于朱仙庄矿 10 煤层揉皱煤样品 Z_{69} 中[图 5-54(a)]。摩擦面上无机元素主要包含 Al 和 Si 元素，其次为 K、Ca、Ti、Cl 与 Na 元素[图 5-54(b)、(c)]。从元素综合分布图来看，Al、Si 元素与样品 Z_{60} 中发育的波状镜面摩擦面 2 类似，分布相对均匀，主要是由于摩擦面上的黏土矿物在压剪滑动过程中受到涂抹作用，形成了微-纳米黏土矿物涂层；摩擦面上 C 元素的高亮区基本与 Al 和 Si 元素相重合，可能是由于在涂抹作用过程中有机质与黏土矿物相互混合，形成有机-黏土复合膜（吴俊等，1990）；Cl 与 Na 元素在滑动摩擦方向的终端富集；其他元素 K、Mg、Ca、Ti、Fe、Co、Ni、Cu 与 S 均呈弥散状分布，无明显分布规律。

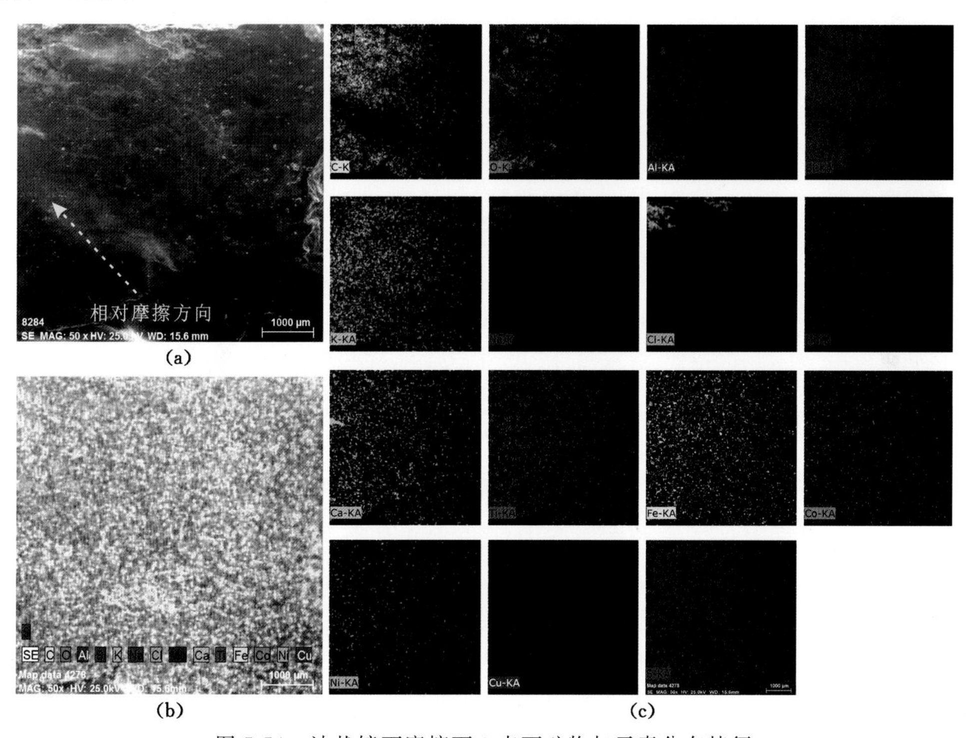

图 5-54　波状镜面摩擦面 3 表面矿物与元素分布特征

(a) 摩擦面形貌特征(SEM，50×)；(b) 元素含量分布特征综合图；(c) 单一元素含量分布图

② 条痕镜面摩擦面

所选条痕镜面摩擦面 1 发育于祁南矿 6 煤层揉皱煤样品 N_3 中[图 5-55(a)]。摩擦面上主要发育 Al 和 Si 元素，在扫描范围的上半区内 Al 和 Si 元素相对富集，仅在滑动摩擦方向的终端局部出现高亮点，而在下半区内隐约可见 Al 与 Si 元素的高浓度区沿滑动摩擦方向呈线状分布[图 5-55(b)、(c)]。Al 和 Si 元素在上、下半区分布的差异性表明，摩擦面在滑

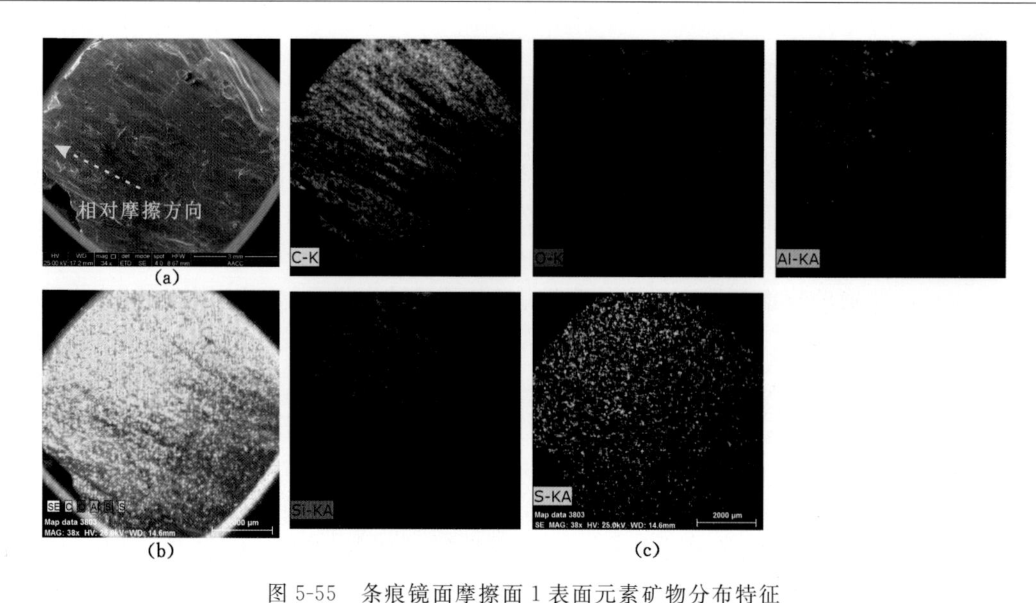

图 5-55　条痕镜面摩擦面 1 表面元素矿物分布特征

(a) 摩擦面形貌特征(SEM,34×);(b) 元素含量分布特征综合图;(c) 单一元素含量分布图

动过程中所受到的正应力作用不均匀,上半区受到的应力较大并发生类似黏土矿物的涂抹作用;而下半区应力相对较小,形成了条痕镜面摩擦面,导致摩擦面矿物与元素呈线状分布。O 元素主要赋存于黏土矿物中,因此其分布特征与 Al 和 Si 元素基本一致;C 元素的分布则由于表面摩擦条痕的存在而呈现条带状暗淡区与光亮区相间分布的特征;S 元素由于含量较低,在整个摩擦面上分布较为分散。

所选条痕镜面摩擦面 2 发育于芦岭矿 8 煤层揉皱煤样品 L_5 中[图 5-56(a)]。镜面摩擦面 2 上主要发育 Al 和 Si 元素,其次为 K、Ti、Fe 与 Na 元素[图 5-56(b)、(c)]。扫描范围的右半区隐约可见元素受条痕结构影响,光亮区与暗淡区呈条带状相间分布。Al 和 Si 元素十分均匀地分布于整个摩擦面,同时共伴生的 K 和 Ti 元素与 Al 和 Si 元素分布特征一致;与样品 Z_{69} 波状镜面摩擦面 3 出现的情况相同,C 元素的分布和 Al、Si 元素重合,表明在黏土矿物摩擦涂抹过程中有机质混入形成了有机-黏土矿物复合涂层;含量较低的 Fe 与 Na 元素高亮区在摩擦面上零星分布,无明显分布规律。

③ 土状镜面摩擦面

所选土状镜面摩擦面 1 发育于朱仙庄矿 8 煤层揉皱煤样品 Z23 中[图 5-57(a)]。摩擦面主要发育的元素为 Al 和 Si,其次为 Fe、Ti 与 Mg[图 5-57(b)、(c)]。Al 和 Si 元素在整个摩擦面上分布广泛,可能由于正应力较小或在滑动摩擦过程中发生跳跃,Al 和 Si 元素在扫描范围局部地区出现暗淡区,沿着摩擦滑动方向隐约可见元素高亮区呈条带状分布。在扫描电镜的 BSED 模式下,可观测到摩擦面表面附着的黏土矿物膜在边缘受到摩擦作用形成类似"彗星尾巴"状的矿物条痕。由于矿物覆盖作用使得摩擦面 C 元素的高含量高亮区仅在矿物边缘地带分布,而 O 元素的分布与 Al 和 Si 元素的分布基本重合。

所选土状镜面摩擦面 2 发育于祁东矿 8 煤层揉皱煤样品 D_1 中[图 5-58(a)]。摩擦面上分布的主要元素为 Al 和 Si,其次为 K[图 5-58(b)、(c)]。肉眼观测到的摩擦面十分光滑,但在显微镜下摩擦面上发育明显的阶步陡坎。Al 和 Si 元素高亮区呈垂直于相对滑动方向的

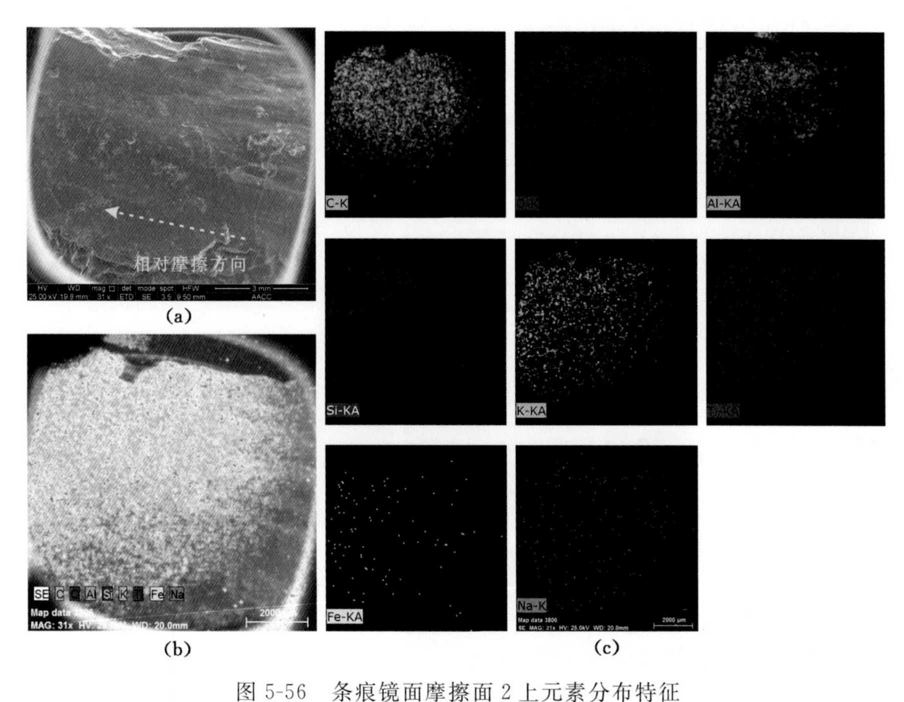

图 5-56　条痕镜面摩擦面 2 上元素分布特征

(a) 摩擦面形貌特征(SEM,31×);(b) 元素含量分布特征综合图;(c) 单一元素含量分布图

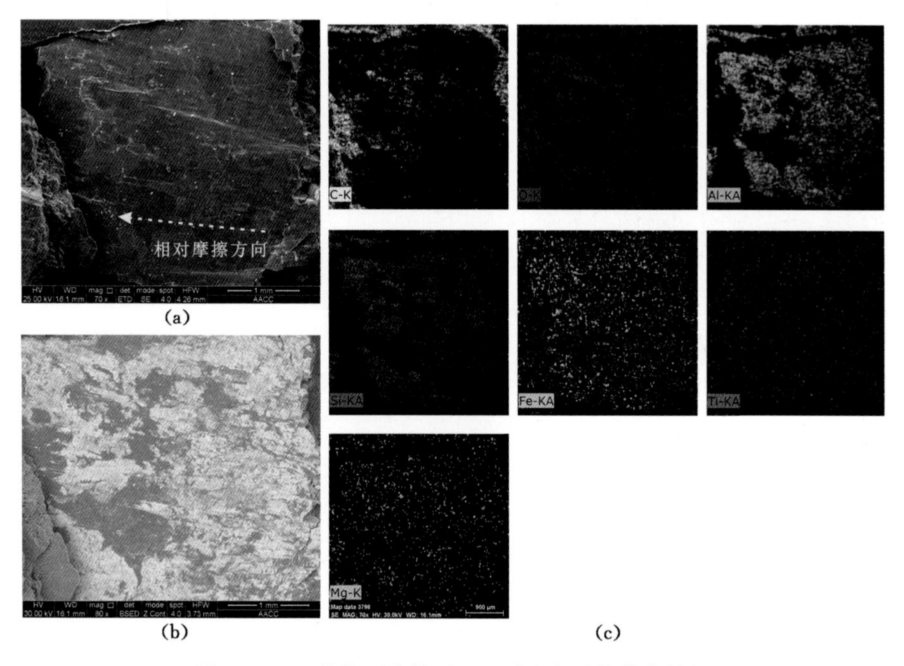

图 5-57　土状镜面摩擦面 1 上元素与矿物分布特征

(a) 摩擦面形貌特征(SEM,70×);(b) BSED 模式下摩擦面矿物分布特征(SEM,80×);(c) 单一元素含量分布图

不连续分布特征,这是由于元素在摩擦滑动作用的迁移过程中于阶步处滞留富集;赋存于黏土矿物层间的 K 元素与 Al 和 Si 元素分布特征相似;O 元素在有机质中的含量低于黏土矿

物,因此元素高浓度区域与 Al 和 Si 元素的高浓度区域相重合;低含量的 Fe 元素呈分散状分布于整个摩擦面。

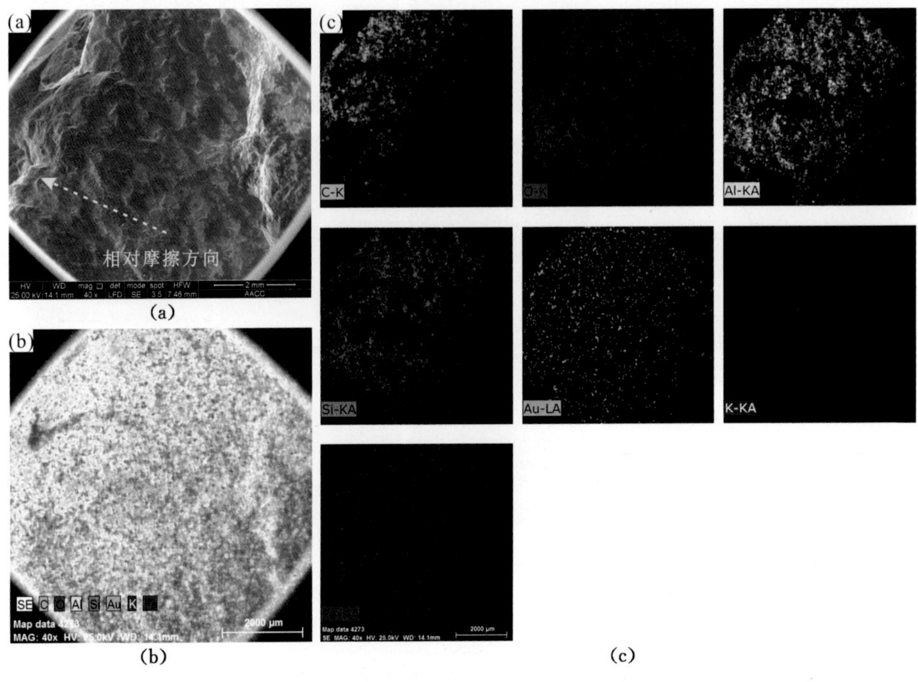

图 5-58　土状镜面摩擦面 2 表面矿物与元素分布特征

(a) 摩擦面形貌特征(SEM,40×);(b) 元素含量分布特征综合图;(c) 单一元素含量分布图

通过对不同构造煤中不同类型摩擦面上元素与矿物的分布特征总结可发现,Al 和 Si 元素发育广泛,并且在剪切滑动过程中 Al 和 Si 元素可沿相对摩擦方向发生局部迁移和富集。不同类型摩擦面上元素与矿物在滑动作用影响下具有不同的响应特征,其中脆性变形构造煤中摩擦面不平整接触滑动引起的强烈刻划作用,使得表面的元素高浓度区往往沿滑动摩擦方向呈线状分布;在韧性变形构造煤中广泛发育的波状摩擦面上元素与矿物在更为强烈的压剪摩擦作用下产生涂抹作用,使得矿物在摩擦面上形成复杂的微-纳米涂层,元素在摩擦面上的分布更为均匀。此外,摩擦面附着的黏土矿物作为润滑物质,一方面能够促进层间滑动构造的形成;另一方面也在层间滑动过程中迁移变化,并引起相关元素的迁移富集。

摩擦面的擦痕阶步发育使得元素与矿物能够在特定位置富集。尽管样品摩擦面的不平整会导致检测元素含量发生变化,但是大量的观测结果仍能证明摩擦面上的矿物与元素能够发生局部迁移富集。开展构造煤中摩擦面表面元素分布特征的研究对揭示煤中元素与矿物的富集有着重要意义,因此在后续章节将结合高温高压实验对变形煤摩擦面上元素分布特征做进一步探讨。

5.3.2　显观构造带内元素分布规律

5.3.2.1　显观褶皱构造带

（1）显观褶皱构造结构特征

以采集1041工作面18采架附近煤层下分层的揉皱煤 Z_{69} 为例，分析显观尺度揉皱构造对煤中元素与矿物分布特征的影响。块状样品以亮煤为主，宏观煤岩组分条带不清晰，发育凹凸不平的波状镜面摩擦面，摩擦面上可见矿物附着。样品内部主要发育两类构造，其顶部为顺层剪切滑动面，而样品下半部分属于剪切作用下形成的揉皱构造。在小构造不同点位用样品勺挖取样品进行测试，以研究元素与矿物在显观揉皱构造影响下的分异特征与迁移变化机理。具体采集位点共7个(图5-59)：①——褶皱核部；②——褶皱中和面部位；③——褶皱中和面之上的部位；④——褶皱翼部；⑤——靠近褶皱脊线的滑动面；⑥——靠近褶皱翼部的滑动面；⑦——褶皱翼部滑动带。

图5-59 手标本尺度褶皱构造样品宏观结构特征

①号点位处于小褶皱构造中和面之下，在褶皱形成过程中受到强烈的挤压应力作用，导致该点位处形成次级韧性流动结构，煤体结构破碎程度最高，次级斜歪褶皱轴面与顺层剪切滑动面的锐夹角指示剪切滑动方向；②号点位采集自靠近褶皱中和面的轴部位置，煤体变形程度明显小于①号点位处，发育一系列与褶皱形态平行的裂隙；③号点位则处于褶皱中和面之上，主要受到拉张应力作用，导致煤体结构呈碎裂状产出；④号与②号点位处于褶皱翼部的同一层位，煤体破碎结构特征与②号点位处基本相同；⑤、⑥与⑦号点位均位于层间滑动带内，煤体结构在断口处均表现为较密集的薄片状结构或鳞片状结构，带内能够观察到十分发育的摩擦面；⑤号至⑦号点位煤体破碎程度逐渐降低，其中⑤号点位靠近褶皱脊线，在顺层剪切与局部张应力的共同作用下，煤体结构最为破碎，呈柳叶状鳞片结构。

(2) 矿物分布特征

研究显观褶皱构造，对认识规模较大的褶皱构造中元素的迁移富集规律具有一定的借鉴意义。煤中灰分产率主要来源于矿物，因此，了解显观褶皱不同构造位置灰分产率对带内矿物的分布具有指示意义。褶皱核部(编号①)以及靠近褶皱脊线的滑动面(编号⑤)两个部位灰分产率高于其他部位，尤其以褶皱核部最高，表明这两个部位在褶皱构造作用下有利于矿物的富集[图5-60(a)]。XRD测试结果表明，小褶皱构造带内发育的矿物类型一致，主要包括黏土矿物与石英，但矿物的特征峰强度在不同点位有差别，④、⑥与⑦号点位矿物峰强度略微低于其他点位[图5-60(b)]。

显观褶皱构造带中，③、④、⑥与⑦号点位处测得羟基的特征峰明显宽缓与低矮，而在

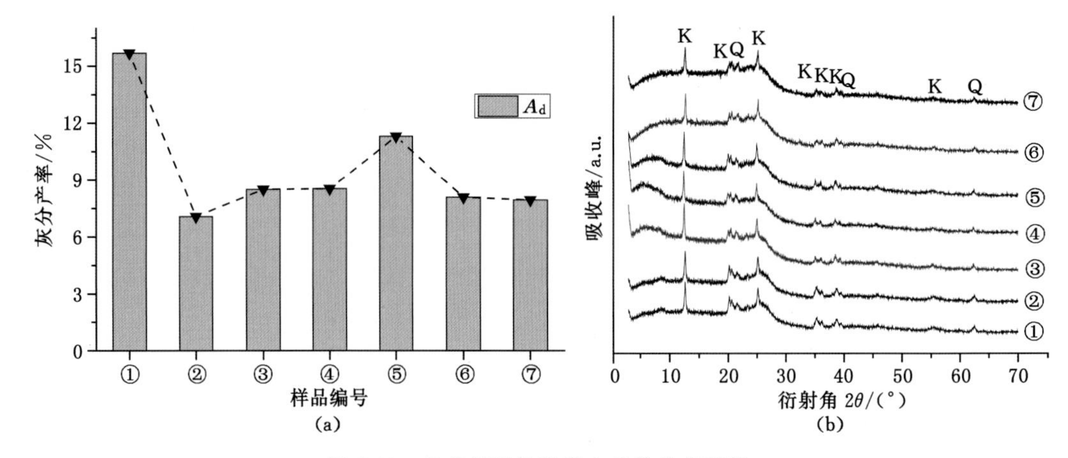

图 5-60 显观褶皱构造带内矿物分布特征

(a) 不同点位灰分产率分布图;(b) 小构造不同点位 XRD 测试谱图

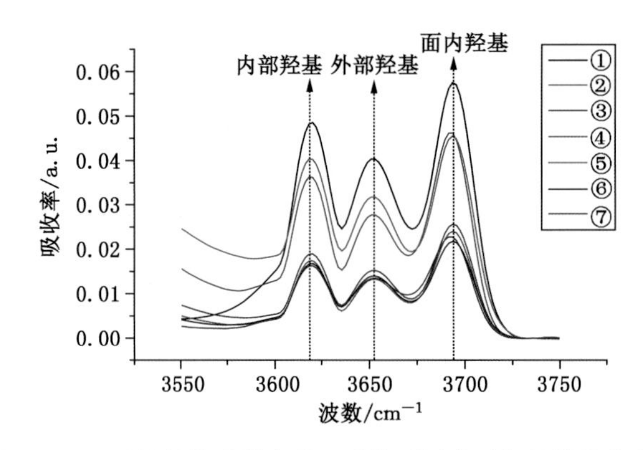

图 5-61 显观褶皱构造带内黏土矿物不同类型羟基结构发育特征

①、⑤与②号点位处特征峰更为窄高(图 5-61)。其中,①与⑤号点位黏土矿物中三种类型羟基的特征峰吸收强度明显高于其他点位样品,一方面主要是由于顺层剪切滑动作用导致①与⑤号点位黏土矿物的含量明显高于其他点位,使得黏土矿物中羟基含量升高;另一方面如 5.1.2～5.1.4 节所述,黏土矿物的应力敏感性十分强,褶皱核部与层滑带内的①与⑤号点位分别在强烈的挤压以及压剪应力作用下,使得煤中黏土矿物的破碎程度增加,更多羟基结构暴露出来。同样,由于②号点位在剪切滑动作用下形成一系列平行裂隙,使得黏土矿物受到压剪应力作用而离层剥落,导致黏土矿物中羟基含量明显升高。

(3) 元素分布特征

1) 常量元素

有机常量元素 H、N 与 S 在揉皱核部以及靠近褶皱脊线的滑动面部位的含量均明显低于其他部位,表明在中和面之下的部位与靠近褶皱脊线的滑动面的⑤号点位处由于受到更为强烈的应力作用,使得煤体破碎程度明显增加,动力变质作用增强,导致以有机质形式赋存的杂原子 H、N 与 S 散失(图 5-62);C 元素在褶皱核部并未表现出富集特征,相反,其含量却低于其他部位的含量;O 元素则呈核部高、翼部低的分布特征,主要与核部黏土矿物含量

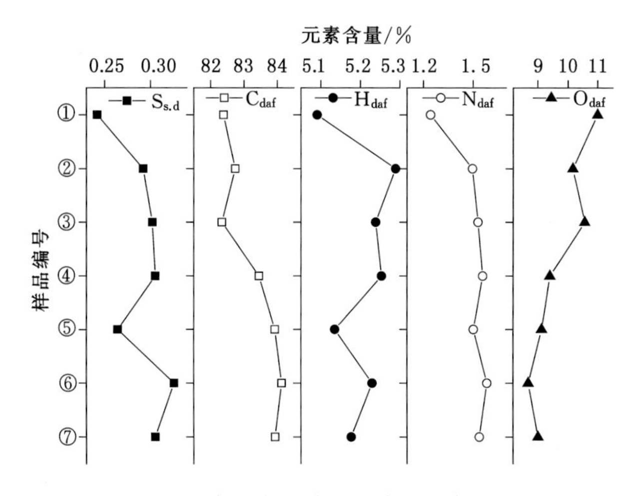

图 5-62　小揉皱构造中有机常量元素分布特征

的增加有关。

无机常量元素的氧化物 SiO_2、Al_2O_3 与 K_2O 和无机常量元素 P 与 Zr 的分布模式与灰分产率的分布模式基本一致，表明在小褶皱构造控制作用下黏土矿物与石英矿物的运移必然导致组成这些矿物以及与矿物共生的元素在特定部位富集(图 5-63)。无机氧化物 TiO_2、Fe_2O_3 与 CaO 的分布则较为分散，无明显的应力响应特征。

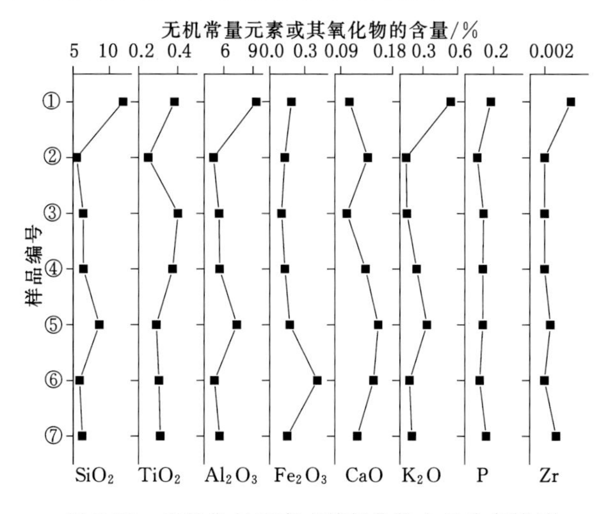

图 5-63　无机常量元素或其氧化物含量分布特征

2）微量元素

根据微量元素在显观褶皱构造不同部位的含量分布特征将其分为递减型、递增型以及分散型三类。

递减型：微量元素 Co、Ni、Mo 与 Cd 在褶皱核部与层滑构造接近褶皱构造脊线处出现明显的亏损，在带内其他地方表现为相对富集(图 5-64)。该四种元素的分布与灰分产率呈明显的负相关关系，与有机常量元素 H、N、S 的分布一致，其中 Co 与 Mo 元素被证明在煤

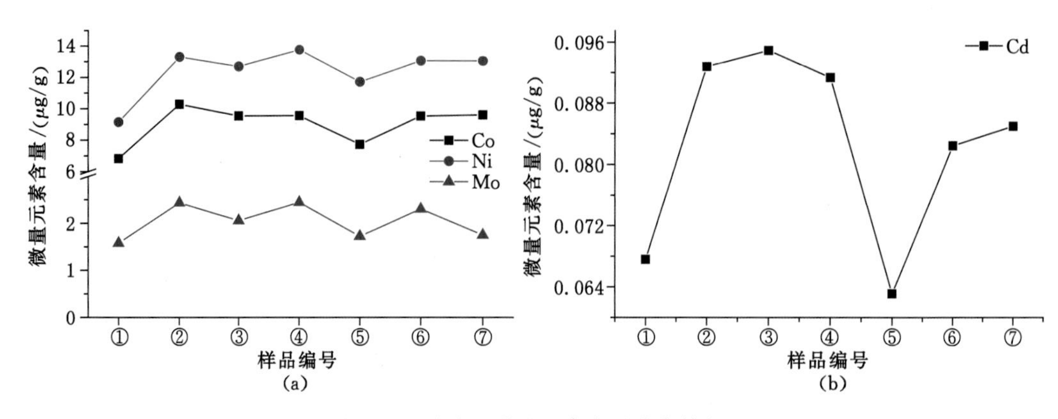

图 5-64 递减型微量元素含量分布特征

中多具有较强的有机亲和性，因此递减型 Co 与 Mo 元素可能与煤有机结构的动力变质作用有着密切的联系[图 5-64(a)]。褶皱核部处于中和面之下，受到强烈的挤压作用，煤体破碎程度明显较高；⑤号点位在顺层剪切与局部张应力作用下形成鳞片状结构，更强烈的动力变质作用使得递减型元素在煤有机质中的结合位点减少，从而导致①与⑤号点位其含量出现亏损。

富集型：稀土元素与 Sc、Cr、Zn、Rb、Sr、Y、Tl、Cs、Ba、Th 和 Ta 元素在褶皱核部与⑤号点位明显富集(图 5-65，图 5-66)。富集型元素的分布模式与灰分产率的分布特征一致，表明富集型元素基本以矿物为载体。褶皱构造作用以及剪切滑动作用下煤中矿物的分布发生迁移改变，在褶皱核部与⑤号点位处形成富集，从而导致无机亲和性较强的相关元素均表现为增加趋势。

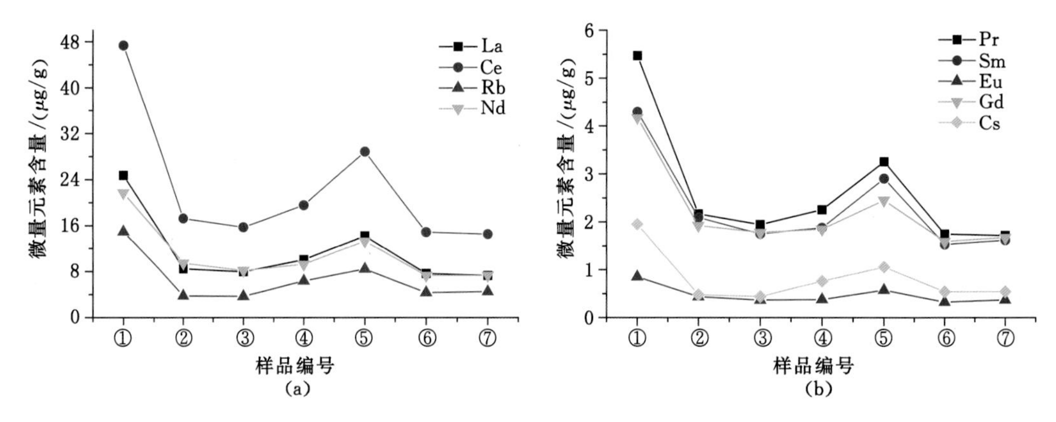

图 5-65 富集型轻稀土元素与 Rb、Cs 元素含量分布特征

分散型：Li、Be、W、Mn、Cu、Ga、Nb、Pb、Bi、In 与 U 元素在手标本尺度的构造内分布相对较为分散，未显示明显的有机或无机亲和性(图 5-67)。不同分散型元素的分布特征各不相同，表明分散型元素的赋存形式多样，推测可能既存在有机赋存形式，也存在无机赋存形式。

(4) 元素赋存状态

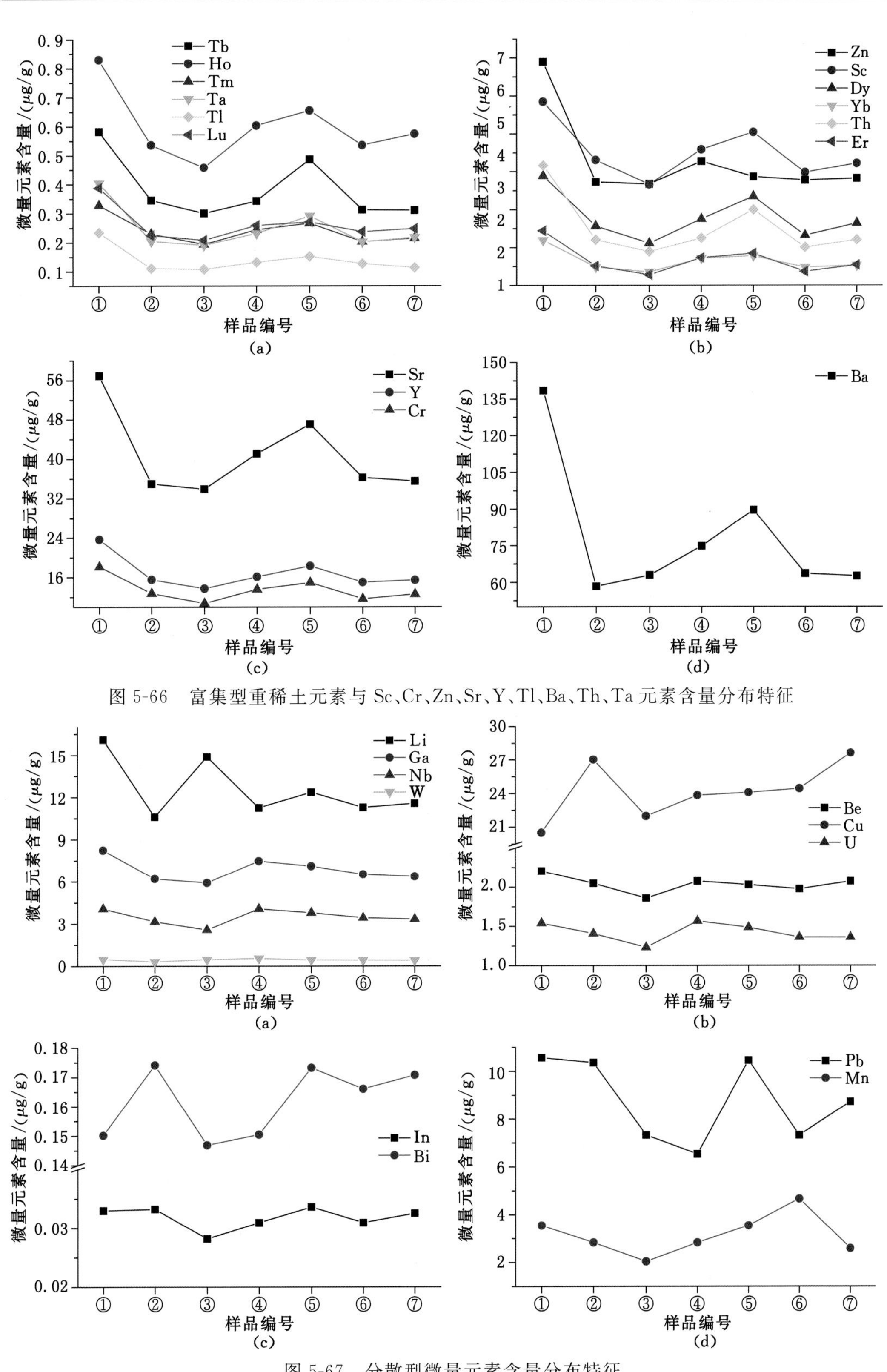

图 5-66　富集型重稀土元素与 Sc、Cr、Zn、Sr、Y、Tl、Ba、Th、Ta 元素含量分布特征

图 5-67　分散型微量元素含量分布特征

结合元素的层析聚类分析结果，进一步分析元素在显观褶皱构造作用下的动力分异作用机理(图 5-68)。当选取距离为 5 时可将所有元素划分为 7 组，组Ⅰ与组Ⅲ中元素与灰分产率相关性(0.89～0.98)十分高，并且与黏土矿物组成元素 Si(>0.90)和 Al(>0.87)相关性也十分高。组内煤中稀土元素多呈吸附态赋存于黏土矿物中，其余元素也具有显著的黏土矿物亲和性，例如 K 元素是黏土矿物层间域中比较常见的一类元素。在构造作用影响下显观褶皱构造核部黏土矿物富集，而在剪切滑动作用下黏土矿物顺着滑动面迁移并在褶皱顶

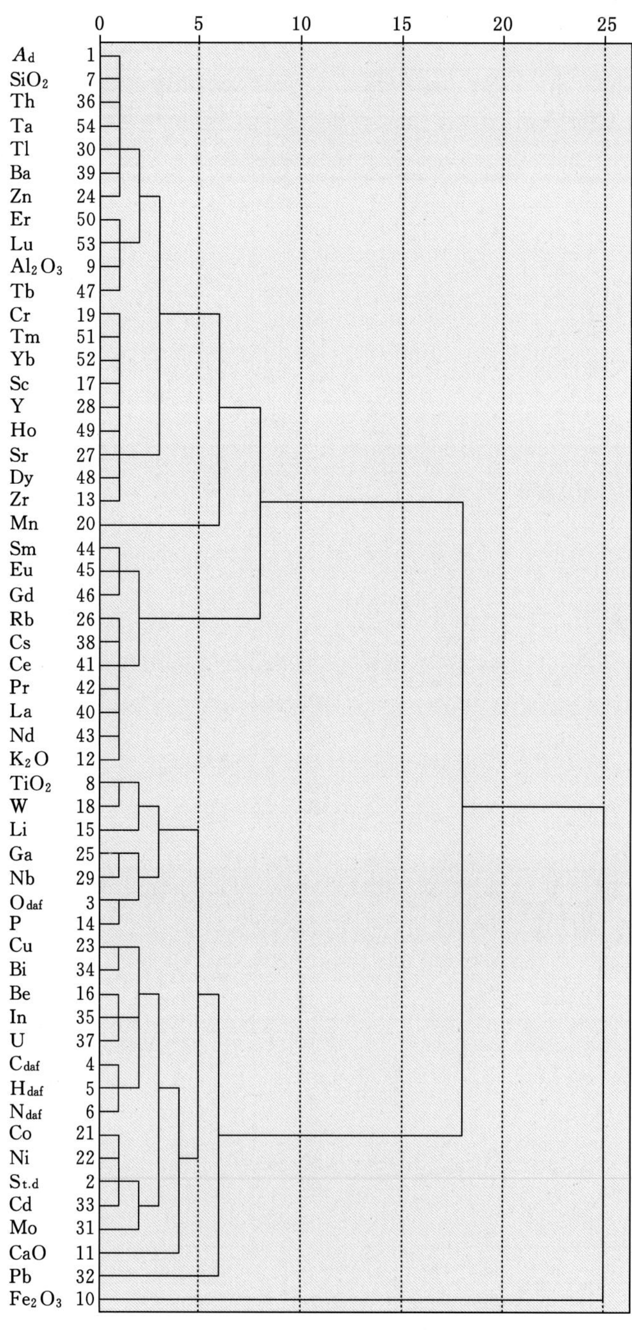

图 5-68　元素层析聚类分析树状图

部聚集，同时在应力作用下黏土矿物破碎离层，形成更多的元素结合位点，因此更有利于元素的吸附与富集。

组Ⅳ中元素 Li、W、Ga、Nb、TiO_2、O 与 P 与灰分产率呈正相关关系(>0.41)，与 C 元素含量呈负相关关系，表明该组元素仍具有一定的无机亲和性，例如 Li 与 Ga 等元素被证明可赋存于磷酸盐与硅酸盐中。组内元素在变形作用的影响下变化规律不明显，主要是由于含元素的微量矿物分布不均匀导致的。

组Ⅴ中元素主要与有机质组成元素 C_{daf}、H_{daf}、N_{daf}、$S_{t,d}$以及 CaO 相关性较强，该组元素具有较强的有机亲和性与硫酸盐矿物亲和性(如石膏)，有机亲和性较强的元素 Co、Ni、Mo 与 Cd 均在变形强度较高的构造部位散失，这主要与有机质的动力变质作用导致的有机结构超前演化有着密切关系；另一部分元素 Cu、Bi、In、U 则与 CaO(0.28～0.70)以及 $S_{t,d}$(0.1～0.56)具有一定的相关性，表明这些元素主要与石膏密切共伴生，而石膏作为样品中的微量矿物分布不均匀导致整体规律性较差。

组Ⅵ中 Pb 元素与灰分产率相关性系数为 0.51，具有一定的无机亲和性。

组Ⅱ中 Mn 元素与组Ⅶ中 Fe_2O_3的相关性系数达到 0.91，由此可见，Fe 与 Mn 元素密切共伴生，可能赋存于赤铁矿中，但由于微量矿物赤铁矿在样品中分布较为分散使得 Fe 与 Mn 元素规律性较差。

5.3.2.2 显观断裂构造带

(1) 显观断裂构造结构特征

井下观测到朱仙庄矿 8 煤层中发育显观逆断层构造，断层面附近煤体结构极为破碎，呈鳞片状产出，紧邻断层面两侧发育牵引褶皱与弧形裂隙，距断层面较远部位的煤体呈破碎的块状(图 5-69)。依据断层的几何学特征，从断层形成的动力学角度分析可得，强烈的顺层挤压应力作用使得煤岩组分弯曲错断，最终形成断层。针对显观断层带的分带性特征，在断层两盘以及断层带不同变形区域进行原位采样分析，样品 Z_{45}采集于断层面上的鳞片结构带中，样品 Z_{42}与样品 Z_{46}分别采集于断层拖曳牵引下形成的次级褶皱带内，样品 Z_{43}、Z_{44}、Z_{47}、Z_{48}则采集于煤岩组分产状恢复正常的碎裂带内。

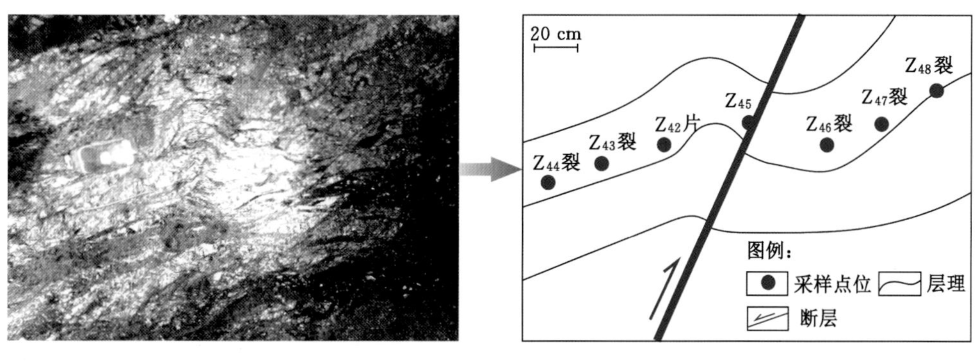

图 5-69 小断层带结构特征图

(2) 矿物分布特征

XRD 测试结果显示，显观断层带内主要发育两大类矿物——高岭石与石英，以高岭石为主(图 5-70a)。距离断层面越近高岭石特征衍射峰的强度越高，同时石英矿物的衍射峰也逐渐显著，尤其在样品 Z_{44} 与样品 Z_{42} 中，表明在断层作用下靠近断层面位置矿物发生富集。此外，断层带内样品的灰分产率分布特征也表明矿物在断层面附近富集(图 5-70b)。

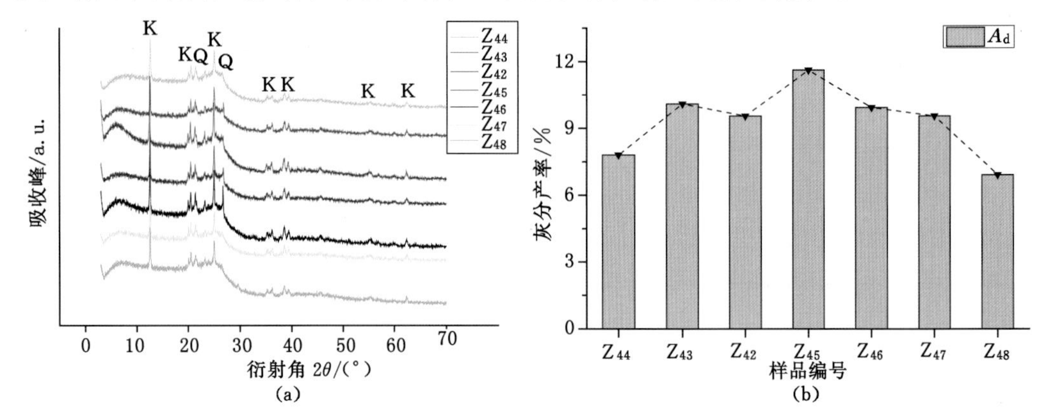

图 5-70 显观断层带内矿物的发育特征

(a) 断层带内矿物发育类型；(b) 断层带内灰分产率的分布特征

(3) 元素分布特征

1) 有机常量元素

由于 C 元素代表煤中有机质部分，而 O 则是无机组分的重要组成元素之一，煤样中矿物含量的增加必然导致有机质占比减小，因此常量元素 C 与 O 之间呈显著的负相关关系(图 5-71)；全硫含量 $S_{t,d}$ 在靠近断层面位置明显下降，可能与煤动力脱除作用引起的有机硫含量下降有一定的关系；H_{daf} 与 N_{daf} 在断层带内变化相对稳定，无明显规律性(图 5-72)。

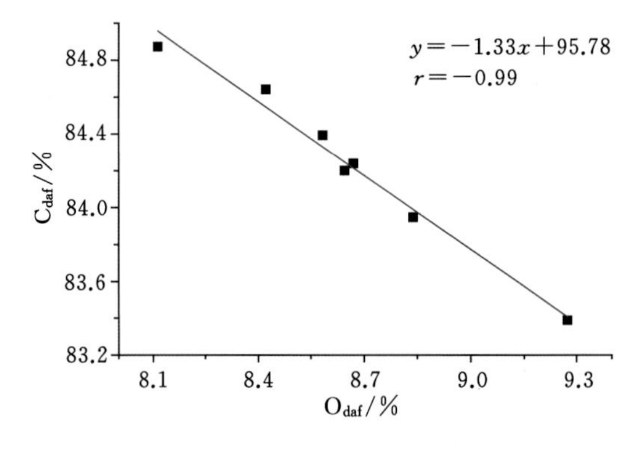

图 5-71 C_{daf} 与 O_{daf} 之间的相关性分析

2) 无机常量元素

常量元素 Si、Ti 以及 Al 的氧化物含量在样品 Z_{43}、Z_{42}、Z_{45}、Z_{46} 与 Z_{47} 中相对较高，其中尤其是 SiO_2 含量与样品灰分产率的分布特征一致(图 5-73)。由于脆性变形环境有利于后生的碳酸盐矿物富集，使得 CaO 含量在远离断层面位置相对较高；Cl 靠近断层面位置的亏损与元素具有挥发性和有机亲和性有关，强烈的动力变质作用使得 Cl 元素脱除散失；P 与 Fe_2O_3 在小断层带内的分布较为分散，无明显规律性。

3) 微量元素分布特征

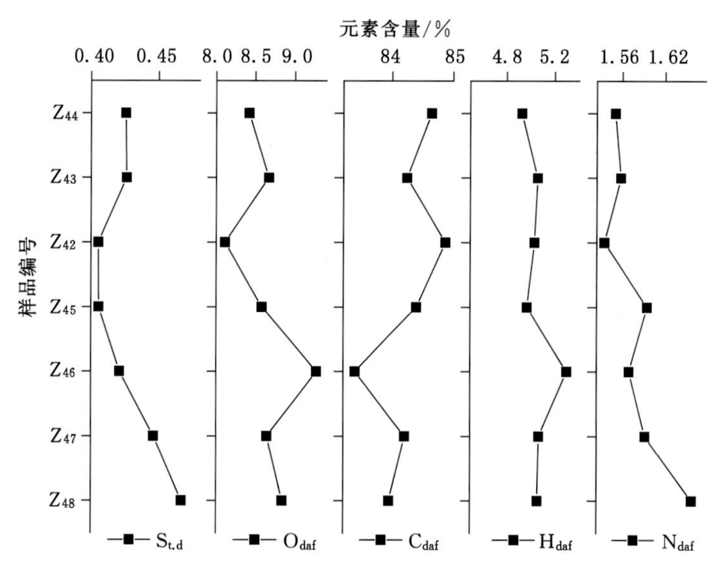

图 5-72 显观断层带内有机常量元素分布特征

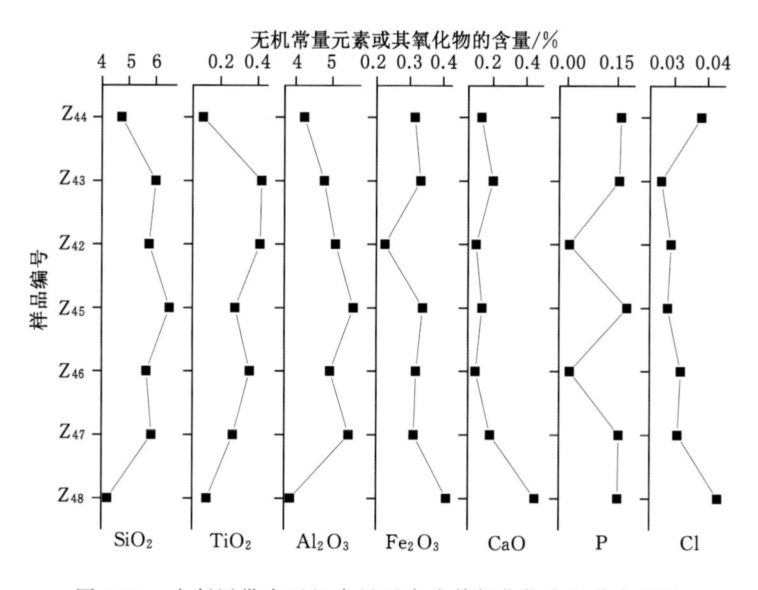

图 5-73 小断层带内无机常量元素或其氧化物含量分布特征

将微量元素分布划分为聚集型、散失型、复杂型和分散型 4 类。

聚集型：元素 Li、Sc、Cr、Ga、Cd、Bi、In、Th、Nb、U、Ta 以及 REE 在靠近断层带的 Z_{42}、Z_{43}、Z_{45}、Z_{46}和 Z_{47}样品中含量相对较高，暗示强烈的构造应力作用有利于相关元素的富集作用(图 5-74)。该类型元素主要与黏土矿物密切共伴生，而断层控制作用下靠近断层面位置的黏土矿物含量与物理、化学结构特征均被改变，使得相关元素发生明显富集。

散失型：元素 Co、Ni 与 Mo 在靠近断层带的位置表现为相对亏损的状态(图 5-75)，其中 Co 与 Mo 元素具有有机亲和性，与断层带控制作用下的动力脱除作用有关。

复杂型：Be、W、Cu、Pb、Zn 以及稀土元素中 Lu 在远离断层面以及断层面附近的样品中

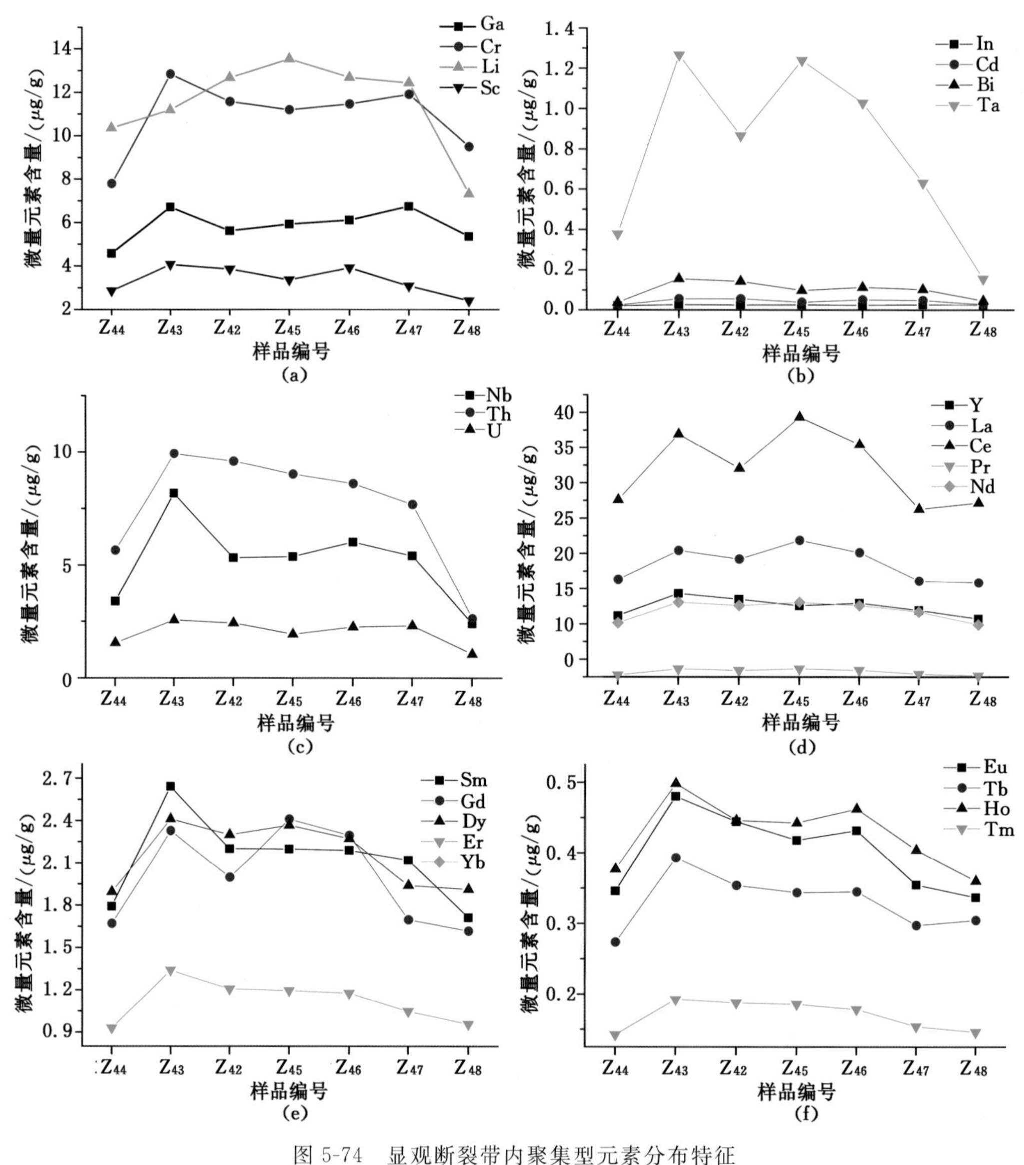

图 5-74 显观断裂带内聚集型元素分布特征

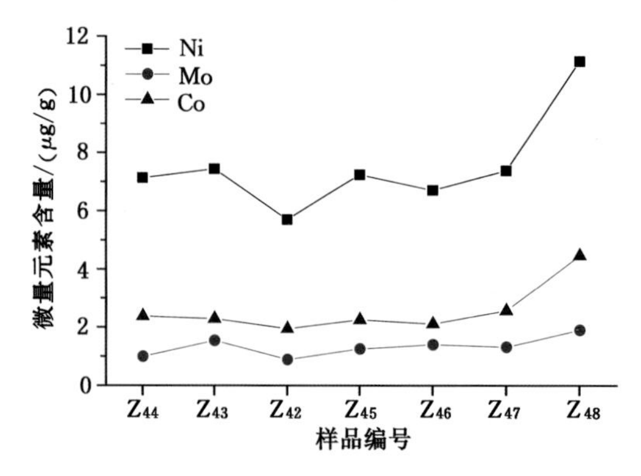

图 5-75 显观断裂带内散失型元素分布特征

的含量均下降，而在揉皱带内的含量明显上升(图 5-76)。其中，Cu、Pb 以及 Zn 等元素多赋存于硫化物矿物中，研究表明，硫化物矿物的发育和分布受应力-应变环境影响控制，从而导致断层带内相关元素的迁移变化(李云波等，2017)。

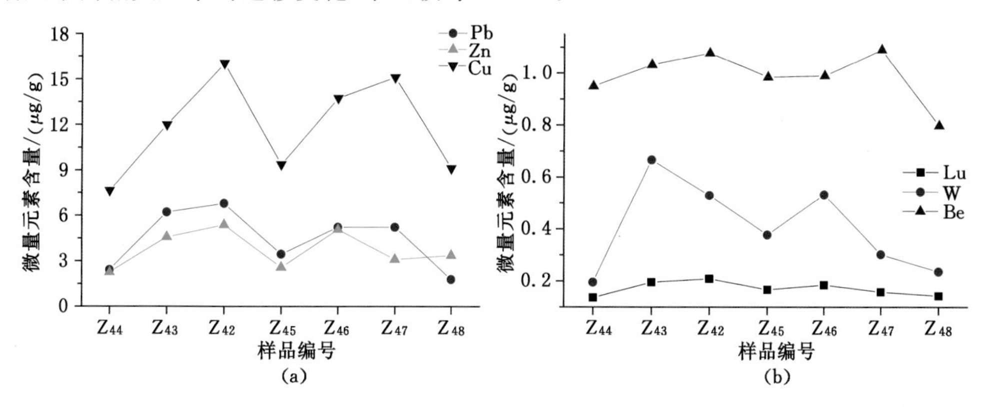

图 5-76 显观断裂带内复杂型元素分布特征

分散型：元素 Mn、Rb、Sr、Tl、Cs 与 Ba 的含量在断层带内分布较为分散，无明显规律性(图 5-77)。Sr 与 Ba 等元素与碳酸盐矿物或硫酸盐矿物有密切关系，Mn 元素与硫化物矿物密切共伴生，因此，元素的无序性与相关矿物在断层带内的分散分布有关。

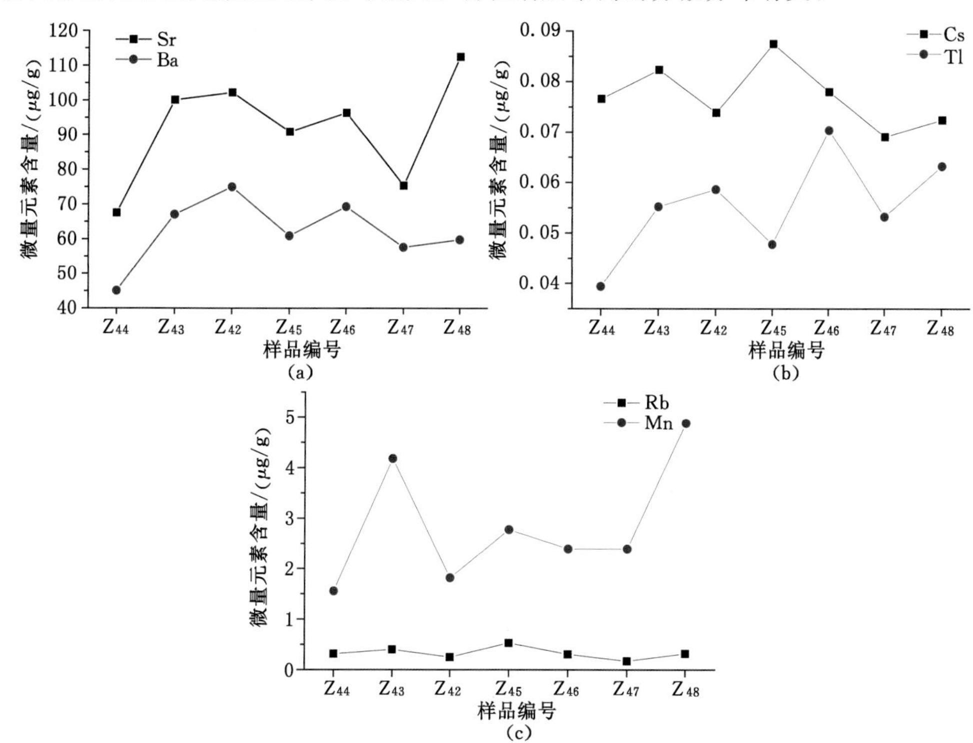

图 5-77 显观断裂带内分散型微量元素分布特征

5.3.3 宏观构造带内元素分布规律

通过对微观与显观尺度地质构造开展系统研究发现，元素与矿物对构造作用具有一定的响应特征，能够在局部范围内迁移变化。由于显、微观尺度构造均发育于煤层内部，因此小尺度构造更接近封闭构造，由于在构造变形过程中宏观尺度构造能够使得顶、底板岩层强烈破碎并形成与外界相互联系的开放或半开放式系统，与外界环境的连通性将对宏观构造带内矿物与元素的分异产生一定的影响。

统计数据显示，矿井内煤与瓦斯突出往往与断裂构造的发育有着密切联系，尤其在断层面附近位置由于受到强烈的压剪应力作用，使得煤与瓦斯突出的频率和突出量都有明显的增加(Cao et al.,2001;Hou et al.,2012)，以下将以矿井断裂构造为主要研究对象，探讨断裂构造作用下矿物与元素的变化规律。

5.3.3.1 朱仙庄矿正断层 ZF_1

(1) 断层结构特征

正断层 ZF_1 发育于朱仙庄矿 8 煤层内，断层倾向为 140°，倾角为 60°(图 5-78)，煤层的直接顶、底板为灰色薄层泥岩，其伪顶与伪底主要为灰褐色薄层泥岩。断层断距相对较小，顶、底板岩层并未发生显著破碎，仅在靠近断层面位置被碎裂，上、下盘顶、底板产状也基本稳定。煤体由于对应力作用更为敏感，整体表现为随着与断层面距离的增加变形强度降低。断层面附近的样品 Z_{20}、Z_{21} 与 Z_{23} 在压剪应力作用下发生强烈韧性变形，样品 Z_{26} 与 Z_{15} 则为强烈的脆性变形构造煤，样品 Z_{11} 与 Z_{31} 距断层面位置较远，煤体结构保存相对完整。断层带结构发育特征表明，正断层下盘的变形强度要明显高于正断层上盘，且构造应力作用在下盘的影响范围更广。

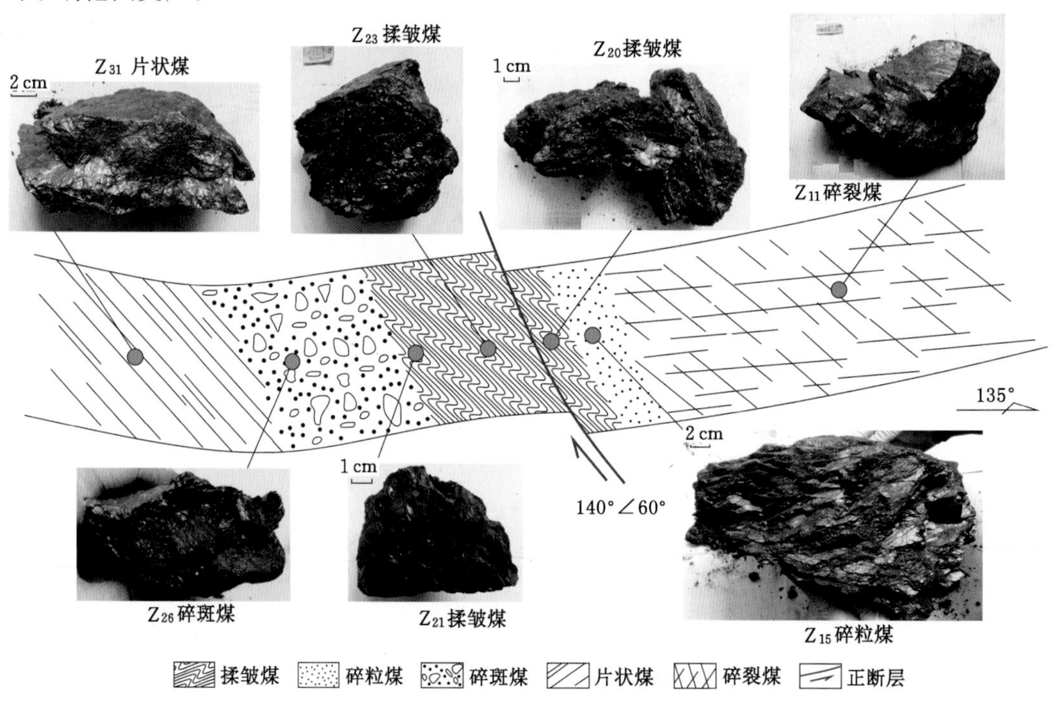

图 5-78 朱仙庄正断层 ZF_1 结构示意图

(2) 断裂带内矿物发育特征

断层面附近样品的灰分产率明显高于其他样品的灰分产率，且在断层下盘采集样品的灰分产率整体略高于在断层上盘采集的样品，表明断层作用下矿物在断层面附近富集，并使得煤体变形范围更广的下盘矿物含量略高于上盘矿物含量(图 5-79)。

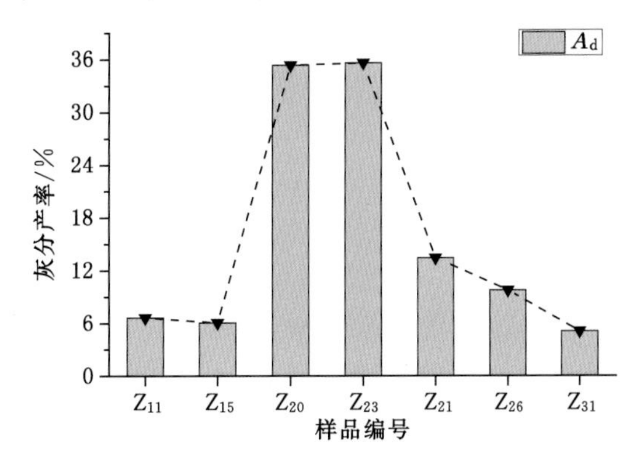

图 5-79 灰分产率分布特征

(3) 断裂带内元素分布特征

1) 有机常量元素

C 与 N 元素在断层面附近以及靠近断层面下盘的位置的含量出现明显的亏损，S 元素在断层面附近出现轻微亏损状态，相反，H 与 O 元素在断层面附近表现为富集(图 5-80)。宿县矿区内含 N 矿物基本不发育，因此煤中 N 元素基本以有机形式赋存，断层面附近更强烈的应力作用必然导致构造煤动力变质程度增加，导致有机结构中更多的含 N 杂原子官能团脱落和散失。

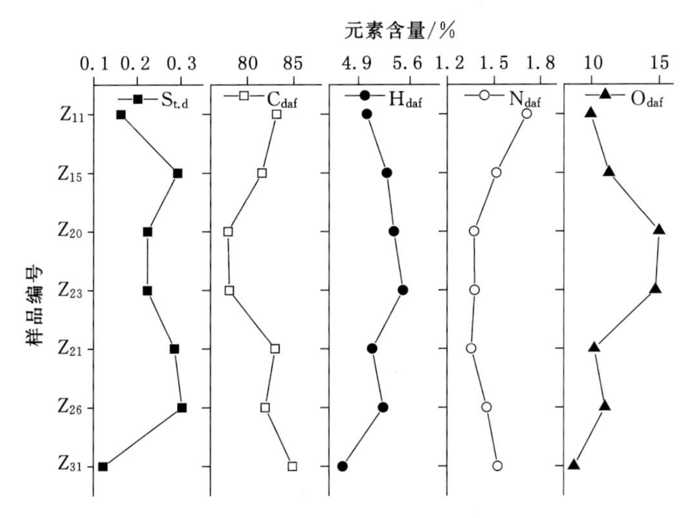

图 5-80 朱仙庄正断层带内有机常量元素分布特征

不同于 N 元素，S 元素则以有机(含 S 官能团)与无机(硫酸盐矿物与硫化物矿物)两种形式赋存于煤中，变形强度较高的样品 Z_{15}、Z_{20}、Z_{21}、Z_{23} 与 Z_{26} 中高含量的 S 元素主要是由于断层作用下含S矿物的增加，靠近断层面的 Z_{20} 与 Z_{23} 受到更为强烈的构造变形作用，使得含S官能团发生应力降解，导致S含量相对样品 Z_{15}、Z_{21} 与 Z_{26} 略低。

构造煤动力变质作用引起有机质的超前演化为富C、脱O过程，但在断层带内却表现为C元素亏损而O元素富集，这主要是由于断层作用下赋存于矿物中的无机O元素大量富集，而矿物的混入导致有机质的占比大大降低，因此整体表现为贫C、富O的现象；H元素在变形强度相对较高的样品中表现为富集，可能与样品煤岩组分的非均质性有关。

2）无机常量元素

无机常量元素氧化物 SiO_2、TiO_2、Al_2O_3 与 K_2O 在断层面附近富集程度十分高，远离断层的位置含量相对较低，断层下盘含量整体比上盘略高，这四种氧化物在断层作用下的迁移变化规律与黏土矿物在断层面附近的富集有关；Cl元素与CaO在靠近断层面部位含量低于远离断层部位的含量，其中Cl元素的挥发性十分强，可在煤体破碎摩擦与升温过程中逸散；含CaO的方解石等矿物主要以裂隙充填形式发育于弱脆性变形构造煤中，而在强韧性变形构造煤中发育程度低，因此CaO含量在断层面附近较低(图5-81)。

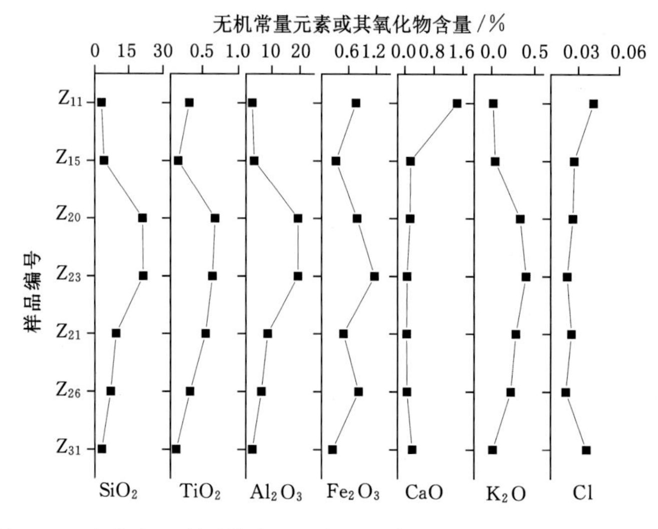

图5-81　朱仙庄正断层带内无机常量元素或其氧化物含量分布特征

3）微量元素

断层带内微量元素除去Sr、Ba与Mo外，其余元素基本均表现为在断层面附近富集而远离断层面元素含量降低，同时断层下盘的元素含量略高于上盘的元素含量(图5-82，图5-83)。富集型元素基本为亲石性元素，与黏土矿物以及硫化物矿物密切共伴生，断层控制作用下断层面附近相关矿物的富集作用是控制亲石性元素分异的主要原因之一；Sr与Ba元素多赋存于裂隙充填的碳酸盐或硫酸盐矿物，因此弱脆性变形构造煤样品 Z_{11} 与 Z_{31} 中元素Sr和Ba富集[图5-82(a)]；Mo元素在样品 Z_{20}、Z_{21} 与 Z_{23} 中含量相对较低，在灰分产率最低的样品 Z_{15} 中其含量最高，主要是由于Mo元素具有较强的有机亲和性，强烈的动力变质作用能够使得Mo元素散失[图5-82(b)]。

5.3.3.2　祁东矿逆断层 DF_1

(1) 断层结构特征

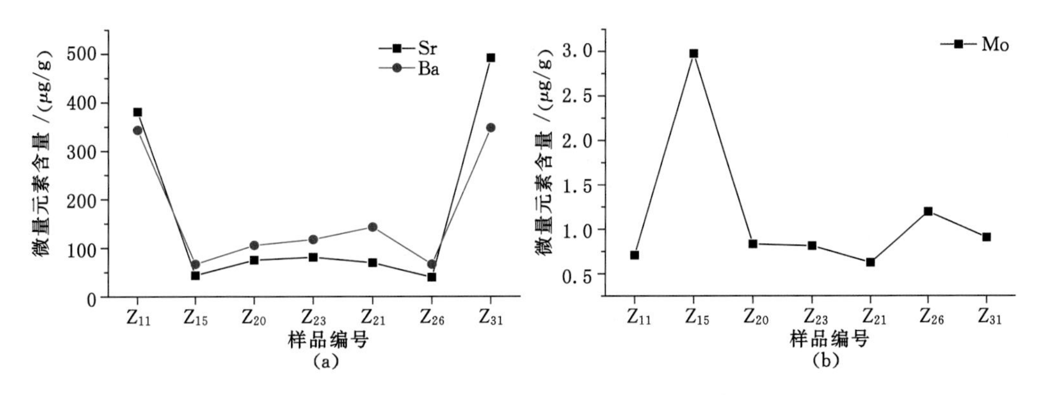

图 5-82 朱仙庄正断层带内递减型元素分布特征

祁东矿 8 煤层被逆断层 DF_1 切割，断层的倾向为 105°，倾角为 32°(图 5-84)，8 煤的直接顶、底板均为泥岩，伪顶与伪底主要为灰绿色泥岩。煤层顶、底板岩层被断层切断，使得断层面附近岩层较为破碎，可见摩擦面发育。断层面附近的煤层发生较为强烈韧性流变，形成了揉皱煤与糜棱煤，可见镜面摩擦面发育；随着与断层面距离的增加，煤层变形程度逐渐降低，多发育碎斑煤与碎裂煤。

(2) 断裂带矿物发育特征

靠近断层面的样品 D_{13}、D_1 与 D_5 的灰分产率相对较高(图 5-85)，随着与断层面距离的增加，灰分产率逐渐降低，表明断层带内应力集中的断层面附近矿物发生富集。

(3) 断层带内元素分布特征

1) 有机常量元素

H、O 与 N 元素在断层面附近均富集，而 C 元素在靠近断层面附近其含量降低，$S_{t,d}$ 在祁东矿断层带内变化规律相对复杂。O 元素的富集主要是由于断层带内矿物含量的增加，导致无机 O 元素含量增加；同时，由于无机矿物占比增加使得有机质相对减少，因此 C 元素在断层面附近表现为亏损；N 元素的增加可能与断层面附近含 N 矿物(如铵伊利石等)的机械混入有关(图 5-86)。

2) 无机常量元素

无机氧化物 SiO_2、TiO_2、Al_2O_3 以及 K_2O 在靠近断层面位置富集，远离断层面位置其含量较低(图 5-87)。顶、底板泥岩在断层活动过程中沿着断层面涂抹混入，且由于断层面附近煤层内发育的滑动摩擦面也为混入的泥岩进入煤层提供运移通道，使得断层面附近 Al 与 Si 元素含量明显升高。与黏土矿物相伴生的 TiO_2 与 K_2O 也在断层面附近富集；在断层面附近 Fe_2O_3 的含量也略高于其他位置的含量，可能与含 Fe 矿物在断层影响下的富集作用有关。

CaO 与 MgO 在断层带内的分布相对复杂，主要是在断层面与远离断层面的位置富集，其中在断层面附近含量的增加是由于断层作用下含 Ca 与 Mg 的碳酸盐矿物的混入；而远离断层面位置的富集是由于脆性变形构造煤有利于脉状碳酸盐矿物的发育。

3) 微量元素

断层面富集型：中稀土元素 Dy 和重稀土元素 Ho、Er、Tm、Yb、Lu 以及元素 Mn、Co、Sr 与 Y 仅在紧邻断层面位置明显富集，其他位置富集程度有所降低[图 5-88(a)、(f)]；稀土元素 La、

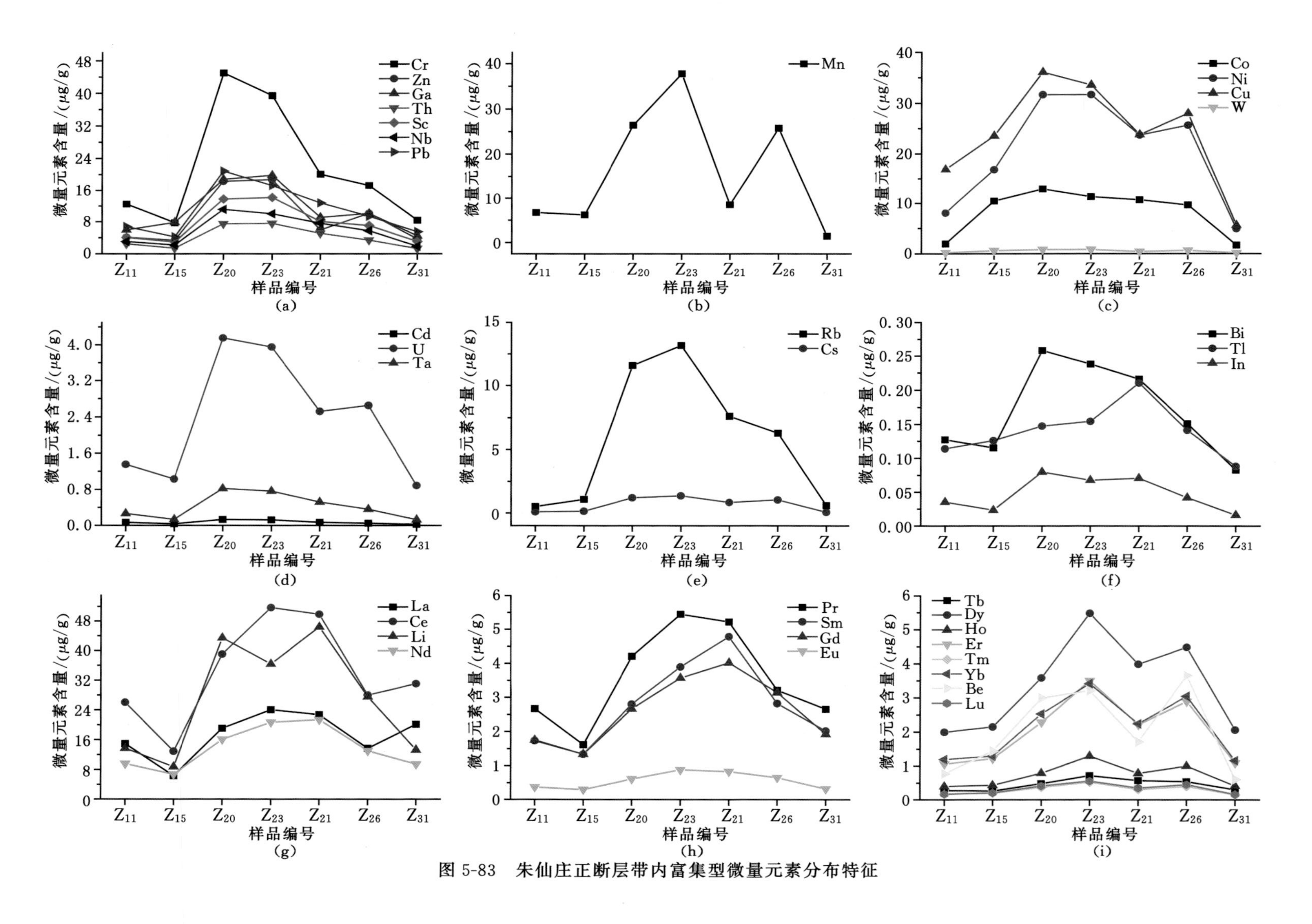

图 5-83　朱仙庄正断层带内富集型微量元素分布特征

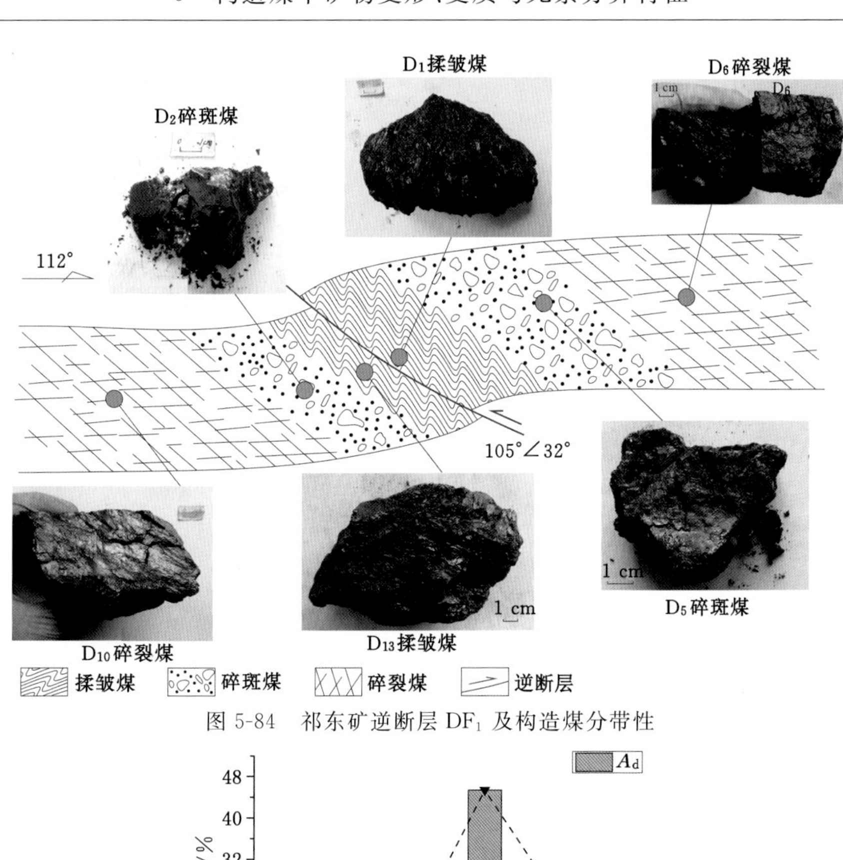

图 5-84　祁东矿逆断层 DF_1 及构造煤分带性

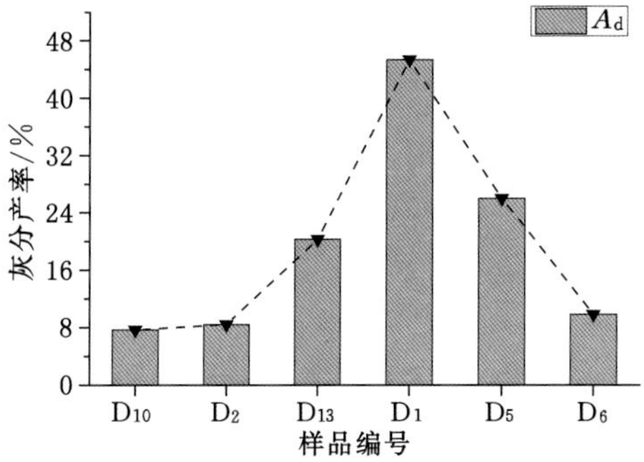

图 5-85　DF_1 逆断层带内灰分产率分布特征

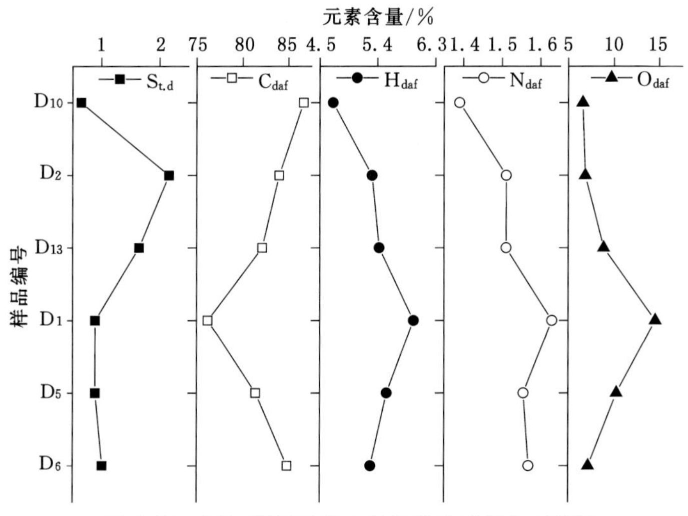

图 5-86　DF_1 逆断层带内有机常量元素分布特征

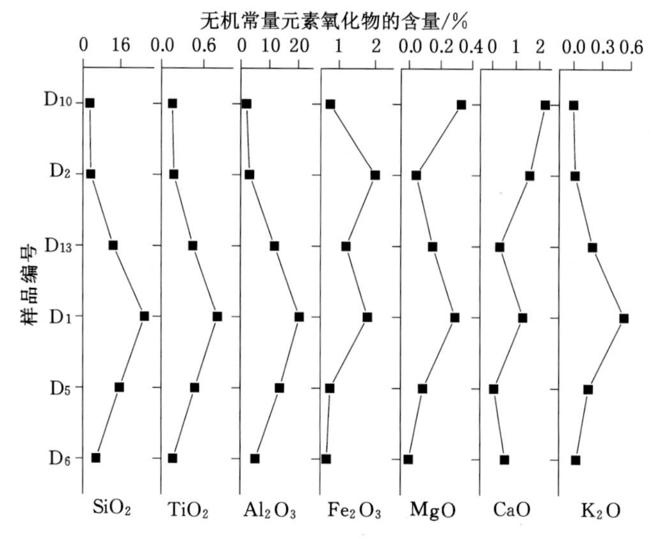

图 5-87 DF_1 逆断层带内无机常量元素氧化物含量分布特征

Ce、Pr、Nd、Sm 和中稀土元素 Eu、Gd、Tb 以及元素 Sc、W、Cr、Zn、Ga、Rb、In、U、Cs 与 Ba 在断层面上与断层面附近位置均富集，表明这些元素对断层作用更敏感[图 5-88(b)～(e)]。

上盘富集型：元素 Li、Nb、Cd、Th 与 Ta 受断裂构造的影响，分布范围更宽，下盘靠近断层面位置元素的含量甚至高于断层面上的含量，表明这些元素在下盘更为富集(图 5-89)。

波动富集型：元素 Be、Ni、Cu、Pb 和 Bi 在靠近断层面位置均表现为富集的特征，但在不同位置表现为波动变化(图 5-90)。

复杂型：Tl 与 Mo 元素在该断层带内的变化特征十分复杂，应力敏感性较低(图 5-91)。

5.4 构造煤动力变质作用分子动力学模拟

剪切应力作用是构造煤形成的常见应力环境之一，尤其是在脆-韧性与韧性变形构造煤中剪切应力更是起着主导作用，因此本节从超微观尺度模拟剪切应力对煤化学结构的作用，揭示构造煤动力变质作用的微观机制以及有机质组成元素在应力作用下的响应机理。具体利用分子力学与分子动力学原理通过构建原生结构煤的超分子模型，并施加外部压剪应力作用来模拟原生结构煤的超分子在应力作用下的响应特征与机理。

5.4.1 原生结构煤样品分子结构参数测试与计算

选取祁南矿 6 煤层中原生结构煤 N_{15} 作为分子模拟对象。首先将原生结构煤样品研磨至 200 目以下，并通过 4.4 节描述的三步脱灰方法脱除样品中的灰分，以排除干扰；然后将样品缩分成四份进行不同测试。通过元素分析获得样品的元素组成如表 5-6 所示，同时为了获取样品的化学结构信息进行 XPS、FTIR 以及固体核磁共振碳谱(^{13}C NMR)测试，其中 XPS 以及 FTIR 测试过程遵循 3.2.3 节的描述。^{13}C NMR 测试在中国矿业大学现代分析与计算中心完成，采用德国 Bruker 生产的 600 mHz 全数字化核磁共振谱仪 Avance Ⅲ HD 对原生结构煤进行测试，获取相应的^{13}C NMR 谱图。该仪器的磁场强度可达 14.095 tesla(为

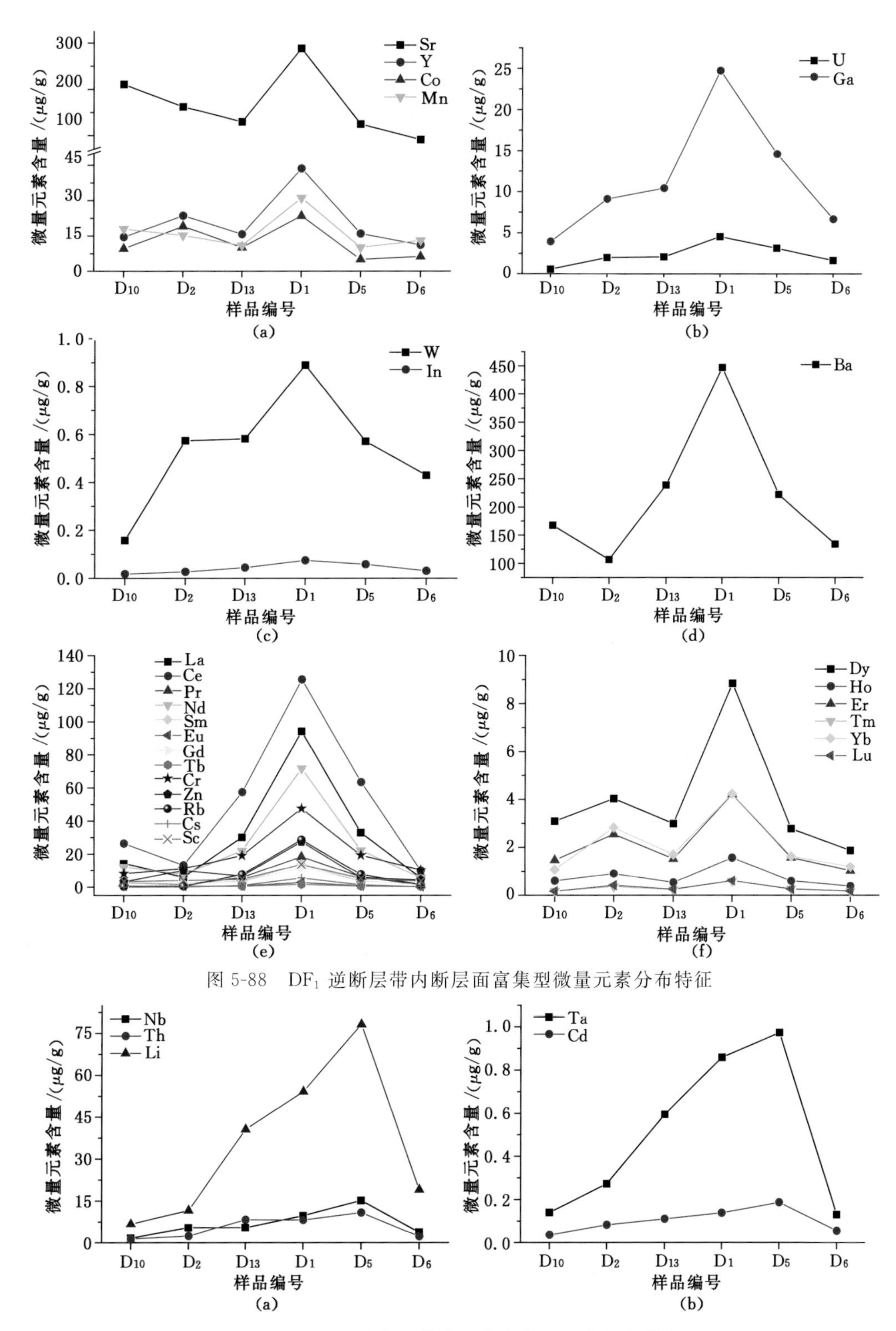

图 5-88　DF_1 逆断层带内断层面富集型微量元素分布特征

图 5-89　DF_1 逆断层带内上盘富集型元素分布特征

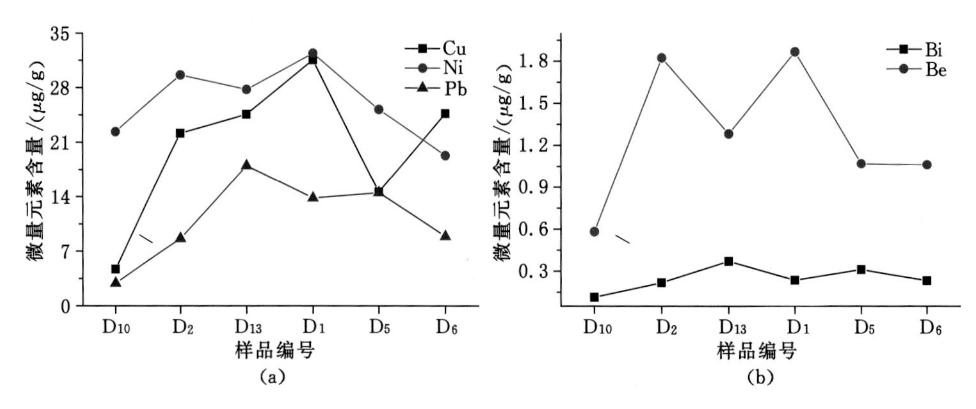

图 5-90　DF_1 逆断层带内波动富集型元素分布特征

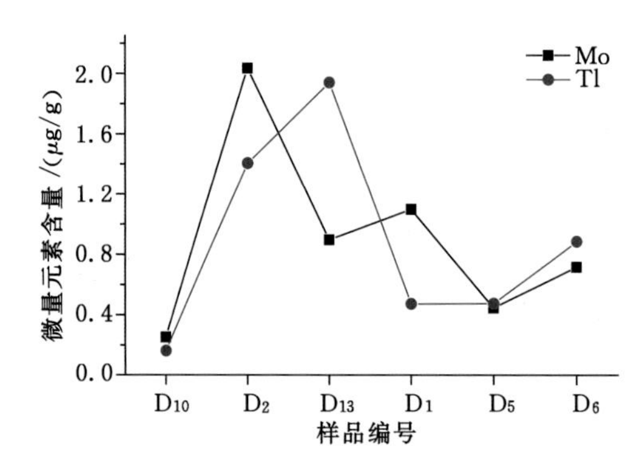

图 5-91　DF_1 逆断层带内复杂型元素分布特征

Z 方向脉冲磁场),并配备超屏蔽炒到磁体、4 mm CP/MAS 宽带双共振固体探头以及高灵敏度的样品转子。测试过程中通过采用标准的 CP/MAS 与样品接触测试 2 ms,获取煤样中不同 C 的化学结构信息,尤其是芳香碳。测试以四甲基硅烷作为煤样中^{13}C 化学位移的标准参照物。

表 5-6　原生结构煤样品的元素分析结果(wt %,干燥无灰基)

测试项目	C	H	O	N	S
数值	80.61	4.66	13.16	1.17	0.29

5.4.1.1　元素分析结果

利用元素分析为原生结构煤分子模型构建提供基础信息。该原生结构煤样品的 $R_{o,max}$ 为 0.86%,根据表 5-6 中的元素分析结果计算相应的原子比(表 5-7)(注:微量元素忽略不计,仅考虑 C、H、O、N 与 S 元素)。

表 5-7　原生结构煤原子比计算结果表

原子比	H/C	O/C	N/C	S/C
数值	0.694 3	0.122 4	0.012 4	0.001 4

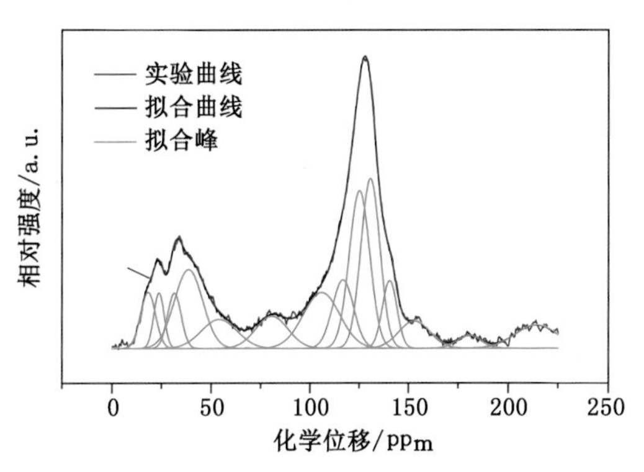

图 5-92　^{13}C NMR 谱图分峰高斯拟合示意图

5.4.1.2　^{13}C NMR 测试结果

^{13}C NMR 谱图中包含煤分子结构的重要信息，其中主要包括含 C 的芳香结构与脂肪结构(Solum et al.,1989)。利用 Origin 7.5 软件对谱图进行高斯拟合(图 5-92)，获得相应化学结构的特征峰。利用特征峰的相关参数可计算获得芳桥碳与芳周碳的比值 $X_{BP}=f_a^B/(f_a^H+f_a^P+f_a^S)$，$X_{BP}$是决定煤分子结构芳香尺寸的重要参数(Li et al.,2015)(表 5-8)。

表 5-8　原生结构煤中芳香结构的桥周比(X_{BP})

桥周比	实验测得 X_{BP}	计算 X_{BP}
数值	0.374	0.373 6

$R_{o,max}$在 0.5%～2.0%范围内的煤分子结构的芳香层片主要是由 2～4 芳香环组成(Vandenbroucke et al.,2007)，实验测得的 X_{BP}高于 0.3，与 Song 等(2017a)的计算结果一致，原生结构煤样品的 $X_{BP}=0.374$ 介于苯并蒽($X_{BP}=0.33$)与芘($X_{BP}=0.375$)之间，因此在煤分子结构中添加了 2.9～12.3 Å 大小的芳香层片。由于所用的建模软件 ACD/CNMR Predictor 能够构建不高于 255 个碳原子的模型(Li et al.,2015;Song et al.,2017a)，故经过反复调整，最终确定原生结构煤样品中芳香结构的尺寸以及数量(表 5-9)。同时根据拟合结果，原生结构煤样品的脂肪结构也能够被确定，甲基、亚甲基以及次甲基的数量之比为 4.36∶3.88∶11.46。

表 5-9　原生结构煤中芳香结构的尺寸与数量

芳香结构类型	芳香结构尺寸/Å	数量/个	芳香结构类型	芳香结构尺寸/Å	数量/个
	2.9～12.3	1		2.9～4.9	1
	2.9～9.8	1		<3.0	1
	4.8～8.6	1	N	<3.0	1

表 5-9(续)

芳香结构类型	芳香结构尺寸/Å	数量	芳香结构类型	芳香结构尺寸/Å	数量
	2.9～7.4	2		<3.0	1
	4.8～6.1	1			

5.4.1.3 FTIR 测试以及含氧官能团的数量

FTIR 谱图在 1 000～1 800 cm^{-1}区间内主要包括含氧官能团的结构信息[图 5-93(a)]，2 800～3 100 cm^{-1}区内包含脂肪结构的振动模式(Song et al.,2017b;Song et al.,2018b)[图 5-93(b)]。为了确定原生结构煤中含氧官能团的比例，利用 Origin 7.5 软件对谱图进行分峰拟合。

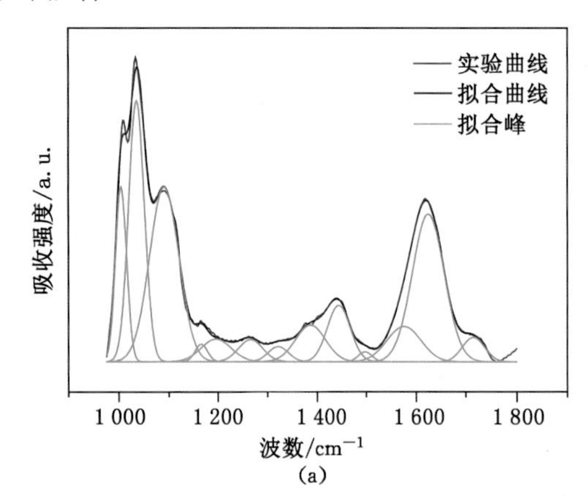

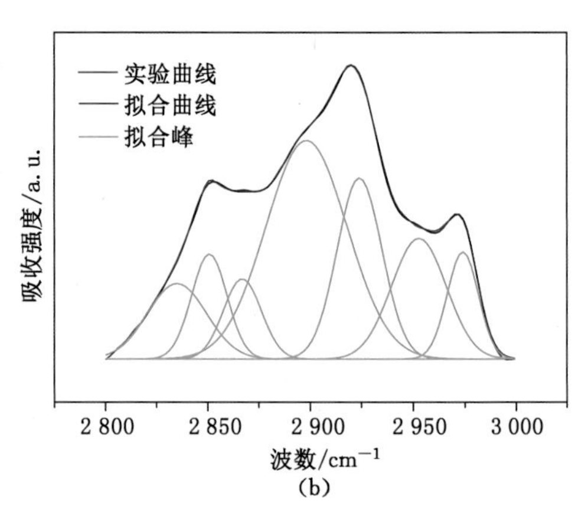

图 5-93 FTIR 谱图分峰拟合示意图

(a) 1 000～1 800 cm^{-1}范围内谱图拟合示意图;(b) 2 800～3 000 cm^{-1}范围内谱图拟合示意图

由拟合结果可得原生结构煤中的含氧官能团主要包括醚基、羟基、羰基以及羧基四类，它们的比值为 45.88∶4.15∶21.66∶2.42。根据元素分析结果，以 C 原子数量为参考计算获得原生结构煤中 O 原子的总数量为 25 个，因此原生结构煤中的醚基、羟基、羰基以及羧基的数量分别为 15、2、7、1。

5.4.1.4 XPS 测试结果以及含 N 官能团

为了获取煤分子结构中含 N 官能团的结构信息，对 392～410 eV 区域内的 XPS 谱图进行高斯分峰拟合。由拟合结果可得，所选样品中含 N 官能团主要包括吡啶与吡咯两类(图 5-94)。由于元素分析结果中 N/C 原子比十分低，因此在原生结构煤分子结构中分别添加一个吡啶与一个吡咯结构。

5.4.2 原生结构煤分子模型的构建

5.4.2.1 煤分子结构的初始平面模型

根据煤分子结构参数计算结果，利用 ACD/NMR Predictor 软件对原生结构煤的初始

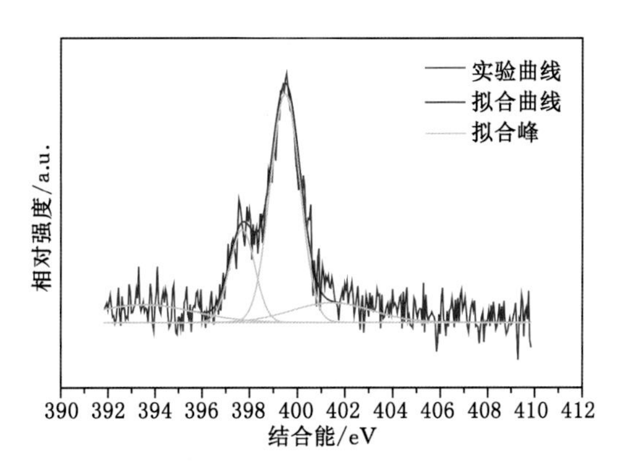

图 5-94 XPS 谱图分峰拟合示意图

平面模型进行构建。初始模型需经过反复调整,使得构建模型的计算^{13}C NMR 谱图与实验测得的谱图无限接近(图 5-95)。通过上百次反复迭代调整,获得与实际^{13}C NMR 谱图最为接近的初始平面模型,最终谱图在 150～200 ppm 范围内的差异性是受到边缘效应的影响(Song et al., 2017a)(图 5-96)。

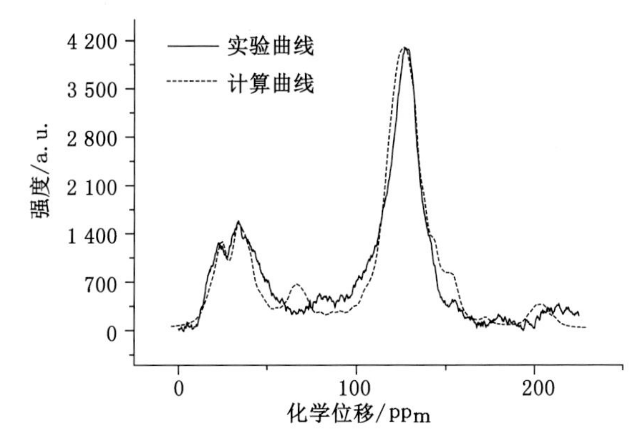

图 5-95 原生结构煤样品的最优计算^{13}C NMR 谱图与实验测得谱图对比

5.4.2.2 分子力学与分子动力学计算

初始的平面分子模型需要经过一系列的分子力学与分子动力学计算获得最优稳定构型。利用 Material studio 8.0(Accelrys,美国)软件对煤分子的 2D 平面模型进行分子力学与分子动力学优化。首先利用软件的 Forcite 模块进行计算,计算时选取 Qeq 电荷分布以及 Dreiding 力场,煤分子结构的分子力学优化选用 Smart minimizer 方法,能量选取基于 atom state 的 $E_{\text{electrostatic}}$与 $E_{\text{vanderWaals}}$,迭代步数为 5 000 步。

基于上述几何构型优化的分子模型,进一步利用退火动力学模拟克服分子结构能垒。退火动力学模拟的初始温度与终态温度分别设置为 300 K 和 600 K,升温速率以及冷却速率一致,每个循环均为 60 K,温度的变化速率是通过 Nose 方式进行控制。在分子结构升温与冷却过程中,体系的体积与温度在每一个温度间隔均保持恒定(NVT)(Xiang et al., 2011;Song et al.,2017a)。

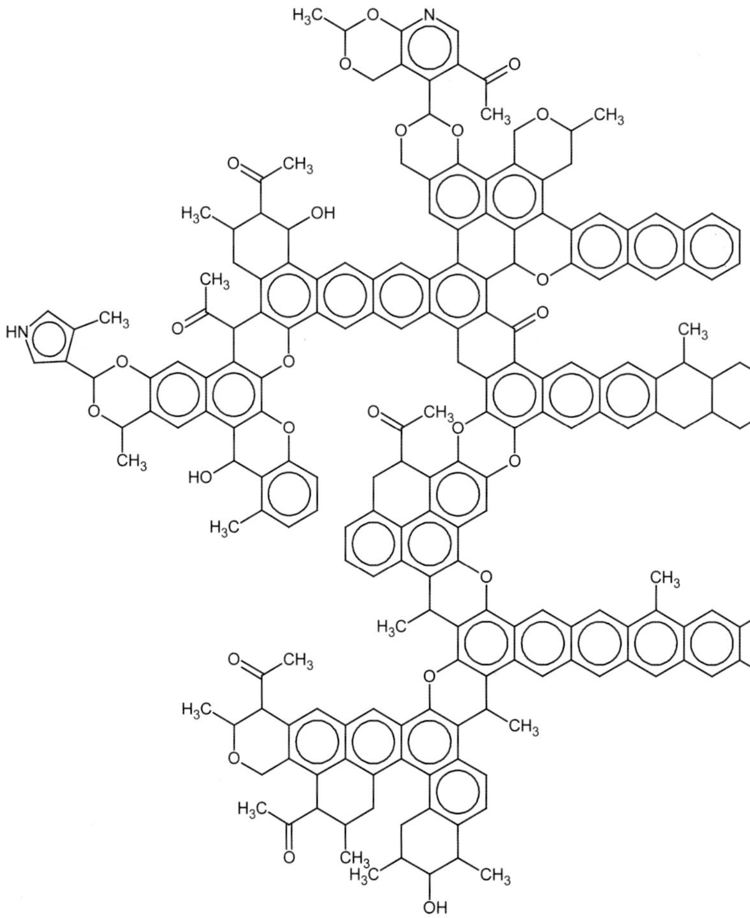

图 5-96　原生结构煤的初始平面模型($C_{206}H_{166}N_2O_{26}$)

在获取能量最低的优化构型后，将10个优化后的构象加入至Amorphous Cell模块中，进一步构建原生结构煤的超分子模型。通过赋予超分子模型以不同的密度(0.5、0.6、0.7、0.8、0.9、0.95、1.0、1.05、1.1、…、1.40、1.50、1.60 g/cm^3)，可为超分子模型添加周期性边界条件(periodic boundary conditions，PBC)。超分子模型在密度为1.0 g/cm^{3}处达到体系最低总势能，因此原生结构煤最终超分子模型构建如图5-97所示，化学式为$C_{2060}H_{1660}N_{20}O_{260}$。

5.4.3　剪切应力作用下煤分子响应特征模拟

5.4.3.1　模拟方法

剪切应力作用是矿井中比较常见的构造应力作用类型，在剪切应力作用下可形成韧性变形构造煤、脆-韧性变形构造煤甚至是脆性变形构造煤(Jiang et al.，2010；Song et al.，2018a)，因此对原生结构煤超分子模型进行剪切模拟。首先利用超分子模型构建层状剪切分子模型，共包括顶层分子、中间层分子以及底层分子三层，每一分子层均包括10个原生结构煤的分子构象(图5-98)；然后保持顶部与底部分子层刚性固定，将中间层分子设定为剪切材料，其内部原子在剪切过程中不被束缚；最后垂直顶、底分子层施加1 GPa的正应力，

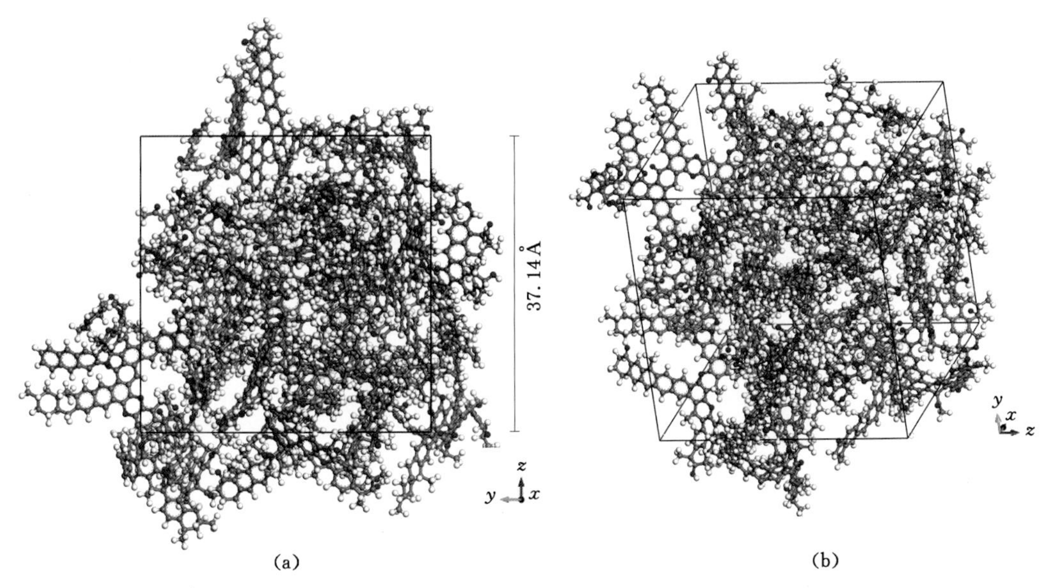

图 5-97　原生结构煤添加周期性边界条件的最终优化超分子模型

使得分子层紧密接触，同时由于模拟过程与实际地质作用过程难以进行对应，因此在模拟过程中施加高应力作用以加速剪切应力作用进程。利用 Forcite 模块中的 Confined shear 功能实现整个剪切模拟过程，通过赋予上、下分子层相对移动速度 0.5 Å/ps 模拟剪切变形。整个剪切过程持续 10 ps，考虑到在剪切运动过程中体系的温度会发生改变，因此整个剪切过程被放置于非平衡的 NPH 体系中。

5.4.3.2　剪切模拟作用结果与讨论

(1) 分子体系结构变化

剪切作用过程中，层状分子结构受到 1～3 GPa 的剪切应力作用，导致整个体系温度从 298 K 上升至 398 K，与剪切前的中间层分子相比可发现，一些小分子或原子从中间层超分子体系中解离，并逸散至顶、底分子层中(图 5-99)。小分子以及原子的解离主要发生在分子层间的滑动摩擦面之上，表明在滑动摩擦面上分子结构受到更为强烈的剪切应力作用，使得特定化学键断裂解离。

单独提取滑动摩擦面附近蓝色的分子构象进行剪切模拟前后的对比，进一步阐明剪切应力作用的影响(图 5-100)。构象中的点 A 与 A′及点 B 与 B′的对比可发现，剪切应力作用下分子构象的几何构型被改变，表明剪切应力作用下化学键旋转变化控制着分子结构的构型；在点位 C 与 C′处，构象中芳香环发生力解作用，剪切应力作用使得 C—C 键断裂，产生一个 C—H 小分子逸散至顶层分子层中，这与 Wang 等(2019)的模拟研究结果一致。

(2) 分子体系能量变化

整个分子体系不同类型的能量在剪切作用前后也发生变化。其中，分子体系的扭转能与角能在剪切作用后均增加，表明分子结构中的化学键在应力作用下发生旋转及弯曲；非键能从 9 839.96 kcal/mol 降低至 346.07 kcal/mol，表明分子结构间的物理缔合力在剪切过程中被严重破坏(除了静电势能)；作为特殊的非键能，静电能从剪切模拟前的4 009.87 kcal/mol升高至 8 809.38 kcal/mol，表明煤分子结构芳香层片间的静电结合能在剪切应力作用下显著增

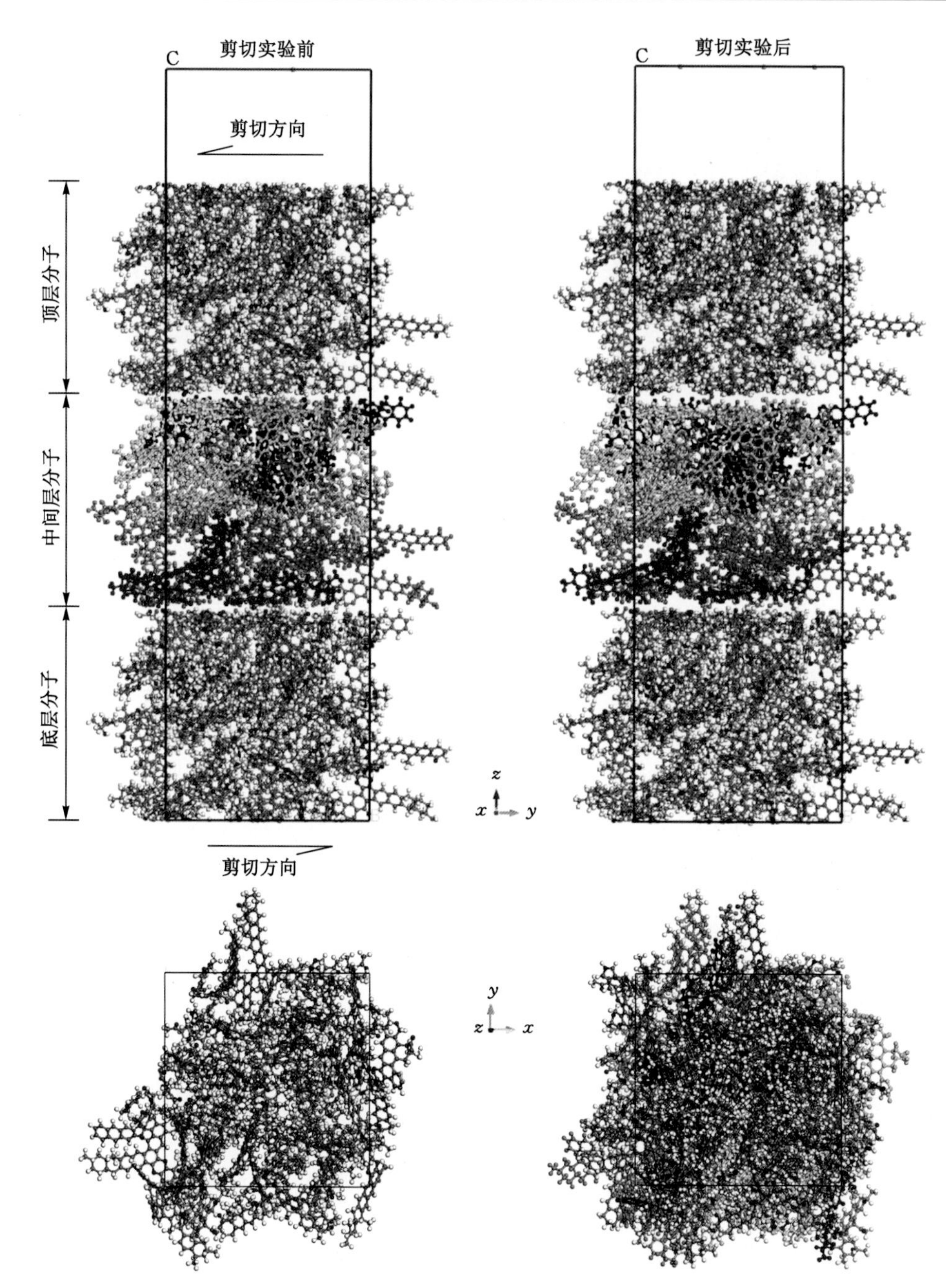

图 5-98　层状分子结构剪切模拟前后分子构型对比图

加(表 5-10)。

非键能对应的是非共价键,前文 4.4 节研究表明,在该煤阶煤中非共价键主要为氢键。构造煤与实验变形煤研究均表明,在应力作用下非共价键断裂重组,总体数量随着变形强度的增加不断下降,因此分子动力学模拟结果与实验结果一致。由分子动力学模拟结果可得,剪切应力直接作用于分子结构,使得分子结构发生变形与变位作用,导致分子结构间形成的非共价键直接断裂,非键能也随之降低。

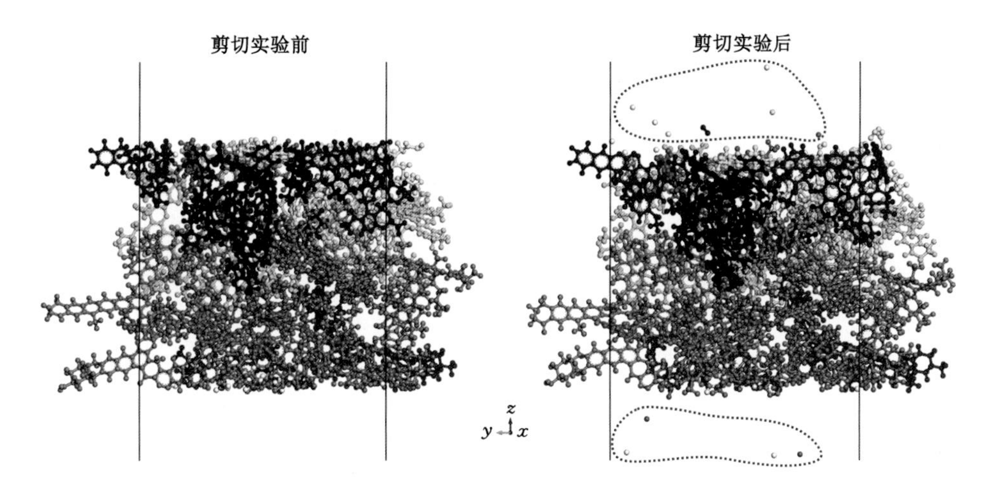

图 5-99 中间分子层在应力作用下原子与分子逸散图

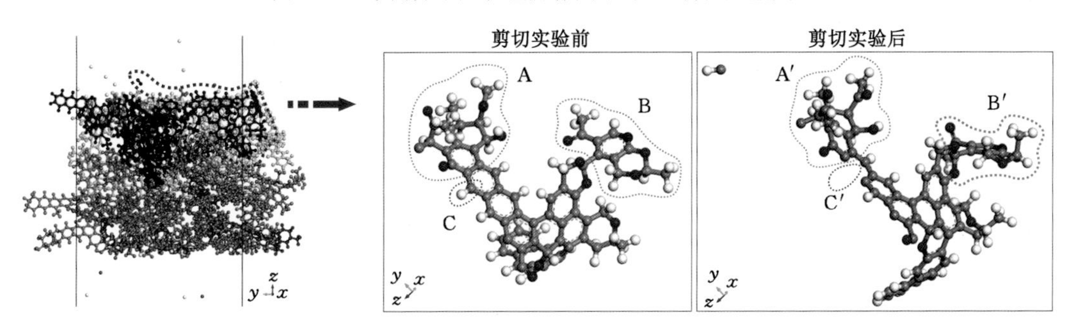

图 5-100 中间分子层在应力作用下化学键的断裂与旋转作用

同样，在构造煤与实验变形煤中，韧性变形煤由于受到强烈压剪应力作用，π—π 键数量显著增加。π—π 键在所选煤阶的样品中对应于静电能作用力，分子动力学模拟中分子体系的静电能在剪切应力作用下也显著增加，由此可见，模拟结果与实际测试结果具有良好的一致性。分子动力学模拟结果表明，静电能的增加主要是由于中间分子层在压剪应力作用下构型的不断调整，更有利于 π—π 键的形成，导致静电能的增加。

此外，分子体系总能量在应力作用下略微上升，定量化学计算表明煤分子结构中的次生结构缺陷的形成能够增加体系的能量，降低初始反应能（Han et al.，2017）。在分子动力学模拟中，在剪切应力作用下芳环结构发生解体，形成次生结构缺陷，为体系总能量增加的原因之一；同样，在构造煤与实验变形煤中，次生结构缺陷的数量整体也呈上升趋势。总体上剪切应力作用下煤分子结构演化具有石墨化进程的趋势，有机质组成元素的响应特征具有富 C、脱 O、排 N、S 的规律（Ma et al.，2007，2009）。

表 5-10 剪切变形模拟前后分子体系的能量变化

能量类型	角能	键能	扭转能	非键能	范德瓦耳斯能	静电能	总能量
剪切变形前/(kcal/mol)	6 132.99	3 115.27	7 070.11	9 839.96	13 849.8	−4 009.87	36 706.3
剪切变形后/(kcal/mol)	8 769.70	7 396.63	7 947.93	346.07	9 748.90	−8 809.38	37 502.8

6 构造煤中矿物与元素动力分异机理及指示意义

6.1 构造煤形成的应力-应变环境分析

不同变形序列构造煤形成的应力-应变环境的差异性导致煤有机结构发生不同程度的动力变质作用，同时也使得煤中矿物与元素在不同应力-应变环境中分异，实验序列变形煤变形与变质作用的控制因素主要包括围压、差应力与温度等条件。

6.1.1 围压与环境刚度

6.1.1.1 围压

实验变形煤围压对照组中，高围压样品 2 变形程度远低于围压较高的样品 3 和样品 6 的变形程度，低围压作用下样品的应变量与应变速率均大幅提高，表明围压能够阻碍样品发生高应变速率突发式的脆性变形。这主要是由于一方面围压作用能够增强样品的力学强度并改变样品的变形方式，在无围压情况下样品多为顺层张裂破坏，本书实验中每个样品均设定了一定的围压，样品多以剪切破裂发育为主；另一方面围压能够限制样品的变形空间，更利于煤体破碎颗粒旋转调整，形成定向碎裂流变，如样品 8。

井下观测发现，煤层与顶、底板间基本不存在虚脱部位，表明构造变动中形成的虚脱空间能够在围压与差应力的共同作用下被流变煤体快速填充。研究认为，高围压围限作用可以阻止煤体的进一步破裂变形，构造应力持续作用于煤层使得煤体内部应变能积聚，改变了煤体内部结构，促进煤体由脆性向韧性变形的转变，同时由于煤作为有机岩石对温压作用更敏感，因此能够形成浅层次韧性变形带（琚宜文等，2003）。但变形实验中样品 2 在高围压作用下不仅化学结构演化程度较低，应变量也十分小，这是由于样品的差应力和变形时间不够，使得煤体内部应变能积聚不够，难以发生韧性变形。

6.1.1.2 环境刚度

以朱仙庄矿 8 煤层为例，煤层顶、底板主要为厚层的砂泥岩，应力作用下底板岩层发生较弱的脆性破裂，主要是由于底板岩石力学强度高，在应力作用下不易被压缩或流动变形，具有较强的刚度[图 6-1(a)]；而夹于顶、底板间的 8 煤层力学强度较低，在压剪应力作用下强烈破碎成鳞片结构[图 6-1(b)]。

岩石变形研究表明，围压介质的刚度能够改变岩石的变形行为，使得岩石变形由突发式脆性变形向渐进式的连续变形演化（王绳祖等，1983；王玉玲等，1993）。本书实验变形系统

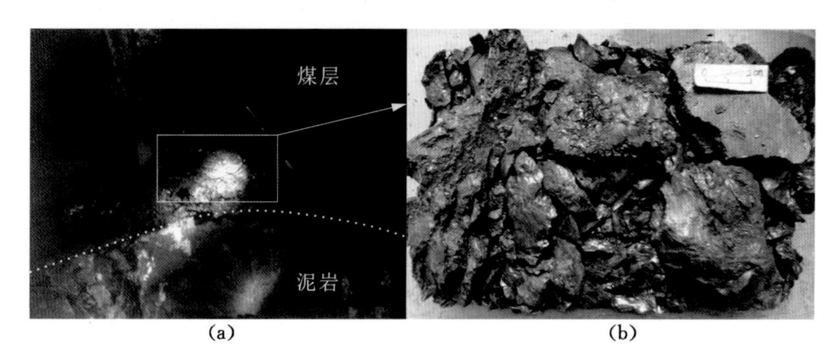

(a)　　(b)

图 6-1　朱仙庄 8 煤层底板泥岩与鳞片煤(Z_{19})

采用的 NaCl 固体围压介质提前进行压实处理,能够模拟顶、底板岩层的环境刚度,因此实验样品 2～9 的应力-应变曲线中均未出现应力降;但在以气体或液体为围压介质的煤变形实验中,由于难以模拟环境刚度,均出现了明显的应力降(Han et al.,2016)。由此可见,构造煤的形成需要有一定的环境刚度,尤其是韧性变形煤,煤系地层中“两硬夹一软”类“三明治”结构能够促进煤层的变形或流变。

6.1.2　差应力

在适当的围压条件下,实验变形煤中样品 5、6、8 随着差应力的增大,煤体结构破碎程度及内部裂隙密度与破碎颗粒的定向性增强,甚至可形成碎裂流变的韧性变形。在高差应力作用下样品 8 的应变量明显高于样品 5 与样品 6,在围压围限作用下差应力转化成应变能,煤岩体的韧性增强,使得煤内部化学结构的松弛作用与重排作用也显著增强,促进了煤的韧性变形。

构造应力是构造煤形成的动力来源,因此构造煤的发育与地质构造的发育密切相关。研究区内朱仙庄正断层 ZF_1 与祁东矿逆断层 DF_1 两侧构造煤发育具有分带性,靠近断层面的样品 Z_{20}、Z_{21}、Z_{23}、D_1 以及 D_{13} 均为揉皱煤,随着与断层面距离的增加煤体破碎程度逐渐减弱。研究表明,断层面附近为构造应力集中区,差应力值要高于远离断层面的部位(魏国营等,2012;吉小峰等,2014)。由此可见,在围压围限作用下,高差应力作用促进了煤体由脆性不连续变形向韧性连续变形转换。

6.1.3　温度与应变速率

韧性变形实验样品 9 与样品 10 分别受到 200 ℃与 300 ℃的高温作用,这主要是由于高温作用使得煤样软化。岩石工程领域研究表明,温度与应变速率对岩石变形的作用具有等效性(王绳祖,1995),因此,通过加温模拟韧性变形构造煤的低应变速率变形过程,换算后高温样品的应变速率比低温样品低若干数量级。但与岩石不同的是煤主要由有机质组成,温度除了能够补偿应变速率外还导致煤体发生热变质作用。实验变形样品 9 与样品 10 分子结构的演化特征表明,高温作用能够增加分子的活动性,促进有机化学结构的演化,并进一步使得煤体的脆性降低,加速构造煤由脆性向韧性变形转换及动力变质作用进程。正是由于高温作用下煤分子结构的热演化作用具有与构造煤动力变质作用的等效性,才使得实验变形煤发生脆、韧性变形转换。

与实验变形煤研究类似，构造煤有机结构研究表明，脆-韧性变形构造煤 Z_6 与韧性变形构造煤 Z_7 大分子结构在重排作用下堆砌度、堆砌层数及有序度均显著增加，使得煤体动力变质程度较高。研究区内煤层的实际形成温度低于 150 ℃，却仍能在低应变速率条件下形成韧性变形及强烈的动力变质作用，这主要取决于两方面原因：一方面，煤具有低温软化性质，在成煤期后低温作用的累积效应同样也能够使得煤力学强度下降；另一方面，在漫长的地质历史时期应力的持续作用过程中机械能转化为应变能与热能作用于煤分子结构，使煤体动力变质作用增强，从而导致煤体力学强度降低，促进煤岩组分的塑性流变。

6.2 构造煤有机质结构的演化特征与机理

煤有机质结构的动力变质作用可导致有机质组成元素的赋存形式甚至元素含量发生变化，同时构造煤有机结构的演化也对有机结合态微量元素的赋存产生影响。煤中有机质组成元素 C、H、O、N 与 S 在不同研究尺度与研究对象中的响应特征有差异。以整个宿南矿区或具体构造带内构造煤为研究对象时，有机常量元素含量则相对分散，规律性较差，根据灰分产率反映的 C 与 O 元素的变化甚至呈现相反的变化规律。仅在断裂构造带内，N 元素含量随着构造煤变形强度的增加而下降，这主要与动力变质作用下含 N 官能团脱落逸散有关。由此可见，有机质组成元素的应力响应特征并不明显，但元素组成的有机结构（赋存形式）在应力作用下的规律性变化，赋存状态的响应特征也属于元素应力敏感性的范畴。

在实验变形煤中由于研究尺度的大大减小，以及样品变形过程中与外界物质交换的减少，因此模拟实验能够最大程度排除沉积微环境的影响，凸显应力作用引起的动力变质作用。实验变形煤的强变形微区相对弱变形微区而言 C 元素含量增加，N 与 S 元素含量下降，主要与实验变形煤有机结构动力变质作用程度不同有关。构造煤与实验变形煤中 Co 与 Mo 等与有机结构相结合的微量元素在煤动力变质过程中也具有一定的响应特征。

由此可见，构造煤有机结构动力变质作用特征与有机结合态元素的应力响应特征密切相关。煤有机质分子结构组成主要包括芳香结构、脂肪侧链、含杂原子官能团、次生结构缺陷以及非共价键等。构造煤与实验变形煤的研究均表明，煤化学结构在应力作用下具有规律性响应特征，不同变形序列构造煤形成的应力-应变环境有差异，动力变质程度与结构演化特征均存在差异。三个变形序列构造煤不仅在宏、微观变形特征上存在差异，也由于不同作用机制改变了煤的大分子结构。

6.2.1 脆性变形构造煤

4.4 节研究表明，脆性变形构造煤与脆性实验变形煤的交联网络分子结构整体均以松弛作用为主。其中，弱的非共价键（除 OH－π 键）优先发生断裂或调整，键强度较高的共价键也发生键长、键角的变化，甚至能够断裂，形成次生结构缺陷；脂肪侧链在脆性变形作用下长度缩短，分支度增加；而杂原子官能团在脆性变形作用下趋向于转化为更稳定的官能团形式或断裂脱落，导致与杂原子官能团相关的部分非共价键解离（图 6-2）。尽管芳香结构由于化学键的断裂移动性增强，促使芳香层片间的 π－π 键数量增加，但剩余摩擦热能与机械能使得分子结构的重排作用程度远低于松弛作用。因此，随着脆性变形强度的增加，煤分子结构中芳香层片的有序度与堆砌度均下降。

在实验变形煤与构造煤中，脆性变形作用引起的摩擦滑动过程中棱角状或次棱角状的破碎煤体在摩擦面上刻划形成“沟壑纵横”的条痕摩擦面。随着脆性变形强度的增加，破碎块体沿摩擦面的相对位移逐渐增加，能够产生更高的摩擦热能。在脆性变形构造煤中，应变可转化到破碎颗粒表面，在碎粒表面或摩擦面形成薄层的应变片(strain films)(Cao et al.，2000)，因此煤动力变质作用在颗粒表面与摩擦面上最为强烈，局部芳香片层能够发生松弛作用与重排作用。构造煤与实验变形煤研究结果均表明，随着脆性变形强度的增加，煤体破碎颗粒粒度减小，应变片的透入性更强，面积更大，导致应变重排作用向颗粒内部发展。因此，随着脆性变形作用增强芳香层片间的 π—π 键数量也在不断增加。

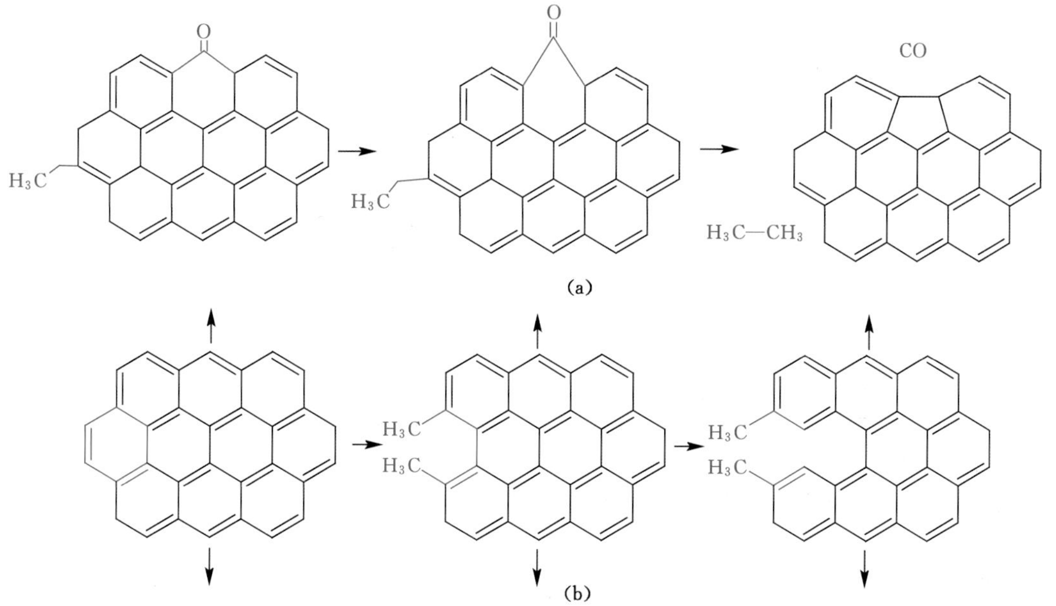

O
O
CO
H_3C
H_3C
$H_3C—CH_3$
(a)
H_3C
H_3C
H_3C
H_3C
(b)

图 6-2　脆性变形构造煤的分子结构演化示意图(修改自 Han et al.，2016)

脆性变形作用下发育的脆性裂隙在高应变速率下棱角状颗粒受到破碎与研磨作用，机械能部分转化为摩擦热能，并通过增加煤分子活动性促进脆性变形构造煤的动力变质作用。破碎与研磨过程中产生的机械力化学作用，也使得煤体分子结构内的脂肪侧链断裂或者官能团脱落。降解脱落的小分子被围限在分子交联网络结构中或以气体形式逸散，使得有机质组成元素的赋存形式被改变，并可导致相关元素的亏损[图 6-2(a)]。

脆性变形构造煤可形成于挤压、拉张或剪切应力作用下的高应变速率应力-应变环境。研究表明，微观应力可直接作用于分子结构(Hou et al.，2017)，因此脆性变形构造煤中发育的张裂隙使得化学键沿软弱结构面拉长断裂，煤分子结构整体发生松弛作用(图 6-2)。

6.2.2　脆-韧性变形构造煤

脆-韧性变形构造煤在强烈的剪切作用下形成一组优势裂隙，以发育片状结构为典型特征。不同学者根据裂隙密度的不同还将脆-韧性变形构造煤细分为多个亚类，以鳞片煤为主要代表(李云波，2014)。由于本书中煤高温高压变形实验属于共轴压缩实验，难以模拟纯剪应力作用,因此仅发育脆性与韧性两个序列变形煤。与挤压和拉张应力作用不同,脆-韧性变形构造煤形成的剪切应力对动力变质具有更显著的促进作用,具体表现在构造煤微晶结构的特征参数的变化(尤其是堆砌度与有序度),主要是由于剪切应力作用下非共价键的断裂转化效率更高,次生结构缺陷的发育程度明显增加。

从微观角度分析,剪切力偶直接作用于煤分子之上,使得交联网络结构中的非共价键断裂转化,有利于芳香层片结构顺着剪切方向移动和重排。剪切应变积累使得芳香层片内部的化学键更容易被调整,形成 Ston-wales、Single vacancy 与 Double vacancies 等次生结构缺陷(Song et al.,2019)。此外,鳞片煤被十分密集的弧形裂隙切割成柳叶状的薄层结构,片层的顶、底面基本均被镜面摩擦面包裹,剪切应变可通过转化为摩擦面上的应变片促进煤有机结构的动力变质作用。与脆性变形构造煤对比,脆-韧性构造煤中应变片的透入性与面积均较高,因此分子结构的超前演化作用更显著。

6.2.3 韧性变形构造煤

韧性变形构造煤的变形强度高于其他两个变形序列构造煤的变形强度,化学结构变化也更加显著。自然序列与实验序列韧性变形煤的化学结构变化基本一致,分子结构的松弛与重排作用程度要明显高于脆性与脆-韧性变形构造煤,且均以分子结构的重排作用为主。韧性变形作用使得化学结构的变化更显著,构造煤中有序紧凑的面—面芳香层片构型使得 $\pi-\pi$ 键数量最高,大量氢键(除 $OH-\pi$ 键)断裂,部分能够转化为 $OH-\pi$ 键;次生结构缺陷是数量在韧性变形构造煤中也表现为持续增加;脂肪侧链与杂原子官能团大量降解,导致有机常量元素赋存形式变化,甚至发生散失。

实际地质过程中韧性变形构造煤多形成于强烈的压剪应力环境。实验变形煤在温度达到 100 ℃以上时发生显著的韧性流变,一方面是由于高温补偿了应变速率,另一方面高温也加速了煤的变质作用进程。由此可见,韧性变形构造煤多形成于强烈挤压或剪切应力下低应变速率的应力-应变环境。研究表明,低应变速率下的韧性变形作用不断转化为积聚的应变能,作用于煤大分子通过内部结构的调整变化来释放(Han et al.,2016)。相关计算也表明,转化的应变能远远高于分子键断裂等结构变化的能量,因此韧性变形作用下煤分子结构的演化效率更高(Xu et al.,2014)。韧性变形构造煤分子结构松弛与重排作用要明显强于脆性与脆-韧性两个变形序列构造煤,且产生次生结构缺陷的能力也更强。实验变形煤研究中,有学者提出膝折带(kink band)是应变能积累的一个典型特征(Wilks et al.,1993),本书中自然序列与实验韧性变形煤中均发现大量膝折带的发育,即微观褶皱构造带,表明韧性变形作用下煤体积累了大量的应变能。

韧性变形作用中内部分子结构的调整主要包括松弛与重排作用,二者在煤分子结构演化过程中密不可分,松弛作用下化学键的断裂重组,使得分子的移动性相对增加,反过来促进分子结构的重排作用。从微观层面分析,韧性变形作用下分子结构的演化使得煤体的力学性质降低,因此构造煤更容易发生塑性流变。

韧性变形作用通过将机械能转化为应变能促使煤分子的次生结构缺陷增加,这主要是由于一方面韧性变形可以通过化学键的调整促使面内结构缺陷的形成,并最终将积聚的应变能释放(图 6-3);另一方面,低应变速率下的韧性变形作用转化为应变能并大量积累,使类晶体结构的煤分子基本结构单元位错滑移,在充足的变形时间内随着位错能不断积累导

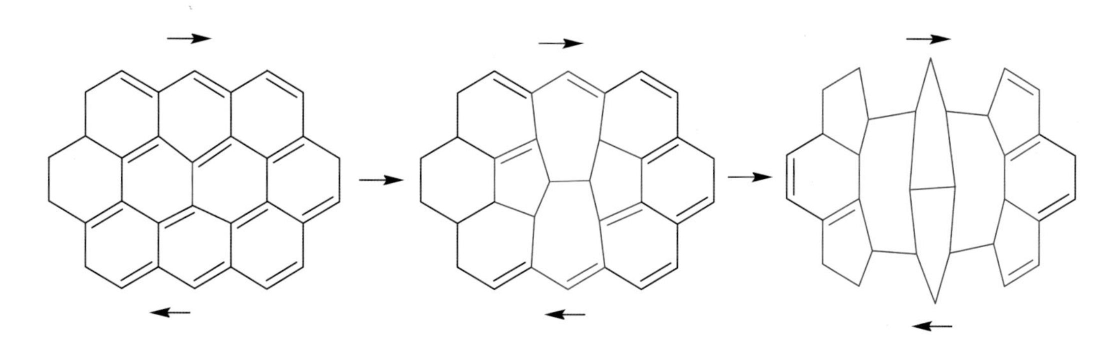

图 6-3 韧性变形构造煤次生结构缺陷演化示意图

致芳环解体，也使得次生结构缺陷增加。

6.3 构造煤中矿物应力响应特征与机制

构造煤所含的常量与微量元素大部分均与矿物密切相关。构造煤与实验变形煤研究表明，作为元素重要载体的矿物在应力作用下具有规律性响应特征。矿物的变形与变质作用必然会引起相关元素的迁移变化。

6.3.1 矿物变形、变位特征与机理

构造煤中矿物形貌特征变化与元素迁移是揭示无机结合态元素应力响应机理的关键，矿物的变形与变位作用又与构造煤形成的应力-应变环境密不可分，因此，通过实验变形煤与构造煤形成条件的深入分析，揭示不同类型构造煤中矿物的分异机理。

6.3.1.1 机械破碎与研磨作用

(1) 变形作用

随着构造应力作用的增强，构造煤宏、微观结构变形特征均表明煤体破碎程度增高，煤粒粒级逐渐减小，颗粒磨圆度也明显增加，表明构造应力作用下煤体受到了强烈的机械破碎与研磨作用。同样，在实验变形煤围压与差应力对照组中，随着轴压的增加或围压的减小，煤体破碎程度逐渐增加，甚至在样品 8 中出现了碎裂流变，因此实验变形煤也受到了机械破碎与研磨作用。由此可见，构造应力作用下煤体受到强烈的挤压破碎，同时在围压围限作用下破碎颗粒间的旋转调整产生了强烈的粒间研磨作用。

在煤体强烈变形过程中，赋存于煤基质间的矿物形貌特征也被强烈改造。实验变形煤差应力对照组中，受较高差应力作用的样品 6 与样品 8 中的黏土矿物失去了六方片状堆叠结构；在围压对照组中，中、低围压样品的黏土矿物也具有相似的变化特征；同样，高温实验条件的样品 9 中黏土矿物也在韧性变形过程中被强烈破碎。构造煤研究表明，由碎裂煤至揉皱煤，黏土矿物在强烈的机械破碎与研磨作用下由六方片状结构向更破碎细小的不规则结构演化；构造煤中其他矿物，如赤铁矿与方解石等，也在煤体变形过程中被破碎成更细小的结构。

由此可见，在构造应力作用下，赋存于煤岩组分间的矿物随着煤体一同被破碎，并在煤

体碎块间的旋转调整时受到研磨作用，使得构造煤中矿物的破碎程度与磨圆度均增加。

（2）变位作用

煤层在强烈的构造应力作用下破碎流变，从微观角度分析，在强烈的破碎研磨作用下，碎斑煤 D_4 的碎斑结构带内的黄铁矿可随着碎斑与碎基的破碎流动变位；从宏观角度分析，在构造应力作用下，顶、底板岩层的变形与破碎及煤层的碎裂流变，随着煤体流变夹杂其中的矿物也可能随之发生迁移。

6.3.1.2 刻划摩擦与压剪涂抹作用

（1）条痕摩擦面

宏观观测表明，构造煤中滑动摩擦面广泛发育，且在不同类型滑动摩擦面上基本都附着矿物膜（矿物涂层）；扫描电镜的微观观测结果表明，不同滑动摩擦面上矿物的形貌特征具有不同的响应特征。

实验脆性变形样品 3、5、6 在高差应力与较低围压的作用下，发生高应变速率的脆性变形，样品内发育的摩擦面受到棱角状碎粒的刻划作用形成摩擦条痕；同样，在脆性变形构造煤 N_{14}、N_{10} 及 Z_{35} 等样品中也均发育条痕摩擦面。附着于构造煤与实验变形煤条痕摩擦面上的矿物均在煤粒刻划作用下，沿相对摩擦滑动方向发育密集的擦痕，同时，矿物边缘被薄化和分离、分裂，分离后的矿物甚至能够沿着滑动摩擦方向运移，并在摩擦面上的阶步陡坎等特定位置富集；当摩擦条痕的刻划深度较大时，摩擦面上的矿物多呈线状分布于擦痕凹陷部位。由此可见，弱脆性变形构造煤中条痕摩擦面上矿物的形貌受刻划作用影响，使得矿物沿相对摩擦滑动方向发生变形与变位作用。

（2）镜面摩擦面

构造煤观测结果表明，强脆性、脆-韧性与韧性变形构造煤中由于煤体破碎程度的增加及应力-应变环境的变化，使得构造煤中多发育镜面摩擦面。实验变形煤 8 在高差应力作用下，内部发育的摩擦面条痕变弱并呈波状起伏；样品 9 与样品 10 在高温作用下发生强烈的韧性变形，以发育镜面摩擦面为主。相比于条痕摩擦面，镜面摩擦面上受到的压剪应力作用更强烈，两侧煤体相对位移更大。

以温、压敏感的黏土矿物为例，构造煤不同类型镜面摩擦面上的黏土矿物均受到强烈的压剪涂抹与剥离作用，由原生结构煤至揉皱煤矿物的宽高比明显降低，甚至在揉皱煤 Z_{27} 中观测到纳米黏土矿物；同样，在强烈的韧性变形作用下，实验变形煤样品 9 与样品 10 镜面摩擦面上的黏土矿物也受到强烈的压剪涂抹作用，呈弥散状分布；样品 8 在高差应力作用下形成了弱条痕的波状摩擦面，使得赤铁矿也受到剪切摩擦作用。

综上所述，与条痕摩擦面相比，镜面摩擦面表面矿物在强烈压剪应力作用下主要受到较为均匀的压剪涂抹作用，使得摩擦面上形成薄层矿物膜，并可沿着滑动剪切方向迁移。以摩擦面上的黏土矿物为例，黏土矿物的形貌特征会被强烈地改变：其一，片层状黏土矿物方向发生调整，形成平行于剪切滑动面的有序排列；其二，在剪切作用下片层状的黏土矿物沿底面（001 面）受到剥离作用，形成厚度更小的薄层黏土矿物，甚至是纳米级的矿物涂层；其三，在剪切剥离过程中黏土矿物垂直 001 面也可发生层裂，使得黏土矿物片层的尺寸进一步减小，破损边缘也相应增加（图 6-4）。

此外，在韧性变形样品 10 摩擦面上观测到黏土矿物的团聚现象，推测是由于高温作用下水分的参与导致的。与实验变形煤相似，在揉皱煤 $N_{12\text{-}2}$ 发育的土状镜面摩擦面上黏土矿物发生团聚，形成球状结构，虽然实际地质过程中煤层形成温度低于实验变形煤，但由于在更强烈的变形作用下黏土矿物中的结晶水析出，也导致黏土矿物的团聚作用。

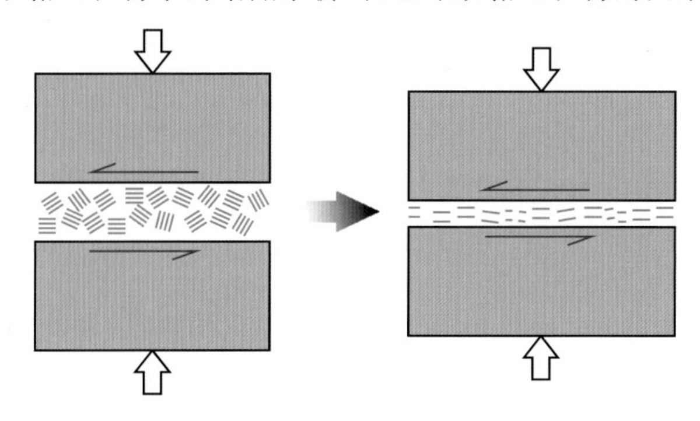

图 6-4 剪切面黏土矿物演化模式

6.3.1.3 矿物混杂作用

矿物混杂作用是指构造煤中两种及两种以上矿物在应力作用下在特定位置混杂的现象。构造煤研究表明，随着变形强度的增加矿物混杂现象明显增加，尤其在碎粒煤至揉皱煤中；同时，随变形强度的增加煤层内部的物质交换与迁移运动概率增加，致使不同类型矿物出现了混杂共生现象。混杂现象多发育于构造煤滑动摩擦面上，主要有以下三方面原因：其一，滑动摩擦面为矿物的迁移运动提供路径；其二，压剪应力作用是矿物局部运动的主要动力来源；其三，微观观测表明，不同类型摩擦面上可见阶步陡坎，使得不同矿物在摩擦面上迁移过程中滞留富集，形成多种矿物混杂共生的现象，实验变形煤中不同类型摩擦面上矿物的局部迁移也有类似的现象。

6.3.1.4 矿物混入作用

正断层 ZF_1 与逆断层 DF_1 断层面附近煤样品灰分产率显著增加，主要是由于构造应力作用下顶、底板岩层的破坏与裂隙的发育，为煤层与外界环境沟通建立了良好通道，使得煤层成为一个开放系统，并与外界形成物质交换，即便在逆断层发育的部位依然表现为半开放系统。当断裂构造切穿煤层顶、底板岩层并导通含水层时，含矿流体能够沿着断裂构造运移并进入煤层，能够在特定条件下沉淀形成裂隙脉矿物；同时，由于顶、底板岩层的错动位移，在断层面上发生顶、底板中泥岩的涂抹混入（尤其是逆断层），断裂构造的发育导致强变形构造煤（尤其是韧性变形构造煤）在靠近断层面位置大量发育，而煤的韧性流变使得沿断层面代入的矿物进一步混入，并促进矿物向断层面两侧迁移。

由于实验变形条件下没有实际地质过程中的物质来源，因此不与外界发生混入作用；但实验样品不同变形微区内的对比表明，黏土矿物在低围压、高差应力以及高温的变形条件下，可沿摩擦面或随煤体流变由弱变形区向强变形区迁移。揉皱煤 N_{11} 与 Z_{50} 的 S－C 面理组构与微观揉皱结构带内，随着煤岩组分的韧性流动变形，赋存于组分内的矿物也随之迁移变化；显观揉皱构造带内靠近褶皱脊线的滑动面以及褶皱核部灰分产率显著升高，也是由于煤层内部变形作用促进矿物在应力集中部位发生富集；同样，在显观断裂带断层面附近的应力集中部位也发生矿物的机械混入作用，导致灰分产率较高。由此可见，在构造应力作用下不仅煤层内部发生混入，还能与外界环境产生联系，通过代入作用导致矿物混入。

6.3.2 矿物变质作用与机理

构造煤中矿物在应力作用下不仅发生强烈的变形与变位，甚至能够发生化学结构变化。构造煤与实验变形煤研究表明，黏土矿物随着应力作用增强发生规律性的化学结构演化。此外，黏土矿物具有特殊的物理化学结构和较强的元素吸附能力。元素赋存状态分析表明，研究区构造煤中大量微量元素都具有黏土矿物亲和性，因此研究黏土矿物的变形、变位以及变质作用对相关元素的迁移富集具有一定影响。

6.3.2.1 羟基结构变化

层状结构黏土矿物含有大量羟基结构，主要包括内部羟基、外部羟基以及面内羟基三类，羟基结构是元素吸附的重要结合点，因此构造煤中羟基结构的变化对元素迁移变化起着至关重要的影响。

实验变形煤围压对照组中高围压实验样品 2 与样品 3 不同变形微区内羟基结构变化不明显，主要是由于围压阻碍样品发生高应变速率的脆性变形；而差应力与温度对照组的分析，表明高差应力与高温作用均促进黏土矿物结构的演化，使得强变形区内三类羟基含量高于弱变形区。实验变形煤羟基结构的变化，一方面是由于强变形作用下黏土矿物在强变形区内的富集，另一方面是由于应力作用下黏土矿物的细粒化作用以及摩擦面上压剪涂抹作用。由原生结构煤至揉皱煤，随着变形强度不断增加，构造煤中三类羟基结构含量均呈增加趋势。由于煤层中物质交换与物质迁移频繁，羟基结构的影响因素较多，其中应力改性作用下黏土矿物的破碎层裂与层离剥落是重要原因之一。

（1）机械破碎与研磨作用(层裂作用)

实验变形煤样品 8 在高差应力作用下煤体破碎程度明显增加，甚至形成了碎裂流变结构；构造煤微观结构特征研究表明，随着变形强度的增加，煤体破碎颗粒在应力作用下发生定向偏转，颗粒粒度减小，磨圆度增加，也表明煤体在构造应力作用下受到强烈的破碎、研磨作用。结合构造煤与实验变形煤中黏土矿物形貌特征观测发现，构造煤中片层状黏土矿物被破碎成小尺寸不规则的片层结构，破损边缘数量也增加，使得更多边缘羟基暴露出来，因此 FTIR 测试结果中外部羟基数量增加。

（2）剪切层离作用(剪切剥离作用)

实验样品不同变形微区 FTIR 测试结果表明，变形作用下黏土矿物羟基结构的含量大大增加。实验变形煤摩擦面上的黏土矿物在一定围压、高差应力及高温作用下，堆砌厚度大大降低，使得底面羟基结构暴露程度大大增加。与实验变形煤类似，构造煤中大部分滑动摩擦面上基本都附着黏土矿物，随着摩擦面两侧煤体的持续滑动摩擦，黏土矿物层状堆叠的结构被进一步剥离形成厚度更低的片状黏土矿物，甚至能够形成纳米级的片状黏土矿物，使得大量含羟基底面暴露，导致面内羟基数量增加。此外，特殊的层状结构特征以及较低的力学强度，促使构造煤在变形时能够沿着黏土矿物发育的位置发生剪切滑动，一定含量的黏土矿物还能促进构造煤由脆性向韧性变形的转变。由此可见，黏土矿物化学结构的演化与构造煤变形作用相辅相成，互相促进；同时，黏土矿物在强烈的压剪应力作用下还发生去质子反应，形成悬挂的超氧化离子，使得矿物吸附元素的能力进一步增强。

6.3.2.2 黏土矿物转化作用

XRD 测试结果显示，研究区构造煤中的黏土矿物以高岭石为主；构造煤黏土矿物提取实验表明，随着构造煤变形强度的增加，逐渐出现蒙脱石与伊利石，其中伊利石仅出现于脆-韧性与韧性变形构造煤中，同时黏土矿物的混层比也逐渐增加。在排除矿物的混杂与混入作用外，推断剪切应力作用能够促进构造煤中蒙脱石的伊利石化作用。由于强变形构造煤中伊利石与蒙脱石具有不同的化学结构特征，因此剪切应力作用改善了黏土矿物吸附元素的能力，也改变了相关元素在构造煤中的迁移变化特征。

6.4 元素的动力分异特征与机理

在构造煤形成的应力-应变环境与元素载体（有机质与矿物）变形、变质特征研究的基础上，进一步分析构造煤中元素的分异特征与机理。5.2.3 节研究表明，构造煤中元素赋存状态复杂，往往具有多重来源，元素的主要赋存状态是元素分异机理剖析的主要基础，本节依据构造煤中元素的主要赋存状态，揭示具有有机亲和性与无机亲和性元素的动力分异机制。

6.4.1 应力敏感元素的筛选与厘定

李云波（2014）给出构造煤中应力敏感元素的初步定义，即“构造煤中常量与微量元素对应力作用方式和强度的反应特征”。应力的作用方式和作用强度会直接导致不同类型构造煤的形成，由脆性变形、脆-韧性变形到韧性变形，构造煤不仅受到的应力作用类型存在差异，应力作用强度也逐渐增强。因此，不同类型构造煤中元素分布的规律性变化就是元素应力敏感性的重要体现。元素的“反应特征”不仅代表着元素含量的变化，也包含元素赋存形式的含义。

5.3 节针对微观、显观以及宏观构造带、同一煤层典型构造煤以及实验变形煤不同变形微区内元素的分异特征进行对比研究，结果显示，随着研究对象和研究尺度的变化，元素的应力敏感性具有共性，同时也存在一定的差异性。

6.4.1.1 元素应力敏感的共性与差异性分析

在筛选应力敏感元素时，应优先关注在不同研究对象及研究尺度中均有一定响应特征的元素类型。因此，首先对不同研究对象与研究尺度的应力敏感元素进行总结归纳，并重点关注实验变形煤与构造煤之间的对比分析，以揭示构造煤中元素的动力分异机理。

（1）有机质组成元素

5.2 节以整个宿县矿区 8 煤层构造煤为研究对象，不同类型构造煤中有机质组成元素 C、H、O、N 与 S 含量波动范围较大，尽管采集的构造煤样品来自同一煤层，但由于采样范围广，难以避免沉积环境等构造应力以外因素产生影响。其中，C 与 O 元素与灰分产率的相关性分析表明，由于受强变形构造煤中矿物的混入作用影响，导致无机赋存形式的 O 元素含量增加；而强变形作用下更强烈的矿物混入与混杂作用使得有机质占比减小，C 元素含量下降。不同类型摩擦面上原位扫描结果也表明，C 与 O 元素在高含量区互补分布，其中 O 元素分布与摩擦面附着的矿物在应力作用下的迁移变化一致，而 C 元素多呈互补的变化特征。此外，显观与宏观断裂带也由于矿物的机械混入与混杂作用，使得靠近断层面位置 O 元素的含量增加，而 C 元素的含量降低（表 6-1）。

表 6-1　不同研究对象与尺度的应力敏感元素表

应力敏感类型	元　　素	研究对象与研究尺度
递增型	O、Si、Ti、Al、K、Li、Sc、Cr、Zn、Ga、Rb、Y、Nb、Pb、Cd、Bi、In、Cs 与 REE	宿县矿区构造煤
突增型	Fe、Mn、Co、Ni 与 Cu	
分散型	H、N、S、W、Tl 与 Mo	
双增型	Be、Sr、Th、U、Ba 与 Ta	
递减型	C 与 Ca	
稳定性	Be、W 与 Ta	高温高压实验变形煤变形微区对比
反转型	Co、Ni 与 In	
递增型	C、Si、Ti、Al、Fe、K、Li、Zn 与 REE	
递减型	N、S、Ca、Na、Sc、Cr、Ga、Rb 与 Mo	
分散型	O、Cl、Mn、Cu、Sr、Nb、Tl、Pb、Cd、Bi、Th、U、Cs 与 Ba	
递减型	Be、W、Co、Ni 与 Mo	高温高压实验变形样品间对比
递增型	O、Si、Al、K、P、Zr、Sc、Cr、Zn、Rb、Sr、Y、Tl、Th、Cs、Ba、Ta 与 REE	显观褶皱构造带
递减型	C、H、N、S、Co、Ni、Mo 与 Cd	
分散型	Ti、Fe、Ca、Li、Be、W、Mn、Cu、Ga、Nb、Pb、Bi、In 与 U	
递增型	Si、Ti、Al、Li、Sc、Cr、Ga、Nb、Cd、Bi、In、Th、U、Ta 与 REE	显观断裂构造带
递减型	Ca、S、Cl、Co、Ni 与 Mo	
复杂型	Be、W、Cu、Zn、Pb 与 Lu	
分散型	H、O、N、P、Fe、Mn、Rb、Sr、Tl、Cs 与 Ba	
递增型	H、O、N、Si、Ti、Al、K、Sr、Tl、Mo 与 Ba 以外基本所有元素	朱仙庄正断层 ZF_1
递减型	C、Ca、Cl、Sr 与 Ba	
分散型	S、Fe、Tl 与 Mo	
递增型	H、O、N、Si、Ti、Al、K、Be、Sc、W、Cr、Mn、Co、Ni、Cu、Zn、Ga、Rb、Sr、Nb、Pb、Cd、Bi、In、Th、U、Cs、Ba、Ta 与 REE	祁东矿逆断层 DF_1
分散型	S、Fe、Tl 与 Mo	
递减型	C、Mg 与 Ca	
递增型	Si、Al、Ca、Li、Be、Sc、W、Cr、Mn、Cu、Zn、Ga、Nb、Cd、Bi、U、Ta 与 REE	祁南矿逆断层 NF_1
递减型	Co 与 Mo	
分散型	Ti、Fe、Mg、Na、K、S、Ni、Rb、Sr、Tl、Cs 与 Ba	

在实验变形煤中，不同变形微区的对比研究表明，低围压脆性变形样品受煤岩组分的非均质性影响，使得强变形微区内呈富 O、贫 C 的特征；而高温与高差应力作用下，实验变形煤变形强度增加，变形类型也由脆性向韧性变形转变，导致强变形区内 C 元素富集而 O 元素散失，煤有机质动力变质作用成为控制元素分异的主要因素。与构造煤相比，煤变形模拟实验中没有外界物质来源，减少了应力作用引起矿物代入与迁出的影响，使得有机质动力变

质作用成为主导因素，因而大部分实验样品强变形微区内C元素含量增加，而O元素含量下降。尽管构造煤分子结构测试表明变形作用促进了有机结构动力变质作用，但无机矿物在构造应力作用下的迁移变化为主导构造煤中C与O元素分异的控制因素，因此，构造煤中C与O元素整体表现为贫C、富O的响应特征。

同样，煤中H、N与S元素也存在有机结合态与无机结合态，因此该三种元素的应力响应特征也取决于不同结合态元素应力作用下的变化特征。由原生结构煤Z_2至揉皱煤Z_7，随变形强度的增加煤中N元素含量呈降低趋势。XPS测试分析表明，煤中有机N元素主要以吡啶与吡咯官能团形式赋存，强变形作用下稳定性低的吡啶优先降解，使得N元素含量下降。显观褶皱带内应力较为集中的褶皱核部与靠近褶皱脊线的滑动面部位H、N与S元素均散失，而显观断裂带内仅S元素散失，由此可见，显观褶皱构造对有机质结构演化的控制作用比断裂构造更显著。随着研究尺度的增加，宏观断层带内煤层与外界环境的连通性更好，尽管有机结合态H、N与S元素在动力变质作用影响下发生规律性变化，但变形作用也导致无机结合态H、N与S元素的变化，使得元素整体应力敏感性降低，多分散分布于构造煤中。

实验变形煤研究表明，强变形微区内N与S元素的含量基本均低于弱变形区，尤其是在高差应力与高温条件的样品中。其中，差应力对照组中在高差应力作用下样品8碎裂流变，使得强变形区的动力变质程度高于弱变形区；而高温作用，一方面由于煤样的软化作用促进了韧性变形，另一方面可增加煤分子结构的活性，促进动力变质作用。实验变形煤的研究尺度较小，变形过程中未与外界环境形成物质交换，因此最大程度排除了矿物的混入作用影响；而构造煤的研究尺度较大，因而H、N与S元素受多重因素影响，应力敏感性较低。

此外，构造煤与实验变形煤中有机结构的研究均表明，应力作用下煤有机结构可发生规律性变化，使得有机结合态的C、H、O、N与S元素赋存状态在动力变质作用影响下发生规律性变化。因此，从分子结构角度分析，有机结合态的C、H、O、N与S元素的赋存状态都具有良好的应力敏感性。

(2) 无机常量元素

实验变形煤中Si、Al、Ti与K元素均在强变形区内聚集，尤其是在低围压的样品6、高差应力样品8及高温样品10中元素聚集程度显著增加。其中，Si与Al元素在强变形区内的富集与应力作用下黏土矿物沿摩擦面局部迁移变化有关，在压剪应力作用下，实验样品内部的黏土矿物沿摩擦面或随着流变迁移，导致该四种元素在强变形区内富集，同时黏土矿物较强的应力敏感性使得该四种元素在摩擦热的活化作用下扩散富集于强变形区(李云波，2014)；Ti与K元素具有较强的黏土矿物亲和性，也随着黏土矿物的迁移变化在煤样强变形区内聚集。

宿县矿区同一煤层构造煤的研究表明，随变形强度的增高，Si、Al、Ti与K元素的含量呈上升趋势，尤其是在碎粒煤至揉皱煤中；微观S—C面理组构带与揉皱带内，Al与Si元素在带内随煤岩组分流动运移，与黏土矿物相关的Ti和K元素也随之迁移，摩擦面上四种元素迁移变化也具有一致性；显观揉皱带与断裂带内应力集中部位Si、Al、Ti与K元素也明显富集，宏观断裂构造ZF_1与DF_1在断层面附近的揉皱煤中四种元素显著富集；仅在显观揉皱构造带内Ti元素分布规律性较差。由此可见，黏土矿物在应力作用下的变形与变位作用使得Si、Al与K元素的应力敏感性十分显著，Ti元素次之。结合实验变形煤的温压条件可得，构造煤在更高差应力作用下形成的强脆性变形以及低应变速率作用下的韧性变形，促进黏土矿物的变形、变位，使得 Si、Al、Ti 与 K 元素在强变形构造煤中聚集程度明显增高。

研究区内同一煤层的碎粒煤至揉皱煤中 Fe 元素的含量要明显高于弱脆性变形煤，表现为突增型；但在不同尺度构造带内 Fe 元素在应力作用下的响应特征不显著，摩擦面上的 Fe 基本呈分散分布的特征；微观 S－C 组构带与揉皱带内 Fe 元素分布规律受煤岩组分的非均质性影响较大；此外，微观碎斑结构带中的 Fe 元素分布特征也表明，黄铁矿的分布影响 Fe 元素在个别点位含量值较高。实验变形煤中的 Fe 元素主要以赤铁矿的形式赋存，一方面高温与高差应力作用下赤铁矿沿摩擦面迁移变化，另一方面温度与应力耦合作用下 Fe 元素活化迁移，导致强变形区内 Fe 元素的含量高于弱变形区（李小明等，2006）。由此可见，构造煤中 Fe 元素的动力分异受到多重因素影响，应力作用下的分异规律较差。

研究区内 8 煤层中构造煤测试结果表明，Ca 元素在弱脆性变形煤中富集，主要是由于构造煤中 Ca 元素多赋存于碳酸盐矿物中，而碳酸盐矿物主要以裂隙充填方式赋存于弱脆性变形煤中，因此弱脆性变形环境更利于 Ca 元素的聚集；结合具体构造带中 Ca 元素分布特征分析发现，Ca 元素也往往富集于弱应力区中发育的脆性变形煤中，同样也与裂隙脉碳酸盐矿物的发育密切相关。此外，变形模拟实验通过避开后期裂隙脉矿物形成的影响，仅研究 Ca 元素在变形作用下的响应特征，结果表明，高差应力或高温样品 8、9、10 中强变形区的 Ca 元素含量均增加，由此可见，强脆性或韧性变形作用下 Ca 元素在强变形区内聚集。因此，构造煤中 Ca 元素除了受裂隙脉碳酸盐矿物发育具有应力-应变环境选择性的影响，还受到强变形作用下 Ca 元素在强变形构造煤中迁移富集的影响。与碳酸盐矿物相关的 Mg 元素，在祁东矿逆断层带内也随着与断层面距离的增加表现为递增的特征，但比 Ca 元素的敏感度低，这主要与 Mg 元素复杂的赋存状态有关（Finkelman et al.，2018）。

Cl 元素在构造煤中也表现为随变形强度的增加其含量下降，主要在显观断裂构造带与朱仙庄 ZF_1 正断层带内靠近断层面的应力集中部位散失。研究表明，煤中 Cl 元素主要以水溶态、有机结合态及离子交换态存在，稳定性较差，具有易挥发的特性（赵峰华等，1999），因此断层面附近强烈的动力变质作用减少了有机结合态 Cl 元素，同时强烈的摩擦热能也使得水溶态 Cl 元素挥发散失。同为递减型的元素 Na 多与 Cl 元素结合以水溶态形式存在于煤中（赵京等，2019），实验变形煤研究表明，低围压、高差应力及高温作用下样品强变形微区内 Na 元素均迁移散失，与构造煤中 Cl 元素的散失机理相似，也与强变形作用导致的挥发散失有关；但实验变形煤中 Cl 元素的变化规律较差，可能与 Cl 元素较复杂的赋存状态有关。其余无机常量元素如 P 与 Zr 等在构造煤中呈分散分布，规律性较差。

（3）微量元素

研究区构造煤中 Li、Sc、Cr、Ga、Nb、Bi、Th 与 Ta 元素随着变形强度的增加其含量整体呈上升趋势，元素赋存状态分析表明，上述 8 种元素均具有较强的黏土矿物亲和性，元素逐级化学提取实验也表明上述元素黏土矿物赋存态占比较高，其中 Li 达 90％，Sc 达 90％，Cr 达 75％（Finkelman et al.，2018）。因此，上述元素变化趋势与黏土矿物在构造煤中的分异有密切联系：一方面，构造应力作用下黏土矿物机械混入与混杂作用代入了相关元素；另一方面，强变形构造煤中的黏土矿物变形与变质作用使其吸附元素能力增强，导致相关元素在强变形构造煤中滞留能力增强，所以构造应力作用下强变形构造煤中上述元素富集。同样，在显观断层带、朱仙庄正断层带 ZF_1 以及祁南矿逆断层带中应力集中的断层面附近 Li 元素也显著富集；Cr、Ga、Nb、Bi 及 Ta 元素在显观断层带、断层带 ZF_1 及 DF_1 内断层面附近也富集。实验变形煤中 Li 元素在低围压样品 6 与高差应力样品 8 的强变形区中聚集，高温条件下韧性变形样品 8 与样品 9 强变形区内 Li 元素的含量也高于弱变形区，表明强脆性或韧性变形作用下黏土矿物在变形微区内的迁移变化促进了 Li 元素的迁移与富集。构造煤中 Li、Sc、Cr、Ga、Nb、Bi、Th 与 Ta 元素对应力的响应特征比实验变形煤更为敏感，主要是由于在构造应力作用下黏土矿物的机械混入作用，增加了与黏土矿物密切相关的元素的物质来源。除了上述元素外，与黏土矿物相关且具有一定敏感性的元素还包括 Rb、In、Th、Cs 和 U，其中 Rb 元素的黏土矿物赋存状态达 90%（Finkelman et al.，2018），前人研究成果也表明 Rb 具有较强的应力敏感性。

微量元素 Zn 与 Cd 在强变形构造煤中富集，在显观断层带、朱仙庄 ZF_1 正断层带与祁东矿 DF_1 逆断层带靠近断层面位置富集。煤中 Zn 与 Cd 元素多以硫化物形式赋存，既具有亲硫性也具有亲铁性，可能赋存于黄铁矿中，此外 Cd 能够以类质同象替换 Zn 离子（Swaine，1990）。实验变形煤中变形微区对比表明，高差应力作用以及高温作用促进了硫化物矿物的迁移变化，所以构造煤中硫化物矿物在应力作用下可能发生了比实验变形煤更强烈的变化，从而引起 Zn 与 Cd 元素在强变形构造煤中聚集。断裂带内断层面附近由于高差应力作用，硫化物向断层面发生活化迁移，再加上断层导通了流体通道也可能代入元素，使得 Zn 与 Cd 在断层面附近富集。

显观褶皱带内褶皱核部与靠近褶皱脊线应力集中的位置 Mo 元素均散失，同样，在显观断裂构造带靠近断层面位置 Mo 含量也下降；随着研究尺度的增加，Mo 元素在祁东矿与祁南矿逆断层靠近断层面位置也散失。元素赋存状态分析表明，煤中 Mo 元素有较强的有机亲和性，因此元素的散失与构造煤的动力变质作用有着密切关系。构造煤分子结构测试研究表明，随着构造煤变形强度的增加，煤体化学结构中含氧官能团受到应力降解作用，而含氧官能团是 Mo 元素与有机结构结合的重要位点（Liu et al.，2019b），在构造煤动力变质影响下 Mo 元素脱落并散失。实验变形煤不同样品间的对比表明，相对于高围压样品 2 与样品 3，样品 6 在低围压作用下 Mo 元素散失作用增强，这主要是由于低围压作用下煤体变形强度增加，导致动力变质作用增强，与有机质结合的 Mo 元素脱落散失；样品变形微区的对比表明，差应力对照组中高差应力样品 8 强变形微区内 Mo 元素含量散失作用强于低差应力样品 5 与样品 6，表明高差应力通过促进动力变质作用也使得 Mo 元素散失。由此可见，形成于应力集中部位的构造煤更强烈的动力变质作用，导致有机结合态 Mo 元素的散失。

同样，具有有机结合态的 Co 元素也在围压对照组中表现为随围压降低散失作用的增强；同时显观褶皱构造带内靠近褶皱脊线的滑动面及褶皱核部两个应力集中部位 Co 元素的含量更低；显观断裂带内断层面附近 Co 元素明显亏损，表明强变形作用不利于 Co 元素的赋存，随着动力变质作用的增强有机结合态元素脱落散失。

（4）稀土元素

宿县矿区 8 煤层中构造煤对比研究表明，稀土元素的含量均随着构造煤变形强度的增加呈增加趋势，其中稀土元素 La～Tb 的应力敏感性要强于 Dy～Lu，且 La～Nd 的富集程度要明显高于其他稀土元素；稀土元素平均值分布表明，稀土元素对剪切应力作用的敏感性十分强，在片状煤与鳞片煤中均出现显著的正异常。结合具体的显观与宏观构造带内稀土元素的分布特征可发现，构造带内应力集中部位的稀土元素富集程度均高于弱应力区，表明高差应力作用有利于稀土元素的富集。实验变形样品不同变形微区间的对比表明，低围压样品 6 与高差应力样品 8 中强变形微区内稀土元素 La～Eu 显著富集，而高温样品 9 与样品 10 中 La～Eu 分布情况出现反转，表现为弱变形区高于强变形区；实验变形煤中 La～Eu 元素的应力敏感性比 Gd～Lu 强，与构造煤中稀土元素分布类似，随着稀土元素的离子半径的增加敏感性降低。

元素赋存状态分析表明，构造煤中稀土元素主要的赋存载体为黏土矿物，因此稀土元素强变形构造煤中的富集与应力作用下黏土矿物的变形、变位与变质作用有密切关系。实验变形煤中黏土矿物在机械破碎与研磨作用以及压剪涂抹作用下发生强烈的变形与变质作用，低围压与高差应力样品 6 和样品 8 中黏土矿物羟基结构在强变形区中的含量增加，使得稀土元素的结合位点增加，且黏土矿物在微区内发生局部运移，因此使得稀土元素在强变形区富集；而高温样品 9 与样品 10 尽管强变形区内黏土矿物羟基结构的数量增加，但高温作用使得羟基结构离域，吸附稀土元素的能力下降，因此表现为弱变形区内稀土元素的含量更高。与实验变形煤相似，强变形作用下构造煤中黏土矿物的羟基结构数量增加(尤其是在剪切应力变形环境中)，导致稀土元素在强变形构造煤中的滞留能力增强；由于构造煤还存在与外界环境间的连通，能够发生黏土矿物的机械混入与混杂作用，使得元素载体增加的同时也导致元素随矿物迁移(尤其是靠近断层面位置)；构造煤的黏土矿物提取实验表明，剪切应力作用促进了黏土矿物的相变，导致强变形构造煤中黏土矿物吸附稀土元素的吸附位点增加，因此强变形构造煤中稀土元素富集，且具有十分强的剪切应力敏感性。

总体来看，元素在构造煤中的分布具共性，也具有一定的差异性。微观构造带内无机元素的分布与煤岩组分条带的展布基本一致，在应力作用下煤岩组分条带不同类型的变形作用导致不同元素的分布也随之改变。由此可见，微观尺度应力作用仅能通过脆性碎裂流变或韧性流变作用使元素与矿物迁移运动。显观构造带内元素的迁移变化规律明显增加；显观褶皱的轴部元素与矿物均发生富集，这主要是由于煤体内物质流变尺度的增加，更有利于物质的迁移富集。与微观构造带内元素的应力敏感性相比，显观构造带内特定构造部位元素与矿物应力响应特征更加显著。宏观构造带内元素的聚集程度要明显高于微观与显观研究尺度，宏观断裂构造带通过导通煤层与外界环境的物质交换，促进矿物的混入和代入作用，同时断层面附近更强的应力作用使煤层发生强烈的韧性流变，更有利于矿物与元素的迁移运动。

实验变形条件下能够最大程度排除其他外界因素的影响，凸显应力作用结果。如实验变形煤不同变形微区的对比揭示了有机元素对动力变质作用的响应特征；黏土矿物在实验变形煤不同变形微区中的动力变质特征也被进一步验证。但由于煤高温高压实验不能完全模拟实际地质条件，元素的迁移路径与物质来源都减少，使得矿物与元素的应力敏感性减弱。例如，在实际地质过程中应力作用能够通过机械混入作用带入矿物与元素，而实验序列变形煤则缺少这一部分来源，导致无机元素与矿物的应力响应特征大大弱化。

6.4.1.2 应力敏感元素的筛选及其指示意义

依据不同研究尺度与研究对象中元素分异特征的共性与差异性分析，进一步筛选厘定构造煤中的应力敏感元素。将强变形构造煤(主要包括脆-韧性与韧性变形构造煤)中元素的富集或散失特征作为应力敏感元素的筛选与分类依据。

(1) 富集型

不同尺度与对象的研究结果均显示构造煤中黏土矿物的应力敏感性较强，应力作用下黏土矿物强烈的变形与变质作用使得与之相关的元素也具有较强的应力敏感性。其中，构造煤及实验变形煤的研究中Al、Si、Ti、K常量元素及显著相关的亲石性元素Li、Sc、Cr、Zn、Ga、Nb、Cd、Bi、Ta以及稀土元素La～Eu均有着较强应力敏感性(表6-2)。富集型元素表现随着构造煤变形强度的增强而增加，因此可以作为强变形构造煤(碎粒煤至揉皱煤)发育的化学指标；同时，在断裂构造带或褶皱核部元素均富集，因此富集型元素还可以作为应力集中的化学指标；此外，由于稀土元素还具有较强的剪切应力敏感性，因此稀土元素(尤其是La～Eu)的富集往往指示着剪切应力变形环境以及压剪应力形成的脆-韧性及韧性变形构造煤的发育。相关测试表明，突出煤O、Si与Al元素的含量要高于非突出煤(郭德勇等，1996)，结合本书研究中O、Al与Si元素在强变形构造煤中富集的规律，表明当上述元素含量显著升高时煤与瓦斯突出的风险也增加，因此研究过程中需要格外关注这一类元素。

表6-2 应力敏感性元素筛选表

应力敏感类型	敏感性显著	敏感性较显著
富集型元素	O、Al、Si、Ti、K、Li、Sc、Cr、Zn、Ga、Nb、Cd、Bi、Ta以及La～Eu	Rb、In、Th、Cs、U以及Gd～Lu
散失型元素	C、Ca、Co、Mo	N、S、Sr、Ba

(2) 散失型

脆性变形环境有利于碳酸盐矿物的沉淀富集，使得与碳酸盐矿物密切相关的Ca、Sr及Ba等相关元素往往在弱脆性变形构造煤中富集，而在强变形构造煤中含量较低(表6-2)。因此，与碳酸盐矿物密切相关的元素尤其是Ca元素的富集往往指示弱脆性变形环境以及构造带内的弱应力区。弱脆性变形作用下构造煤变形强度低，孔、裂隙结构受应力改造程度低，连通性好，一般不易发生煤与瓦斯突出(姜波等，2009)，因此，Ca元素较高的富集往往指示着较低的煤与瓦斯突出风险。

此外，具有有机亲和性的散失型元素Co与Mo在构造煤动力变质作用的影响下，由于元素的结合位点减少而散失，并在不同构造带的应力集中部位元素的含量降低。因此，Co与Mo元素的亏损往往指示着区内强变形构造煤的发育以及更强的构造应力作用，煤体破碎程度更高，孔、裂隙结构的连通性受应力改造作用也变差，因此Co与Mo元素散失的区域内煤与瓦斯突出的风险可能较高。同样，在构造煤与实验变形煤中受动力变质作用的影响，N与S元素在强变形区域内也可能散失，因此该类元素的亏损指示强变形构造煤的发育，煤与瓦斯突出的危险性也随之升高。构造煤中C元素由于受到黏土矿物机械混入作用的影响，在强变形构造煤中也表现为低含量的特征，因此，C与Co、Mo、N和S元素具有相同的指示意义。

6.4.2 构造煤中元素分异机理

遵循应力敏感元素分异机理的研究思路，以元素载体的应力响应特征为分析基础，并结合实验变形煤与构造煤中应力敏感元素共性与差异性的对比，揭示宿县矿区内不同赋存状态的元素迁移变化机理。

6.4.2.1　具有有机亲和性的元素

有机常量元素作为有机质的组成元素，它的变化与构造煤有机结构的动力变质作用密不可分。构造应力作用通过将机械能转化为摩擦热能与应变能，甚至直接作用于分子结构，使构造煤化学结构发生规律性变化。煤分子结构演化包括不同化学键、芳香结构、次生结构缺陷、脂肪侧链与杂原子官能团等。其中，煤分子结构中的官能团主要为含 O、N 或 S 的杂原子官能团，随着构造煤变形强度的增加，杂原子官能团不断解离脱落，甚至能够以气体分子形式逸散。实验变形煤不同变形微区内 C、O、N 与 S 元素变化规律验证了动力变质作用是有机常量元素变化的主要原因之一。此外，杂原子官能团还是有机亲和性微量元素的重要吸附位点，因此杂原子官能团的降解使得相关微量元素随之发生迁移变化。

煤分子结构中的脂肪侧链在应力作用下同样也被降解，形成小分子碳氢化合物，脱落后的小分子碳氢化合物多被围限在分子交联网络结构中。构造煤动力变质作用理论上会引起 C 元素的富集、O 与 N 和 S 元素的散失，然而实际构造煤以及构造带内该四种元素含量的变化规律却并不明显，主要是由于受到无机赋存形式的 C、O、N 与 S 元素的影响。

构造煤分子结构中芳香层片的有序重排作用、次生结构缺陷的形成及化学键的旋转、断裂与重组等作用虽然并未引起有机常量元素含量的变化，但改变了原子之间的连接、排列与组合方式，即改变了元素的赋存状态。因此，有机元素赋存状态的变化也具有应力敏感性，而构造煤动力变质作用是最重要的影响因素之一。

6.4.2.2　具有无机亲和性的元素

具有无机亲和性的元素包括矿物的组成元素、类质同象元素以及被矿物吸附的元素等，这些元素均与矿物在应力作用下的变化有密切关系。

（1）应力诱导混入作用

研究区内方解石等碳酸盐矿物往往以裂隙脉形式赋存于构造煤中，脆性变形构造煤中发育连通性较好的裂隙系统有利于碳酸盐矿物的沉淀充填，因此与碳酸盐矿物相关的元素往往在脆性变形构造煤中富集，而在脆-韧性与韧性变形构造煤中其含量相对较低，受裂隙充填矿物分布控制的元素的迁移变化实际属于物质的混入作用。

（2）局部动力迁移作用

附着于滑动摩擦面上的矿物膜也是无机元素赋存载体之一。矿物在滑动摩擦面上沿着滑动摩擦方向发生局部运动与聚集，导致与矿物相关的元素也沿着摩擦面迁移并在特定位置富集。层滑构造是广泛发育的矿井构造之一，煤层中的层滑面两侧的相对运动距离和影响范围较大，由微观的摩擦滑动面上矿物迁移变化可推测在大型顺层滑动面上也能够发生大范围的元素迁移变化。此外，微观构造带的研究表明，在应力作用下煤岩组分条带或矿物可随流变作用迁移，由此可推断构造煤的韧性流变作用，尤其是层滑构造引起的大范围煤层流变，是元素在应力作用下运移的重要驱动力之一。

（3）矿物动力变质作用

构造煤与实验变形煤研究均表明，研究区内的黏土矿物在构造应力的作用下化学结构发生变化，导致黏土矿物中的羟基结构大量暴露。尤其是剪切应力作用，一方面能够更有效地改善黏土矿物的结构，增加羟基结构的暴露程度；另一方面还能促使黏土矿物转化（如伊利石化作用），转化后的黏土矿物吸附相关元素的能力增强。由此可见，随着构造煤变形强度的增加，与黏土矿物相关的元素基本都表现为聚集的特征。

（4）构造控制作用

煤层中地质构造控制着局部构造煤的发育与分布，因此构造控制元素迁移变化的机理与上述因素有相似之处，例如构造煤的有机结构动力变质作用、矿物的混入作用以及矿物的动力变质作用等。但由于断裂构造作为煤层与外界环境的连通通道，构造对元素分异的控制作用还具有特殊性。

切层断层使得切穿的顶、底板岩层沿着断层面错动位移，顶、底板岩层中的泥岩等在运动过程受到涂抹作用，机械混入断层面两侧的煤层。临近断层面的煤体由于受到强烈的压剪应力作用发生韧性流变，继而使得机械混入的相关矿物进入韧性变形构造煤中，因此与机械混入相关的元素大量聚集于临近断层面的构造煤中。此外，切层断层作为良好的流体通道，也能够引起含元素的流体进入煤层，导致靠近断层面附近的构造煤中某些元素的含量增加。

显观的揉皱构造研究表明，褶皱构造也具有控制作用。褶皱构造在弯曲形变的过程中煤层发生层间滑动作用，而层间滑动面是矿物和元素运移的良好通道，因此褶皱两翼煤层的流变与摩擦滑动作用过程中导致相关元素在轴部富集。显观褶皱构造带内元素的分异特征为揭示宏观褶皱构造元素迁移变化规律提供了分析基础。

6.5 应力敏感元素与构造煤瓦斯特性间的内在联系

构造应力作用改变了煤体的孔、裂隙结构特征，而不同类型构造煤的孔、裂隙结构特征控制着构造煤的瓦斯特性。筛选厘定的应力敏感元素对构造煤类型以及应力一应变环境均具有一定的响应特征。由此可见，应力敏感元素与构造煤瓦斯特性均与构造应力有着密切关系，二者也必然存在内在的联系。

6.5.1 样品采样位置与基本特征

6.5.1.1 采样位置

逆断层 NF_1 位于祁南矿 6 煤层内，6 煤的直接顶、底板为灰色薄层泥岩，伪顶与伪底主要为灰绿色泥岩。断层的倾向为 358°，倾角为 35°（图 6-5）。靠近断层面的顶、底板岩层被断层切断破碎，断层的牵引拖曳作用使得上、下盘靠近断层面附近的顶、底板形成次级褶皱，岩层产状也发生显著变化；远离断层面的煤层顶、底板结构保存完整，顶、底板岩层产状逐渐恢复正常。

相对岩层而言，煤层对构造应力作用更为敏感，断层上、下盘距断层面距离约为 2 m 的区域内强烈的挤压剪切作用使得煤层发生显著的揉流褶皱，形成牵引褶皱区（Ⅰ区），区内煤体结构十分破碎，多为揉皱煤；随着远离断层，顶、底板岩层产状逐渐过渡到正常状态，断层对煤体结构的影响大大减弱，上盘与下盘距离Ⅰ区约 4 m 范围内均形成破碎区（Ⅱ区），区内煤体被密集的裂隙切割成碎斑结构，发育大量碎斑煤；远离Ⅱ区的煤层结构保存相对较为完整，将其划定为Ⅲ区。作为动力盘的断层上盘煤体结构更为破碎，相应分区宽度大于断层下盘。

三个变形分区内共采集 5 件具有典型变形特征的构造煤样品（分别编号 N_1～N_5），不同样品均采自 6 煤层中部同一层位。其中，样品 N_1～N_3 分别采集于上盘的Ⅲ、Ⅱ与Ⅰ区，样品 N_4 与样品 N_5 分别采自下盘的Ⅱ与Ⅰ区（图 6-5）。

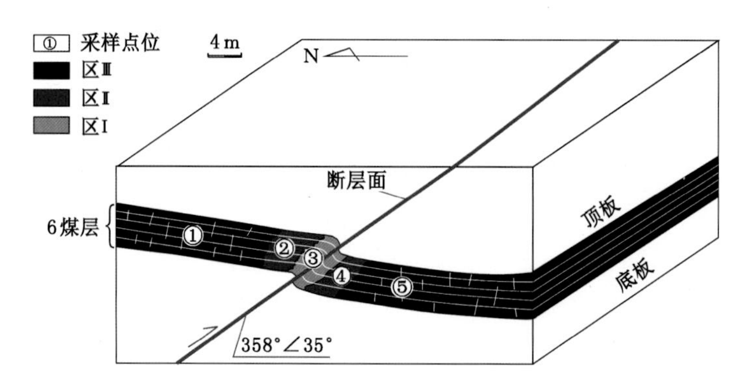

图 6-5　祁南矿逆断层 NF_1 的结构示意图以及采样点位分布

6.5.1.2　构造煤样品宏、微观变形特征

Ⅲ区内样品 N_1 与样品 N_5 为碎裂煤，能够清晰辨认样品内的煤岩组分，煤体结构被平直稳定的裂隙切割，裂隙密度较小，裂隙面相对较为光滑[图 6-6(a)、(e)]。Ⅱ区内样品 N_2 与样品 N_4 为碎斑煤，强烈的挤压应力将煤体破碎为碎斑结构，煤体颗粒多呈次棱角状，碎基含量高于 50%，样品手试强度明显低于区Ⅲ内样品的强度。煤体内部的裂隙发育程度相对样品 N_1 与样品 N_5 更为密集，多发育 3 组以上[图 6-6(b)、(d)]。Ⅰ区内样品 N_3 为揉皱煤，Ⅰ区内十分发育的小型次级褶皱表明，该区内煤层靠近断层面位置，受到强烈的压剪应力作用，煤体发生强烈的塑性变形[图 6-6(c)]。同时，强烈的压剪作用使得煤基质在滑动摩擦过程中形成大量的镜面摩擦镜面[图 6-6(f)]。样品 N_3 手试强度最低，能够轻易被捏碎为碎粒与碎粉。

6.5.2　构造煤孔隙结构演化特征

6.5.2.1　高压压汞孔隙结构特征

高压压汞实验在中国矿业大学煤层气资源与成藏过程教育部重点实验室进行，实验采用 Micrometrics AutoPore Ⅳ 9510 型全自动微孔结构测试仪，该压汞仪能够检测毫米至纳米级的孔隙结构。测试前利用 DG/20-002 台式干燥箱将样品(5 mm 左右的煤岩块体，10 g 以上)在 80 ℃条件下烘干 12 h，后放置于测试平台进行测试。测试过程中温度为室温 25 ℃，测试压力范围为 0～50 000 psi，孔径测试范围为 3～230 000 nm。

根据进退汞曲线可以分析孔隙结构分布、连通性及孔隙形态等特征(Liu et al.，2015a；吴俊，1993)。依据不同构造煤进退汞曲线特征将构造煤孔隙结构划分为平行型、反 S 型、尖棱型、M 型、双 S 型和双弧线型六种类型(李明，2013)。5 件构造煤样品在不同压力下的进汞和退汞曲线均显示出不同的迟滞现象(图 6-7)。

Ⅲ区内的碎裂煤样品 N_1 和样品 N_5 的压汞曲线呈“平行型”，进汞与退汞曲线在大部分区段近于平行，曲线闭合程度高[图 6-7(a)、(e)]。在相同压力处进汞和退汞体积差值小，样品 N_1 的退汞效率为 86.20%，样品 N_5 的退汞效率为 87.77%，样品的退汞效率高，表明孔隙间喉道发育较少，孔隙连通性好，有利于汞从孔隙中退出。由此可见，碎裂煤脆性变形作用改造大孔及宏观裂隙孔、裂隙增多，连通性变好，更有利于瓦斯气体的运移。

Ⅱ区内的碎斑煤样品 N_2 和样品 N_4 的压汞曲线呈反“S”形，进汞曲线呈反“S”形，退汞

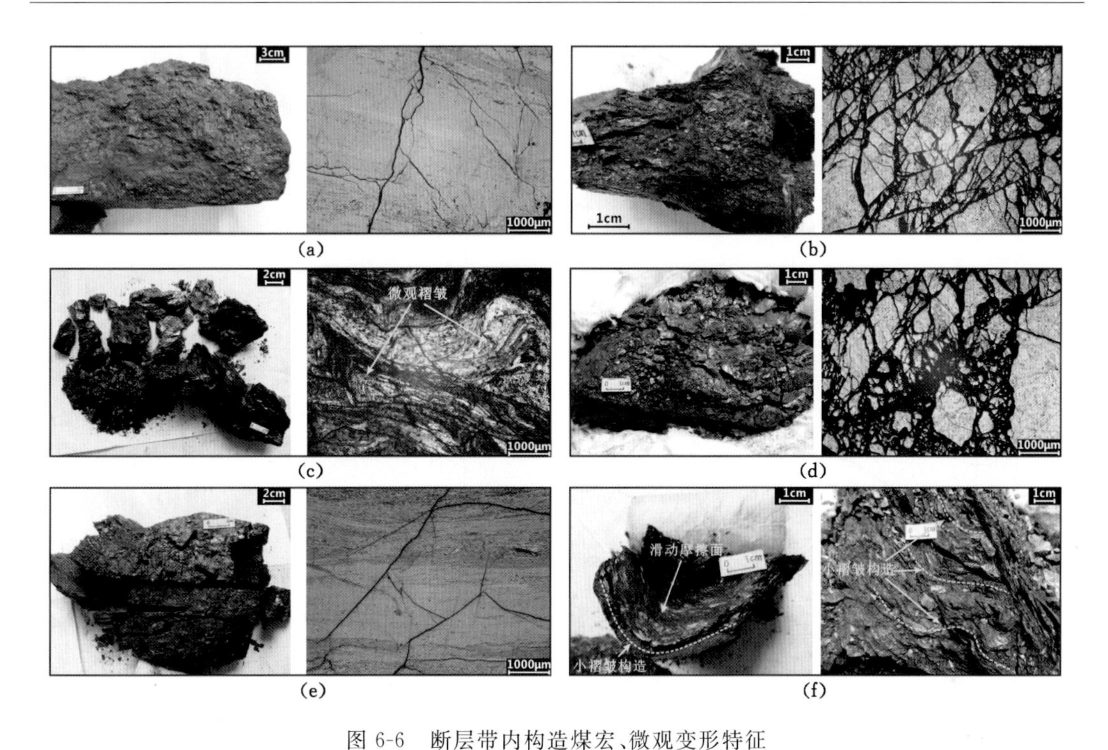

图 6-6 断层带内构造煤宏、微观变形特征

(a)～(e) 为样品 N_1～N_5 的宏、微观变形特征(左侧图片为煤体宏观变形特征，右侧图片为偏光显微镜下的微观变形特征)；(f) 为揉皱煤 N_3 内发育的次级小揉皱构造与镜面摩擦镜面

曲线在主要区段呈线性下降，曲线闭合程度低[图 6-7(b)、(d)]。样品 N_2 的退汞效率为 68.58%，样品 N_4 的退汞效率为 71.21%，较碎裂煤明显下降。碎斑煤中发育的碎斑结构导致角砾孔与碎粒孔发育，孔隙结构间的喉道开始发育，孔隙连通性一般。

Ⅰ区内的揉皱煤样品 N_3 的压汞曲线，在压力大于 100 Pa 时进汞曲线和退汞曲线几乎重合；在压力小于 100 Pa 时，进汞曲线急剧下降，退汞效率为 50.95%[图 6-7(c)]。样品 N_3 受到更强烈的压剪应力作用，使得样品内发育碎粒孔与摩擦孔(李明，2013)，孔隙结构形态也以半开放孔与细瓶颈孔等为主，孔隙喉道发育，连通性最差。

碎裂煤样品 N_1 的总孔容最小，各煤样的孔容大小主要分布在大孔阶段，小孔、微孔与中孔的孔容占比小；碎斑煤样品 N_2 与样品 N_4 和碎裂煤样品 N_5 的总孔容变化较小；揉皱煤样品 N_3 的总孔容显著增加(表 6-3)。由此可见，随煤体构造变形程度的增加总孔容整体呈增大趋势，脆性变形作用下煤体破碎形成的裂隙、角砾孔与碎砾孔使得总孔容较小的增幅，韧性变形作用进一步改造孔裂隙结构，使得总孔容显著增加。

综上所述，随着构造煤变形强度的增加，孔隙结构连通性呈先增加后降低的趋势，而孔容与孔隙率逐渐递增，尤其在韧性变形构造煤中。结合样品在断层带内的具体分布位置可得，由Ⅰ区至Ⅲ区随着与断层面距离的增加，煤体孔隙结构的连通性逐渐增加，孔隙结构间的孔喉发育也明显减少，孔容与孔隙率具有降低趋势，孔隙结构形态由韧性变形作用改造形成的半开放孔与细瓶颈孔等向连通性好的气孔、原生孔及内生裂隙过渡。

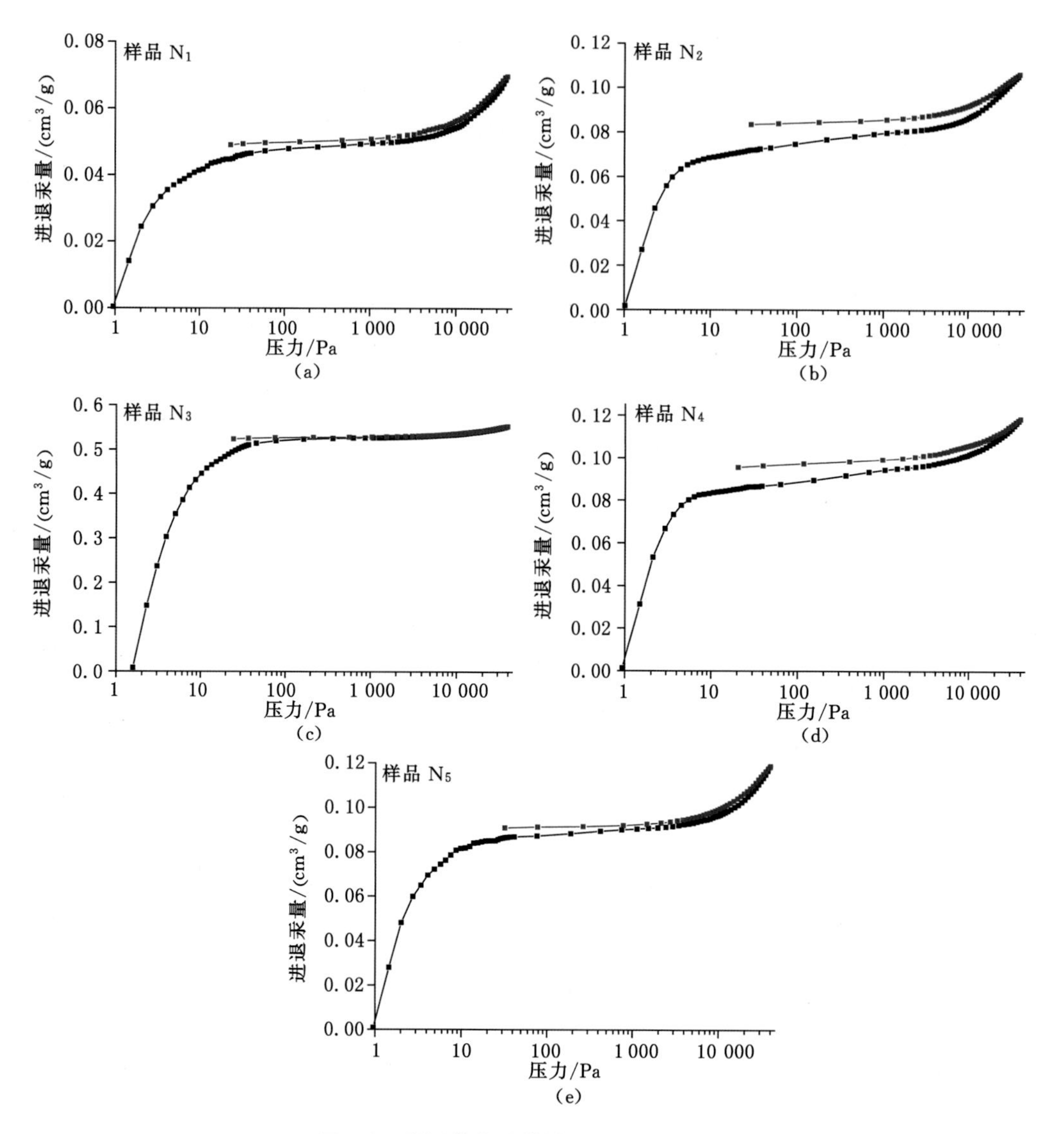

图 6-7 断层带构造煤样品的进、退汞曲线

表 6-3 断层带内构造煤阶段孔体积分布

样品编号	总孔体积/(cm³/g)	不同孔径体积分布							
		<10 nm		10～100 nm		100～1 000 nm		>1 000 nm	
		V/(cm³/g)	a/%	V/(cm³/g)	a/%	V/(cm³/g)	a/%	V/(cm³/g)	a/%
N_1	0.068 6	0.008 2	11.95	0.010 4	15.16	0.002 1	3.06	0.047 9	69.83
N_2	0.105 1	0.009 9	9.42	0.014 7	13.99	0.005 8	5.52	0.074 7	71.07
N_3	0.552 0	0.010 5	1.90	0.013 6	2.46	0.004	0.73	0.523 9	94.91
N_4	0.117 5	0.009 4	8.00	0.012 7	10.81	0.005 9	5.02	0.089 5	76.17
N_5	0.118 4	0.014 6	12.33	0.012 7	10.73	0.002 7	2.28	0.088 4	74.66

6.5.2.2 低温液氮吸附孔隙结构特征

低温液氮吸附实验在中国矿业大学煤层气资源与成藏过程教育部重点实验室完成，实验采用 Micromeritics TriStar Ⅱ Surface Area and Porosity 型纳米孔隙结构分析仪。测试前首先对样品(40～60 目，3～5 g)进行 80 ℃真空干燥 48 h；再利用 Micromeritics Flow Prep 060 Sample Degas System 常温常压下充分脱气 48 h(脱气)，并记录脱气前后样品的质量；最后在液氮温度条件下进行等温物理吸附——脱附测定，获取样品的吸附、脱附等温线数据。孔比表面积测试范围为大于 0.01 m^2/g，孔径测量范围大于 500 nm。样品累计孔容及平均孔径数据选用 BJH 模型计算，比表面积利用 BET 方程计算。

从碎裂煤样品 N_1 与样品 N_5，到碎斑煤样品 N_2 与样品 N_4，再到韧性变形揉皱煤样品 N_3，随着变形程度的增加构造煤的孔体积与比表面积均逐渐增加，尤其在揉皱煤样品 N_3 中，总孔体积和比表面积突增，分别达到 0.006 1 cm^3/g 和 2.085 m^2/g(表 6-4)。不同类型构造煤孔径分布特征表明，中、微孔孔容对 BET 比表面积的贡献最大。

表 6-4 构造煤低温液氮吸附孔体积和比表面积特征

样品	$V_{BJH}/(cm^3/g)$	$V_{<10\ nm}/(cm^3/g)$	$a/\%$	$V_{BJH>10\ nm}/(cm^3/g)$	$a/\%$	$S_{BET}/(m^2/g)$
N_1	0.001 1	2.42×10^{-4}	22.00	8.58×10^{-4}	78.00	0.528
N_2	0.001 3	0.10×10^{-3}	7.69	1.20×10^{-3}	92.31	0.469
N_3	0.006 1	0.95×10^{-3}	15.57	5.15×10^{-3}	84.43	2.085
N_4	0.000 8	0.16×10^{-4}	2.00	7.84×10^{-4}	98.00	0.265
N_5	0.000 6	0.67×10^{-4}	11.16	5.33×10^{-4}	88.84	0.209

煤作为一种多孔介质可以利用低温液氮吸附回线来揭示孔隙结构特征。陈萍等(2001)将煤的低温液氮吸附回线分为 L_1、L_2、L_3 三类，并依此将煤中孔隙结构分为一端封闭的不透气性孔、开放性透气性孔、细颈瓶孔，其中一端封闭的不透气性孔不产生吸附回线，开放性透气孔和细颈瓶孔会产生吸附回线，细颈瓶孔有明显的拐点；降文萍等(2011)将构造煤的低温液氮吸附回线划分为 H_1、H_2、H_3 三类，将构造煤的孔隙结构分为两端开口的孔、一端开口的孔、墨水瓶形孔与狭缝平板形孔四类，吸附、脱附曲线重合时所对应的孔主要为一端开口的圆筒形孔，而产生吸附回线的孔主要是两端开口的圆筒形孔、墨水瓶形孔和狭缝平板形孔，拐点则是由墨水瓶形孔和狭缝平板形孔引起的。

碎裂煤样品 N_5 的低温液氮吸附曲线与 H_1 型类似，吸附曲线与脱附曲线大致平行，吸附回线出现在相对压力为 0.4～1.0 的范围，无拐点出现；在相对压力为 0.8 之后，吸附曲线和脱附曲线呈急剧上升趋势[图 6-8(e)]。

碎裂煤样品 N_1 与碎斑煤样品 N_2 和样品 N_4 的曲线类型与 H_2 相似，在相对压力为 0.4～1.0之间出现吸附回线；相对压力小于 0.4 时，吸附曲线和脱附曲线几乎重合；在相对压力为 0.5 左右，脱附曲线出现明显的拐点[图 6-8(a)、(b)、(d)]。

揉皱煤样品 N_3 的低温液氮吸附曲线与 H_3 大致相同，在相对压力为 0.5 左右，脱附曲线出现拐点，吸附回线出现的范围在 0.4～1.0 之间。在 0.4～1.0 区间内，相同压力点处对应的吸附量和脱附量差值大，回线显著[图 6-8(c)]。

由此可见，碎裂煤的微孔隙主要为两端开口的圆筒形孔，并有少量一端开口的圆筒形孔

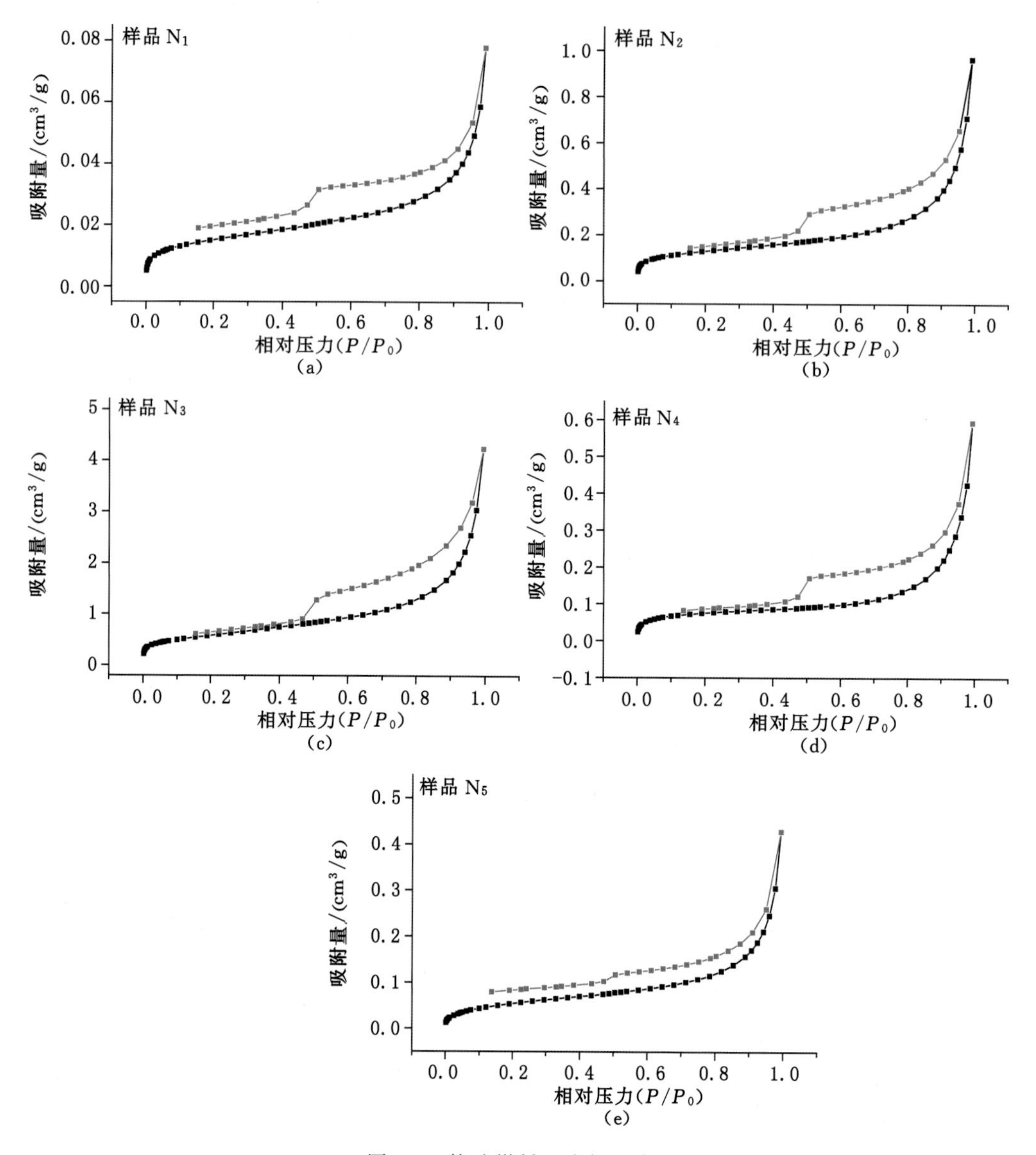

图 6-8 构造煤低温液氮吸附回线

和墨水瓶形、狭缝平板形孔，孔隙的连通性好，有利于气体运移；从碎斑煤到揉皱煤，墨水瓶形孔、狭缝平板形孔增多，两端开口的圆筒形孔减少，孔隙的连通性差，不利于气体的运移。

6.5.3 构造煤化学结构变化特征

6.5.3.1 样品化学特征及矿物发育特征

（1）化学特征

断层带内样品的固定碳含量(FC_d)在 51.81%～55.78%范围内，挥发分产率在 34.27%～35.88%范围内，依据国际煤阶划分标准 ASTM D388—18，样品 N_1～N_5 均属于高挥发分烟煤；同时根据《煤炭质量分级　第 2 部分：硫分》(GB/T 15224.2—2010)，将所选样品划分为低硫煤(表 6-5)。样品 N_3 的 $R_{o,max}$要略高于其他样品,表明样品 N_3 的变质程度更高,主要是由于受到强烈的构造应力作用下的动力变质作用(Bustin,1983;Cao,2013;Song et al.,2018a)。靠近断层面的样品 N_2 与样品 N_3 由于矿物的混入作用使得其灰分产率要略高于其他样品。

表 6-5　断层带样品工业分析与元素分析结果

样品	$R_{o,max}$/%	工业分析/(wt,%)				元素分析/(wt,%)					
		M_{ad}	A_d	V_{daf}	结焦指数	FC_d	$S_{t.d}$	O_{daf}	C_{daf}	H_{daf}	N_{daf}
N_1	0.90	1.04	16.95	35.00	6	52.88	0.12	8.79	84.35	5.43	1.28
N_2	0.89	1.41	19.21	34.27	6	52.30	0.18	9.55	83.42	5.30	1.50
N_3	0.91	1.45	18.52	35.88	6	51.31	0.19	9.86	83.83	4.68	1.39
N_4	0.92	1.21	17.10	34.93	6	51.81	0.17	10.90	82.57	4.98	1.32
N_5	0.88	1.20	12.18	35.71	6	55.78	0.20	8.43	84.84	5.02	1.48

注:$R_{o,max}$—最大镜质组反射率;M_{ad}—空气干燥基水分;A_d—干燥基灰分产率;V_{daf}—干燥无灰基挥发分产率;FC_d—干燥基固定碳;ad—空气干燥基;d—干燥基;daf—干燥无灰基。

(2) 断层带内矿物发育特征

XRD 测试结果显示,断层带构造煤中主要发育黏土矿物、碳酸盐矿物与石英等(图 6-9)。黏土矿物作为最主要的矿物,包括高岭石与地开石等;碳酸盐矿物次之,主要包括方解石与白云石等。与样品 N_2~N_4 相比,样品 N_1 中石英矿物更为发育,样品 N_5 中碳酸盐矿物更为发育,而地开石仅在样品 N_3 中发育。SEM-EDS 结果显示,硫化物与硫酸盐矿物在断层带内的样品中也有发育,包括黄铁矿与硫酸盐矿物等。

样品 N_1 中的黏土矿物普遍充填于孔隙或裂隙结构之中,而其他样品的黏土矿物则多以同生沉淀的方式赋存于惰质组的胞腔结构中[图 6-10(a);图 6-11(a)~(c)、(e)、(f)]。随着与断层面距离的减小,充填形式的黏土矿物在构造应力作用下随着胞腔结构的破碎,其分布特征也发生变化[图 6-10(a)~(c)]。断层带样品的方解石与白云石基本均以裂隙充填的方式赋存[图 6-11(g)、(i)]。

样品 N_3 中的黄铁矿也以裂隙充填物的形式存在[图 6-10(f)],表明沉积后期样品 N_3 中的裂隙发生了矿化作用(Ward,2002),而其余样品中的黄铁矿则多以同生成因的团块状或在胞腔充填形式赋存于煤中[图 6-10(e);图 6-11(h)、(j)、(k)]。由此可见,与其余样品相比,N_3 受到后生因素的影响更大。

随着变形强度的增加,矿物的混杂现象变得更加普遍。揉皱煤样品 N_3 中硫酸盐矿物通常与黏土矿物或者碳酸盐矿物共生于裂隙结构内[图 6-11(i)],同时裂隙脉黄铁矿也发生与碳酸盐矿物混杂的现象[图 6-11(j)、(k)],这主要是由于揉皱煤受到更强的机械研磨与韧性流变作用的影响。

Ⅲ区内的黏土矿物呈完整的片状结构,Ⅱ区内的黏土矿物在应力作用下粒级减小[图 6-12(a)、(b)];与Ⅱ区内的黏土矿物相比,Ⅰ区内的黏土矿物则被破碎为更小的碎片状,Ⅱ区与Ⅰ区的黏土矿物的堆砌厚度比Ⅲ区的更小,主要是由于受到强烈的压剪应力作用,黏土矿物沿滑动方向迁移变化,与 Song 等(2018b)研究结果类似[图 6-12(a)~(d)]。黏土矿物

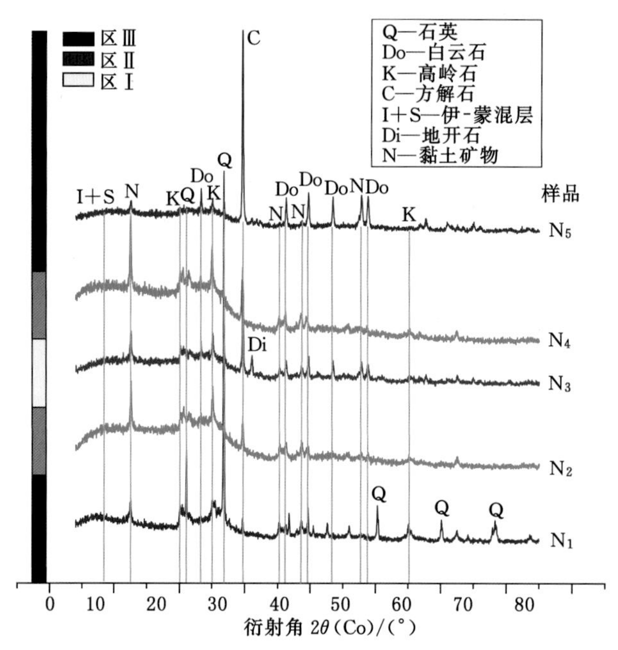

图 6-9　断层带内样品的 XRD 谱图特征

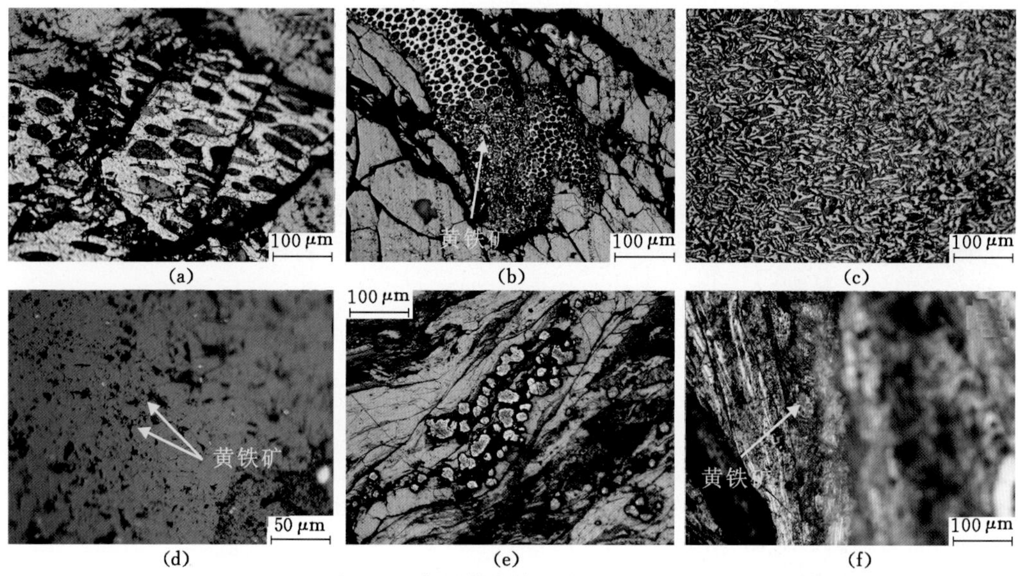

图 6-10　断层带内样品矿物分布特征

(a) 样品 N_1 丝质体胞腔结构中赋存的黏土矿物；(b) 样品 N_2 丝质体胞腔结构中赋存的黏土矿物；(c) 样品 N_3 丝质体胞腔结构中赋存的黏土矿物；(d)与(e) 分别为样品 N_4 与样品 N_5 中团块状黄铁矿；(f) 样品 N_3 裂隙充填的黄铁矿

的组合特征在Ⅲ区样品 N_3 中更为复杂，地开石出现在样品 N_3 中，主要与构造应力作用引起的热液侵入有关(Buatier et al.,1997)(图 6-9)。

6.5.3.2　元素迁移变化特征

(1) 无机常量元素氧化物的分异特征

SiO_2、CaO 与 Al_2O_3 的含量比其他无机元素氧化物含量要高，与 XRD 测试中揭示的煤

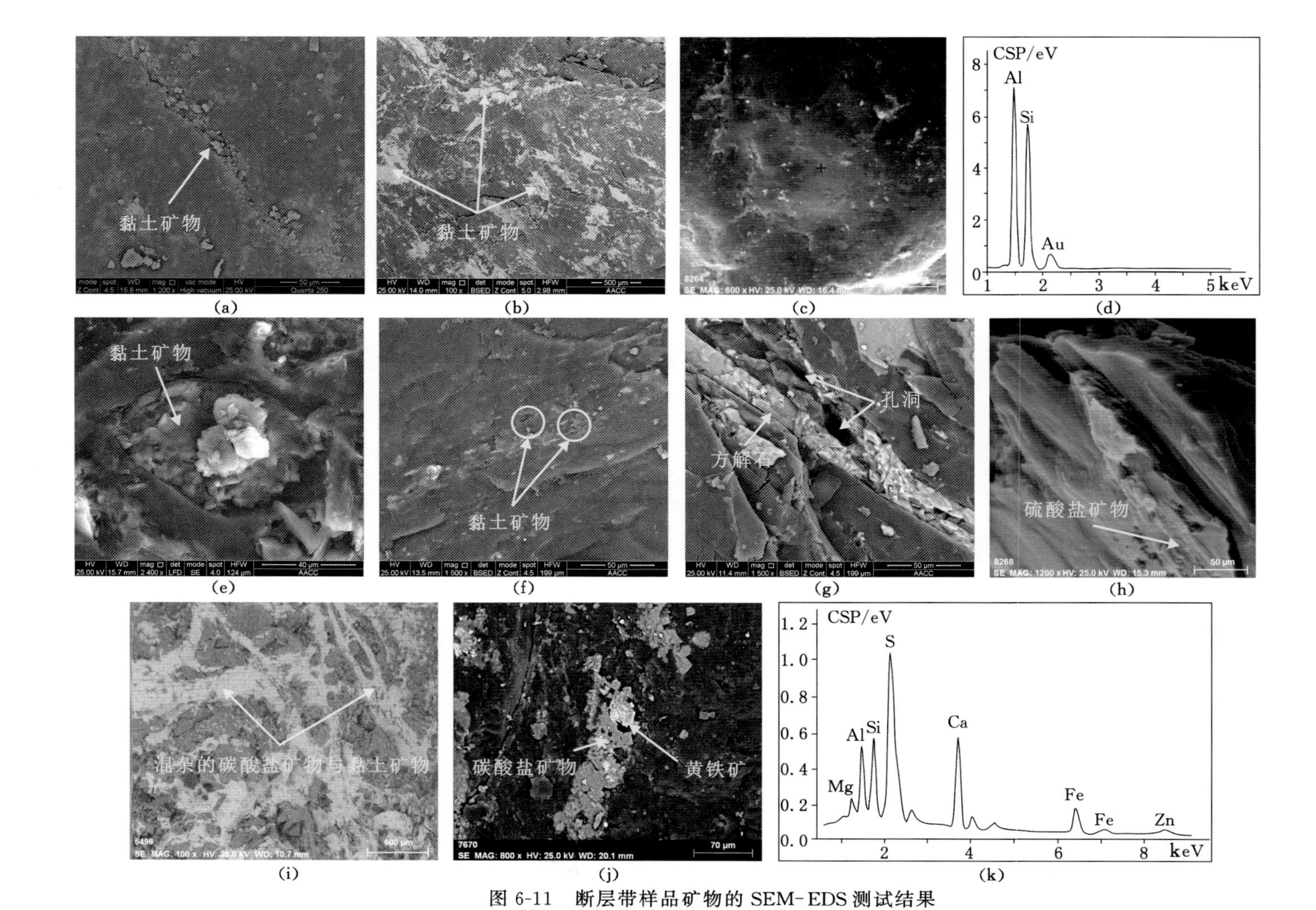

图 6-11 断层带样品矿物的 SEM-EDS 测试结果

(a) 裂隙充填黏土矿物(样品 N_3);(b)与(c) 裂隙面上附着的黏土矿;(d) SEM-EDS 能谱分析图;(e)与(f) 样品 N_3 孔隙结构中赋存的黏土矿物;(g) 脉状方解石矿物;(h) 样品 N_3 裂隙面上的黄铁矿;(i) 裂隙中混杂的碳酸盐矿物与黏土矿物;(j) 裂隙面上的碳酸盐矿物、黏土矿物及黄铁矿混杂作用;(k) 黄铁矿 SEM-EDS 能谱分析图

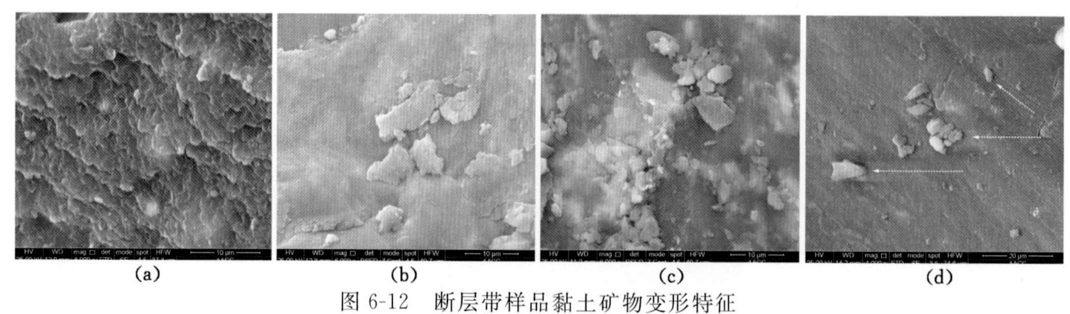

图 6-12 断层带样品黏土矿物变形特征

(a) 区Ⅲ内的黏土矿物形貌特征；(b) 区Ⅱ内的黏土矿物形貌特征；(c) 区Ⅰ内的黏土矿物形貌特征；
(d) 样品 N_3 摩擦滑动面上黏土矿物的迁移标志(箭头指向代表黏土矿物的迁移方向)

中矿物主要包括黏土矿物、碳酸盐矿物以及石英矿物的结果一致(图 6-9，表 6-6)。断层带内样品的 SiO_2/Al_2O_3 比值均高于黏土矿物的理论值 1.18，表明样品中含有自由态的 SiO_2 (Dai et al.，2014a)。断层面附近的样品中无机常量元素的氧化物含量并未出现显著的动力分异(图 6-13)。

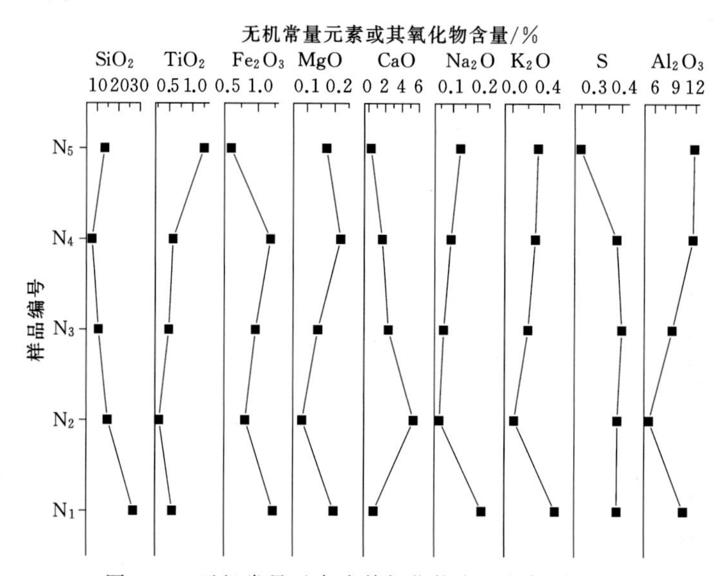

图 6-13 无机常量元素或其氧化物含量在断层带内的分布特征

表 6-6 断层带内样品无机常量元素或其氧化物的含量(%)

样品	N_1	N_2	N_3	N_4	N_5
SiO_2	26.92	14.95	10.7	7.68	13.55
TiO_2	1.25	0.583	0.491	0.283	0.566
Al_2O_3	11.77	11.6	8.59	5.18	10.2
Fe_2O_3	0.601	1.19	0.966	0.811 3	1.23
MgO	0.17	0.222	0.14	0.083	0.198
CaO	0.288	1.66	2.39	5.406	0.667
Na_2O	0.13	0.092	0.062	0.045	0.22
K_2O	0.327	0.294	0.2	0.023	0.551
S	0.247	0.381	0.4	0.383	0.382

(2) 微量元素分布特征

1) 稀土元素分布特征

稀土元素包括 La、Ce、Pr、Nd、Sm、Eu、Gd、Tb、Dy、Y、Ho、Er、Tm、Yb 与 Lu，其中 Y 离子与 Ho 离子有着相同的离子半径，因此与稀土元素放在一起进行讨论(Dai et al.,2016)。将断层带样品中的稀土元素划分为三组，即轻稀土元素 La、Ce、Pr、Nd 与 Sm，中稀土元素 Eu、Gd、Tb、Dy 与 Y 以及重稀土元素 Ho、Er、Tm、Yb 与 Lu(Seredin et al.,2012)，并利用上地壳稀土元素的平均值对煤稀土元素进行标准化(Taylor et al.,1985)(图 6-14)。

Ba 元素的干扰作用能够使得 Eu 异常增强，因此需要排除 Ba 元素的干扰以确保微量元素含量检测(ICP-MS)的准确性(Dai et al.,2016)。用于实验的五个样品的 Ba/Eu 比值均低于 1 000(表 6-7)，表明 Ba 元素的干扰可以忽略不计(Yan et al.,2018)。

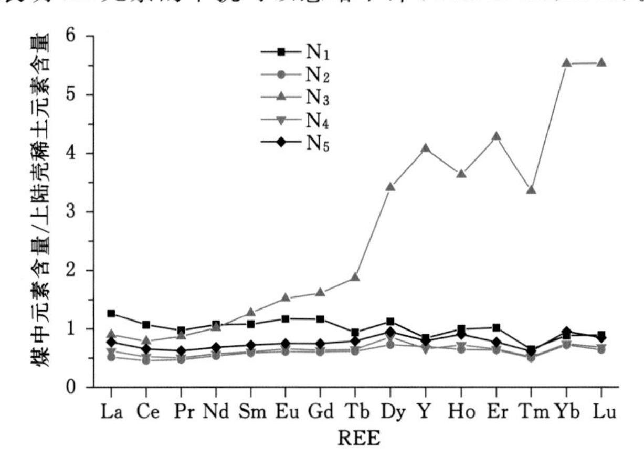

图 6-14　标准化稀土元素含量分布模式图

表 6-7　样品中 Ba/Eu 比值

样品	N_1	N_2	N_3	N_4	N_5
Ba/Eu	374.00	223.64	160.71	294.92	246.27

样品 N_2～N_5 中的 La_N/Sm_N 的值要高于 Gd_N/Yb_N 的值，表明元素 La～Eu 的分馏程度要大于元素 Gd～Lu 的分馏程度(表 6-8)。样品中 Ce_N/Yb_N 的值要比煤中其平均值 4.6 低(Eskenazy,1999)，表明与轻稀土元素相比，重稀土元素与中稀土元素的富集程度要更强。样品 N_2～N_5 中 La_N/Lu_N 的值小于 1，表明稀土元素的分布模式为 H 型，而在样品 1 中 La_N/Lu_N 的值大于 1，分布模式属于 L 型，样品中 H 型稀土元素主要是由于受到含煤盆地中循环水的影响(尤其是样品 N_3 中 La_N/Lu_N 的值仅为 0.16)(Seredin et al.,2012;Dai et al.,2016)，这一推论与 Yang 等(2012)的研究结果具有一致性。样品中弱的 Eu 正异常($1.01 < Eu_N/Eu_N^* < 1.13$)表明，断层带内煤的形成环境多为氧化环境，并且未经受高于 250 ℃的高温作用。中国煤样品中 Y_N/Ho_N 的值通常表现为弱的负异常(Dai et al.,2016)，而在样品 N_3 中该比值表现明显的异常。五个样品中均表现为弱的 Ce 负异常(0.89～0.93)，表明断层带内样品的稀土元素均来源于陆源碎屑物质(Dai et al.,2016)。

表 6-8　标准化稀土元素异常值计算

样品	La_N/Sm_N	Gd_N/Yb_N	Ce_N/Yb_N	La_N/Lu_N	Gd_N/Lu_N	$Ce_N/Ce_N{}^*$	$Eu_N/Eu_N{}^*$	Y_N/Ho_N
N_1	1.18	1.31	1.21	1.42	1.31	0.93	1.13	0.84
N_2	0.88	0.84	0.63	0.81	0.94	0.91	1.02	1.07
N_3	0.70	0.29	0.14	0.16	0.29	0.87	1.04	1.12
N_4	1.02	0.86	0.70	0.91	0.93	0.90	1.07	0.91
N_5	1.07	0.78	0.69	0.91	0.88	0.92	1.01	0.88

注：$Eu_N/Eu_N{}^* = Eu_N/(0.5Sm_N + 0.5Gd_N)$，其中 Eu_N代表标准化后的 Eu 元素含量。

为进一步研究断层对元素的控制作用，利用断层带内样品微量元素含量与研究区区域值的比值作为富集系数，来评价煤中微量元素的富集程度。研究区的微量元素值选用 Zheng 等(2007，2008)提供的数据作为参考，依据 Dai 等(2015，2016，2017)对富集系数的分类，将断层带内样品中元素富集系数划分为富集型(5～10)、轻微富集型(2～5)、正常型(0.5～2)以及亏损型(<0.5)。样品 N_1 与样品 N_5 中微量元素富集系数的平均值用来代表区Ⅲ内的元素富集系数，样品 N_2 与样品 N_4 中微量元素富集系数的平均值则用来代表区Ⅱ内的元素富集系数。稀土元素 La～Gd 在三个区内的富集系数均为正常型，部分中稀土元素 Tb～Y 以及重稀土元素在区Ⅰ内表现为富集或轻微富集型，所有稀土元素在区Ⅱ与区Ⅲ内的富集系数均在0.5～2范围内，属于正常型(图 6-15)。

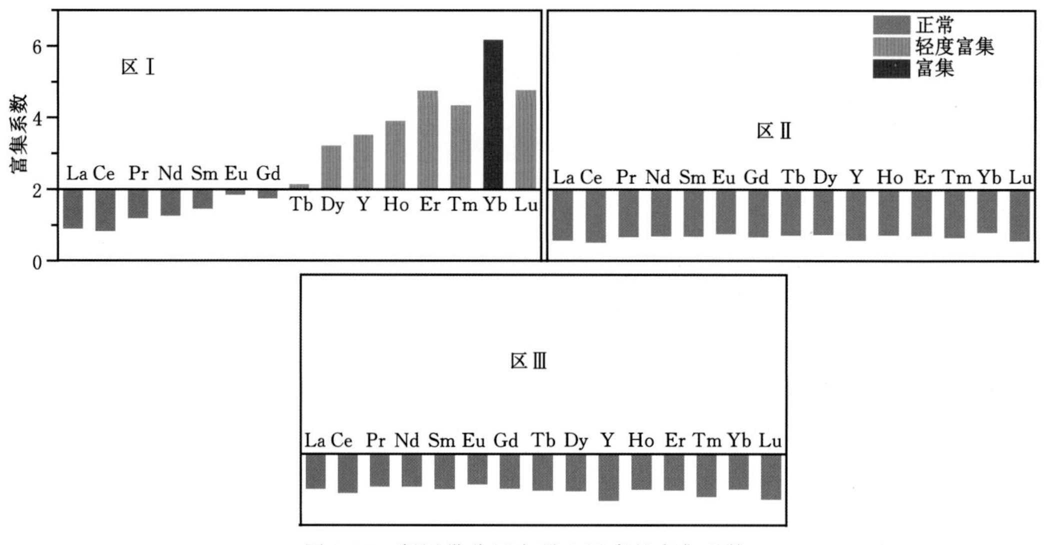

图 6-15　断层带分区内稀土元素的富集系数

不同样品间稀土元素含量对比表明，中稀土元素与重稀土元素在样品 N_3 内明显富集。样品 N_2 与样品 N_4 中重稀土元素与中稀土元素含量均低于区Ⅲ内样品 N_1 与样品 N_5 的稀土元素含量[图 6-16(a)，表 6-9]，而轻稀土元素在样品 N_1、N_3 与 N_5 中表现为高含量的特征，表明轻稀土元素的应力敏感性比其他稀土元素更强[图 6-16(b)]。

2) 其他微量元素的分布特征

区Ⅰ内微量元素 Li、Be、Sc、Cr、Zn、Nb、Pb、Th、U 与 Ta 的富集系数均在 2～5 的范围

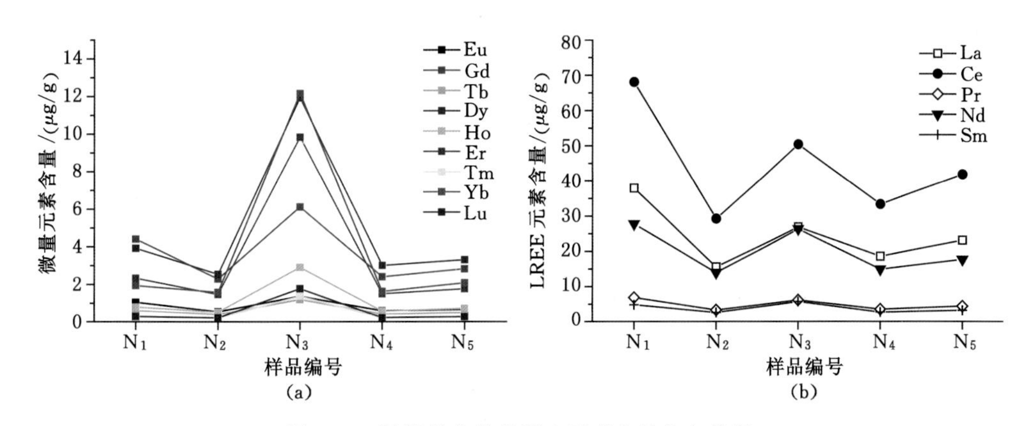

图 6-16　断层带内样品稀土元素含量分布特征

(a) 断层带内样品中与重稀土元素的分布特征；(b) 断层带内样品轻稀土元素的分布特征

内，表明元素在区Ⅰ内轻微富集；而在区Ⅱ与区Ⅲ内其富集系数均在 0.5～2 的范围内，表明元素在区Ⅱ与区Ⅲ内受到断层的影响微弱(图 6-17)。元素 Zn、Pb 与 Th 在区Ⅱ内亏损，而在区Ⅲ内为正常型；元素 Cu 与 Rb 在区Ⅰ与区Ⅲ内的富集系数在 0.5～2 的范围内，而在区Ⅱ内亏损；元素 Sr 在区Ⅰ与区Ⅲ内均为正常型，而在区Ⅱ内则为富集型；Co 元素在区Ⅱ与区Ⅲ内轻微富集，而在区Ⅰ内表现为正常型；元素 Mo 在区Ⅰ内亏损，但其富集系数在区Ⅱ与区Ⅲ内均表现为正常型，而 Cd 元素在三个区内的分布特征与 Mo 元素相反；元素 W、Ni、Ga、Tl、In、Cs 与 Ba 在三个区内均表现为正常型，而 Bi 元素的富集系数在三个区内均低于 0.5，相对亏损。

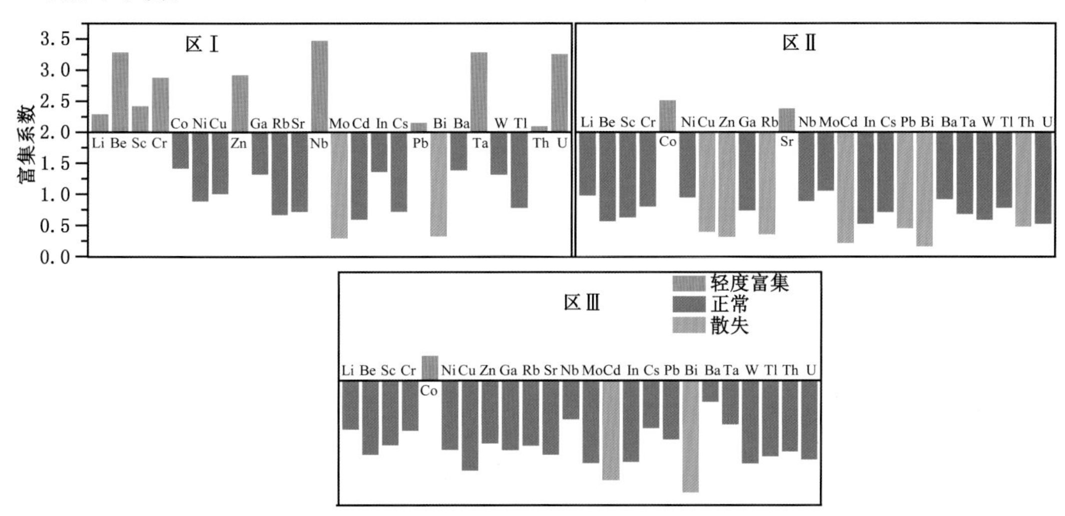

图 6-17　断层带分区内微量元素富集系数分布特征

不同样品间的对比表明，微量元素 Li、Be、Sc、W、Cr、Mn、Cu、Zn、Ga、Nb、Cd、Bi、U 与 Ta 在样品 N_3 中均表现为明显富集[图 6-18(a)、(b)；表 6-9]；而 Co 与 Mo 元素的含量在区Ⅰ内更低，相对富集于区Ⅱ与区Ⅲ内[图 6-18(c)]；元素 Ni、Rb、Sr、Tl、Cs 与 Ba 在断层带内表现为无序型(图 6-19)。

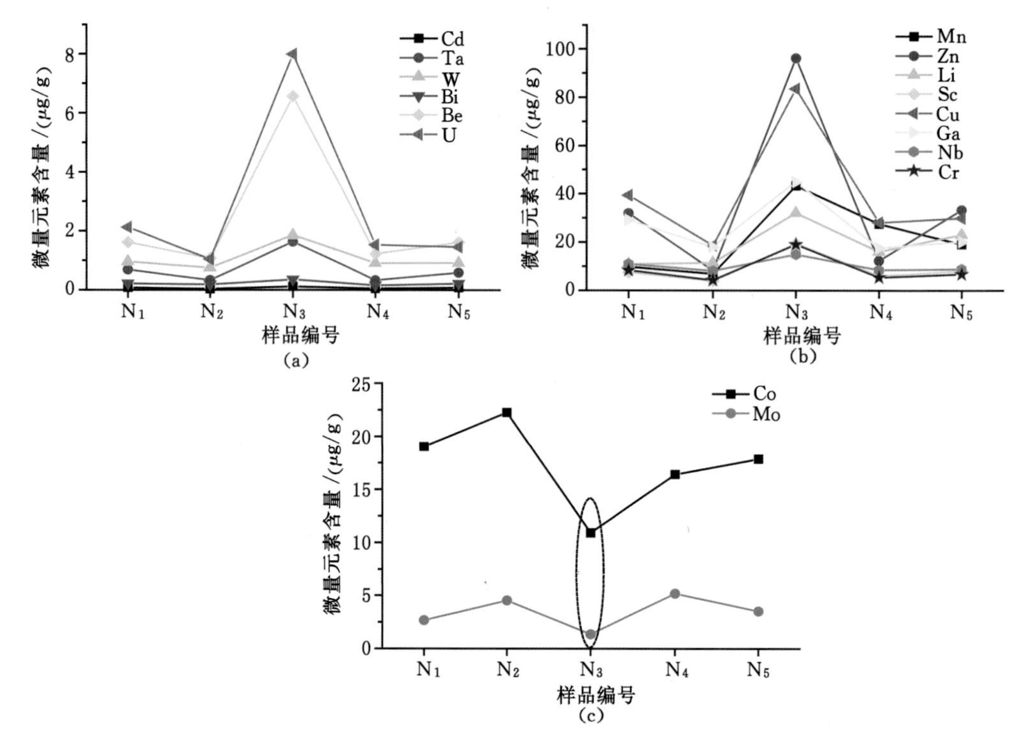

图 6-18　断层带内富集与亏损型微量元素的分布特征

(a)与(b) 富集型微量元素分布特征；(c) 亏损型微量元素分布特征

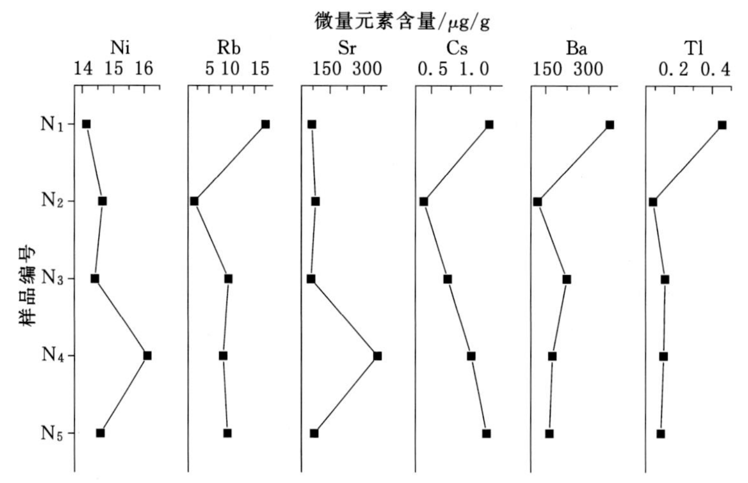

图 6-19　断层带内无序型微量元素分布特征

表 6-9　断层带样品的微量元素含量(μg/g)

样品	N_1	N_2	N_3	N_4	N_5	样品	N_1	N_2	N_3	N_4	N_5
Li	10	11	32	16	23	Ba	374	123	225	174	165
Be	1.6	1.1	6.6	1.2	1.6	La	38	16	27	19	23
Sc	7.3	4.0	19	6.1	8.0	Ce	68	29	50	33	42
Cr	39	18	84	28	30	Pr	6.9	3.4	6.2	3.6	4.4

表 6-9(续)

样品	N_1	N_2	N_3	N_4	N_5	样品	N_1	N_2	N_3	N_4	N_5
Mn	9.8	6.9	43	28	19	Nd	28	14	26	15	18
Co	19	22	11	16	18	Sm	4.8	2.6	5.7	2.7	3.2
Ni	14	15	14	16	15	Eu	1.0	0.55	1.4	0.59	0.67
Cu	29	18	45	18	20	Gd	4.4	2.3	6.1	2.4	2.8
Zn	32	8.4	96	12	33	Tb	0.60	0.39	1.2	0.41	0.51
Ga	11	8.2	15	8.5	8.9	Dy	3.9	2.5	12	3.0	3.3
Rb	17	1.9	9.3	8.1	9.0	Ho	0.80	0.52	2.9	0.58	0.72
Sr	70	86	68	360	81	Er	2.3	1.5	9.8	1.5	1.8
Y	18	15	90	14	17	Tm	0.27	0.21	1.4	0.21	0.25
Nb	8.4	4.3	19	5.5	6.8	Yb	1.9	1.6	12	1.6	2.1
Mo	2.7	4.5	1.4	5.2	3.5	Lu	0.28	0.21	1.8	0.22	0.27
Cd	0.08	0.04	0.12	0.05	0.08	Ta	0.70	0.34	1.6	0.34	0.60
In	0.04	0.02	0.07	0.03	0.04	W	0.96	0.75	1.9	0.91	0.92
Cs	1.2	0.40	0.71	1.0	1.2	Tl	0.45	0.09	0.15	0.15	0.13
Pb	21	7.3	35	7.5	13	Th	5.7	3.0	15	3.9	6.6
Bi	0.22	0.19	0.36	0.16	0.22	U	2.1	1.1	8.0	1.5	1.5

6.5.3.3 元素地球化学组合特征

理解微量元素的分异机理的关键是微量元素的赋存状态，因此，对无机常量元素的氧化物、微量元素以及灰分产率进行层析聚类分析(图 6-20)，选取相似距离为 15 时可将所有的元素划分为 5 组，进一步揭示不同元素的赋存状态。

组Ⅰ主要包括中稀土元素、中稀土元素、Li、Be、Sc、W、Cr、Mn、Cu、Zn、Ga、Nb、Pb、Cd、Bi、In、Th、U 与 Ta。样品 N_3 裂隙面上黏土矿物的 SEM-EDS 原位检测发现稀土元素 La、Ce 与 Nd，表明黏土矿物是稀土元素的重要载体(图 6-21)；元素 Zn 在黄铁矿中被检测到，表明 Zn 元素具有较强的黄铁矿亲和性，元素 Cu 与 Pb 也极有可能赋存于硫化物矿物中；组内其他元素基本都属于亲石性元素，大部分元素可能赋存于硅铝酸盐矿物中(Zhang et al., 2002；Dai et al., 2012b；Tian et al., 2014；Finkelman et al., 2018)。组Ⅰ内元素显著的富集作用可能与热液作用或地下水的代入作用有关。

组Ⅱ的矿物主要包括 TiO_2、SiO_2、Rb、Tl、Cs、Ba 和 LREE，其中 TiO_2 与 Al_2O_3 的相关性系数为 0.782，TiO_2 与 SiO_2 的相关性系数为 0.988，表明 Ti 元素具有强烈的硅铝酸盐矿物亲和性，黏土矿物中检测到的轻稀土元素也具有显著的黏土矿物亲和性，因此组Ⅱ内元素的主要载体应为黏土矿物。

组Ⅲ的矿物主要包括 Al_2O_3、K_2O、MgO、Fe_2O_3、Na_2O 与灰分产率。其中，断层带样品中的 Fe 元素主要赋存于白云石与黄铁矿等矿物内。Al 元素是黏土矿物的主要组成成分，K 元素也能在黏土矿物中被检测到，Mg 元素在黏土矿物与碳酸盐矿物中均可检测到。由此可见，组Ⅲ内常量元素的氧化物主要与黏土矿物和碳酸盐矿物密切相关。

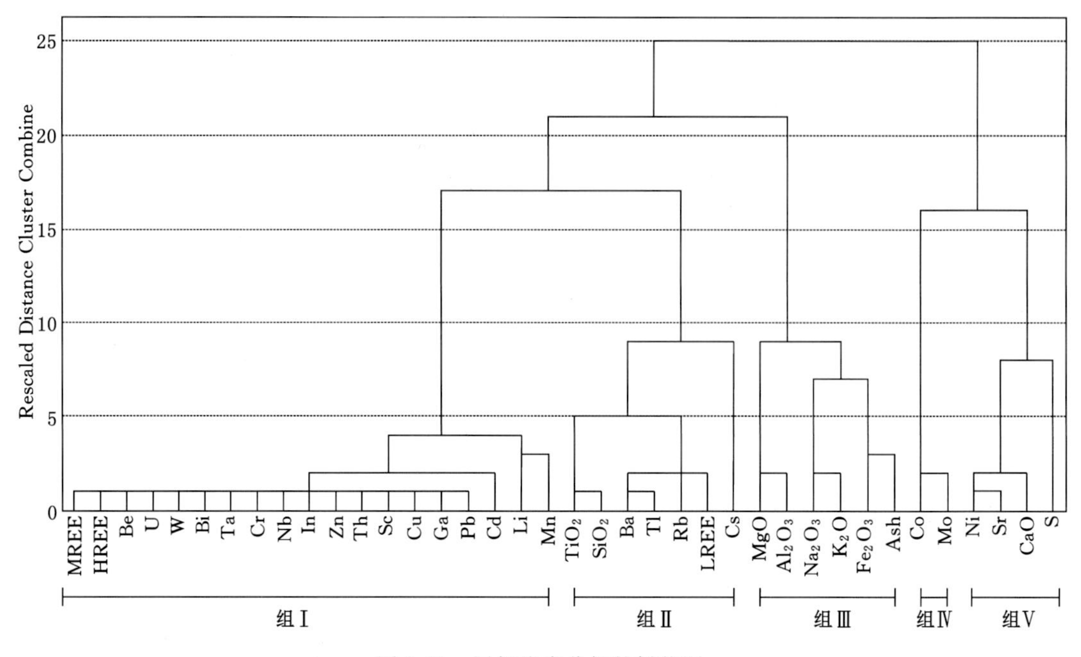

图 6-20　层析聚类分析的树状图

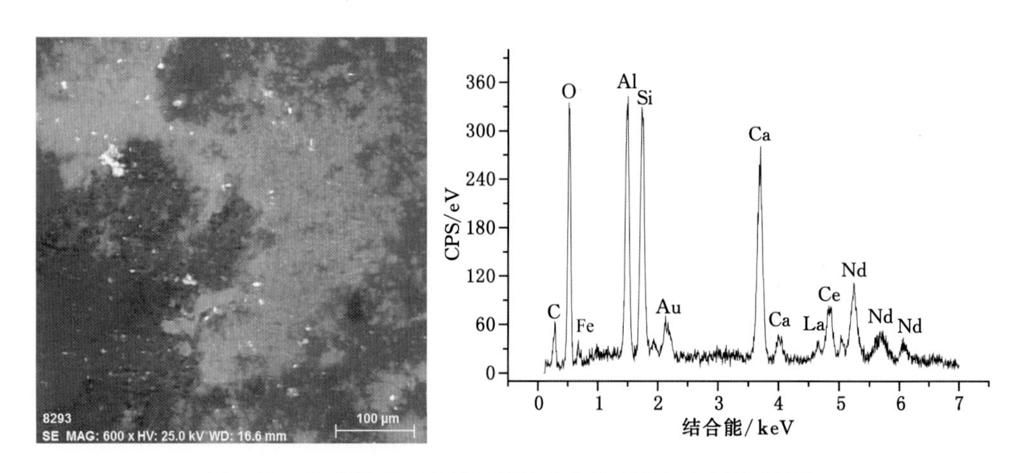

图 6-21　N_3 摩擦面上含稀土元素矿物的 SEM-EDS 测试结果

组Ⅳ中的元素仅包括 Co 与 Mo，元素 Co 与 Mo 均与 C_{daf} 有着很高的相关性系数(分别为 0.806 和 0.785)，表明两类元素具有较强的有机亲和性。

组Ⅴ内的元素包括 Ni、Sr、CaO 与 S，组内元素与灰分产率及 Al_2O_3 相关性十分弱。SEM-EDS 测试结果显示，元素 Ni 能够在硫酸盐矿物与碳酸盐矿物的混合体中检测到，而在单独的碳酸盐矿物中并未检测到，因此元素 Ni 与 Sr 很可能赋存于硫酸盐矿物之中(表6-10)。

表 6-10　样品 N_3 中硫酸盐矿物的能谱分析测试结果

元素	含量/(wt.%)	元素	含量/(wt.%)
O	18.07	Na	0.02
Al	2.06	Mg	0.01
C	49.68	K	0.02
Si	0.66	Ca	21.5
S	6.46	Fe	0.9
Ni	0.07		

6.5.4　元素的迁移变化机理及指示意义

6.5.4.1　元素迁移变化机理

(1) 后期流体的证据

区Ⅰ中发育的地开石可能与构造变动影响下的流体侵入有关(Buatier et al.,1997);同时区内发育孔、裂隙充填矿物,包括碳酸盐矿物、黏土矿物以及黄铁矿,充填矿化作用是流体运移的又一有力证据(Kolker et al.,1994;Ward,2002);中稀土元素、重稀土元素以及相关的元素在区Ⅰ内也富集,微量元素局部分布特征可受后期富集元素的流体的侵入影响(Dai et al.,2012c),因此断层面附近元素的富集与构造作用影响下的流体侵入有关(Dai et al.,2014a,2014b)。

稀土元素中包含后生作用过程的重要信息,样品 N_3 中 H 型的稀土元素($La_N/Lu_N<1$)有显著的 Y 正异常,表明样品 N_3 极有可能受到后期流体的侵入作用(Seredin et al.,2012;Dai et al.,2016)。样品 N_3 的 Yb/La(=0.45)比一般世界硬煤的值要低(表 6-11)。样品 N_3 中更高的 U/Th 和 Yb/La 可能也是由于含矿流体侵入导致的元素分布变化引起的(Dai et al.,2013,2014b),热液或者大气降水淋滤通过上层的黏土夹矸导致较为活跃的 U 与 Yb 迁移沉淀至煤层中(Dai et al.,2013)。

表 6-11　标准化后稀土元素含量的计算参数

样品	N_1	N_2	N_3	N_4	N_5
U/Th	0.37	0.37	0.53	0.38	0.23
Yb/La	0.05	0.10	0.45	0.09	0.09

(2) 元素迁移机理

样品 N_3 中重稀土与中稀土元素更高的富集系数及含量表明,元素在断层带的区Ⅰ内显著富集,相关元素 Li、Be、Sc、W、Cr、Mn、Cu、Zn、Ga、Nb、Pb、Cd、Bi、In、Th、U 以及 Ta 的含量也明显高于其他样品的含量。多重证据均表明区Ⅰ内发生了流体侵入,因此含元素流体的代入作用是导致上述元素在断层面附近富集的重要因素之一(Bouška et al.,2000;Dai et al.,2004;Seredin et al.,2012)。煤层中流体的运移作用取决于构造应力作用下煤体中孔、裂隙结构的发育程度,压汞与液氮测试结果均表明,断层面附近的煤体被构造应力作用破碎改造，孔、裂隙结构更为发育(Karayiğit et al.,2017;Liu et al.,2018;Karayiğit et al.,2018;Li et al.,2019a,2019b)，有利于含矿流体的侵入并发生裂隙充填矿化作用，使得相关元素迁移富集。

(3) 元素的富集

断层带中区Ⅰ内样品 N_3 的进退汞效率最低，表明样品 N_3 中封闭孔结构最为发育(Liu et al.,2015a)，这主要是由于区Ⅰ受到强烈的压剪应力作用以及矿物的涂抹封堵作用，如黏土矿物等(图 6-11)(Niu et al.,2017;Chen et al.,2018)。在断层形成过程中含元素的矿物可在酸性溶液中溶解并运移进入区Ⅰ(Karacan et al.,2000;Ward,2002)，并在应力改造作用形成发育的孔、裂隙系统中再沉淀(沈慧珍,2005;Permana et al.,2013)，而矿物沉淀充填作用使得区Ⅰ内形成更多封闭孔，降低了孔、裂隙结构的连通性，并使得赋存于裂隙脉矿物中的元素富集。由于沉淀充填以及强构造应力等作用使得区Ⅰ内孔、裂隙结构连通性变差，导致断层带内侵入的流体被限制于区Ⅰ内，这与岩石中发育的断层内的流体分布情况类似(Renard et al.,2000;Tenthorey et al.,2003;Pei et al.,2015)。限制于局部区域的流体也解释了断层带内元素异常值只出现于样品 N_3 中的原因。

孔、裂隙的矿化作用并不能够完全解释富集型元素的迁移聚集机理，因为断层带内样品的 Al_2O_3(黏土矿物的组成成分)含量与富集型元素含量的分布不同步。具有特殊的物理、化学性质的黏土矿物对构造应力的作用十分敏感(琚宜文等,2016)，断层带中区Ⅰ与Ⅱ中发育的黏土矿物的粒径尺寸以及堆砌厚度均减小，表明构造应力影响下黏土矿物受到机械破碎与研磨作用(图 6-12)。层状结构的黏土矿物优先发生平行于片层底面的剥离作用及层裂作用，尤其在构造煤的滑动摩擦面上(Vannucchi et al.,2003)。黏土矿物在压剪作用下形成的微-纳米涂层对煤体孔、裂隙结构具有封堵作用，进一步降低了区Ⅰ内样品的渗透率(Viti et al.,2014;郭德勇等,1996)。

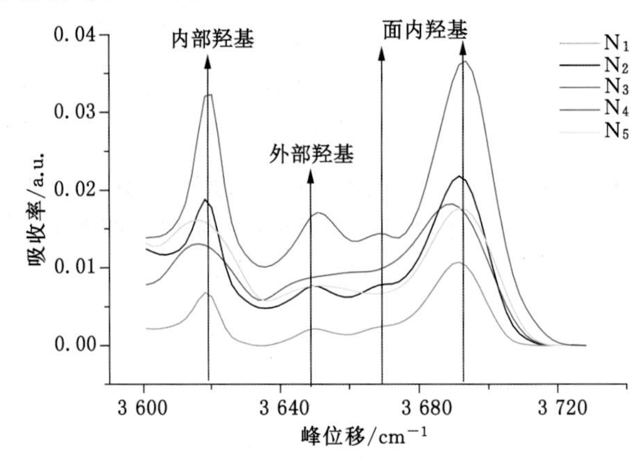

图 6-22　断层带内样品不同类型的羟基发育特征

高温高压实验变形煤以及构造煤中黏土矿物的研究均表明，应力作用下黏土矿物能够被改性，大量的羟基结构的暴露显著增强元素的吸附能力(Kristof et al.,2002;Vannucchi et al.,2003;Sun et al.,2013)，因此，研究断层带内黏土矿物是否发生类似的化学结构改性作用十分必要。样品 N_3 中三类羟基的含量要明显高于其他样品的含量，而样品 N_3 中

Al_2O_3的含量却并不是最高的,表明羟基含量的明显增加并不完全是由黏土矿物含量的变化引起的(图6-22)。断层带内样品发育的高岭石与地开石等均属于高岭石族矿物(Brindley et al.,1986;Michalkova et al.,2005;Welch et al.,2010),有着相似的层状结构,表明尽管不同样品中黏土矿物的组合特征有差异,但并不会导致羟基含量的增加。由此可见,黏土矿物羟基含量的增加还可能是由于剪切应力的作用使得羟基面的大量暴露而引起的。

前人的研究表明,上述富集型元素以溶解形式迁移进入煤层并在黏土矿物的吸附作用下富集(Seredin,1996;Eskenazy,1999;Bradbury et al.,2002;Ogasawara,2009;Sen et al.,2011;Moldoveanu et al.,2012;Geckeis et al.,2012;Moldoveanu et al.,2013;Martin et al.,2018),而黏土矿物吸附稀土元素的能力主要取决于黏土矿物中的吸附位点数量,即 Al—O 六面体与 Si—O 四面体片层上的羟基单元(Tertre et al.,2006;Geckeis et al.,2012;Martin et al.,2018)。样品 N_3 中三类羟基数量的增加能够提供更多微量元素的吸附位点,并导致相关元素发生富集。吸附实验表明,相比于轻稀土元素,中稀土元素与重稀土元素更容易被黏土矿物吸附(Coppin et al.,2002),因此,样品 N_3 中重稀土元素与中稀土元素比轻稀土元素更为富集。

HRTEM 测试结果表明,在断层面附近的样品 N_3 中观测到纳米尺度黏土矿物的发育(图 6-23)(Schleicher et al.,2010;Viti et al.,2014),主要是由于剪切应力作用下黏土矿物的剥离作用能够促进纳米尺寸黏土矿物的形成(Sun et al.,2008,2013)。由于纳米黏土矿物的纳米效应导致矿物表面的化学活性明显增强,并使得纳米黏土矿物成为微量元素的重要载体(Hochella et al.,2008;Silva et al.,2012;陈天虎等,2018)。

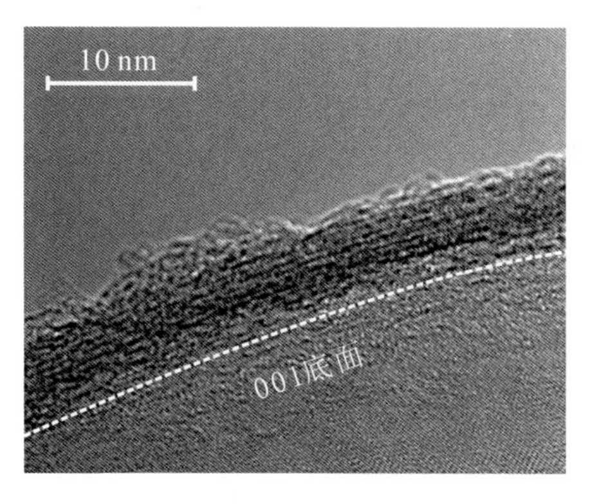

图 6-23 样品 N_3 中发育的纳米黏土矿物

(4) Co 与 Mo 元素的散失机理

化学逐级提取实验表明,煤中部分 Co 元素具有很强的有机亲和性(>20%)(Mastalerz,2001;Finkelman et al.,2018);Mo 元素含量在浮沉实验低密级产物中较高,表明其至少有一部分与有机质结合(Finkelman,1999;Liu et al.,2015b)。煤中与有机质结合的 Co 与 Mo 元素往往是以离子交换态形式与有机结构中的含氧官能团形成络合物,例如羧基与酚羟基等(Mizera et al.,2007;Wang et al.,2012;Finkelman et al.,2018),与含氧官能团以及离子之间的交换反应化学式如下(Wang et al.,2012):

$$a\mathrm{COAL-COO^-} + \mathrm{M^{a+}(aq)} \rightleftharpoons a(\mathrm{COAL-COO})\mathrm{M} \tag{6-1}$$

$$a\text{COAL}-\text{O}^- + \text{M}^{a+}(\text{aq}) \rightleftharpoons a(\text{COAL}-\text{O})\text{M} \tag{6-2}$$

煤分子结构在构造应力作用下发生动力变质作用，其中包括含氧官能团的应力降解作用。FTIR 作为煤化学结构的常用测试方法，可识别含氧官能团酚羟基（1 100～1 300 cm^{-1}）与羧基（1 650～1 700 cm^{-1}）（Song et al.，2018a），因此，利用 Origin 7.5 软件对 1 100～1 700 cm^{-1}范围内的 FTIR 做分峰拟合[图 6-24(a)]。酚羟基与羧基的相对含量在样品 N_3 中明显减少，这是由于断层剪切作用过程中生成的摩擦热能能够引起煤的超前演化（包括含氧官能团的降解作用）（Bustin，1983；O′Hara，2004；Kitamura et al.，2012）[图 6-24(b)]。此外，区Ⅰ内样品的强韧性变形作用转化形成的应变能也能引起煤分子结构的动力演化。样品 N_3 更高的 $R_{o,max}$ 也表明，样品在动力作用下可以引起煤的变质，因此含氧官能团作为煤分子结构中相对不稳定的结构在摩擦热与韧性变形的耦合作用下优先解离（表 6-5）。煤中酚羟基和羧基含量与 Co 和 Mo 元素含量的同步变化，表明这两种元素极有可能与上述两类羟基相关，因此酚羟基与羧基的解离作用可导致离子交换态的 Mo 与 Co 元素溶解，并最终散失[图 6-24(b)]。

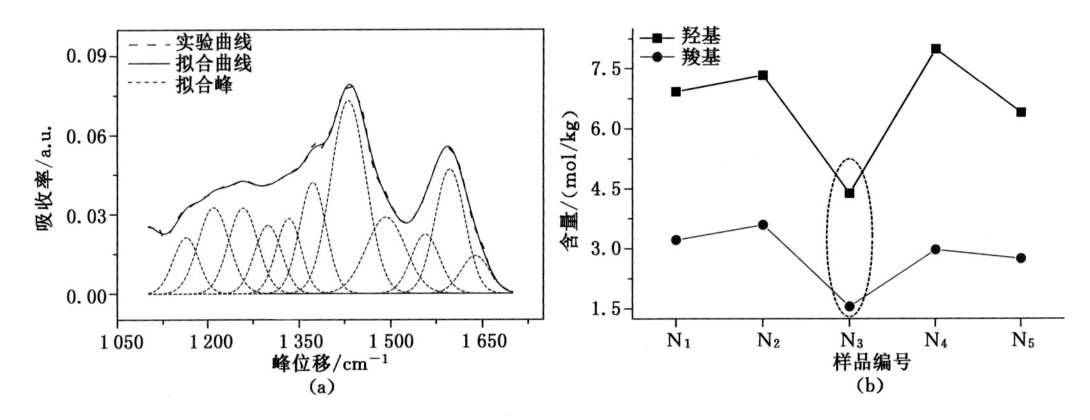

图 6-24　断层带样品中的酚羟基与羧基的分布特征

(a) 1 100～1 700 cm^{-1}范围内的 FTIR 谱图的分峰拟合示意图；(b) 断层带样品中酚羟基与羧基含量分布特征

6.5.4.2　应力敏感元素与构造煤瓦斯特性间的内在联系

（1）元素含量变化与孔、裂隙结构参数的相关性

高压压汞与低温液氮吸附测试结果均表明，远离断层面的区Ⅲ内碎裂煤孔隙结构连通性最好，以发育两端开口的圆筒形孔、原生孔、气孔以及原生裂隙等结构为主，同时由于受到的应力作用最弱，煤体结构破碎程度低，孔容最小；区Ⅱ内煤体受构造应力的机械破碎与研磨作用形成碎斑结构，导致角砾孔与碎粒孔发育，孔容增加，同时孔隙结构间的喉道开始发育，孔隙连通性中等；距离断层面最近的区Ⅰ内的样品在强烈的压剪应力作用下发育碎粒孔与摩擦孔，孔隙结构形态以半开放孔、细瓶颈孔、墨水瓶形孔以及狭缝平板形孔等为主，孔隙喉道发育，连通性最差（图 6-25）。

构造煤的化学结构研究表明，微量元素 Li、Be、Sc、W、Cr、Mn、Cu、Zn、Ga、Nb、Cd、Bi、U 与 Ta 在区Ⅰ揉皱煤 N_3 中均表现为明显富集作用，而 Co 与 Mo 元素则在区Ⅰ内散失，相对富集于区Ⅱ与区Ⅲ内。结合物理结构与化学结构演化特征分析可发现，富集型元素含量变化与断层带内构造煤的孔裂隙结构的连通性呈显著的负相关关系，而与孔、裂隙发育程度呈

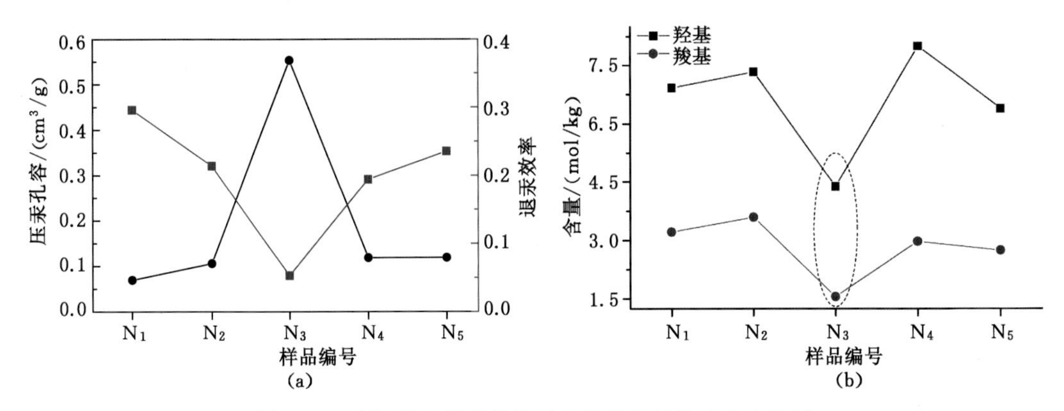

图 6-25　断层带内样品的孔体积以及退汞效率分布特征

(a) 高压压汞测试结果;(b) 低温液氮测试结果

正相关关系,散失型元素恰好相反。

(2) 断层带内构造煤化学结构与物理结构变化的内在联系

与 Pei 等(2015)研究岩石中断层的渗透率阶段性演化类似,断层面附近的构造煤在断层形成初期孔、裂隙结构的连通性高于远离断层面的位置。一方面,连通性良好的孔、裂隙系统增加了煤层与外界环境的沟通,使得流体代入及矿物机械混入作用增强;另一方面,裂隙良好的连通性促进含矿流体的代入,导致相关元素由外界迁入断层带内。此外,黏土矿物在构造应力作用下底面羟基的暴露程度增加,吸附相关元素的性能得到改善,导致以 REE 为代表的富集型元素在迁入过程中更容易滞留富集。

随着断层的断距进一步加大,靠近断层面位置的煤体的孔、裂隙结构继续发育,但连通性下降。靠近断层面位置的应力集中作用使得构造煤发生强烈的韧性流变,煤体的微、小孔结构大量发育,孔隙结构的连通性降低(Niu et al.,2017);而远离断层面的位置发生不同程度的脆性变形,孔裂隙结构的连通性增强,孔容减小。靠近断层面的煤体孔、裂隙系统中矿物的再沉淀使得充填作用增强,孔裂隙系统连通性进一步变差;同时,在断层面附近矿物机械混入(尤其是黏土矿物)导致断层面上受到涂抹作用(林晓英等,2010),矿物膜的均匀涂抹也使得区Ⅰ内的构造煤孔、裂隙结构连通性持续下降。因此,断层带内以 REE 元素为代表的富集型元素与构造煤的孔、裂隙结构连通性呈负相关关系,而与孔隙结构的发育程度呈正相关关系。

断层面附近构造煤强烈的动力变质作用使得煤体化学结构发生超前演化,导致具有有机结合态的 Co 与 Mo 元素结合位点大大减少,元素在断层面附近散失。因此,散失型元素在断层带内的分布与孔隙结构的连通性呈正相关关系,而与孔隙结构发育程度呈负相关关系。

由此可见,构造煤的孔隙结构特征与化学结构变化有着密切联系,具有强烈的相互作用关系。其中,富集型应力敏感元素多指示较差的构造煤孔隙结构连通性和较高的孔容,煤与瓦斯突出的风险较高;散失型应力敏感元素的富集多指示孔隙结构连通性较好的脆性变形煤发育区,煤与瓦斯突出的风险相对较低。构造煤物理与化学结构之间的联系表明,应力敏感元素或可作为指标参数来表征构造煤的瓦斯特性。

7 结　论

本书以宿县矿区西寺坡逆冲断层上覆与下伏系统发育的原生结构煤及构造煤为重点研究对象，结合系统的原生结构煤的高温高压变形实验，通过构造煤及实验变形煤的宏、微观变形特征分析，由表及里地分析了有机质结构的动力变质与矿物的变形-变质特征；揭示了构造煤中元素的迁移富集及演化规律，通过元素主要赋存载体（有机质与矿物）动力分异特征和元素的主要赋存状态分析，揭示了构造煤中矿物与元素的动力分异特征与机理；从微观、显观以及宏观三个尺度阐释了断裂与褶皱构造对矿物与元素动力分异的控制作用与机理；结合高温高压实验变形条件分析，揭示了不同类型构造煤形成的应力-应变环境；基于不同实验变形煤之间和变形微区内矿物与元素的动力分异特征及有机质结构应力作用下的演化分析，进一步揭示了煤变形过程中矿物与元素的迁移演化机理。主要取得以下成果：

（1）基于构造煤宏、微观变形特征，结合不同条件下实验变形煤的综合对比分析，揭示了不同序列构造煤形成的应力-应变环境及滑动摩擦面的发育特征与形成条件，并从超微观角度揭示了研究区构造煤脆、韧性变形转换条件与机制。

① 根据构造煤宏、微观变形特征及形成的应力-应变环境，将研究区构造煤划分为三个变形序列七类构造煤，具体包括脆性变形序列的碎裂煤、片状煤、碎斑煤和碎粒煤，脆-韧性变形序列的鳞片煤以及韧性变形序列的揉皱煤和糜棱煤；结合实验变形条件分析，高应变速率的挤压、拉张或剪切应力变形环境有利于形成脆性变形构造煤，脆-韧性变形构造煤形成于强烈的剪切应力变形环境，而低应变速率的挤压或剪切应力变形环境则有利于韧性变形构造煤的形成。

② 将构造煤中广泛发育的滑动摩擦面划分为条痕与镜面摩擦面两大类 4 种型式。条痕摩擦面多形成于弱脆性变形构造煤中，镜面摩擦面包括条痕镜面摩擦面、波状镜面摩擦面以及土状镜面摩擦面 3 种型式，多形成于强脆性、脆-韧性及韧性变形构造煤中；不同摩擦面的形成主要受构造煤形成的应变速率、煤体破碎程度及碎粒的磨圆度、剪切滑动的距离、摩擦面附着的矿物类型以及煤中水分与气体成分等因素的影响。

③ 煤化学结构的变化对不同类型构造煤的岩石力学性质具有一定影响。应力作用下大量非共价键在煤变形过程中解离，煤分子结构发生松弛作用并产生可移动分子相，致使煤体塑性增强；与脆性变形构造煤相比，韧性变形构造煤通过将机械能转化形成的应变能使得非共价键断裂，释放的自由分子相数量明显增加，煤体塑性显著增强，从而更易发生韧性流变；高温高压实验过程中，随着差应力与温度的增加能够产生更多机械能与热能，从而促进非共价键的解离与转化，研究区低煤阶烟煤脆、韧性转换的温度为 100～200 ℃，差应力为 100～150 MPa。

(2) 从复合分子结构模型角度出发,对比分析了构造煤及实验变形煤中有机质动力变质特征,并通过原生结构煤剪切应力作用的分子力学与分子动力学模拟,深刻揭示了构造煤分子结构演化路径与机理。

① 依据更为合理的煤分子结构复合模型,深入研究了构造煤及实验变形煤分子结构演化特征,分别对芳香结构、烷烃侧链、杂原子官能团、次生结构缺陷以及非共价键演化特征进行深入探讨。脆性变形作用下芳香结构有序度、烷烃侧链长度及杂原子官能团数量均降低,非共价键也发生断裂转化,次生结构缺陷数量增加;脆-韧性及韧性变形作用下烷烃侧链与杂原子官能团持续降解;同时,芳香结构在剪切应力及应变能作用下有序重排速率增加,使得 π—π 键数量显著增加。

② 利用分子力学与分子动力学原理构建了原生结构煤的超分子模型,通过设置三层分子层模拟剪切应力作用。剪切作用前后分子结构构型的对比表明,剪切应力作用下化学键可发生旋转与断裂;分子体系的扭转能与角能在剪切变形前后的变化表明,分子结构中的化学键在应力作用下发生旋转及弯曲等作用;非键能的大幅降低暗示分子结构间的物理缔合力在剪切过程中被严重破坏;体系静电能的增加表明,在剪切应力作用下芳香层片间的π—π键数量在增加。

③ 构造煤分子结构演化主要包括松弛作用与重排作用两类。构造煤中弱的非共价键优先断裂或调整,高键强度的共价键也发生键长与键角的变化,致使煤分子结构发生松弛作用,能够增强芳香结构的移动性,促进应力作用下分子结构的重排作用,使得芳香层片间的 π—π 键数量增加。在脆性序列构造煤中分子交联网络结构整体以松弛作用为主,脆-韧性变形构造煤及韧性变形构造煤中分子结构的重排作用逐渐占据主导地位;一方面是由于剪切应力对构造煤动力变质具有更显著的促进作用;另一方面是在韧性变形过程中通过将机械能转化为应变能促进芳香结构的移动调整释放,并使得化学键变化与分子结构的重排效率更高。因此,在韧性变形构造煤中形成更有序紧凑的面-面芳香层片构型,π—π 键数量也显著升高。

(3) 系统阐述了宿县矿区内构造煤中矿物的发育特征,以主要发育的温压敏感的黏土矿物为重点研究对象,揭示了应力作用下黏土矿物的变形、变位与变质作用机理。

① 宿县矿区煤中主要发育硅酸盐、碳酸盐、硫酸盐、氧化物以及硫化物等矿物,其中以硅酸盐矿物最为发育;构造煤中黏土矿物与碳酸盐矿物的发育模式截然不同,其中,黏土矿物的吸收峰强度随煤体变形强度的增加而呈现增高的趋势,尤其在脆-韧性与韧性变形构造煤中更为显著,表明随着变形强度的增加黏土矿物含量整体呈上升趋势;黏土矿物组合在脆-韧性与韧性变形构造煤中具有多样化和复杂化的特征;而碳酸盐类矿物则多发育于脆性变形构造煤中,而在脆-韧性与韧性变形构造煤中发育程度低。

② 随着构造煤变形强度的不断增加,构造煤遭受强烈的机械破碎与研磨作用也逐渐增强,煤中的矿物在机械破碎与研磨作用下也受到不同程度的破坏。随着构造煤变形强度的增加,煤中的矿物在更强的应力作用下被研磨成粒级更小、磨圆度更高的矿物颗粒;压剪应力作用下滑动摩擦面上的矿物不仅结构形态发生了改变,同时也沿剪切滑动方向发生局部迁移运动。此外,随着构造煤变形强度的增加,煤体发生碎裂流变与韧性流变,煤内部物质交换作用以及与外界环境间的物质代入作用增强,使得矿物发生机械混杂与混入作用。

③ 黏土矿物作为应力敏感矿物的代表,在应力作用下其物理与化学结构均发生有规律

的变化。剪切应力作用能够促进黏土矿物伊利石化以及其他类型黏土矿物的混入作用，因此，黏土矿物随变形强度的增加由最初单一的高岭石演化为高岭石、伊利石、蒙脱石以及伊-蒙混层等多种类型的黏土矿物。片状煤、鳞片煤与揉皱煤中伊-蒙混层矿物的含量与混层比高于其他脆性变形构造煤。这是由于构造煤中黏土矿物在应力的研磨下产生层离与层裂作用，导致黏土矿物中的各类羟基发生规律性变化。此外，力学性质较弱的黏土矿物的混入促进构造煤向韧性变形转变，黏土矿物及相关元素均具有地质催化作用，是构造煤超前演化的促进因素之一。

(4) 基于实验变形煤与构造煤中元素的载体——有机质和矿物在应力作用下的变形、变位与变质特征以及元素的主要赋存状态分析，揭示了构造煤中元素的迁移富集规律与机理。

① 有机质组成元素(C、O、N 与 S 元素)的变化与构造煤有机结构的动力变质作用密不可分。构造应力作用将机械能转化为摩擦热能与应变能或直接作用于分子结构，使煤体化学结构发生规律性变化。随着构造煤变形强度的增加，杂原子官能团不断脱落，甚至能够以气体分子形式逸散；实验变形煤不同变形微区内 C、O、N 与 S 元素分异特征表明，在动力变质作用下有机常量元素发生规律性变化。此外，杂原子官能团是有机结合态微量元素的重要吸附位点，杂原子官能团的应力降解作用使得相关微量元素也随之迁移变化。

煤分子结构中的脂肪侧链在应力作用下同样也发生降解，形成小分子碳氢化合物，脱落后的小分子碳氢化合物多被围限在分子交联网络结构中。理论上，在适当条件下降解的小分子可发生逸散，导致 H、O、N 与 S 元素的散失以及 C 元素富集，但由于受构造煤中无机赋存形式的 C、O、N 与 S 元素的影响，使得元素整体变化规律不显著。

此外，构造煤分子结构中芳香层片的有序重排作用、次生结构的形成及化学键的旋转、断裂与重组等作用虽并未引起有机常量元素的含量变化，但改变了原子之间的连接、排列与组合方式，即改变了元素的赋存状态，属于应力敏感元素的表现形式之一。因此，构造煤有机结构的动力变质作用是具有有机亲和性的应力敏感元素迁移变化的重要影响因素之一。

② 具有无机亲和性的元素包括矿物的组成元素、类质同象形式替换的元素以及被吸附的元素等，均与矿物在应力作用下的变形、变位及变质作用有密切关系，具体概括为应力诱导混入作用、局部动力迁移作用与矿物动力变质作用三类。应力诱导混入作用主要指受裂隙充填矿物分布控制的元素迁移变化。局部动力迁移作用指的是煤岩组分条带或矿物在流变作用下迁移运动。附着于滑动摩擦面上的矿物在滑动摩擦面上沿着滑动摩擦方向发生局部的运动与聚集，导致与矿物相关的元素也沿着摩擦滑动方向迁移并在特定位置富集。矿物动力变质作用则指的是应力作用矿物的化学结构的演化导致元素的富集散失。

③ 筛选出应力敏感元素并进行了类型划分，主要分为富集型与散失型两类。富集型应力敏感元素包括常量元素 Al、Si、Ti 与 K；显著相关的亲石性元素有 Li、Sc、Cr、Zn、Ga、Nb、Cd、Bi、Ta 以及稀土元素 La～Eu；散失型应力敏感元素主要有 C、Ca、Co、Mo、N、S、Sr 与 Ba。

(5) 从微观、显观及宏观三个尺度系统总结构造带内元素的迁移变化规律，揭示了构造对矿物与元素分异的控制机理。

由于矿井构造是构造煤发育与分布的重要控制因素，对元素的迁移变化也具有相似的控制机理。断裂构造作为煤层与外界环境沟通的通道，使得带内元素的迁移富集作用增强，切层断层使得切穿的顶、底板岩层沿着断层面错动位移，顶、底板岩层中的泥岩等在运动过程中通过机械混入进入断层面两侧的构造煤中。邻近断层的煤层由于受到强烈的压剪应力作用发生韧性流变，继而使得机械混入的相关矿物运移进入韧性变形构造煤中。因此，与机械混入矿物相关的元素大量聚集于断层面两侧的构造煤中；此外，切层断层作为良好的流体通道，也能引起含元素流体进入煤层，导致靠近断层面附近的构造煤中某些元素的含量增加。显观揉皱构造研究表明，煤层在纵弯褶皱作用下的顺层剪切所形成的层间滑动面为矿物和元素运移提供良好通道，导致相关元素在褶皱的转折端部位富集。

（6）揭示构造煤孔隙结构与元素分布规律的内在联系与相互作用机理，进一步为煤与瓦斯突出预测提供了新的思路与途径。

断层带内靠近断层面的构造煤孔、裂隙系统连通性差，封闭孔结构较为发育，主要是由于受到强烈的压剪应力以及矿物封堵作用。断层带内含矿流体进入断层面附近构造煤的孔、裂隙系统中再沉淀，矿物充填使得构造煤形成更多封闭孔，并使得 Li、Sc、Cr、Zn、Ga、Nb、Cd、Bi、Ta 以及部分 REE 元素富集；同时，断层面附近矿物的机械混入使得构造煤滑动摩擦面上发育黏土矿物涂层，导致孔、裂隙结构连通性降低，使得 Li、Sc、Ga、Nb 及 REE 等与黏土矿物相关的元素富集；断层两盘邻近断层处构造煤中的黏土矿物在应力改性作用下吸附元素的能力增强，也使得具有黏土矿物亲和性的元素富集；断层附近强烈的动力变质作用使得有机结合态元素 Co 与 Mo 的结合位点减少，发生散失。断层带内构造煤的孔隙结构参数与带内富集和散失型元素的分布具有密切的内在联系，因此，应力敏感元素的迁移富集在一定程度上对构造煤的发育与分布具有指示意义，为煤与瓦斯突出预测提供了新的途径。

参考文献

安徽省地质矿产勘查局,1987.安徽省区域地质志[M].北京:北京地质出版社.

曹代勇,李小明,张守仁,2006.构造应力对煤化作用的影响:应力降解机制与应力缩聚机制[J].中国科学(D辑:地球科学),36(1):59-68.

曹新,2005.中国能源发展战略与石油安全对策研究[J].经济研究参考 (57):2-15.

曾凡桂,张通,王三跃,等,2005.煤超分子结构的概念及其研究途径与方法[J].煤炭学报,30(1):85-89.

陈柏林,2000.糜棱岩型金矿金元素丰度与构造变形的关系[J].矿床地质,19(1):17-25.

陈柏林,董法先,李中坚,1998.矿物中元素迁移变化的高温高压实验研究[J].地质力学学报,4:74-79.

陈富勇,2005.芦岭矿特厚构造煤储层特征及抽取性评价[D].淮南:安徽理工大学.

陈红东,2017.构造煤地质—地球物理综合响应及其判识模型:以宿县矿区为例[D].徐州:中国矿业大学.

陈鹏,1994.中国煤中硫的赋存特征及脱硫[J].煤炭转化,17:1-9.

陈萍,唐修义,2001.低温氮吸附法与煤中微孔隙特征的研究[J].煤炭学报,26(5):552-556.

陈善庆,1989.鄂、湘、粤、桂二叠纪构造煤特征及其成因分析[J].煤炭学报,14(4):1-10.

陈天虎,谢巧勤,刘海波,等,2018.纳米矿物与纳米矿物资源[J].地球科学,43(5):1439-1449.

程国玺,姜波,刘和平,等,2017.构造煤变形过程中矿物及元素响应:以朱仙庄矿8号煤为例[J].煤炭学报,42(4):985-995.

池汝安,王淀佐,1993.量子化学计算粘土矿物的吸附性能和富集稀土的研究[J].中国稀土学报,11(3):199-203.

崔晓南,黄文辉,敖卫华,等,2016.渭北煤田下峪口矿二叠纪煤中稀土元素地球化学研究[J].地学前缘,23(3):90-96.

代世峰,任德贻,宋建芳,等,2002.应用XPS研究镜煤中有机硫的存在形态[J].中国矿业大学学报,31:12-15.

戴塔根,刘成湛,1990.构造应力与元素迁移关系初探[J].桂林冶金地质学院学报,10(3):247-250.

董法先,李中坚,陈柏林,等,1998.含金岩石形变系与元素调整分配相关性的高温高压实验研究[J].地球学报,19:57-64.

傅朝义，何绍勋，1997.冀北中生代地洼期构造与银金多金属矿床特征[J].大地构造与成矿学，21(2)：109-116.

高凌蔚，窦廷焕，苗康运，1979.煤系地层中常见的碎裂变质岩[J].煤田地质与勘探，7(2)：78-87.

顾连兴，KEN R MCCLAY，周继荣，等，2001.块状硫化物矿石中硫化物的压溶和增生及成矿意义：以加拿大西部矿床为例[J].矿床地质，20(4)：323-330.

顾连兴，汤晓茜，王子江，等，2005.362 ℃和差异应力条件下硫化物在 NaCl 溶液中的再活化实验研究[J].岩石学报，21(5)：1429-1434.

郭德勇，韩德馨，陈莹，等，1996.利用 XPS 对突出煤表面成分定量研究[J].煤炭工程师，23：2-4.

韩军，张宏伟，2010.构造演化对煤与瓦斯突出的控制作用[J].煤炭学报，35(7)：1125-1130.

郝青丽，陆路德，王瑛，等，1999.研磨影响粘土结构的红外光谱研究[J].光谱实验室，16(5)：540-544.

侯泉林，雒毅，韩雨贞，等，2014.煤的变形产气机理探讨[J].地质通报，33(5)：715-722.

侯泉林，张子敏，1990.关于"糜棱煤"概念之探讨[J].焦作矿业学院学报，9(2)：21-26.

吉小峰，倪小明，李哲远，2014.不同倾角正断层附近应力分布规律数值模拟研究[J].煤炭技术，33(10)：288-290.

江泽民，2008.对中国能源问题的思考[J].上海交通大学学报，42(3)：345-359.

姜波，1992.煤田推覆构造地球化学特征初探[J].煤田地质与勘探，20(1)：22-26.

姜波，琚宜文，2004.构造煤结构及其储层物性特征[J].天然气工业，24(5)：27-29.

姜波，李明，屈争辉，等，2016.构造煤研究现状及展望[J].地球科学进展，31(4)：335-346.

姜波，李明，宋昱，2020.构造煤及其瓦斯地质意义[M].北京：科学出版社.

姜波，李云波，屈争辉，等，2015.瓦斯突出预测构造-地球化学理论与方法初探[J].煤炭学报，40(6)：1408-1414.

姜波，秦勇，1999a.变形煤的 EPR 结构演化及其构造地质意义[J].高校地质学报，5(3)：334-339.

姜波，秦勇，1999b.变形煤镜质组反射率演化的地化机理及其地质意义[J].煤田地质与勘探，27(5)：19-22.

姜波，秦勇，范炳恒，等，2001.淮北地区煤储层物性及煤层气勘探前景[J].中国矿业大学学报，30(5)：11-15.

姜波，秦勇，金法礼，1997.煤变形的高温高压实验研究[J].煤炭学报，22(1)：82-86.

姜波，秦勇，金法礼，1998b.高温高压下煤超微构造的变形特征[J].地质科学，33(1)：18-25.

姜波，秦勇，金法礼，1998c.高温高压实验变形煤 XRD 结构演化[J].煤炭学报，23(2)78-83.

姜波，秦勇，琚宜文，等，2009.构造煤化学结构演化与瓦斯特性耦合机理[J].地学前缘，16(2)：262-271.

姜波，秦勇，宋党育，等，1998a.高煤级构造煤的XRD结构及其构造地质意义[J].中国矿业大学学报，27(2)：6-9.

蒋静宇，程远平，2012.淮北矿区岩浆岩侵入对煤储层微孔隙特征的影响[J].煤炭学报，37(4)：634-640.

蒋雨辰，2015.海孜井田岩浆构造演化区应力分布特征及其对瓦斯动力灾害控制作用[D].徐州：中国矿业大学.

降文萍，宋孝忠，钟玲文，2011.基于低温液氮实验的不同煤体结构煤的孔隙特征及其对瓦斯突出影响[J].煤炭学报，36(4)：609-614.

焦文，1976.对用煤的元素比预报突出的看法[J].煤矿安全，7(5)：51-53.

金维浚，王桂梁，周治安，1997.徐州—宿州地区滑脱构造的形成机制[J].中国区域地质，16(3)：60-67.

琚宜文，姜波，侯泉林，等，2004.构造煤结构-成因新分类及其地质意义[J].煤炭学报，29(5)：513-517.

琚宜文，林红，李小诗，等，2009.煤岩构造变形与动力变质作用[J].地学前缘，16(1)：158-166.

琚宜文，孙岩，万泉，等，2016.纳米地质学：地学领域革命性挑战[J].矿物岩石地球化学通报，35(1)：1-20.

琚宜文，王桂梁，2002.淮北宿临矿区构造特征及演化[J].辽宁工程技术大学学报(自然科学版)，21(3)：286-289.

琚宜文，王桂梁，姜波，2003.浅层次脆性变形域中煤层韧性剪切带微观分析[J].中国科学(D辑：地球科学)，33(7)：626-635.

李春辉，宋党育，宋播艺，等，2017.豫西裴沟矿二叠系构造煤中稀土元素分布与赋存特征[J].地球化学，46(4)：345-357.

李康，钟大赉，1992.煤岩的显微构造特征及其与瓦斯突出的关系：以南桐鱼田堡煤矿为例[J].地质学报，66(2)：148-157.

李明，2013.构造煤结构演化及成因机制[D].徐州：中国矿业大学.

李佩，2015.淮北祁东煤矿构造煤中微量元素迁移聚集的构造控制[D].徐州：中国矿业大学.

李小明，曹代勇，占文峰，2006.北淮阳地区不同变形-变质煤的元素分布及其影响因素[J].煤田地质与勘探，34(6)：1-3.

李晓峰，华仁民，冯佐海，2001.韧性剪切带变形变质作用与金的矿化富集[J].桂林工学院学报，21(3)：207-212.

李云波，2014.构造煤中应力敏感元素迁移聚集规律及动力学机制：以淮北矿区为例[D].徐州：中国矿业大学.

李云波，姜波，2015.淮北宿临矿区构造煤中硫的分布规律及赋存机制[J].煤炭学报，40(2)：412-421.

李云波，姜波，屈争辉，2017.淮北宿临矿区构造煤中黄铁矿赋存特征及其地质控制[J].地质科学，52(3)：855-870.

林红，琚宜文，侯泉林，等，2009.脆、韧性变形构造煤的激光Raman光谱特征及结构成分响应[J].自然科学进展,19(10):1117-1125.

林晓英,苏现波,郭红玉,2010.沁水盆地东南部寺头断层对煤层气藏的封闭性评价[J].天然气工业,30(4):20-23.

林中月,2012.华北赋煤区煤田构造与构造控煤作用研究[D].北京:中国矿业大学(北京).

刘光鼎,2007.中国大陆构造格架的动力学演化[J].地学前缘,14(3):39-46.

刘桂建,彭子成,王桂梁,等,2002.煤中微量元素研究进展[J].地球科学进展,17(1):53-62.

刘桂建,彭子成,杨萍玥,等,2001.煤中微量元素富集的主要因素分析[J].煤田地质与勘探,29(4):1-4.

刘和平,2016.煤变形过程中矿物及元素响应特征:以朱仙庄矿为例[D].徐州:中国矿业大学.

刘和武,2020.构造煤中应力敏感元素与矿物动力分异特征及机理研究[D].徐州:中国矿业大学.

刘杰刚,2018.煤高温高压变形实验及其韧性变形机理:以宿县矿区烟煤为例[D].徐州:中国矿业大学.

刘军,2017.淮北矿区构造演化及其对矿井构造发育的控制作用[D].徐州:中国矿业大学.

刘俊来,杨光,马瑞,2005.高温高压实验变形煤流动的宏观与微观力学表现[J].科学通报,50(S1):56-63.

刘令云,闵凡飞,张明旭,等,2014.破碎解理方式对高岭石颗粒电动特性的影响[J].中国矿业大学学报,43(4):689-694.

刘明,张志龙,宋庆尧,等,2006.芦岭矿断裂构造特征及对生产影响研究[J].中州煤炭(4):1-3.

刘明举,龙威成,刘彦伟,2006.构造煤对突出的控制作用及其临界值的探讨[J].煤矿安全,37(10):45-46.

刘钦甫,张鹏飞,丁树理,等,1996.华北石炭二叠纪含煤地层中的铵伊利石[J].科学通报,41(8):717-719.

刘曦东,2020.煤矿安全生产"十三五"规划[EB/OL].[2020-05-06].http://www.chinacoal-safety.gov.cn/zfxxgk/fdzdgknr/ghjh/202004/t20200401_348062.shtml.

吕古贤,孙岩,刘德良,等,2011.构造地球化学的回顾与展望[J].大地构造与成矿学,35(4):479-494.

马瑞,张志华,2010.变形过程中硫化物迁移和富集特征的实验研究:第三届全国矿田构造与地质找矿理论方法研讨会会议论文集[C].

孟召平,王保玉,谢晓彤,等,2012.煤岩变形力学特性及其对渗透性的控制[J].煤炭学报,37(8):1342-1347.

聂百胜,何学秋,王恩元,等,2003.煤与瓦斯突出预测技术研究现状及发展趋势[J].中国安全科学学报,13(6):43-46.

宁树正,2013.中国赋煤构造单元与控煤特征[D].北京:中国矿业大学(北京).

彭立世,陈凯德,1988.顺层滑动构造与瓦斯突出机制[J].焦作矿业学院学报,7(Z1):156-164.

彭少梅,1991.褶皱形成过程中常量元素的地球化学行为及岩石体变的估算问题[J].地质科技情报,10(3):29-36.

秦匡宗,郭绍辉,李术元,1998.煤结构的新概念与煤成油机理的再认识[J].科学通报,43(18):1912-1918.

屈争辉,2010.构造煤结构及其对瓦斯特性的控制机理研究[D].徐州:中国矿业大学.

屈争辉,姜波,汪吉林,等,2012.构造煤结构演化及其应力-应变环境[J].高校地质学报,18(3):453-459.

任泽强,何金先,董守华,等,2018.淮北孙疃煤矿下石盒子组主采煤层沉积环境与聚煤特征[J].中国煤炭地质,30(10):10-14.

邵强,王恩营,王红卫,等,2010.构造煤分布规律对煤与瓦斯突出的控制[J].煤炭学报,35(2):250-254.

沈慧珍,2005.宿南矿区第四含水层水文地质特征研究[D].淮南:安徽理工大学.

史小卫,2007.祁东矿井瓦斯地质规律与瓦斯预测[D].焦作:河南理工大学.

舒良树,吴俊奇,刘道忠,1994.徐宿地区推覆构造[J].南京大学学报(自然科学版),30(4):638-647.

宋党育,李春辉,宋播艺,等,2016.新密煤田裴沟矿二$_1$煤中环境敏感元素地球化学特征[J].煤田地质与勘探,44(5):28-36.

宋昱,2019.低中阶构造煤纳米孔及大分子结构演化机理[D].徐州:中国矿业大学.

苏现波,谢洪波,华四良,2003.煤体脆—韧性变形微观识别标志[J].煤田地质与勘探,31(6):18-21.

孙蓓蕾,曾凡桂,李霞,等,2013.太原西山煤田西铭-杜儿坪矿区煤级定型时间:来自锆石裂变径迹年代学的证据[J].煤炭学报,38(11):2023-2029.

孙岩,沈修志,1989.三个褶皱构造中一些常量元素变化的初步探讨[J].地球化学,18(3):265-270.

孙岩,沈修志,铃木尧士,1992.岩石简单剪切中的韧性变形域研究:以苏南地区盖层脆性断裂为例[J].中国科学 (B辑 化学 生命科学 地学),22(6):650-656.

孙岩,沈修志,刘寿和,1982.江西大余压性断裂带一些化学测试数据的初步分析[J].地球化学,11(4):348-356.

孙岩,沈修志,刘寿和,1984.断裂构造地球化学特征的初步探讨[J].大地构造与成矿学,8(1):29-44.

孙岩,徐士进,刘德良,等,1998.断裂构造地球化学导论[M].北京:科学出版社.

孙园园,2016.稀土离子在黏土矿物表面的吸附、迁移与解吸机制[D].南昌:南昌大学.

谭冬伟,于超,常德化,等,2016.我国近年来煤矿安全生产现状及安全措施[J].内蒙古煤炭经济 (8):81.

唐修义,黄文辉,2004.中国煤中微量元素[M].北京:商务印书馆.

田心,2020.全国煤矿安全生产工作会议要求[EB/OL].(2020-01-08)[2020-05-06].http://www.chinacoal-safety.gov.cn/xw/mkaqjcxw/202001/t20200108_343288.shtml.

万国坤，张刚生，2014.机械力研磨引起的生物成因文石和方解石的低温可逆相变[J].矿物岩石，34(2)：8-12.

王宝俊，章丽娜，凌丽霞，等，2016.煤分子结构对煤层气吸附与扩散行为的影响[J].化工学报，67(6)：2548-2557.

王恩营，刘明举，魏建平，2009.构造煤成因-结构-构造分类新方案[J].煤炭学报，34(5)：656-660.

王恩营，殷秋朝，李丰良，2008.构造煤的研究现状与发展趋势[J].河南理工大学学报(自然科学版)，27(3)：278-281.

王桂梁，姜波，曹代勇，等，1998.徐州—宿州弧形双冲—叠瓦扇逆冲断层系统[J].地质学报，72(3)：228-236.

王嘉荫，1978.应力矿物概论[M].北京：北京地质出版社.

王陆超，2012.徐宿地区煤田构造特征及其演化[D].徐州：中国矿业大学.

王绳祖，1995.高温高压岩石力学述评：地球科学中的岩石力学[J].矿山压力与顶板管理，12(2)：2-7.

王绳祖，施良骐，张流，1983.环境刚度效应：影响震源应力降的重要因素[J].地震地质，5(3)：17-27.

王文峰，2005.煤中有害元素溶出分配规律及其地球化学控制[D].徐州：中国矿业大学.

王玉玲，张流，李建国，等，1993.围压对浅表岩石力学行为的影响[J].地球物理学进展，8(4)：126-132.

王中刚，2016.基于北斗通信的变压器监控报警系统设计[J].电工电气 (1)：21-24.

韦重韬，姜波，傅雪海，等，2007.宿南向斜煤层气地质演化史数值模拟研究[J].石油学报，28(1)：54-57.

韦重韬，秦勇，傅雪海，2015.煤层气储层数值模拟[M].北京：科学出版社.

魏斌，张自立，卢杰，2011.粘土矿物对低浓度镧、钕的吸附性研究[J].中国稀土学报，29(5)：637-642.

魏国营，姚念岗，2012.断层带煤体瓦斯地质特征与瓦斯突出的关联[J].辽宁工程技术大学学报(自然科学版)，31(5)：604-608.

魏强，唐跃刚，李薇薇，等，2015.煤中有机硫结构研究进展[J].煤炭学报，40(8)：1911-1923.

吴俊，1987.突出煤的显微结构及表面特征研究[J].煤炭学报，12(2)：40-46.

吴俊，1993.煤微孔隙特征及其与油气运移储集关系的研究[J].中国科学 (B辑 化学 生命科学 地学)，23(1)：77-84.

吴俊，金奎励，应育浦，等，1990.有机粘土复合膜：地勘中突出煤的一种超微结构判别标志[J].煤田地质与勘探，18(4)：21-24.

吴诗勇，胡宝林，姚多喜，等，2010.祁东矿地质构造特征及演化规律[J].兰州大学学报(自然科学版)，46(S1)：64-67.

吴文金，刘文中，陈克清，2000.淮北煤田二叠系沉积环境分析[J].北京地质 (3)：21-25.

吴学益，钟德义，周文华，1986.构造地球化学(构造成矿)实验研究[J].地质地球化学，14(11)：63-66.

吴艳艳,2011.煤层气生成过程中的矿物/金属元素催化作用[D].徐州:中国矿业大学.

吴艳艳,秦勇,2009.煤中矿物/金属元素在生气过程中的催化作用[J].地球科学进展,24(8):882-890.

向杰,刘和武,王施鹏,等,2019.宿县矿区祁南矿中煤级煤高温高压变形实验研究[J].中国煤炭地质,31(8):6-12.

肖万生,翁克难,徐世平,等,2003.超高压接触变质过程中元素迁移的SRXRF研究[J].高能物理与核物理,27:77-82.

谢和平,吴立新,郑德志,2019.2025年中国能源消费及煤炭需求预测[J].煤炭学报,44(7):1949-1960.

徐德金,胡宝林,胡巍,2011.淮北煤田卧龙煤矿岩浆侵入煤层的构造控制[J].煤田地质与勘探,39(5):1-5.

许琪,韩德馨,金奎励,等,1990.煤中49种元素含量与煤岩组分和煤化程度的相关规律[J].中国矿业大学学报,19(3):51-60.

闫江伟,张小兵,张子敏,2013.煤与瓦斯突出地质控制机理探讨[J].煤炭学报,38(7):1174-1178.

杨光,刘俊来,马瑞,2005.沁水盆地煤岩高温高压实验变形分析[J].天然气工业,25(1):70-73.

杨开庆,1984.构造动力作用中地球化学作用[J].大地构造与成矿学,8(4):327-336.

杨晓志,李岩,2016.高温高压实验和硅酸盐地幔中的水[J].中国科学:地球科学,46(3):287-300.

杨元根,金志升,王子江,等,2003.动力变形条件下Au迁移、富集的构造地球化学实验研究[J].矿物学报,23(2):143-148.

杨元根,吴学益,金志升,等,2004.海南二甲金矿的动力变形成矿作用及构造地球化学模拟实验研究[J].大地构造与成矿学,28(3):320-329.

于立业,琚宜文,李小诗,2015a.高煤级煤岩流变作用的谱学研究[J].光谱学与光谱分析,35(4):899-904.

于立业,琚宜文,李小诗,2015b.基于流变实验和红外光谱检测的高煤级煤流变特征[J].煤炭学报,40(2):431-438.

袁亮,2020.我国煤炭工业高质量发展面临的挑战与对策[J].中国煤炭,46(1):6-12.

岳石,1990.构造动力成岩成矿作用的实验研究[J].大地构造与成矿学,14(4):325-332.

张春光,姜波,朱慎刚,等,2010.淮北祁南井田瓦斯赋存规律及影响因素分析[J].中国煤炭地质,22(1):27-31.

张春忙,2000.浅析宁夏中生代煤系粘土矿物与煤变质关系[J].化工矿物与加工,29(9):20-21.

张慧,1994.西北中生代煤系粘土矿物与煤变质关系[J].中国煤田地质,6(4):44-47.

张慧,李小彦,1993.汝箕沟煤中矿物的成因研究及其意义[J].矿物学报,13(4):362-367.

张玉贵,2006.构造煤演化与力化学作用[D].太原:太原理工大学.

张玉贵,张子敏,曹运兴,2007.构造煤结构与瓦斯突出[J].煤炭学报,32(3):281-284.

赵宝杰,2009.煤低温热解的研究进展[J].科技成果管理与研究(8):97-100.

赵峰华,1997.煤中有害微量元素分布赋存机制及燃煤产物淋滤实验研究[D].北京:中国矿业大学(北京).

赵峰华,彭苏萍,李大华,等,2003.低煤级煤中部分元素有机亲合性的定量研究[J].中国矿业大学学报,32(1):21-25.

赵峰华,任德贻,张旺,1999.煤中氯的地球化学特征及逐级化学提取[J].中国矿业大学学报,28(1):68-71.

赵京,魏小林,张玉锋,等,2019.准东煤中碱金属 Na 的赋存形态及含量分析[J].洁净煤技术,25(2):96-101.

赵清泉,孙传斌,荆龙华,等,2005.构造地球化学-判别分析在找矿中的应用:以呼盟甲乌拉银多金属矿床为例[J].矿产与地质,19(4):414-417.

钟增球,1994.构造岩研究的新进展[J].地学前缘,1(1/2):162-169.

钟增球,游振东,1995.剪切带的成分变异及体积亏损:以河台剪切带为例[J].科学通报,40(10):913-916.

周建波,胡克,洪景鹏,1999.稀土元素在韧性剪切带体积亏损研究中的应用:以胶南造山带构造岩为例[J].地质论评,45(3):241-246.

周建勋,王桂梁,邵震杰,1994.煤的高温高压实验变形研究[J].煤炭学报,19(3):324-332.

周长冰,万志军,张源,等,2012.高温三轴应力下气煤蠕变特征及本构模型[J].煤炭学报,37(12):2020-2025.

AGLIETTI E F,PORTO LOPEZ J M,PEREIRA E,1986.Mechanochemical effects in kaolinite grinding. II. Structural aspects[J]. International Journal of Mineral Processing, 16(1/2):135-146.

AHMADHADI F, DANIEL J M, AZZIZADEH M, et al., 2008. Evidence for pre-folding vein development in the oligo-Miocene asmari formation in the central Zagros fold belt,Iran[J].Tectonics,27(1):1-22.

AWWILLER D N,MACK L E,1991.Diagenetic modification of Sm-Nd model ages in Tertiary sandstones and shales,Texas Gulf Coast[J].Geology,19(4):311.

BALAN E,CALAS G,BISH D L,2014.Kaolin-group minerals:from hydrogen-bonded layers to environmental recorders[J].Elements,10(3):183-188.

BARKER C E,PAWLEWICZ M J,1986.The correlation of vitrinite reflectance with maximum temperature in humic organic matter[C]//Lecture Notes in Earth Sciences.Berlin/Heidelberg:Springer-Verlag,:79-93.

BAU M,1996.Controls on the fractionation of isovalent trace elements in magmatic and aqueous systems:evidence from Y/Ho,Zr/Hf,and lanthanide tetrad effect[J].Contributions to Mineralogy and Petrology,123(3):323-333.

BAYSAL M,YÜRÜM A,YILDIZ B,et al.,2016.Structure of some western Anatolia coals investigated by FTIR,Raman,^{13}C solid state NMR spectroscopy and X-ray diffraction [J].International Journal of Coal Geology,163:166-176.

BECKETT R, MURPHY D, TADJIKI S, et al., 1997. Determination of thickness, aspect ratio and size distributions for platey particles using sedimentation field-flow fractionation and electron microscopy[J].Colloids and Surfaces A:Physicochemical and Engineering Aspects,120(1/2/3):17-26.

BETHKE C M, MARSHAK S, 1990. Brine migrations across North America—the plate tectonics of groundwater[J].Annual Review of Earth and Planetary Sciences,18(1):287-315.

BOUDOU J P,SCHIMMELMANN A,ADER M,et al.,2008.Organic nitrogen chemistry during low-grade metamorphism[J]. Geochimica et Cosmochimica Acta, 72(4):1199-1221.

BOUŠKA V,PEŠEK J,1999.Quality parameters of lignite of the North Bohemian Basin in the Czech Republic in comparison with the world average lignite[J]. International Journal of Coal Geology,40(2/3):211-235.

BOUŠKA V, PEŠEK J, SYKOROVA I, 2000. Probable modes of occurrence of chemical elements in coal[J].Acta Montana. Serie B,117:53-90.

BRADBURY M H,BAEYENS B,2002.Sorption of Eu on Na- and Ca-montmorillonites:experimental investigations and modelling with cation exchange and surface complexation[J].Geochimica et Cosmochimica Acta,66(13):2325-2334.

BRINDLEY G W, KAO C C, HARRISON J L, et al., 1986. Relation between structural disorder and other characteristics of kaolinites and dickites[J].Clays and Clay Minerals,34(3):239-249.

BUATIER M,TRAVÉ A,BUATIER M,et al.,1997.Dickite related to fluid-sediment interaction and deformation in Pyrenean thrust-fault zones[J].European Journal of Mineralogy,9(4):875-888.

BUCKINGHAM A D,DEL BENE J E,MCDOWELL S A C,2008.The hydrogen bond [J].Chemical Physics Letters,463(1/2/3):1-10.

BUSTIN R M,1983.Heating during thrust faulting in the rocky mountains:friction or fiction? [J].Tectonophysics,95(3/4):309-328.

BUSTIN R M,ROSS J V,ROUZAUD J N,1995b.Mechanisms of graphite formation from kerogen:experimental evidence[J]. International Journal of Coal Geology, 28(1):1-36.

BUSTIN R M, ROUZAUD J N, ROSS J V, 1995a. Natural graphitization of anthracite:Experimental considerations[J].Carbon,33(5):679-691.

CAI Y D, LIU D M, PAN Z J, et al., 2015. Mineral occurrence and its impact on fracture generation in selected Qinshui Basin coals:an experimental perspective[J].International Journal of Coal Geology,150/151:35-50.

CAO D Y,LI X M,ZHANG S R,2007.Influence of tectonic stress on coalification:Stress degradation mechanism and stress polycondensation mechanism[J].Science in China Series D:Earth Sciences,50(1):43-54.

CAO Y X,DAVIS A,LIU R,et al.,2003.The influence of tectonic deformation on some geochemical properties of coals—a possible indicator of outburst potential[J].International Journal of Coal Geology,53(2):69-79.

CAO Y X,DAVIS A,LIU R,et al.,2003.The influence of tectonic deformation on some geochemical properties of coals—a possible indicator of outburst potential[J].International Journal of Coal Geology,53(2):69-79.

CAO Y X,HE D D,GLICK D C,2001.Coal and gas outbursts in footwalls of reverse faults[J].International Journal of Coal Geology,48(1/2):47-63.

CAO Y X,MITCHELL G D,DAVIS A,et al.,2000.Deformation metamorphism of bituminous and anthracite coals from China[J].International Journal of Coal Geology,43(1/2/3/4):227-242.

CASCIELLO E, COSGROVE J W, CESARANO M, et al., 2011. Illite-smectite patterns in sheared Pleistocene mudstones of the Southern Apennines and their implications regarding the process of illitization:a multiscale analysis[J].Journal of Structural Geology,33(11):1699-1711.

CHEN C,GAO J S,YAN Y J,1998.Observation of the type of hydrogen bonds in coal by FTIR[J].Energy & Fuels,12(3):446-449.

CHEN T H,XU X C,LU A H,et al.,2003.Geochemical study of rare earth elements on four attapulgite clay deposits in Jiangsu and Anhui Provinces,China[J].Journal of Rare Earths,21:478-483.

CHEN Y L, QIN Y, WEI C T, et al., 2018. Porosity changes in progressively pulverized anthracite subsamples:Implications for the study of closed pore distribution in coals[J].Fuel,225:612-622.

CHENG G X,JIANG B,LI M,et al.,2020.Effects of pore-fracture structure of ductile tectonically deformed coals on their permeability:an experimental study based on raw coal cores[J].Journal of Petroleum Science and Engineering,193:107371.

COPPIN F,BERGER G,BAUER A,et al.,2002.Sorption of lanthanides on smectite and kaolinite[J].Chemical Geology,182(1):57-68.

CUESTA A,DHAMELINCOURT P,LAUREYNS J,et al.,1994.Raman microprobe studies on carbon materials[J].Carbon,32(8):1523-1532.

DAI S F, GRAHAM I T, WARD C R, 2016. A review of anomalous rare earth elements and yttrium in coal[J].International Journal of Coal Geology,159:82-95.

DAI S F,JIANG Y F,WARD C R,et al.,2012a.Mineralogical and geochemical compositions of the coal in the Guanbanwusu Mine,Inner Mongolia,China:Further evidence for the existence of an Al (Ga and REE) ore deposit in the Jungar Coalfield[J].International Journal of Coal Geology,98:10-40.

DAI S F,LI D H,REN D Y,et al.,2004.Geochemistry of the late Permian No.30 coal seam,Zhijin Coalfield of Southwest China:influence of a siliceous low-temperature hydrothermal fluid[J].Applied Geochemistry,19(8):1315-1330.

DAI S F,LI T,SEREDIN V V,et al.,2014b.Origin of minerals and elements in the Late Permian coals,tonsteins,and host rocks of the Xinde Mine,Xuanwei,eastern Yunnan,China[J].International Journal of Coal Geology,121:53-78.

DAI S F,LUO Y B,SEREDIN V V,et al.,2014a.Revisiting the late Permian coal from the Huayingshan,Sichuan,southwestern China:Enrichment and occurrence modes of minerals and trace elements[J].International Journal of Coal Geology,122:110-128.

DAI S F,REN D Y,CHOU C L,et al.,2012c.Geochemistry of trace elements in Chinese coals:a review of abundances,genetic types,impacts on human health,and industrial utilization[J].International Journal of Coal Geology,94:3-21.

DAI S F,SEREDIN V V,WARD C R,et al.,2015.Enrichment of U-Se-Mo-Re-V in coals preserved within marine carbonate successions:geochemical and mineralogical data from the Late Permian Guiding Coalfield,Guizhou,China[J].Mineralium Deposita,50(2):159-186.

DAI S F,XIE P P,JIA S H,et al.,2017.Enrichment of U-Re-V-Cr-Se and rare earth elements in the Late Permian coals of the Moxinpo Coalfield,Chongqing,China:Genetic implications from geochemical and mineralogical data[J].Ore Geology Reviews,80:1-17.

DAI S F,ZHANG W G,WARD C R,et al.,2013.Mineralogical and geochemical anomalies of late Permian coals from the Fusui Coalfield,Guangxi Province,Southern China:Influences of terrigenous materials and hydrothermal fluids[J].International Journal of Coal Geology,105:60-84.

DAI S F,ZHOU Y P,ZHANG M Q,et al.,2010.A new type of Nb (Ta)-Zr(Hf)-REE-Ga polymetallic deposit in the late Permian coal-bearing strata,eastern Yunnan,southwestern China:Possible economic significance and genetic implications [J].International Journal of Coal Geology,83(1):55-63.

DAI S F,ZOU J H,JIANG Y F,et al.,2012b.Mineralogical and geochemical compositions of the Pennsylvanian coal in the Adaohai Mine,Daqingshan Coalfield,Inner Mongolia,China:Modes of occurrence and origin of diaspore,gorceixite,and ammonian illite[J].International Journal of Coal Geology,94:250-270.

DAWSON G K W,GOLDING S D,BIDDLE D,et al.,2015.Mobilisation of elements from coal due to batch reactor experiments with CO_2 and water at 40 ℃ and 9.5 MPa[J].International Journal of Coal Geology,140:63-70.

DAWSON G K W,GOLDING S D,MASSAROTTO P,et al.,2011.Experimental supercritical CO_2 and water interactions with coal under simulated *in situ* conditions[J].Energy Procedia,4:3139-3146.

DENG L L,YUAN P,LIU D,et al.,2017.Effects of microstructure of clay minerals,montmorillonite,kaolinite and halloysite,on their benzene adsorption behaviors[J].Applied Clay Science,143:184-191.

DÍAZ M C,DUFFY J J,SNAPE C E,et al.,2007.Use of high-temperature,high-torque rheometry to study the viscoelastic properties of coal during carbonization[J].

Journal of Rheology,51(5):895-913.

DING D S,LIU G J,FU B,et al.,2018.Influence of magmatic intrusions on organic nitrogen in coal:a case study from the Zhuji mine,the Huainan coalfield,China[J].Fuel,219:88-93.

DRELICH J,LASKOWSKI J S,PAWLIK M,et al.,1997.Preparation of a coal surface for contact angle measurements[J].Journal of Adhesion Science and Technology,11(11):1399-1431.

DRELICH J,LASKOWSKL J S,PAWUK M,2000.Improved sample preparation and surface analysis methodology for contact angle measurements on coal (heterogeneous) surfaces[J].Coal Preparation,21(3):247-275.

DURRANT C B, BEGG J D, KERSTING A B, et al., 2018. Cesium sorption reversibility and kinetics on illite, montmorillonite, and kaolinite[J]. Science of the Total Environment,610/611:511-520.

ECKMANN A,FELTEN A,MISHCHENKO A,et al.,2012.Probing the nature of defects in graphene by Raman spectroscopy[J].Nano Letters,12(8):3925-3930.

ESKENAZY G M,1999.Aspects of the geochemistry of rare earth elements in coal:an experimental approach[J].International Journal of Coal Geology,38(3/4):285-295.

FAGERENG Å,DEN HARTOG S A M,2017.Subduction megathrust creep governed by pressure solution and frictional - viscous flow[J].Nature Geoscience,10(1):51-57.

FAULKNER D R,JACKSON C A L,LUNN R J,et al.,2010.A review of recent developments concerning the structure,mechanics and fluid flow properties of fault zones[J].Journal of Structural Geology,32(11):1557-1575.

FINKELMAN R B, 1999. Trace elements in coal[J]. Biological Trace Element Research,67(3):197-204.

FINKELMAN R B,DAI S F,FRENCH D,2019.The importance of minerals in coal as the hosts of chemical elements: a review [J]. International Journal of Coal Geology, 212:103251.

FINKELMAN R B,PALMER C A,WANG P P,2018.Quantification of the modes of occurrence of 42 elements in coal[J].International Journal of Coal Geology,185:138-160.

FROST R L,KRISTÓF J,MAKÓ É,et al.,2003.A DRIFT spectroscopic study of potassium acetate intercalated mechanochemically activated kaolinite[J].Spectrochimica Acta Part A:Molecular and Biomolecular Spectroscopy,59(6):1183-1194.

FROST R L,MAKÓ É,KRISTÓF J,et al.,2001.Modification of kaolinite surfaces by mechanochemical treatment[J].Langmuir,17(16):4731-4738.

FROST R L,VASSALLO A M,1996.The dehydroxylation of the kaolinite clay minerals using infrared emission spectroscopy[J].Clays and Clay Minerals,44(5):635-651.

GARCIA F,LE BOLAY N,FRANCES C,2002.Changes of surface and volume properties of calcite during a batch wet grinding process[J].Chemical Engineering Journal,85(2/3):177-187.

GECKEIS H,LÜTZENKIRCHEN J,POLLY R,et al.,2013.Mineral-water interface reactions of actinides[J].Chemical Reviews,113(2):1016-1062.

GENG W H, NAKAJIMA T, TAKANASHI H, et al., 2009. Analysis of carboxyl group in coal and coal aromaticity by Fourier transform infrared (FT-IR) spectrometry[J]. Fuel,88(1):139-144.

GRATIER J P,2011.Fault permeability and strength evolution related to fracturing and healing episodic processes (years to millennia):the role of pressure solution[J].Oil & Gas Science and Technology – Revue d'IFP Energies Nouvelles,66(3):491-506.

GREGG S J,PARKER T W,STEPHENS M J,2007.The grinding of kaolinite.II.A more detailed study[J].Journal of Applied Chemistry,4(12):666-674.

GRIGORE M,SAKUROVS R,FRENCH D,et al,2008.Mineral matter in coals and their reactions during coking[J].International Journal of Coal Geology,76(4):301-308.

GROSHONG R H,1975."Slip" cleavage caused by pressure solution in a buckle fold [J].Geology,3(7):411.

GU L X,MCCLAY K R,1992.Pyrite deformation in stratiform lead-zinc deposits of the Canadian Cordillera[J].Mineralium Deposita,27(3):169-181.

HAN Y Z,WANG J,DONG Y J,et al.,2017.The role of structure defects in the deformation of anthracite and their influence on the macromolecular structure[J].Fuel,206:1-9.

HAN Y Z,XU R T,HOU Q L,et al.,2016.Deformation mechanisms and macromolecular structure response of anthracite under different stress[J].Energy & Fuels,30(2):975-983.

HOCHELLA M F Jr,LOWER S K,MAURICE P A,et al.,2008.Nanominerals,mineral nanoparticles,and earth systems[J].Science,319(5870):1631-1635.

HOU Q L,HAN Y Z,WANG J,et al.,2017.The impacts of stress on the chemical structure of coals:a mini-review based on the recent development of mechanochemistry[J]. Science Bulletin,62(13):965-970.

HOU Q L,LI H J,FAN J J,et al.,2012.Structure and coalbed methane occurrence in tectonically deformed coals[J].Science China Earth Sciences,55(11):1755-1763.

JIANG B,QU Z H,WANG G G X,et al.,2010.Effects of structural deformation on formation of coalbed methane reservoirs in Huaibei coalfield, China [J]. International Journal of Coal Geology,82(3/4):175-183.

JU Y W,LI X S,2009.New research progress on the ultrastructure of tectonically deformed coals[J].Progress in Natural Science,19(11):1455-1466.

JU Y W,LUXBACHER K,LI X S,et al.,2014.Micro-structural evolution and their effects on physical properties in different types of tectonically deformed coals[J].International Journal of Coal Science & Technology,1(3):364-375.

KARACAN C Ö, OKANDAN E, 2000. Fracture/cleat analysis of coals from Zonguldak Basin (northwestern Turkey) relative to the potential of coalbed methane production[J].International Journal of Coal Geology,44(2):109-125.

KARAYIĞIT A I,BIRCAN C,MASTALERZ M,et al.,2017.Coal characteristics,elemental composition and modes of occurrence of some elements in the İsaalan coal (Balıkesir,NW Turkey)[J].International Journal of Coal Geology,172:43-59.

KARAYIĞIT A İ, MASTALERZ M, OSKAY R G, et al., 2018. Coal petrography, mineralogy,elemental compositions and palaeoenvironmental interpretation of Late Carboniferous coal seams in three wells from the Kozlu coalfield (Zonguldak Basin,NW Turkey)[J].International Journal of Coal Geology,187:54-70.

KELEMEN S R,KWIATEK P J,1995.Quantification of organic oxygen species on the surface of fresh and reacted Argonne premium coal[J].Energy & Fuels,9(5):841-848.

KERRICH R, FYFE W S, GERMAN B E, et al., 1977. Local modification of rock chemistry by deformation[J].Contributions to Mineralogy and Petrology,65(2):183-190.

KITAMURA M,MUKOYOSHI H,FULTON P M,et al.,2012.Coal maturation by frictional heat during rapid fault slip[J].Geophysical Research Letters,39(16):1-5.

KOLKER A, CHOU C L, 1994. Cleat-filling calcite in Illinois basin coals: trace-element evidence for meteoric fluid migration in a coal basin[J].The Journal of Geology, 102(1):111-116.

KRISTÓF É,JUHÁSZ A Z,VASSÁNYI I,1993.The effect of mechanical treatment on the crystal structure and thermal behavior of kaolinite[J].Clays and Clay Minerals,41 (5):608-612.

KRISTÓF J,FROST R L,KLOPROGGE J T,et al.,2002.Detection of four different OH-groups in ground kaolinite with controlled-rate thermal analysis [J]. Journal of Thermal Analysis and Calorimetry,69(1):77-83.

LARSEN J W,GREEN T K,KOVAC J,1985.The nature of the macromolecular network structure of bituminous coals [J]. The Journal of Organic Chemistry, 50 (24): 4729-4735.

LEDOUX R L, WHITE J L, 1964. Infrared study of the oh groups in expanded kaolinite[J].Science,143(3603):244-245.

LEROY P,REVIL A,2009.A mechanistic model for the spectral induced polarization of clay materials[J].Journal of Geophysical Research:Solid Earth,114(B10):1-21.

LI B Q,ZHUANG X G,QUEROL X,et al.,2019b.The mode of occurrence and origin of minerals in the Early Permian high-rank coals of the Jimunai depression,Xinjiang Uygur Autonomous Region,NW China[J].International Journal of Coal Geology,205:58-74.

LI D T,LI W,CHEN H K,et al.,2004a.The adjustment of hydrogen bonds and its effect on pyrolysis property of coal[J].Fuel Processing Technology,85(8/9/10):815-825.

LI D T,LI W,LI B Q,2003b.A new hydrogen bond in coal[J].Energy & Fuels, 17(3):791-793.

LI D,LI W,LI B,2004b.Hydrogen bonds in coal.The influence of coal rank and the recognition of a new hydrogen bond in coal[J].Fuel and Energy Abstracts,45(3):164.

LI F L, JIANG B, CHENG G X, et al., 2019a. Structural and evolutionary characteristics of pores-microfractures and their influence on coalbed methane exploitation in high-rank brittle tectonically deformed coals of the Yangquan mining area, northeastern Qinshui basin, China[J]. Journal of Petroleum Science and Engineering, 174: 1290-1302.

LI H Y, OGAWA Y, SHIMADA S, 2003a. Mechanism of methane flow through sheared coals and its role on methane recovery[J]. Fuel, 82(10): 1271-1279.

LI M, JIANG B, LIN S F, et al., 2011. Tectonically deformed coal types and pore structures in Puhe and Shanchahe coal mines in western Guizhou[J]. Mining Science and Technology (China), 21(3): 353-357.

LI W, BAI Z Q, BAI J, et al., 2011. Decomposition kinetics of hydrogen bonds in coal by a new method of *in situ* diffuse reflectance FT-IR[J]. Journal of Fuel Chemistry and Technology, 39(5): 321-327.

LI W, BAI Z Q, BAI J, et al., 2017a. Transformation and roles of inherent mineral matter in direct coal liquefaction: a mini-review[J]. Fuel, 197: 209-216.

LI W, JIANG B, MOORE T A, et al., 2017b. Characterization of the chemical structure of tectonically deformed coals[J]. Energy & Fuels, 31(7): 6977-6985.

LI W, ZHU Y M, WANG G, et al., 2015. Molecular model and ReaxFF molecular dynamics simulation of coal vitrinite pyrolysis[J]. Journal of Molecular Modeling, 21(8): 1-13.

LI X S, JU Y W, HOU Q L, et al., 2012. Spectra response from macromolecular structure evolution of tectonically deformed coal of different deformation mechanisms[J]. Science China Earth Sciences, 55(8): 1269-1279.

LI X, JU Y, HOU Q, et al. Characterization of coal porosity for naturally tectonically stressed coals in Huaibei coal field, China[J]. Scientific World Journal, 2014a, 2014: 1-13.

LI Y B, JIANG B, QU Z H, 2014b. Controls on migration and aggregation for tectonically sensitive elements in tectonically deformed coal: an example from the Haizi mine, Huaibei coalfield, China[J]. Science China Earth Sciences, 57(6): 1180-1191.

LIN B Q, ZHA W, LIU T, 2019. Experimental study on molecular structure differences between the tectonic coal and primary coal in Pingdingshan coalfield[J]. Vibrational Spectroscopy, 103: 102930.

LIN R H, BANK T L, ROTH E A, et al., 2017. Organic and inorganic associations of rare earth elements in central Appalachian coal[J]. International Journal of Coal Geology, 179: 295-301.

LIU H W, JIANG B, 2019a. Differentiated evolution of coal macromolecules in localized igneous intrusion zone: a case study of Zhuxianzhuang colliery, Huaibei coalfield, China[J]. Fuel, 254: 115692.

LIU H W, JIANG B, 2019b. Geochemical alteration and mineralogy of coals under the influence of fault motion: a case study of qi'nan colliery, China[J]. Minerals, 9(7): 1-25.

LIU H W, JIANG B, LIU J G, et al., 2018. The evolutionary characteristics and mechanisms of coal chemical structure in micro deformed domains under sub-high temperatures and high pressures[J].Fuel,222:258-268.

LIU J G,JIANG B,LI M,et al.,2015a.Structural control on pore-fracture characteristics of coals from Xinjing coal mine,northeastern Qinshui basin,China[J].Arabian Journal of Geosciences,8(7):4421-4431.

LIU J J,YANG Z,YAN X Y,et al.,2015b.Modes of occurrence of highly-elevated trace elements in superhigh-organic-sulfur coals[J].Fuel,156:190-197.

LIU Q Q,ZHANG K Z,ZHOU H X,et al.,2018.Experimental investigation into the damage-induced permeability and deformation relationship of tectonically deformed coal from Huainan coalfield,China[J].Journal of Natural Gas Science and Engineering,60:202-213.

LIU X F,SONG D Z,HE X Q,et al.,2019.Insight into the macromolecular structural differences between hard coal and deformed soft coal[J].Fuel,245:188-197.

LIU Z F,TRENTESAUX A,CLEMENS S C,et al.,2003.Clay mineral assemblages in the northern South China Sea:implications for East Asian monsoon evolution over the past 2 million years[J].Marine Geology,201(1/2/3):133-146.

LYNCH F L,1997.Frio shale mineralogy and the stoichiometry of the smectite-to-illite reaction:the most important reaction in clastic sedimentary diagenesis[J].Clays and Clay Minerals,45(5):618-631.

MA C,EGGLETON R A,1999.Cation exchange capacity of kaolinite[J].Clays and Clay Minerals,47(2):174-180.

MA T B,HU Y Z,WANG H,2009.Molecular dynamics simulation of shear-induced graphitization of amorphous carbon films[J].Carbon,47(8):1953-1957.

MA T B,HU Y Z,WANG H,et al.,2007.Microstructural and stress properties of ultrathin diamondlike carbon films during growth:Molecular dynamics simulations[J].Physical Review B,75(3):1-8.

MAKÓ É,KRISTÓF J,HORVÁTH E,et al.,2009.Kaolinite-urea complexes obtained by mechanochemical and aqueous suspension techniques—A comparative study[J].Journal of Colloid and Interface Science,330(2):367-373.

MALEK Z,BALEK V,GARFINKEL-SHWEKY D,et al.,1997.The study of the dehydration and dehydroxylation of smectites by emanation thermal analysis[J].Journal of Thermal Analysis,48(1):83-92.

MANGO F D,1992.Transition metal catalysis in the generation of petroleum:a genetic anomaly in Ordovician oils[J].Geochimica et Cosmochimica Acta,56(10):3851-3854.

MARTIN L A,WISSOCQ A,BENEDETTI M F,et al.,2018.Thallium (Tl) sorption onto illite and smectite:Implications for Tl mobility in the environment[J].Geochimica et Cosmochimica Acta,230:1-16.

MARZEC A,2002.Towards an understanding of the coal structure:a review[J].Fuel

Processing Technology,77/78:25-32.

MASSAROTTO P,GOLDING S D,BAE J S,et al.,2010.Changes in reservoir properties from injection of supercritical CO_2 into coal seams—A laboratory study[J].International Journal of Coal Geology,82(3/4):269-279.

MASTALERZ M,2001.Modes of occurrence of trace elements in coal[J].International Journal of Coal Geology,46(1):66.

MATHEWS J P,CHAFFEE A L,2012.The molecular representations of coal - A review[J].Fuel,96:1-14.

MAUBEC N,DENEELE D,OUVRARD G,2017.Influence of the clay type on the strength evolution of lime treated material[J].Applied Clay Science,137:107-114.

MEENAKSHI S,SUNDARAM C S,SUKUMAR R,2008.Enhanced fluoride sorption by mechanochemically activated kaolinites[J].Journal of Hazardous Materials,153(1/2):164-172.

MICHALKOVA A,SZYMCZAK J J,LESZCZYNSKI J,2005.Adsorption of 2,4-dinitrotoluene on dickite:the role of H-bonding[J].Structural Chemistry,16(3):325-337.

MINTOVA S,JABER M,VALTCHEV V,2015.Nanosized microporous crystals:emerging applications[J].Chemical Society Reviews,44(20):7207-7233.

MIURA K,MAE K,LI W,et al,2001.Estimation of hydrogen bond distribution in coal through the analysis of OH stretching bands in diffuse reflectance infrared spectrum measured by *in situ* technique[J].Energy & Fuels,15(3):599-610.

MIURA K,MAE K,SAKURADA K,et al.,1992.Flash pyrolysis of coal following thermal pretreatment at low temperature[J].Energy & Fuels,6(1):16-21.

MIZERA J,MIZEROVÁ G,MACHOVIČV,et al.,2007.Sorption of cesium,cobalt and europium on low-rank coal and chitosan[J].Water Research,41(3):620-626.

MOCHIDA I,KORAI Y,FUJITSU H,et al.,1984.Aspects of gasification and structure in cokes from coals[J].Fuel,63(1):136-139.

MOLDOVEANU G A,PAPANGELAKIS V G,2012.Recovery of rare earth elements adsorbed on clay minerals:I.Desorption mechanism[J].Hydrometallurgy,117/118:71-78.

MOLDOVEANU G A,PAPANGELAKIS V G,2013.Recovery of rare earth elements adsorbed on clay minerals:II.Leaching with ammonium sulfate[J].Hydrometallurgy,131/132:158-166.

MOMOTA H,SENNA M,TAKAGI M,1980.Effects of wet vibro-milling on the polymorphic conversion of aragonite into calcite[J].Journal of the Chemical Society,Faraday Transactions 1:Physical Chemistry in Condensed Phases,76:790-796.

MOOKHERJEE A,1976.Ores and metamorphism:Temporal and genetic relationships[J].Handbook of Strata-Bound and Stratiform Ore Deposits,4:203-260.

MORGAN B,RATE A W,BURTON E D,et al.,2012.Enrichment and fractionation of rare earth elements in FeS- and organic-rich estuarine sediments receiving acid sulfate soil drainage[J].Chemical Geology,308/309:60-73.

NIEKERK D V, MATHEWS J P, 2010. Molecular representations of Permian-aged vitrinite-rich and inertinite-rich South African coals[J].Fuel,89(1):73-82.

NISHIOKA M, 1992. The associated molecular nature of bituminous coal[J]. Fuel, 71(8):941-948.

NISHIOKA M,1994.Molecular mobility of high-volatile bituminous coals accompanying drying[J].Fuel,73(1):57-62.

NISHIOKA M,LARSEN J W, 1990. Association of aromatic structures in coals[J]. Energy & Fuels,4(1):100-106.

NIU Q H,PAN J N,CAO L W,et al.,2017.The evolution and formation mechanisms of closed pores in coal[J].Fuel,200:555-563.

NORINAGA K,KUNIYA M,IINO M,2002.Effect of associative interaction on the dynamic viscoelastic property of coal concentrated solution[J].Energy & Fuels,16(1):62-68.

OERTEL G,1983.The relationship of strain and preferred orientation of phyllosilicate grains in rocks—a review[J].Tectonophysics,100(1/2/3):413-447.

OGASAWARA M, 2009. Geochemistry of rare-earth elements[J]. Mining Geology, 39(2):166-176.

O'HARA K,2004.Paleo-stress estimates on ancient seismogenic faults based on frictional heating of coal[J].Geophysical Research Letters,31(3):1-4.

OLIVER J,1986.Fluids expelled tectonically from orogenic belts:Their role in hydrocarbon migration and other geologic phenomena[J].Geology,14(2):99.

OMOTOSO O E,MIKULA R J,2004.High surface areas caused by smectitic interstratification of kaolinite and illite in Athabasca oil sands[J]. Applied Clay Science, 25(1/2):37-47.

PAINTER P C,SOBKOWIAK M,YOUTCHEFF J,1987.FT-i.r.study of hydrogen bonding in coal[J].Fuel,66(7):973-978.

PAN J N,LV M,BAI H L,et al.,2017.Effects of metamorphism and deformation on the coal macromolecular structure by laser Raman spectroscopy[J]. Energy & Fuels, 31(2):1136-1146.

PAN J N,LV M,HOU Q L,et al.,2019.Coal microcrystalline structural changes related to methane adsorption/desorption[J].Fuel,239:13-23.

PAN J N,MENG Z P,HOU Q L,et al.,2013.Coal strength and Young's modulus related to coal rank,compressional velocity and maceral composition[J].Journal of Structural Geology,54:129-135.

PAN J N,WANG S,JU Y W,et al.,2015b.Quantitative study of the macromolecular structures of tectonically deformed coal using high-resolution transmission electron microscopy[J].Journal of Natural Gas Science and Engineering,27:1852-1862.

PAN J N,ZHAO Y Q,HOU Q L,et al.,2015c.Nanoscale pores in coal related to coal rank and deformation structures[J].Transport in Porous Media,107(2):543-554.

PAN J N,ZHU H T,HOU Q L,et al.,2015a.Macromolecular and pore structures of Chinese tectonically deformed coal studied by atomic force microscopy[J].Fuel,139:94-101.

PEI Y W,PATON D A,KNIPE R J,et al.,2015.A review of fault sealing behaviour and its evaluation in siliciclastic rocks[J].Earth-Science Reviews,150:121-138.

PERMANA A K,WARD C R,LI Z S,et al.,2013.Distribution and origin of minerals in high-rank coals of the South Walker Creek area,Bowen Basin,Australia[J].International Journal of Coal Geology,116/117:185-207.

PERRY D L,GRINT A,1983.Application of XPS to coal characterization[J].Fuel,62(9):1024-1033.

PIETRZAK R,2009.XPS study and physico-chemical properties of nitrogen-enriched microporous activated carbon from high volatile bituminous coal[J].Fuel,88(10):1871-1877.

POTGIETER-VERMAAK S,MALEDI N,WAGNER N,et al.,2011.Raman spectroscopy for the analysis of coal:a review[J].Journal of Raman Spectroscopy,42(2):123-129.

QUEROL X,WHATELEY M K G,FERNÁNDEZ-TURIEL J L,et al.,1997.Geological controls on the mineralogy and geochemistry of the Beypazari lignite,central Anatolia,Turkey[J].International Journal of Coal Geology,33(3):255-271.

RAMASWAMY K,KAMALAKKANNAN M,1995.Infrared study of influence of temperature on clay minerals[J].Journal of Thermal Analysis,44(3):629-638.

RENARD F,GRATIER J P,JAMTVEIT B,2000.Kinetics of crack-sealing,intergranular pressure solution,and compaction around active faults[J].Journal of Structural Geology,22(10):1395-1407.

ROBERTS M J,EVERSON R C,NEOMAGUS H W J P,et al.,2015.The characterisation of slow-heated inertinite- and vitrinite-rich coals from the South African coalfields[J].Fuel,158:591-601.

ROSS J V,BUSTIN R M,1990.The role of strain energy in creep graphitization of anthracite[J].Nature,343(6253):58-60.

ROSS J V,BUSTIN R M,1997.Vitrinite anisotropy resulting from simple shear experiments at high temperature and high confining pressure[J].International Journal of Coal Geology,33(2):153-168.

SAN CRISTÓBAL A G,CASTELLÓ R,MARTÍN LUENGO M A,et al,2009.Acid activation of mechanically and thermally modified kaolins[J].Materials Research Bulletin,44(11):2103-2111.

SÁNCHEZ-SOTO P J,DEL CARMEN JIMÉNEZ DE HARO M,PÉREZ-MAQUEDA L A,et al.,2000.Effects of dry grinding on the structural changes of kaolinite powders[J].Journal of the American Ceramic Society,83(7):1649-1657.

SCHATZEL S J,STEWART B W,2003.Rare earth element sources and modification in the Lower Kittanning coal bed,Pennsylvania:implications for the origin of coal mineral matter and rare earth element exposure in underground mines[J].International Journal of Coal Geology,54(3/4):223-251.

SCHLEICHER A M,VAN DER PLUIJM B A,WARR L N,2010.Nanocoatings of clay and creep of the San Andreas fault at Parkfield,California[J].Geology,38(7):667-670.

SCHULTZ L G,1964.Quantitative interpretation of mineralogical composition from X-ray and chemical data for the Pierre Shale[EB/OL].

SEN GUPTA S,BHATTACHARYYA K G,2011.Kinetics of adsorption of metal ions on inorganic materials:a review[J].Advances in Colloid and Interface Science,162(1/2):39-58.

SEN GUPTA S,BHATTACHARYYA K G,2012.Adsorption of heavy metals on kaolinite and montmorillonite:a review[J].Physical Chemistry Chemical Physics,14(19):6698-6723.

SEONG H J,BOEHMAN A L,2013.Evaluation of Raman parameters using visible Raman microscopy for soot oxidative reactivity[J].Energy & Fuels,27(3):1613-1624.

SEREDIN V V,1996.Rare earth element-bearing coals from the Russian Far East deposits[J].International Journal of Coal Geology,30(1/2):101-129.

SEREDIN V V,DAI S F,2012.Coal deposits as potential alternative sources for lanthanides and yttrium[J].International Journal of Coal Geology,94:67-93.

SERRATOSA J M,HIDALGO A,VINAS J M,1962.Orientation of OH bonds in kaolinite[J].Nature,195(4840):486-487.

SHI Q L,QIN B T,LIANG H J,et al.,2018.Effects of igneous intrusions on the structure and spontaneous combustion propensity of coal:a case study of bituminous coal in Daxing Mine,China[J].Fuel,216:181-189.

SHINN J H,1984.From coal to single-stage and two-stage products:a reactive model of coal structure[J].Fuel,63(9):1187-1196.

SHUI H F,WANG Z C,CAO M X,2008.Effect of pre-swelling of coal on its solvent extraction and liquefaction properties[J].Fuel,87(13/14):2908-2913.

SILVA L F O,JASPER A,ANDRADE M L,et al.,2012.Applied investigation on the interaction of hazardous elements binding on ultrafine and nanoparticles in Chinese anthracite-derived fly ash[J].Science of the Total Environment,419:250-264.

SOLOMON P R,CARANGELO R M,1982.FTIR analaysis of coal.1.techniques and determination of hydroxyl concentrations[J].Fuel,61(7):663-669.

SOLUM M S,PUGMIRE R J,GRANT D M,1989.Carbon-13 solid-state NMR of Argonne-premium coals[J].Energy & Fuels,3(2):187-193.

SONG Y, JIANG B, HAN Y Z, 2018a. Macromolecular response to tectonic deformation in low-rank tectonically deformed coals (TDCs)[J].Fuel,219:279-287.

SONG Y,JIANG B,LIU H W,et al.,2018b.Variations in stress-sensitive minerals and elements in the tectonic-deformation Early to Middle Permian coals from the Zhuxianzhuang mine,Anhui Province[J].Journal of Geochemical Exploration,188:11-23.

SONG Y,JIANG B,MATHEWS J P,et al.,2017b.Structural transformations and hydrocarbon generation of low-rank coal (vitrinite) during slow heating pyrolysis[J].Fuel Processing Technology,167:535-544.

SONG Y,JIANG B,QU M J,2019.Macromolecular evolution and structural defects in tectonically deformed coals[J].Fuel,236:1432-1445.

SONG Y,ZHU Y M,LI W,2017a.Macromolecule simulation and CH_4 adsorption mechanism of coal vitrinite[J].Applied Surface Science,396:291-302.

SONIBARE O O,HAEGER T,FOLEY S F,2010.Structural characterization of Nigerian coals by X-ray diffraction, Raman and FTIR spectroscopy[J]. Energy, 35(12): 5347-5353.

SORBY H C,1863.The Bakerian lecture:on the direct correlation of mechanical and chemical forces[J].Proceedings of the Royal Society of London,12:538-550.

STRAWN D G,SPARKS D L,1999.The use of XAFS to distinguish between inner- and outer-sphere lead adsorption complexes on montmorillonite[J].Journal of Colloid and Interface Science,216(2):257-269.

STREZOV V,LUCAS J A,WALL T F,2005.Effect of pressure on the swelling of density separated coal particles[J].Fuel,84(10):1238-1245.

STRYDOM C A,BUNT J R,SCHOBERT H H,et al.,2011.Changes to the organic functional groups of an inertinite rich medium rank bituminous coal during acid treatment processes[J].Fuel Processing Technology,92(4):764-770.

STUMPF T, BAUER A, COPPIN F, et al., 2002. Inner-sphere, outer-sphere and ternary surface complexes:a TRLFS study of the sorption process of Eu(III) onto smectite and kaolinite[J].Radiochimica Acta,90(6):345-349.

SUN Y,JIANG S Y,WEI Z,et al.,2013.Nano-coating texture on the shear slip surface in rocky materials[J].Advanced Materials Research,669:108-114.

SUN Y,SHU L S,LU X C,et al.,2008.A comparative study of natural and experimental nano-sized grinding grain textures in rocks[J].Chinese Science Bulletin,53(8): 1217-1221.

SWAINE D J,1990.Trace Elements in Coal[M].London:Butterworths:278.

TARABBIA P J, 1994. Geological note: Authigenic Sr-Ba-Ca carbonate minerals in coals of the Hunter Valley,New South Wales[J].Australian Journal of Earth Sciences, 41(6):617-620.

TAYLOR S R, MCLENNAN S M,1985.The Continental Crust:its Composition and Evolution[M].Blackwell: Oxford:312.

TENTHOREY E,COX S F,TODD H F,2003.Evolution of strength recovery and permeability during fluid-rock reaction in experimental fault zones[J].Earth and Planetary Science Letters,206(1/2):161-172.

TERTRE E,BERGER G,SIMONI E,et al.,2006.Europium retention onto clay minerals from 25 to 150 ℃:Experimental measurements, spectroscopic features and sorption modelling[J].Geochimica et Cosmochimica Acta,70(18):4563-4578.

TIAN C,ZHANG J Y,ZHAO Y C,et al.,2014.Understanding of mineralogy and residence of trace elements in coals via a novel method combining low temperature ashing and float-sink technique[J].International Journal of Coal Geology,131:162-171.

TOMBÁCZ E,SZEKERES M,2006.Surface charge heterogeneity of kaolinite in aqueous suspension in comparison with montmorillonite [J]. Applied Clay Science, 34(1/2/3/4):105-124.

VALENTIM B,GUEDES A,BOAVIDA D,2011.Nitrogen functionality in "oil window" rank range vitrinite rich coals and chars[J].Organic Geochemistry,42(5):502-509.

VAN NIEKERK D,PUGMIRE R J,SOLUM M S,et al.,2008.Structural characterization of vitrinite-rich and inertinite-rich Permian-aged South African bituminous coals[J]. International Journal of Coal Geology,76(4):290-300.

VANDENBROUCKE M,LARGEAU C,2007.Kerogen origin,evolution and structure [J].Organic Geochemistry,38(5):719-833.

VANNUCCHI P,MALTMAN A,BETTELLI G,et al,2003.On the nature of scaly fabric and scaly clay[J].Journal of Structural Geology,25(5):673-688.

VASIREDDY S, MORREALE B, CUGINI A, et al., 2011. Clean liquid fuels from direct coal liquefaction:chemistry,catalysis,technological status and challenges[J].Energy Environ Sci,4(2):311-345.

VITI C,COLLETTINI C,TESEI T,2014.Pressure solution seams in carbonatic fault rocks:mineralogy,micro/nanostructures and deformation mechanism[J].Contributions to Mineralogy and Petrology,167(2):1-15.

VOMERO M,OLIVEIRA A,ASHOURI D,et al.,2018.Graphitic carbon electrodes on flexible substrate for neural applications entirely fabricated using infrared nanosecond laser technology[J].Scientific Reports,8:1-13.

WANG J,GUO G J,HAN Y Z,et al.,2019.Mechanolysis mechanisms of the fused aromatic rings of anthracite coal under shear stress[J].Fuel,253:1247-1255.

WANG W F,QIN Y,SANG S X,et al.,2008.Geochemistry of rare earth elements in a marine influenced coal and its organic solvent extracts from the Antaibao mining district, Shanxi,China[J].International Journal of Coal Geology,76(4):309-317.

WANG Z Q,BAI Z Q,LI W,et al.,2012.Effects of ion-exchanged calcium,Barium and magnesium on cross-linking reactions during direct liquefaction of oxidized lignite[J].Fuel Processing Technology,94(1):34-39.

WARD C R,1992.Mineral matter in Triassic and tertiary low-rank coals from South Australia[J].International Journal of Coal Geology,20(3/4):185-208.

WARD C R,2002.Analysis and significance of mineral matter in coal seams[J].International Journal of Coal Geology,50(1/2/3/4):135-168.

WELCH M D,CRICHTON W A,2010.Pressure-induced transformations in kaolinite [J].American Mineralogist,95(4):651-654.

WEYL P K, 1959. Pressure solution and the force of crystallization: a phenomenological theory[J].Journal of Geophysical Research,64(11):2001-2025.

WILKS K R,MASTALERZ M,BUSTIN R M,et al.,1993.The role of shear strain in the graphitization of a high-volatile bituminous and an anthracitic coal[J].International Journal of Coal Geology,22(3/4):247-277.

WU Y D,JU Y W,HOU Q L,et al.,2011.Comparison of coalbed gas generation between Huaibei-Huainan coalfields and Qinshui coal basin based on the tectono-thermal modeling[J].Science China Earth Sciences,54(7):1069-1077.

XIANG J H,ZENG F G,LIANG H Z,et al.,2011.Model construction of the macromolecular structure of Yanzhou Coal and its molecular simulation[J].Journal of Fuel Chemistry and Technology,39(7):481-488.

XIAO Y F,HUANG L,LONG Z Q,et al.,2016.Adsorption ability of rare earth elements on clay minerals and its practical performance[J].Journal of Rare Earths,34(5):543-548.

XU R T,LI H J,GUO C C,et al.,2014.The mechanisms of gas generation during coal deformation:Preliminary observations[J].Fuel,117:326-330.

XU R T,LI H J,HOU Q L,et al.,2015.The effect of different deformation mechanisms on the chemical structure of anthracite coals[J].Science China Earth Sciences,58(4):502-509.

YAN X Y,DAI S F,GRAHAM I T,et al.,2018.Determination of Eu concentrations in coal,fly ash and sedimentary rocks using a cation exchange resin and inductively coupled plasma mass spectrometry (ICP-MS)[J].International Journal of Coal Geology,191:152-156.

YANG M,LIU G J,SUN R Y,et al.,2012.Characterization of intrusive rocks and REE geochemistry of coals from the Zhuji Coal Mine,Huainan Coalfield,Anhui,China[J].International Journal of Coal Geology,94:283-295.

YARIV S,CROSS H,1979.Geochemistry of colloid systems[M].New York:Springer-Verlag.

ZHANG J Y,REN D Y,ZHENG C G,et al.,2002.Trace element abundances in major minerals of Late Permian coals from southwestern Guizhou Province, China [J].International Journal of Coal Geology,53(1):55-64.

ZHANG Y,KANG X,TAN J,et al.,2014.Structural characterization of hydrogen peroxide-oxidized anthracites by X-ray diffraction,Fourier transform infrared spectroscopy,and Raman spectra[J].Applied Spectroscopy,68(7):749-757.

ZHENG L G,LIU G J,CHOU C L,et al.,2007.Geochemistry of rare earth elements in Permian coals from the Huaibei Coalfield,China[J].Journal of Asian Earth Sciences,31(2):167-176.

ZHENG L G,LIU G J,WANG L,et al.,2008.Composition and quality of coals in the Huaibei coalfield,Anhui,China[J].Journal of Geochemical Exploration,97(2/3):59-68.

ZHENG Y C, GU L X, TANG X Q, et al., 2012. Sulfide remobilisation from sulfide ore at high temperatures and differential stresses: an experimental approach[J]. Resource Geology, 62(2): 174-186.

ZUBKOVA V, CZAPLICKA M, 2012. Changes in the structure of plasticized coals caused by extraction with dichloromethane[J]. Fuel, 96: 298-305.